图灵程序设计丛书

Continuous Delivery
Reliable Software Releases through Build, Test, and Deployment Automation

持续交付
发布可靠软件的系统方法

[英] Jez Humble 著
    David Farley

乔梁 译

人民邮电出版社
北　京

图书在版编目（CIP）数据

持续交付：发布可靠软件的系统方法 /（英）亨布尔（Humble,J.），（英）法利（Farley,D.）著；乔梁译. -- 北京：人民邮电出版社，2011.10（2023.12重印）
（图灵程序设计丛书）
书名原文: Continuous Delivery: Reliable Software Releases through Build, Test, and Deployment Automation
ISBN 978-7-115-26459-6

Ⅰ. ①持… Ⅱ. ①亨… ②法… ③乔… Ⅲ. ①软件开发 Ⅳ. ①TP311.52

中国版本图书馆CIP数据核字(2011)第197388号

内 容 提 要

本书讲述如何实现更快、更可靠、低成本的自动化软件交付，描述了如何通过增加反馈，并改进开发人员、测试人员、运维人员和项目经理之间的协作来达到这个目标。本书由三部分组成。第一部分阐述了持续交付背后的一些原则，以及支持这些原则的实践。第二部分是本书的核心，全面讲述了部署流水线。第三部分围绕部署流水线的投入产出讨论了更多细节，包括增量开发技术、高级版本控制模式，以及基础设施、环境和数据的管理和组织治理。

本书适合所有开发人员、测试人员、运维人员和项目经理学习参考。

♦ 著   [英] Jez Humble   David Farley
　译   乔 梁
　责任编辑　卢秀丽
　执行编辑　毛倩倩　杨 爽

♦ 人民邮电出版社出版发行　北京市丰台区成寿寺路 11 号
　邮编　100164　电子邮件　315@ptpress.com.cn
　网址　http://www.ptpress.com.cn
　固安县铭成印刷有限公司印刷

♦ 开本：800×1000　1/16
　印张：24　　　　　　　　　2011年10月第1版
　字数：512千字　　　　　　2023年12月河北第34次印刷
　著作权合同登记号　图字：01-2011-0727 号

定价：89.00元
读者服务热线：(010)84084456-6009　印装质量热线：(010)81055316
反盗版热线：(010)81055315
广告经营许可证：京东市监广登字 20170147 号

版 权 声 明

Authorized translation from the English language edition, entitled *Continuous Delivery: Reliable Software Releases through Build, Test, and Deployment Automation*, 978-0-321-60191-9 by Jez Humble, David Farley, published by Pearson Education, Inc., publishing as Addison Wesley, Copyright © 2011 by Pearson Education, Inc.

All rights reserved. No part of this book may be reproduced or transmitted in any form or by any means, electronic or mechanical, including photocopying, recording or by any information storage retrieval system, without permission from Pearson Education, Inc.

CHINESE SIMPLIFIED language edition published by POSTS & TELECOM PRESS, Copyright © 2011.

本书中文简体字版由Pearson Education（培生教育出版集团）授权人民邮电出版社在中华人民共和国境内（不包括香港、澳门特别行政区及台湾地区）独家出版发行。未经出版者书面许可，不得以任何方式抄袭、复制或节录本书中的任何部分。

本书封底贴有Pearson Education（培生教育出版集团）激光防伪标签，无标签者不得销售。

版权所有，侵权必究。

谨以此书献给我的父亲，他总是给予我无条件的爱与支持。

——Jez

谨以此书献给我的父亲，他一直为我指明正确的方向。

——David

对本书的赞誉

如果你需要频繁地部署软件,那么本书就是你所需要的。采用本书所描述的实践会帮助你降低风险,克服工作的乏味,并增强信心。我会在我所有的项目中使用本书所描述的原则与实践。

——Kent Beck,三川研究室

不管你的软件开发团队是否已经明白持续集成就像源代码控制一样必不可少,本书都是必读之物。本书不可多得地将整个开发和交付过程放在一起进行诠释,不仅提到了技术与工具,而且提供了一种理念和一些原则。作者讲述的内容从测试自动化到自动部署不一而足,能够满足读者的广泛需求。开发团队中的每个人,包括编程人员、测试人员、系统管理员、DBA和管理者,都应该读一读这本书。

——Lisa Crispin,*Agile Testing: A Practical Guide for Testers and Agile Teams* 的作者之一

对于很多组织来说,持续交付不仅仅是一种部署方法,它对于开展业务也是至关重要的。本书展示了如何在具体环境中让持续交付成为现实。

——James Turnbull,*Pulling Strings with Puppet: Configuration Management Made Easy* 的作者

这是一本清晰、准确、精心编写的书,力求让读者明白发布过程究竟应该是什么样子。作者以渐进的方式一步步地阐述了软件部署中的理想状态与障碍。本书是每位软件工程师的必备读物。

——Leyna Cotran,加利福尼亚大学欧文分校软件研究所

Humble和Farley阐明了是什么使快速成长的Web应用取得成功。曾经颇具争议的持续部署和交付已经成为司空见惯的技术,而本书出色地讲述了其中的方方面面。在很多层面上,这都是开发和运维的交点,而他们正是瞄准了这一点。

——John Allspaw,Etsy.com技术运营副总裁
The Art of Capacity Planning 和 *Web Operations* 的作者

对本书的赞誉

如果你的业务就是构建和交付基于软件的服务，你一定会从本书清晰阐述的理念中受益。而且，除了这些理念以外，Humble和Farley还为快速可靠地进行软件变更提供了一份卓越的"剧本"。

——Damon Edwards，DTO Solutions总裁，dev2ops.org网站主编之一

我相信，做软件的人拿起这本书，翻到任意一章，都会很快得到有价值的信息。如果从头到尾仔细阅读，你就能根据所在组织的具体情况对构建和部署过程进行简化。我认为，这是一本关于软件构建、部署、测试和发布的必备手册。

——Sarah Edrie，哈佛商学院质量工程总监

对于现代软件团队来说，显然持续交付就是持续集成的下一步。本书以不断为客户提供有价值的软件为目标，通过一套明确且有效的原则和做法使这一目标的实现成为了可能。

——Rob Sanheim，Relevance公司技术骨干

译 者 序

十年前，敏捷软件开发方法在国内还少有人知，现在却已渐成主流。持续集成作为一个敏捷开发最佳实践，近年来也被广泛接受。然而，它们并没有很好地解决所谓的"最后一公里问题"，即如何让软件从"开发完成"迅速实现"上线发布"。

本书的问世让这个问题有了答案。通过将敏捷和持续集成的理念应用到整个软件生命周期中，利用各种敏捷原则与最佳实践打破了用户、交付团队及运维团队之间的壁垒，让原本令人紧张、疲惫的软件发布过程变得轻松了，令原本枯燥易错的部署操作已变得只需轻点鼠标即可完成。

本书首次从业务视角阐述了持续交付的必要性，并从现实问题出发，对软件交付过程进行了彻底的剖析，指出了各交付环节所需遵守的原则与最佳实践，列举了各种常见的反模式。书中的案例详实，贴近生产一线，读过之后，你一定会产生强烈的共鸣。

本书为所有人带来了曙光：

作为IT部门的主管，当你发现这本书后，一定会觉得眼前豁然开朗；

作为项目经理，当你读完本书的前五章后，一定会觉得手中的项目不再令你望而却步；

作为开发人员，当你在多个分支之间痛苦地解决着合并冲突时，本书中的配置管理实践一定会让你觉得看到了希望；

作为测试人员，当你在各类测试间疲于奔命时，本书中的自动化测试章节一定会令你觉得神清气爽；

作为运维人员，当你在为各类环境的维护而苦恼不休时，本书中的环境管理内容一定会让你觉得心旷神怡。

持续交付以全面的版本控制和全面自动化为核心，通过各角色的紧密合作，力图让每个发布都变成可靠且可重复的过程。

作为Cruise①的业务分析师，我暗自庆幸能和Cruise团队的其他成员一起见证这本书的问世，并在Cruise整个研发过程里采用书中的诸多实践，为本书提供了素材。

---

① Cruise是ThoughtWorks Studios 在2008年发布的一款持续集成与发布管理工具，现已更名为Go。

——译者注

译者序

　　正因了解本书对软件行业的重大意义，在其出版之前，我就向作者之一Jez Humble提出，希望将这本书引入中国。也正因如此，在此书英文版出版后的短短一年内，中文版就能与国内读者见面。同时，也感谢图灵教育以专业的态度，制订了完善的出版计划，本书才得以尽早出版。

　　此外，谨以此书献给我的妻子兆霞和儿子皓天。他们的支持和鼓励让我在过去的十个月中，利用业余时间顺利地完成了这数百页的翻译工作。

　　昨日获悉，本书获得了2011年Jolt图书大奖，这足以证明它值得一读。希望读完之后，你也和我一样有所收获，并把它介绍给更多还在痛苦中艰难前行的软件从业者。

乔　梁

于2011年8月

马丁·福勒序

20世纪90年代末期，我拜访了Kent Beck，当时他正在瑞士的一家保险公司工作。他向我介绍了他的项目，他的团队有高度的自律性，而一个很有趣的事情是每晚他们都将软件部署到生产环境中。这种具有规律性的部署带给他们很多好处，已写好的软件不必在部署之前无谓地等待，他们对问题和机会反应迅速，周转期很短使他们与其业务客户以及最终用户三方之间建立了更深层次的关系。

在过去10年里，我一直在ThoughtWorks工作。我们所做的项目有一个共同的主题，那就是缩短从想法到可用软件之间的生产周期。我看到过很多项目案例，几乎所有项目都在设法缩短周期。尽管我们通常不会每天发布，但现在每两周发布一次却是很常见的。

David与Jez就身处这场巨大变革之中。在他们所致力的项目中，频繁且可靠地进行交付已然成为一种文化。David、Jez和我们的同事已经将很多每年才能做一次软件部署的组织带到了**持续交付**的世界里，即让发布变成了常规活动。

至少对开发团队来说，该方法的基础是持续集成（CI）。CI使整个开发团队保持同步，消除了集成问题引起的延期。在几年前，Paul Duvall写了一本关于CI的书。但CI只是第一步。软件即使被成功地集成到了代码主干上，也仍旧是没有在生产环境中发挥作用的软件。David和Jez的书对从CI至"最后一公里"的问题进行了阐述，描述了如何构建部署流水线，才能将已集成的代码转变为已部署到生产环境中的软件。

这种交付思想长期以来一直是软件开发中被人遗忘的角落，是开发人员和运维团队之间的一个黑洞。因此毫无疑问的是，本书中的技术都依赖于这些团队的凝聚，而这也就是悄然兴起的DevOps运动的前兆。这个过程也包括测试人员，因为测试工作也是确保无差错发布的关键因素。贯穿一切的是高度自动化，让事情能够很快完成而且没有差错。

为了实现这些，需要付出努力，但所带来的好处是意义深远的。持续时间长且强度很高的发布将成为过去。软件客户能够看到一些想法快速变成他们可以每天使用的可工作软件。也许最重要的是，我们消除了软件开发中严重压力的一个重大来源。没有人喜欢为了让系统升级包能够在周一的黎明前发布而在周末紧张加班。

在我看来，如果有这样一本书，能够告诉你如何做到无压力且频繁地交付软件，那么显然它是值得一读的。考虑到你们团队的利益，我希望你能同意我的观点。

致　　谢

很多人为本书作出了贡献。特别要感谢我们的审校者David Clack、Leyna Cotran、Lisa Crispin、Sarah Edrie、Damon Edwards、Martin Fowler、James Kovacs、Bob Maksimchuk、Elliotte Rusty Harold、Rob Sanheim和Chris Smith。同时也要感谢Addison-Wesley的编辑和制作团队，包括Chris Guzikowski、Raina Chrobak、Susan Zahn、Kristy Hart和Andy Beaster。Dmitry Kirsanov和Alina Kirsanova很好地完成了本书的编辑和校对工作，并使用完全自动化的系统完成了本书的排版工作。

本书中很多想法都得益于众多同事给我们的启发，这些人包括（排名不分先后）Chris Read、Sam Newman、Dan North、Dan Worthington-Bodart、Manish Kumar、Kraig Parkinson、Julian Simpson、Paul Julius、Marco Jansen、Jeffrey Fredrick、Ajey Gore、Chris Turner、Paul Hammant、胡凯、乔彦东、乔梁、杨哈达、Julias Shaw、Deepthi、Mark Chang、Dante Briones、李光磊、Erik Doernenburg、Kraig Parkinson、Ram Narayanan、Mark Rickmeier、Chris Stevenson、Jay Flowers、Jason Sankey、Daniel Ostermeier、Rolf Russell、Jon Tirsen、Timothy Reaves、Ben Wyeth、Tim Harding、Tim Brown、Pavan Kadambi Sudarshan、Stephen Foreshew、Yogi Kulkarni、David Rice、Chad Wathington、Jonny LeRoy、和Chris Briesemeister。

Jez要感谢他的妻子Rani，他的挚爱。她的鼓励让他走出了本书写作过程中的低谷。他还要感谢他的女儿Amrita，她的呀呀学语、拥抱和灿烂的笑容让他坚定了信心。同时，他还要深深地感谢他在ThoughtWorks的同事，是他们造就了一个鼓舞人心的工作环境，并感谢Cyndi Mitchell和Martin Fowler对本书的支持。最后，还要特别感谢Jeffrey Fredrick和Paul Julius（他们俩创建了CITCON），以及他有机会在CITCON遇见并与之畅谈甚欢的人们。

David要感谢他的妻子Kate及其孩子Tom和Ben在这个项目及其他方面无尽的支持。同时，尽管他不再就职于ThoughtWorks，但仍感谢它为在那里工作的人们提供了一个开放、进取且鼓励创新的环境，并因此促成了寻求解决方案的创新型方法，而其中很多方法又丰富了本书内容。另外，他还感谢现在的公司LMAX以及Martin Thompson，感谢他们的支持、信任，他们采纳了本书中所描述的技术，将其应用到了世界级高性能计算这个具有强烈挑战性的技术环境。

前　言

引言

昨天，老板让你给客户演示一下产品很好的新特性，但你却什么都演示不了。所有新功能都只开发了一半，没人能让这个系统运行起来。你能拿到代码，可以编译，所有的单元测试在持续集成服务器上都能跑过，但是还要花几天才能把这个新版本发布到对外公开的UAT环境中。这种临时安排的商务演示活动算不上不合理吧？

在生产环境中发现了一个严重缺陷，它每天都在让你的公司蒙受损失。你也知道怎么修复它：只要在这个三层架构的系统中，修改那个被这三层都用到的库上的一行代码，然后再修改一下数据库中对应的表即可。但是，上次发布新版本到生产环境时，你花掉了整个周末的时间，而且直到凌晨三点才完活儿。另外，上次执行部署的那个家伙在不久之后因厌倦这样的工作辞职了。你清楚地知道，下次发布肯定不是一个周末就能搞定的。也就是说，该系统在工作日也会停机一段时间。唉，要是业务人员也能理解我们的问题就好了。

虽然这些事都很常见，但这些问题并不是软件开发过程不可避免的产物，它们只是在暗示我们：某个地方做错了。软件发布应该是一个快速且可重复的过程。现在，很多公司都会在一天内发布很多次。甚至对于那些代码非常复杂的代码库来说，这样做也是可能的。我们在本书中就会告诉你如何做到这一点。

Poppendieck夫妇（Mary和Tom）问道："在你的公司里，仅涉及一行代码的改动需要花多长时间才能部署上线？你的处理方式是否可重复且可靠呢？"[①] 从"决定做某种修改"到"该修改结果正式上线"的这段时间称为周期时间（cycle time）。对任何项目而言，它都是一个极为重要的度量标准。

在很多组织中，周期时间的度量单位是周或者月，而且发布过程也是不可重复或不可靠的。部署常常是手工操作过程，甚至将软件部署到测试环境或试运行环境都需要一个团队来完成，更不用说部署到生产环境了。我们遇到过同样复杂的项目，它们曾经也是这种状态，但是经过深入的业务流程重组后，对于某一关键的修改，团队做

---

① *Implementing Lean Software Development*第59页。

到了小时级别甚至分钟级别的发布。之所以能做到，就是因为我们创建了一个完全自动化、可重复且可靠的过程，让变更顺利地经过构建、部署、测试和发布过程。在这里，自动化是关键，它让开发人员、测试人员和运营人员能够通过一键式操作完成软件创建和部署过程中的所有常见任务。

本书将讲述如何缩短从想法到商业价值实现的时间，并使之更安全，从而彻底改变软件交付方式。

软件交到用户手上之后才会为个人或公司带来收入。这是显而易见的事，但在大多数组织中，将软件发布到生产环境的过程是一种手工密集型的、易出错且高风险的过程。虽然几个月的周期时间很常见，但很多公司的情况会更糟糕：发布周期会超过一年。对于大公司，从一个想法到用代码实现它的时间每延迟一周就意味着多出数百万美元的机会成本，而且这些大公司每次发布所经历的时间往往也是最长的。

尽管如此，现代大多数的软件开发项目仍旧没有把低风险软件交付的机制和过程作为其组成部分。

我们的目标是改变软件交付方式，将其由开发人员的手工操作变成一种可靠、可预期、可视化的过程并在很大程度上实现了自动化的流程，而且它要具备易于理解与风险可量化的特点。使用本书所描述的方法，就有可能在几分钟或几个小时内把一个想法变成可交付到生产环境中的工作代码，而且同时还能提高交付软件的质量。

交付成功软件的成本绝大部分都是在首次发布后产生的。这些成本包括技术支持、维护、增加新功能和修复缺陷的成本。通过迭代方式交付的软件更是如此，因为首次发布只会包含能给用户提供价值的最小功能集合。因此本书的书名《持续交付》就来源于敏捷宣言的第一原则："我们的首要任务是尽早持续交付有价值的软件并让客户满意。"[bibNp0]这也反映了这样一个现实：对于成功的软件，首次发布只是交付过程的开始。

书中描述的所有技术都与交付软件新版本给客户相关，旨在减少时间和降低风险。这些技术的核心是增加反馈，改进负责交付的开发、测试和运维人员之间的协作。这些技术能确保当需要修改应用程序（也许是修复缺陷，也许是开发新功能）时，从修改代码到正式部署上线之间的时间尽可能短，尽早发现缺陷以便快速修复，并更好地了解与本次修改相关的风险。

读者对象及本书内容

本书的一个主要目标是改善负责软件交付的相关人员之间的协作，尤其是开发人员、测试人员、系统和数据库管理员以及经理。

本书内容广泛，包括经常提到的配置管理、源代码控制、发布计划、审计、符合性和集成，以及构建、测试和部署流程的自动化。我们也会讲述自动化验收测试、依赖管理、数据库迁移，以及测试和生产环境的创建与管理等技术。

参与过软件开发的很多人认为与写代码相比,这些活动不那么重要。然而,根据我们的经验,它们会消耗大量的时间和精力,而且是成功交付软件的关键因素。当与这些活动相关的风险管理没有做到位时,它们就可能耗费很多资金,甚至经常会超过构建软件本身的成本。本书会告诉你如何了解这些风险,而且更重要的是,会教会你如何降低这些风险。

这个目标很大,我们当然无法在一本书中面面俱到。事实上,我们很有可能会疏远各类目标受众,比如由于没有深入讨论架构、行为驱动的开发和重构等问题而疏远开发人员,或由于没花足够多的篇幅讨论探索性测试和测试管理策略而疏远测试人员,或由于没有特别关注容量计划、数据库迁移和生产环境监控等问题而疏远运维人员。

然而,市面上已经有一些分别详细讨论这些内容的书了。我们认为,真正缺少的是一本讨论如何把各方面(包括配置管理、自动化测试、持续集成和部署、数据管理、环境管理以及发布管理)融合在一起的书。精益软件开发运动告诉我们很多事情,其中有一件就是"整体优化是非常重要的"。为了做到整体优化,用一种整体方法将交付过程中各个方面以及参与该过程的所有人联系在一起是非常必要的。只有当能够控制每一次从引入变更到发布的整个过程时,你才能开始优化和改进软件交付的速度和质量。

我们的目标是提供一个整体方案,并给出这个方案涉及的各种原则。我们会告诉你如何在自己的项目中使用这些实践。我们认为不会有一种一刀切的解决方案可以应对软件开发中的各个方面,更不用说像配置管理和企业系统的运维控制这么大的主题了。然而本书所述的基本内容是可以广泛应用于各种软件项目的,包括大的、小的、高技术要求或短平快的快速收益项目。

在开始实际应用这些原则时你会发现,针对特定场景还需要关于这些方面的更详细信息。本书最后列有一份参考书目,以及一些在线资源链接,你可以在其中找到关于本书中各主题的更详细信息。

本书由三部分组成。第一部分阐述了持续交付背后的一些原则,以及支持这些原则所需的实践。第二部分是本书的核心——我们称为部署流水线(deployment pipeline)的一种模式。第三部分更详细地介绍了支持部署流水线的生态系统,包括:让增量开发成为可能的技术;高级版本控制模式;基础设施、环境和数据的管理;治理(governance)。

其中很多技术看上去只适用于大型软件应用。尽管我们的经验多数来自于大型软件应用,但相信即便是极小的项目也可以从这些技术中受益,理由很简单,项目会变大的。当小项目开始时,你的决定会对其发展产生不可避免的影响,以正确的方式开始,你会使自己或者后继者在前进的路上减少很多痛苦。

本书作者都认同精益和迭代软件开发理论,即我们的目标是向客户快速并迭代地交付有价值且可工作的软件,并持续不断地从交付流程中消除浪费。我们描述的很多原则与技术最早都是在大型敏捷软件项目中总结出来的。然而，本书中提到的技术都是通用的。我们的关注点更多的是通过更好的可视化和更快的反馈改善协作。这在每个项目中都会产生积极影响，无论项目是否使用迭代开发过程。

我们尽量做到每一章（甚至每一节）都相对独立，可以分开阅读。至少，我们希望你想了解的内容以及相关的进一步的参考信息是清晰且容易找到的，以便你可以把这本书当做一本工具书来用。

还要说明的一点是，我们并不追求所讨论主题的学术性。市面上与之相关的理论书籍非常丰富，其中很多都非常有趣，也不乏深刻的见解。尤其是，我们不会花太多时间在标准上，而是会关注那些对软件开发中的每个角色都很有用且经过实战检验的技能和技术，并尽量言简意赅地阐明它们，使其在现实中每天都能发挥作用。在适当之处，我们还会提供一些案例，以方便阐述这些技术。

内容简介

我们知道，并不是每个人都想从头到尾读完这本书。所以本书采用了特别的编写方式，使你一旦看过介绍，就可以从不同的地方开始阅读它。为此，书中会有一定量的重复内容，但是希望不至于让逐页阅读的读者感到啰嗦。

本书包括三部分。第一部分从第1章到第4章，讲述有规律、可重复、低风险发布的基本原则和与其相关的实践。第二部分从第5章到第10章，讲述部署流水线。从第11章开始，我们会深入分析支撑持续交付的生态系统。

建议第1章必读。我们相信，那些刚接触软件开发流程的人，甚至是有经验的开发人员，都会从中发现很多挑战其对专业软件开发原有观点的内容。对于本书的其他部分，你可以在闲暇时翻看，或者在遇到问题时查看。

第一部分——基础篇

第一部分描述了理解部署流水线的前提条件。每章的内容都建立在上一章的基础之上。

第1章首先描述了在很多软件开发团队中常见的反模式，然后阐述了我们的目标以及实现方式。最后总结了软件交付的一些原则，本书的其他内容都以这些原则为基础。

第2章阐述了管理构建、部署、测试和发布应用程序所需的一些要素，包括源代码、构建脚本，以及环境和应用程序配置。

第3章讲述了在程序每个变更后执行构建和运行自动化测试相关的实践，以便确保你的软件一直处于可工作状态。

第4章介绍了每个项目中的各种手工和自动化测试，并讨论了如何确定适合自己项目的策略。

第二部分——部署流水线

本书的第二部分详细介绍了部署流水线，包括如何实现部署流水线中的各种阶段。

第5章介绍了一种模式，即本书的核心——每次代码修改后从提交到发布的一个自动化过程。我们也讨论了如何在团队级别和组织级别实现流水线。

第6章讨论了用于创建自动化构建和部署流程的脚本化技术，以及使用这些脚本的最佳实践。

第7章讨论了部署流水线中的第一个阶段，即任何一次提交都应该触发的自动化过程。我们还讨论了如何创建一个快速、高效的提交测试套件。

第8章展现了从分析一直到实现的自动化验收测试。我们讨论了为什么对于持续交付来说验收测试非常关键，以及如何创建一个成本合理的高效验收测试套件，来保护应用程序中那些有价值的功能。

第9章讨论了非功能需求，并重点介绍了容量测试，内容包括如何创建容量测试，以及如何准备容量测试环境。

第10章讲述自动化测试之后应做什么：一键式将候选发布版本部署到手工测试环境、用户验收测试环境、试运行环境，直至最终发布。其中包括一些至关重要的主题，如持续部署、回滚以及零停机发布。

第三部分——交付生态圈

本书的最后一部分讨论了用于支撑部署流水线的各类交叉实践与技术。

第11章的内容包括环境的自动化创建、管理和监控，包括虚拟化技术和云计算的使用。

第12章讨论了在应用程序的生命周期中，如何创建和迁移测试数据和生产数据。

第13章首先讨论了如何在不使用分支的情况下让应用程序一直处于可发布状态。然后描述了如何将应用程序分解成多个组件，以及如何建立和测试这些组件。

第14章概述了最流行的一些工具，以及使用版本控制的不同模式。

第15章的内容是风险管理和符合度，并提出了配置和发布管理的一个成熟度模型。然后，我们讨论了持续交付带来的商业价值，和迭代增量交付项目的生命周期。

关于封面的插图

Martin Fowler签名系列的所有书中，其封面都以"桥"为主题。我们原打算使用"英国大铁桥"的照片，但是它已经用在了本系列的另一本书上。所以，我们选择了英国的另一座大桥"福斯铁路桥"，这张美丽的照片由Stewart Hardy拍摄而成。

福斯铁路桥是英国第一座使用钢铁建造的大桥。其钢铁使用最新的西门子–马丁平炉工艺制造，并由在苏格兰的两个钢铁厂和威尔士的一个钢铁厂交付。钢铁是以管状桁架的形式运送的，这是英国首次使用大规模生产的零部件组装桥梁。与早期的桥梁不同，设计师John Fowler爵士、Benjamin Baker爵士和Allan Stewart计算了建筑压发生率，以便减少后续的维护成本，并计算了风压和温度对结构的影响，而这很像软件开发中的功能需求和非功能需求。他们还监督了桥梁建设，以确保这些要求都能得到满足。

当时有4600名工人参与建造该桥，其中不幸死亡约一百人，致残数百人。然而它仍是工业革命的一个奇迹，因为1890年建成时，它是世界上最长的桥，而到了21世纪初，它仍是世界第二长的悬臂大桥。就像长生命周期的软件项目一样，这座桥需要持续维护。这已在设计时考虑到了，大桥配套工程中不但有一个维护车间和场地，而且在Dalmeny车站还有一个50个房间的铁路"聚居点"。据估计，该桥的使用寿命还有一百多年。

版本记录

本书直接利用DocBook①写完。David使用了TextMate编辑器，而Jez使用了Aquamacs Emacs。图形是用OmniGraffle画的。David和Jez通常身居地球的不同地方，他们之间的协作是通过Subversion完成的。我们还使用了持续集成技术，工具是CruiseControl.rb，每次有人提交一个更改后，它就会运行dblatex产生本书的PDF。

本书印刷前一个月，Dmitry Kirsanov和Alina Kirsanova开始排版制作，与作者的合作都通过Subversion库、电子邮件和共享的Google Docs表进行协调。Dmitry用XEmacs做DocBook源文件的修编，Alina则完成了其他事情，包括使用定制的XSLT样式表和一个XSL-FO格式化工具进行页面排版，从源文件中的索引标签里编译并编辑索引，并做了本书的最终校订。

---

① DocBook 是一种 XML（和 SGML）应用程序，可用于编写技术图书和文档，一度成为最流行的 XML 格式。它非常适合于编写关于计算机硬件和软件的书籍和论文，但绝不限于这些应用。——译者注

目　　录

第一部分　基础篇

第1章　软件交付的问题 ………… 2
1.1　引言 ……………………………… 2
1.2　一些常见的发布反模式 ………… 3
　　1.2.1　反模式：手工部署软件 …… 4
　　1.2.2　反模式：开发完成之后
　　　　　才向类生产环境部署 …… 5
　　1.2.3　反模式：生产环境的手
　　　　　工配置管理 ……………… 7
　　1.2.4　我们能做得更好吗 ………… 8
1.3　如何实现目标 …………………… 9
　　1.3.1　每次修改都应该触发反馈
　　　　　流程 ……………………… 10
　　1.3.2　必须尽快接收反馈 ………… 11
　　1.3.3　交付团队必须接收反馈
　　　　　并作出反应 ……………… 12
　　1.3.4　这个流程可以推广吗 ……… 12
1.4　收效 ……………………………… 12
　　1.4.1　授权团队 …………………… 13
　　1.4.2　减少错误 …………………… 13
　　1.4.3　缓解压力 …………………… 15
　　1.4.4　部署的灵活性 ……………… 16
　　1.4.5　多加练习，使其完美 ……… 17
1.5　候选发布版本 …………………… 17
1.6　软件交付的原则 ………………… 19
　　1.6.1　为软件的发布创建一个
　　　　　可重复且可靠的过程 …… 19
　　1.6.2　将几乎所有事情自动化 …… 19
　　1.6.3　把所有的东西都纳入版
　　　　　本控制 …………………… 20
　　1.6.4　提前并频繁地做让你
　　　　　感到痛苦的事 …………… 20
　　1.6.5　内建质量 …………………… 21
　　1.6.6　"DONE"意味着"已发
　　　　　布" ……………………… 21
　　1.6.7　交付过程是每个成员的
　　　　　责任 ……………………… 22
　　1.6.8　持续改进 …………………… 22
1.7　小结 ……………………………… 23

第2章　配置管理 ………………… 24
2.1　引言 ……………………………… 24
2.2　使用版本控制 …………………… 25
　　2.2.1　对所有内容进行版本控
　　　　　制 ………………………… 26
　　2.2.2　频繁提交代码到主干 ……… 28
　　2.2.3　使用意义明显的提交注
　　　　　释 ………………………… 29
2.3　依赖管理 ………………………… 30
　　2.3.1　外部库文件管理 …………… 30
　　2.3.2　组件管理 …………………… 30
2.4　软件配置管理 …………………… 31
　　2.4.1　配置与灵活性 ……………… 31
　　2.4.2　配置的分类 ………………… 33
　　2.4.3　应用程序的配置管理 ……… 33
　　2.4.4　跨应用的配置管理 ………… 36
　　2.4.5　管理配置信息的原则 ……… 37
2.5　环境管理 ………………………… 38
　　2.5.1　环境管理的工具 …………… 41
　　2.5.2　变更过程管理 ……………… 41
2.6　小结 ……………………………… 42

第 3 章 持续集成 43
3.1 引言 43
3.2 实现持续集成 44
3.2.1 准备工作 44
3.2.2 一个基本的持续集成系统 45
3.3 持续集成的前提条件 46
3.3.1 频繁提交 46
3.3.2 创建全面的自动化测试套件 47
3.3.3 保持较短的构建和测试过程 47
3.3.4 管理开发工作区 49
3.4 使用持续集成软件 49
3.4.1 基本操作 49
3.4.2 铃声和口哨 50
3.5 必不可少的实践 52
3.5.1 构建失败之后不要提交新代码 52
3.5.2 提交前在本地运行所有的提交测试,或者让持续集成服务器完成此事 53
3.5.3 等提交测试通过后再继续工作 54
3.5.4 回家之前,构建必须处于成功状态 54
3.5.5 时刻准备着回滚到前一个版本 55
3.5.6 在回滚之前要规定一个修复时间 56
3.5.7 不要将失败的测试注释掉 56
3.5.8 为自己导致的问题负责 56
3.5.9 测试驱动的开发 57
3.6 推荐的实践 57
3.6.1 极限编程开发实践 57
3.6.2 若违背架构原则,就让构建失败 58
3.6.3 若测试运行变慢,就让构建失败 58
3.6.4 若有编译警告或代码风格问题,就让测试失败 59
3.7 分布式团队 60
3.7.1 对流程的影响 60
3.7.2 集中式持续集成 61
3.7.3 技术问题 61
3.7.4 替代方法 62
3.8 分布式版本控制系统 63
3.9 小结 66

第 4 章 测试策略的实现 67
4.1 引言 67
4.2 测试的分类 68
4.2.1 业务导向且支持开发过程的测试 69
4.2.2 技术导向且支持开发过程的测试 72
4.2.3 业务导向且评价项目的测试 72
4.2.4 技术导向且评价项目的测试 73
4.2.5 测试替身 74
4.3 现实中的情况与应对策略 75
4.3.1 新项目 75
4.3.2 项目进行中 76
4.3.3 遗留系统 77
4.3.4 集成测试 78
4.4 流程 80
4.5 小结 82

第二部分 部署流水线

第 5 章 部署流水线解析 84
5.1 引言 84
5.2 什么是部署流水线 85
5.3 部署流水线的相关实践 91
5.3.1 只生成一次二进制包 91
5.3.2 对不同环境采用同一部署方式 93
5.3.3 对部署进行冒烟测试 94
5.3.4 向生产环境的副本中部署 94
5.3.5 每次变更都要立即在流水线中传递 95

	5.3.6 只要有环节失败，就停
	止整个流水线 ············ 96
5.4	提交阶段 ························· 96
5.5	自动化验收测试之门 ············ 99
5.6	后续的测试阶段 ················ 102
	5.6.1 手工测试 ············ 103
	5.6.2 非功能测试 ············ 103
5.7	发布准备 ························ 104
	5.7.1 自动部署与发布 ······ 104
	5.7.2 变更的撤销 ············ 106
	5.7.3 在成功的基础上构建 ··· 107
5.8	实现一个部署流水线 ············ 107
	5.8.1 对价值流进行建模并创
	建简单的可工作框架 ··· 107
	5.8.2 构建和部署过程的自动
	化 ························· 108
	5.8.3 自动化单元测试和代码
	分析 ······················ 109
	5.8.4 自动化验收测试 ········ 109
	5.8.5 部署流水线的演进 ······ 110
5.9	度量 ······························· 111
5.10	小结 ······························· 113

第 6 章　构建与部署的脚本化 ········ 115

6.1	引言 ································ 115
6.2	构建工具概览 ···················· 116
	6.2.1 Make ····················· 118
	6.2.2 Ant ······················· 118
	6.2.3 NAnt 与 MSBuild ······ 119
	6.2.4 Maven ···················· 120
	6.2.5 Rake ······················ 121
	6.2.6 Buildr ···················· 121
	6.2.7 Psake ····················· 121
6.3	构建部署脚本化的原则与实践 ··· 122
	6.3.1 为部署流水线的每个
	阶段创建脚本 ············ 122
	6.3.2 使用恰当的技术部署
	应用程序 ··················· 122
	6.3.3 使用同样的脚本向所
	有环境部署 ··············· 123

	6.3.4 使用操作系统自带的
	包管理工具 ··············· 124
	6.3.5 确保部署流程是幂等
	的（Idempotent） ········ 125
	6.3.6 部署系统的增量式演进 ··· 126
6.4	面向 JVM 的应用程序的项目
	结构 ································ 126
6.5	部署脚本化 ······················· 129
	6.5.1 多层的部署和测试 ······ 130
	6.5.2 测试环境配置 ············ 131
6.6	小贴士 ···························· 132
	6.6.1 总是使用相对路径 ······ 132
	6.6.2 消除手工步骤 ············ 132
	6.6.3 从二进制包到版本控制
	库的内建可追溯性 ········ 133
	6.6.4 不要把二进制包作为构
	建的一部分放到版本控
	制库中 ···················· 133
	6.6.5 "test" 不应该让构建失
	败 ·························· 134
	6.6.6 用集成冒烟测试来限制
	应用程序 ··················· 134
	6.6.7 .NET 小贴士 ············ 135
6.7	小结 ······························· 135

第 7 章　提交阶段 ········· 137

7.1	引言 ································ 137
7.2	提交阶段的原则和实践 ········ 138
	7.2.1 提供快速有用的反馈 ··· 138
	7.2.2 何时令提交阶段失败 ··· 139
	7.2.3 精心对待提交阶段 ······ 140
	7.2.4 让开发人员也拥有所有
	权 ·························· 140
	7.2.5 在超大项目团队中指定
	一个构建负责人 ············ 141
7.3	提交阶段的结果 ················ 141
7.4	提交测试套件的原则与实践 ······ 144
	7.4.1 避免用户界面 ············ 145
	7.4.2 使用依赖注入 ············ 145
	7.4.3 避免使用数据库 ········· 145
	7.4.4 在单元测试中避免异步 ··· 146

7.4.5 使用测试替身…………… 146
7.4.6 最少化测试中的状态…… 149
7.4.7 时间的伪装……………… 150
7.4.8 蛮力…………………… 150
7.5 小结…………………………… 151

第8章 自动化验收测试……………… 152
8.1 引言…………………………… 152
8.2 为什么验收测试是至关重要的…… 153
　　8.2.1 如何创建可维护的验收
　　　　　测试套件………………… 155
　　8.2.2 GUI 上的测试…………… 156
8.3 创建验收测试………………… 157
　　8.3.1 分析人员和测试人员的
　　　　　角色……………………… 157
　　8.3.2 迭代开发项目中的分析
　　　　　工作……………………… 157
　　8.3.3 将验收条件变成可执行
　　　　　的规格说明书…………… 158
8.4 应用程序驱动层……………… 161
　　8.4.1 如何表述验收条件……… 163
　　8.4.2 窗口驱动器模式：让测
　　　　　试与 GUI 解耦………… 164
8.5 实现验收测试………………… 166
　　8.5.1 验收测试中的状态……… 166
　　8.5.2 过程边界、封装和测试… 168
　　8.5.3 管理异步与超时问题…… 169
　　8.5.4 使用测试替身对象……… 171
8.6 验收测试阶段………………… 174
　　8.6.1 确保验收测试一直处于
　　　　　通过状态………………… 175
　　8.6.2 部署测试……………… 177
8.7 验收测试的性能……………… 178
　　8.7.1 重构通用任务…………… 178
　　8.7.2 共享昂贵资源…………… 179
　　8.7.3 并行测试……………… 180
　　8.7.4 使用计算网格…………… 180
8.8 小结…………………………… 181

第9章 非功能需求的测试…………… 183
9.1 引言…………………………… 183
9.2 非功能需求的管理…………… 184

9.3 如何为容量编程……………… 186
9.4 容量度量……………………… 188
9.5 容量测试环境………………… 191
9.6 自动化容量测试……………… 194
　　9.6.1 通过 UI 的容量测试…… 195
　　9.6.2 基于服务或公共 API 来
　　　　　录制交互操作…………… 196
　　9.6.3 使用录制的交互模板…… 197
　　9.6.4 使用容量测试桩开发测
　　　　　试………………………… 198
9.7 将容量测试加入到部署流水
　　线中…………………………… 199
9.8 容量测试系统的附加价值…… 201
9.9 小结…………………………… 202

第10章 应用程序的部署与发布…… 203
10.1 引言………………………… 203
10.2 创建发布策略……………… 204
　　10.2.1 发布计划……………… 205
　　10.2.2 发布产品……………… 205
10.3 应用程序的部署和晋级…… 206
　　10.3.1 首次部署……………… 206
　　10.3.2 对发布过程进行建模
　　　　　　并让构建晋级………… 207
　　10.3.3 配置的晋级…………… 209
　　10.3.4 联合环境……………… 209
　　10.3.5 部署到试运行环境…… 210
10.4 部署回滚和零停机发布……211
　　10.4.1 通过重新部署原有的
　　　　　　正常版本来进行回滚…211
　　10.4.2 零停机发布…………… 212
　　10.4.3 蓝绿部署……………… 212
　　10.4.4 金丝雀发布…………… 213
10.5 紧急修复…………………… 216
10.6 持续部署…………………… 216
10.7 小贴士和窍门……………… 219
　　10.7.1 真正执行部署操作的
　　　　　　人应该参与部署过程
　　　　　　的创建………………… 219
　　10.7.2 记录部署活动………… 220
　　10.7.3 不要删除旧文件，而
　　　　　　是移动到别的位置…… 220

10.7.4 部署是整个团队的责任 ………… 220
10.7.5 服务器应用程序不应该有 GUI ………… 220
10.7.6 为新部署预留预热期 ………… 221
10.7.7 快速失败 ………… 221
10.7.8 不要直接对生产环境进行修改 ………… 222
10.8 小结 ………… 222

第三部分 交付生态圈

第11章 基础设施和环境管理 ………… 224
11.1 引言 ………… 224
11.2 理解运维团队的需要 ………… 225
 11.2.1 文档与审计 ………… 226
 11.2.2 异常事件的告警 ………… 227
 11.2.3 保障IT服务持续性的计划 ………… 227
 11.2.4 使用运维团队熟悉的技术 ………… 228
11.3 基础设施的建模和管理 ………… 229
 11.3.1 基础设施的访问控制 ………… 230
 11.3.2 对基础设施进行修改 ………… 231
11.4 服务器的准备及其配置的管理 ………… 232
 11.4.1 服务器的准备 ………… 233
 11.4.2 服务器的持续管理 ………… 234
11.5 中间件的配置管理 ………… 239
 11.5.1 管理配置项 ………… 239
 11.5.2 产品研究 ………… 241
 11.5.3 考查中间件是如何处理状态的 ………… 242
 11.5.4 查找用于配置的API ………… 242
 11.5.5 使用更好的技术 ………… 243
11.6 基础设施服务的管理 ………… 243
11.7 虚拟化 ………… 245
 11.7.1 虚拟环境的管理 ………… 247
 11.7.2 虚拟环境和部署流水线 ………… 249
 11.7.3 用虚拟环境做高度的并行测试 ………… 251

11.8 云计算 ………… 252
 11.8.1 云中基础设施 ………… 253
 11.8.2 云中平台 ………… 254
 11.8.3 没有普适存在 ………… 255
 11.8.4 对云计算的批评 ………… 256
11.9 基础设施和应用程序的监控 ………… 256
 11.9.1 收集数据 ………… 257
 11.9.2 记录日志 ………… 259
 11.9.3 建立信息展示板 ………… 259
 11.9.4 行为驱动的监控 ………… 261
11.10 小结 ………… 261

第12章 数据管理 ………… 263
12.1 引言 ………… 263
12.2 数据库脚本化 ………… 264
12.3 增量式修改 ………… 265
 12.3.1 对数据库进行版本控制 ………… 265
 12.3.2 联合环境中的变更管理 ………… 267
12.4 数据库回滚和无停机发布 ………… 268
 12.4.1 保留数据的回滚 ………… 268
 12.4.2 将应用程序部署与数据库迁移解耦 ………… 269
12.5 测试数据的管理 ………… 270
 12.5.1 为单元测试进行数据库模拟 ………… 271
 12.5.2 管理测试与数据之间的耦合 ………… 272
 12.5.3 测试独立性 ………… 272
 12.5.4 建立和销毁 ………… 273
 12.5.5 连贯的测试场景 ………… 273
12.6 数据管理和部署流水线 ………… 274
 12.6.1 提交阶段的测试数据 ………… 274
 12.6.2 验收测试中的数据 ………… 275
 12.6.3 容量测试的数据 ………… 276
 12.6.4 其他测试阶段的数据 ………… 277
12.7 小结 ………… 278

第13章 组件和依赖管理 ………… 280
13.1 引言 ………… 280
13.2 保持应用程序可发布 ………… 281
 13.2.1 将新功能隐蔽起来，直到它完成为止 ………… 282

目录

- 13.2.2 所有修改都是增量式的 ·········· 283
- 13.2.3 通过抽象来模拟分支 ·········· 284
- 13.3 依赖 ·········· 285
  - 13.3.1 依赖地狱 ·········· 286
  - 13.3.2 库管理 ·········· 287
- 13.4 组件 ·········· 289
  - 13.4.1 如何将代码库分成多个组件 ·········· 289
  - 13.4.2 将组件流水线化 ·········· 292
  - 13.4.3 集成流水线 ·········· 293
- 13.5 管理依赖关系图 ·········· 295
  - 13.5.1 构建依赖图 ·········· 295
  - 13.5.2 为依赖图建立流水线 ·········· 297
  - 13.5.3 什么时候要触发构建 ·········· 299
  - 13.5.4 谨慎乐观主义 ·········· 300
  - 13.5.5 循环依赖 ·········· 302
- 13.6 管理二进制包 ·········· 303
  - 13.6.1 制品库是如何运作的 ·········· 303
  - 13.6.2 部署流水线如何与制品库相结合 ·········· 304
- 13.7 用 Maven 管理依赖 ·········· 304
- 13.8 小结 ·········· 308

第 14 章 版本控制进阶 ·········· 309

- 14.1 引言 ·········· 309
- 14.2 版本控制的历史 ·········· 310
  - 14.2.1 CVS ·········· 310
  - 14.2.2 SVN ·········· 311
  - 14.2.3 商业版本控制系统 ·········· 312
  - 14.2.4 放弃悲观锁 ·········· 313
- 14.3 分支与合并 ·········· 314
  - 14.3.1 合并 ·········· 316
  - 14.3.2 分支、流和持续集成 ·········· 317
- 14.4 DVCS ·········· 319
  - 14.4.1 什么是 DVCS ·········· 319
  - 14.4.2 DVCS 简史 ·········· 321
  - 14.4.3 企业环境中的 DVCS ·········· 321
  - 14.4.4 使用 DVCS ·········· 322
- 14.5 基于流的版本控制系统 ·········· 324
  - 14.5.1 什么是基于流的版本控制系统 ·········· 324
  - 14.5.2 使用流的开发模型 ·········· 326
  - 14.5.3 静态视图和动态视图 ·········· 327
  - 14.5.4 使用基于流的版本控制系统做持续集成 ·········· 328
- 14.6 主干开发 ·········· 329
- 14.7 按发布创建分支 ·········· 332
- 14.8 按功能特性分支 ·········· 333
- 14.9 按团队分支 ·········· 335
- 14.10 小结 ·········· 338

第 15 章 持续交付管理 ·········· 340

- 15.1 引言 ·········· 340
- 15.2 配置与发布管理成熟度模型 ·········· 341
- 15.3 项目生命周期 ·········· 343
  - 15.3.1 识别阶段 ·········· 344
  - 15.3.2 启动阶段 ·········· 345
  - 15.3.3 初始阶段 ·········· 346
  - 15.3.4 开发与发布 ·········· 347
  - 15.3.5 运营阶段 ·········· 349
- 15.4 风险管理流程 ·········· 350
  - 15.4.1 风险管理基础篇 ·········· 350
  - 15.4.2 风险管理时间轴 ·········· 351
  - 15.4.3 如何做风险管理的练习 ·········· 352
- 15.5 常见的交付问题、症状和原因 ·········· 353
  - 15.5.1 不频繁的或充满缺陷的部署 ·········· 353
  - 15.5.2 较差的应用程序质量 ·········· 354
  - 15.5.3 缺乏管理的持续集成工作流程 ·········· 355
  - 15.5.4 较差的配置管理 ·········· 355
- 15.6 符合度与审计 ·········· 356
  - 15.6.1 文档自动化 ·········· 356
  - 15.6.2 加强可跟踪性 ·········· 357
  - 15.6.3 在筒仓中工作 ·········· 358
  - 15.6.4 变更管理 ·········· 358
- 15.7 小结 ·········· 360

参考书目 ·········· 361

Part 1 第一部分

基础篇

本部分内容

- 第 1 章　软件交付的问题
- 第 2 章　配置管理
- 第 3 章　持续集成
- 第 4 章　测试策略的实现

第 1 章

软件交付的问题

1.1 引言

作为软件从业人员，我们面临的最重要问题就是，如果有人想到了一个好点子，我们如何以最快的速度将它交付给用户？本书将给出这个问题的答案。

我们将专注于构建、部署、测试和发布过程，因为相对于软件生产全过程的其他环节来说，这部分内容的论著较为稀少。确切地说，我们并不认为软件开发方法不重要，如果没有对软件生命周期中其他方面的关注，只把它们作为全部问题的次要因素草率对待的话，就不可能实现可靠、迅速且低风险的软件发布，无法以高效的方式将我们的劳动成果交到用户手中。

现在有很多种软件开发方法，但它们主要关注于需求管理及其对开发工作的影响。市面上也有很多优秀的书，它们详细讨论了在软件设计、开发和测试方面各种各样的方法，但它们都仅仅讲述了将软件交付给作为客户的人或组织这一完整价值流的一部分。

一旦完成了需求定义以及方案的设计、开发和测试，我们接下来做什么？我们如何协调这些活动，尽可能地使交付过程更加可靠有效呢？我们如何让开发人员、测试人员，以及构建和运维人员在一起高效地工作呢？

本书描述了软件从开发到发布这一过程的有效模式。书中讲述了帮助大家实现这种模式的技术和最佳实践，展示了它与软件交付中其他活动是如何联系的。

本书的中心模式是部署流水线。从本质上讲，部署流水线就是指一个应用程序从构建、部署、测试到发布这整个过程的自动化实现。部署流水线的实现对于每个组织都将是不同的，这取决于他们对软件发布的价值流的定义，但其背后的原则是相同的。

部署流水线的示例如图1-1所示。

部署流水线大致的工作方式如下。对于应用程序的配置、源代码、环境或数据的每个变更都会触发创建一个新流水线实例的过程。流水线的首要步骤之一就是创建二进制文件和安装包,而其余部分都是基于第一步的产物所做的一系列测试,用于证明其达到了发布质量。每通过一步测试,我都会更加相信这些二进制文件、配置信息、环境和数据所构成的特殊组合可以正常工作。如果这个产品通过了所有的测试环节,那么它就可以发布了。

图1-1 一个简单的部署流水线

部署流水线以持续集成过程为其理论基石,从本质上讲,它是采纳持续集成原理后的自然结果。

部署流水线的目标有三个。首先,它让软件构建、部署、测试和发布过程对所有人可见,促进了合作。其次,它改善了反馈,以便在整个过程中,我们能够更早地发现并解决问题。最后,它使团队能够通过一个完全自动化的过程在任意环境上部署和发布软件的任意版本。

1.2 一些常见的发布反模式

软件发布的当天往往是紧张的一天。为什么会这样呢?对于大多数项目来说,在整个过程中,发布时的风险是比较大的。

在许多软件项目中,软件发布是一个需要很多手工操作的过程。首先,由运维团队独自负责安装好该应用程序所需的操作系统环境,再把应用程序所依赖的第三方软件安装好。其次,要手工将应用程序的软件产物复制到生产主机环境,然后通过Web服务器、应用服务器或其他第三方系统的管理控制台复制或创建配置信息,再把相关的数据复制一份到环境中,最后启动应用程序。假如这是个分布式的或面向服务的应用程序,可能就需要一部分一部分地完成。

如上所述,发布当天紧张的原因应该比较清楚了:在这个过程中有太多步骤可能出错。假如其中有一步没有完美地执行,应用程序就无法正确地运行。一旦发生这种情况,我们很难一下子说清楚哪里出了错,或到底是哪一步出了错。

本书其他部分将讨论如何避免这些风险,如何减少发布当天的压力,以及如何确保每次发布的可靠性都是可预见的。

在此之前,让我们先明确到底要避免哪类失败。下面列出了与可靠的发布过程相对应的几种常见的反模式,它们在我们这个行业中屡见不鲜。

1.2.1 反模式:手工部署软件

对于现在的大多数应用程序来说,无论规模大小,其部署过程都比较复杂,而且包含很多非常灵活的部分。许多组织都使用手工方式发布软件,也就是说部署应用程序所需的步骤是独立的原子性操作,由某个人或某个小组来分别执行。每个步骤里都有一些需要人为判断的事情,因此很容易发生人为错误。即便不是这样,这些步骤的执行顺序和时机的不同也会导致结果的差异性,而这种差异性很可能给我们带来不良后果。

这种反模式的特征如下。
- 有一份非常详尽的文档,该文档描述了执行步骤及每个步骤中易出错的地方。
- 以手工测试来确认该应用程序是否运行正确。
- 在发布当天开发团队频繁地接到电话,客户要求解释部署为何会出错。
- 在发布时,常常会修正一些在发布过程中发现的问题。
- 如果是集群环境部署,常常发现在集群中各环境的配置都不相同,比如应用服务器的连接池设置不同或文件系统有不同的目录结构等。
- 发布过程需要较长的时间(超过几分钟)。
- 发布结果不可预测,常常不得不回滚或遇到不可预见的问题。
- 发布之后凌晨两点还睡眼惺忪地坐在显示器前,绞尽脑汁想着怎么让刚刚部署的应用程序能够正常工作。

相反,随着时间的推移,部署应该走向完全自动化,即对于那些负责将应用程序部署到开发环境、测试环境或生产环境的人来说,应该只需要做两件事:(1)挑选版本及需要部署的环境,(2)按一下"部署"按钮。对于套装软件的发布来说,还应该有一个创建安装程序的自动化过程。

我们将在本书中讨论很多自动化问题。当然,并不是所有的人都热衷于这个想法。那么,我们先来解释一下为什么把自动化部署看做是一个必不可少的目标。
- 如果部署过程没有完全自动化,每次部署时都会发生错误。唯一的问题就是"该问题严重与否"而已。即便使用良好的部署测试,有些错误也很难追查。
- 如果部署过程不是自动化的,那么它就既不可重复也不可靠,就会在调试部署错误的过程中浪费很多时间。
- 手动部署流程不得不被写在文档里。可是文档维护是一项复杂而费时的任务,它涉及多人之间的协作,因此文档通常要么是不完整的,要么就是未及时更新的,而把一套自动化部署脚本作为文档,它就永远是最新且完整的,否则就无法进行部署工作了。
- 自动部署本质上也是鼓励协作的,因为所有内容都在一个脚本里,一览无遗。要读懂文档通常需要读者具备一定的知识水平。然而在现实中,文档通常只是为执行部署者写的备忘录,是难以被他人理解的。

- 以上几点引起的一个必然结果：手工部署过程依赖于部署专家。如果专家去度假或离职了，那你就有麻烦了。
- 尽管手工部署枯燥且极具重复性，但仍需要有相当程度的专业知识。若要求专家做这些无聊、重复，但有技术要求的任务则必定会出现各种我们可以预料到的人为失误，同时失眠，酗酒这种问题也会接踵而至。然而自动化部署可以把那些成本高昂的资深高技术人员从过度工作中解放出来，让他们投身于更高价值的工作活动当中。
- 对手工部署过程进行测试的唯一方法就是原封不动地做一次（或者几次）。这往往费时，还会造成高昂的金钱成本，而测试自动化的部署过程却是既便宜又容易。
- 另外，还有一种说法：自动化过程不如手工过程的可审计性好。我们对这个观点感到很疑惑。对于一个手工过程来说，没人能保其执行者会非常严格地遵循文档完成操作。只有自动化过程是完全可审核的。有什么会比一个可工作的部署脚本更容易被审核的呢？
- 每个人都应该使用自动化部署过程，而且它应该是软件部署的唯一方式。这个准则可以确保：在需要部署时，部署脚本就能完成工作。在本书中我们会提到多个原则，而其中之一就是"使用相同的脚本将软件部署到各种环境上"。如果使用相同的脚本将软件部署到各类环境中，那么在发布当天需要向生产环境进行部署时，这个脚本已经被验证过成百上千次了。如果发布时出现任何问题的话，你可以百分百地确定是该环境的具体配置问题，而不是这个脚本的问题。

当然，手工密集型的发布工作有时也会进行得非常顺利。有没有可能是糟糕的情况刚巧都被我们撞见了呢？假如在整个软件生产过程中它还算不上一个易出错的步骤，那么为什么还总要这么严阵以待呢？为什么需要这些流程和文档呢？为什么团队在周末还要加班呢？为什么还要求大家原地待命，以防意外发生呢？

1.2.2 反模式：开发完成之后才向类生产环境部署

在这一模式下，当软件被第一次部署到类生产环境（比如试运行环境）时，就是大部分开发工作完成时，至少是开发团队认为"该软件开发完成了"。

这种模式中，经常出现下面这些情况。

- 如果测试人员一直参与了在此之前的过程，那么他们已在开发机器上对软件进行了测试。
- 只有在向试运行环境部署时，运维人员才第一次接触到这个新应用程序。在某些组织中，通常是由独立的运维团队负责将应用程序部署到试运行环境和生产环境。在这种工作方式下，运维人员只有在产品被发布到生产环境时才第一次见到这个软件。
- 有可能由于类生产环境非常昂贵，所以权限控制严格，操作人员自己无权对该环境进行操作，也有可能环境没有按时准备好，甚至也可能根本没人去准备环境。

- 开发团队将正确的安装程序、配置文件、数据库迁移脚本和部署文档一同交给那些真正执行部署任务的人员，而所有这些都没有在类生产环境或试运行环境中进行过测试。
- 开发团队和真正执行部署任务的人员之间的协作非常少。

每当需要将软件部署到试运行环境时，都要组建一个团队来完成这项任务。有时候这个团队是一个全功能团队。然而在大型组织中，这种部署责任通常落在多个分立的团队肩上。DBA、中间件团队、Web团队，以及其他团队都会涉及应用程序最后版本的部署工作。由于部署工作中的很多步骤根本没有在试运行环境上测试过，所以常常遇到问题。比如，文档中漏掉了一些重要的步骤，文档和脚本对目标环境的版本或配置作出错误的假设，从而使部署失败。部署团队必须猜测开发团队的意图。

若不良协作使得在试运行环境上的部署工作问题重重，就会通过临时拨打电话、发电子邮件来沟通，并由开发人员做快速修复。一个严格自律的团队会将所有这类沟通纳入部署计划中，但这个过程很少有效。随着部署压力的增大，为了能够在规定的时间内完成部署，开发团队与部署团队之间这种严格定义的协作过程将被颠覆。

在执行部署过程中，我们常常发现系统设计中存在对生产环境的错误假设。例如，部署的某个应用软件是用文件系统做数据缓存的。这在开发环境中是没有什么问题的，但在集群环境中可能就不行了。解决这类问题可能要花很长时间，而且在问题解决之前，根本无法完成应用程序的部署。

一旦将应用程序部署到了试运行环境，我们常常会发现新的缺陷。遗憾的是，我们常常没有时间修复所有问题，因为最后期限马上就到了，而且项目进行到这个阶段时，推迟发布日期是不能被人接受的。所以，大多数严重缺陷被匆忙修复，而为了安全起见，项目经理会保存一份已知缺陷列表，可是当下一次发布开始时，这些缺陷的优先级还是常常被排得很低。

有的时候，情况会比这还糟。以下这些事情会使与发布相关的问题恶化。
- 假如一个应用程序是全新开发的，那么第一次将它部署到试运行环境时，可能会非常棘手。
- 发布周期越长，开发团队在部署前作出错误假设的时间就越长，修复这些问题的时间也就越长。
- 交付过程被划分到开发、DBA、运维、测试等部门的那些大型组织中，各部门之间的协作成本可能会非常高，有时甚至会将发布过程拖上"地狱列车"。此时为了完成某个部署任务（更糟糕的情况是，为了解决部署过程中出现的问题），开发人员、测试人员和运维人员总是高举着问题单（不断地互发电子邮件）。
- 开发环境与生产环境差异性越大，开发过程中所做的那些假设与现实之间的差距就越大。虽然很难量化，但我敢说，如果在Windows系统上开发软件，而最终要部署在Solaris集群上，那么你会遇到很多意想不到的事情。

❏ 如果应用程序是由用户自行安装的（你可能没有太多权限来对用户的环境进行操作），或者其中的某些组件不在企业控制范围之内，此时可能需要很多额外的测试工作。

那么，我们的对策就是将测试、部署和发布活动也纳入到开发过程中，让它们成为开发流程正常的一部分。这样的话，当准备好进行系统发布时就几乎很少或不会有风险了，因为你已经在很多种环境，甚至类生产环境中重复过很多次，也就相当于测试过很多次了。而且要确保每个人都成为这个软件交付过程的一份子，无论是构建发布团队、还是开发测试人员，都应该从项目开始就一起共事。

我们是测试的狂热者，而大量使用持续集成和持续部署（不但对应用程序进行测试，而且对部署过程进行测试）正是我们所描述的方法的基石。

1.2.3　反模式：生产环境的手工配置管理

很多组织通过专门的运维团队来管理生产环境的配置。如果需要修改一些东西，比如修改数据库的连接配置或者增加应用服务器线程池中的线程数，就由这个团队登录到生产服务器上进行手工修改。如果把这样一个修改记录下来，那么就相当于是变更管理数据库中的一条记录了。

这种反模式的特征如下。
❏ 多次部署到试运行环境都非常成功，但当部署到生产环境时就失败。
❏ 集群中各节点的行为有所不同。例如，与其他节点相比，某个节点所承担的负载少一些，或者处理请求的时间花得多一些。
❏ 运维团队需要较长时间为每次发布准备环境。
❏ 系统无法回滚到之前部署的某个配置，这些配置包括操作系统、应用服务器、关系型数据库管理系统、Web服务器或其他基础设施设置。
❏ 不知道从什么时候起，集群中的某些服务器所用的操作系统、第三方基础设施、依赖库的版本或补丁级别就不同了。
❏ 直接修改生产环境上的配置来改变系统配置。

相反，对于测试环境、试运行环境和生产环境的所有方面，尤其是系统中的任何第三方元素的配置，都应该通过一个自动化的过程进行版本控制。

本书描述的关键实践之一就是配置管理，其责任之一就是让你能够重复地创建那些你开发的应用程序所依赖的每个基础设施。这意味着操作系统、补丁级别、操作系统配置、应用程序所依赖的其他软件及其配置、基础设施的配置等都应该处于受控状态。你应该具有重建生产环境的能力，最好是能通过自动化的方式重建生产环境。虚拟化技术在这一点上可能对你有所帮助。

你应该完全掌握生产环境中的任何信息。这意味着生产环境中的每次变更都应该被记录下来，而且做到今后可以查阅。部署失败经常是因为某个人在上次部署时为生产环境打了补丁，但却没有将这个修改记录下来。实际上，不应该允许手工改变测试环境、试运行环境和生产环境,而只允许通过自动化过程来改变这些环境。

应用软件之间通常会有一些依赖关系。我们应该很容易知道当前发布的是软件的哪个版本。

发布可能是一件令人兴奋的事情,也可能变成一件累人而又沉闷的工作。几乎在每次发布的最后都会有一些变更,比如修改数据库的登录账户或者更新所用外部服务的URL。我们应该使用某种方法来引入此类变更,以便这些变更可以被记录并测试。这里我们再次强调一下,自动化是关键。变更首先应该被提交到版本控制系统中,然后通过某个自动化过程对生产环境进行更新。

我们也应该有能力在部署出错时,通过同一个自动化过程将系统回滚到之前的版本。

1.2.4 我们能做得更好吗

当然可以,本书就是来讲如何做好这件事的。即使是在一个非常复杂的企业环境中,我们所说的这些原则、实践和技术的目标都是将软件发布工作变成一个没有任何突发事件且索然无味的事情。软件发布能够(也应该)成为一个低风险、频繁、廉价、迅速且可预见的过程。这些实践在过去的几年中已经被使用,并且我们发现它们令很多项目变得非比寻常。本书所提到的所有实践既在具有分布式团队的大型企业项目中验证过,也在小型开发组中验证过。我们确信它们是有效的,而且可以应用在大项目中。

> **自动化部署的威力**
>
> 曾经有个客户,他们在过去每次发布时都会组建一个较大的专职团队。大家在一起工作七天(包括周末的两天)才能把应用程序部署到生产环境中。他们的发布成功率很低,要么是发现了错误,要么是在发布当天需要高度干预,且常常要在接下来的几天里修复在发布过程中引入的问题或者是配置新软件时导致的人为问题。
>
> 我们帮助客户实现了一个完善的自动构建、部署、测试和发布系统。为了让这个系统能够良好运行下去,我们还帮助他们采用了一些必要的开发实践和技术。我们看到的最后一次发布,只花了七秒钟就将应用程序部署到了生产环境中。根本没有人意识到发生了什么,只是感觉突然间多了一些新功能。假如部署失败了,无论是什么原因,我们都可以在同样短的时间里回滚。

本书的目标是描述如何使用部署流水线,将高度自动化的测试和部署以及全面的配置管理结合在一起,实现一键式软件发布。也就是说,只需要点击一下鼠标,就可以将软件部署到任何目标环境,包括开发环境、测试环境或生产环境。

接下来,我们会描述这种模式及其所需的技术,并提供一些建议帮你解决将面临的某些问题。实现这种方法,实在是磨刀不误砍柴工。

所有这些工作并不会超出项目团队的能力范围。它不需要刚性的流程、大量的文档或很多人力。我们希望,读完本章以后,你会理解这种方法背后的原则。

1.3 如何实现目标

正如我们所说,作为软件从业者,我们的目标是尽快地向用户交付有用的可工作的软件。

速度是至关重要的,因为未交付的软件就意味着机会成本。软件发布之时就是投资得到回报之时。因此,本书有两个目标,其中之一就是找到减少周期时间(cycle time)的方法。周期时间是从决定进行变更的时刻开始,包括修正缺陷或增加特性,直至用户可以使用本次变更后的结果。

快速交付也是非常重要的,因为这使你能够验证那些新开发的特性或者修复的缺陷是否真的有用。决定开发这个应用程序的人(我们称为客户)会猜测哪些特性或缺陷修复对用户是有用的。然而,直到使用者真正使用之前,这些全是未经过验证的假设。这也是为什么减少周期时间并建立有效反馈环如此重要的原因。

有用性的一个重要部分是质量。我们的软件应该满足它的业务目的。质量并不等于完美,正如伏尔泰所说"追求完美是把事情做好的大敌",但我们的目标应该一直是交付质量足够高的软件,给客户带来价值。因此,尽快地交付软件很重要,保证一定的质量是基础。

因此,我们来调整一下目标,即找到可以以一种高效、快速、可靠的方式交付高质量且有价值的软件的方法。

我们及我们的同修发现,为了达到这些目标(短周期、高质量),我们需要频繁且自动化地发布软件。为什么呢?

- 自动化。如果构建、部署、测试和发布流程不是自动化的,那它就是不可重复的。由于软件本身、系统配置、环境以及发布过程的不同,每次做完这些活动以后,其结果可能都会有所不同。由于每个步骤都是手工操作,所以出错的机会很大,而且无法确切地知道具体都做了什么。这意味着整个发布过程无法得到应有的控制来确保高质量。常常说软件发布像是一种艺术,但事实上,它应该是一种工程学科。
- 频繁做。如果能够做到频繁发布,每个发布版本之间的差异会很小。这会大大减少与发布相关的风险,且更容易回滚。频繁发布也会加快反馈速度,而客户也需要它。本书很多内容都聚焦于如何尽快得到对软件及其相关配置所做变化的反馈,这包括其环境、部署过程及数据等。

对于频繁地自动化发布来说,反馈是至关重要的。下面关于反馈的三个标准是很有用的:

- 无论什么样的修改都应该触发反馈流程;
- 反馈应该尽快发出;
- 交付团队必须接收反馈,并依据它作出相应的行动。

让我们逐一审视一下这三个标准,考虑如何能达到这样的标准。

1.3.1 每次修改都应该触发反馈流程

一个可工作的软件可分成以下几个部分：可执行的代码、配置信息、运行环境和数据。如果其中任何一部分发生了变化，都可能导致软件的行为发生变化。所以我们要能够控制这四部分，并确保任何修改都会被验证。

当修改了源代码后，可执行代码当然也就会随之发生变化。因此每当修改源代码后，都要进行构建和测试。为了能够控制这个流程，构建可执行代码并对其进行测试都应该是自动化的。每次提交都对应用程序进行构建并测试，这称作持续集成。我们会在第3章详细描述它。

之后的部署活动中都应该使用这个构建并测试后的可执行代码，无论是部署至测试环境，还是生产环境。如果你的应用软件需要编译，你应该确保在所有需要可执行代码的地方都使用在构建流程中已生成的这个，而不是再重新编译一次生成一个新的。

对环境的任何修改都应该作为配置信息来管理。无论在什么环境下，对于应用程序配置的变更都应该被测试。如果用户自己安装软件的话，任何可能的配置项都应该在各种具有代表性的环境上测试。① 配置管理将在第2章中讨论。

如果需要修改该应用程序所要被部署的运行环境，那么整个系统都应该在修改后的环境中进行测试。这包括对操作系统配置、该应用程序所依赖的软件集、网络配置，以及任何基础设施和外部系统的修改。第11章会讲基础设施和环境的管理，包括自动化地创建及维护测试环境和生产环境。

如果是数据结构发生了变化，这些变化也同样要经过测试。我们在第12章讨论数据管理。

什么是反馈流程？它是指完全以自动化方式尽可能地测试每一次变更。根据系统的不同，测试会有所不同，但通常至少包括下面的检测。

- 创建可执行代码的流程必须是能奏效的。这用于验证源代码是否符合语法。
- 软件的单元测试必须是成功的。这可以检查应用程序的行为是否与期望相同。
- 软件应该满足一定的质量标准，比如测试覆盖率以及其他与技术相关的度量项。
- 软件的功能验收测试必须是成功的。这可以检查应用是否满足业务验收条件，交付了所期望的业务价值。
- 软件的非功能测试必须是成功的。这可以检查应用程序是否满足用户对性能、有效性、安全性等方面的要求。
- 软件必须通过了探索性测试，并给客户以及部分用户做过演示。这些通常在一个手工测试环境上完成。此时，产品负责人可能认为软件功能还有缺失，我们自己也可能发现需要修复的缺陷，还要为其写自动化测试来避免回归测试。

运行测试的这些环境应该尽可能与生产环境相似，从而验证对于环境的任何修改都不会影响应用程序的正常运行。

---

① 对于跨平台的通用软件，应该在不同的操作系统，甚至同一操作系统的不同版本上进行测试。

——译者注

1.3.2 必须尽快接收反馈

快速反馈的关键是自动化。对于实现完全自动化过程来说,唯一的约束条件就是你能够使用的硬件数量。如果是手工过程,我们可以通过人力来完成这个工作。然而,手工操作会花更长的时间,可能引入更多的错误,并且无法审计。另外,持续做手工构建、测试和部署非常枯燥而且有重复劳动,与人力资源利用率的准则相悖。人力资源是昂贵且非常有价值的,所以我们应该集中人力来生产用户所需要的新功能,尽可能快速地交付这些新功能,而不是做枯燥且易出错的工作。像回归测试、虚拟机的创建和部署这类工作最好都由机器来完成。

当然,实现这样的部署流水线是需要大量资源的,尤其是当有了全面的自动化测试套件之后。部署流水线的关键目的之一就是对人力资源利用率的优化:我们希望将人力释放出来做更有价值的工作,将那些重复性的体力活交给机器来做。

对于整个流水线中的提交(commit)阶段,其测试应具有如下特征。

- 运行速度快。
- 尽可能全面,即75%左右的代码库覆盖率。只有这样,这些测试通过以后,我们才对自己写的软件比较有信心。
- 如果有测试失败的话,就表明应用程序有严重问题,无论如何都不能发布。也就是说,像检查界面元素的颜色是否正确这类测试不应该包含在这个测试集合当中。
- 尽可能做到环境中立。这个环境没必要和生产环境一模一样,可以相对简单廉价一些。

相对而言,提交阶段之后的测试一般有如下这些特点。

- 它们通常运行更慢一些,所以适合于并行执行。
- 即使某些测试有可能失败,但在某种场合下,我们还是会发布应用程序。比如某个即将发布的版本有一个不稳定的修复,会导致其性能低于预先定义的标准,但有时我们还是会决定发布这个版本。
- 它们的运行环境应该尽可能与生产环境相同。除了测试功能以外,它同时还会对部署过程以及对生产环境的任何修改进行测试。

先经过一轮测试(在便宜的硬件上运行最快的那些测试)之后,再经过这种测试过程,会让我们对软件更有信心。如果这些测试失败了,这个构建版本就不会再进入后续阶段,这样就可以更好地利用资源。第5章中会详细介绍流水线技术,而第7、8、9章中会分别讲述提交测试阶段、自动化验收测试,以及非功能需求的测试。

这种方法的基础之一就是快速的反馈。为了确保对变更的快速反馈,我们就要注意开发软件的流程,特别是如何使用版本控制系统和如何组织代码。开发人员应该频繁提交代码到版本控制系统中,像管理大规模团队或分布式团队那样,将代码分成多个组件。在大多数情况下,应该避免使用分支。我们将在第13章讨论增量式交付以及组件的使用，在第14章中讨论分支与合并。

1.3.3 交付团队必须接收反馈并作出反应

参与软件交付过程的所有人（包括开发人员、测试人员和运维人员、数据库管理员、基础设施的专家以及管理者）都应该参与到这个反馈流程中，这是至关重要的。如果这些人无法做到每天都在一起工作（尽管我们认为团队应该是全功能团队），就一定要常常碰头并一起探讨如何改进软件交付的流程。对于快速交付高质量的软件来说，基于持续改进的过程是非常关键的。迭代过程有助于为这类活动建立规律性，例如每个迭代至少开一次回顾会议，在会上每个人都应参与讨论如何在下一个迭代中改进交付过程。

想要能够根据反馈来调整行动，就要对信息进行广播。使用一个大且可视的仪表盘（并非一定要电子的），或者其他通知机制对于确保反馈送达到每一个人是极为重要的。这个仪表盘应该随处可见，而且至少每个团队的屋中都应放置一个。

当然，如果最后没有引发什么改进行动，反馈也就没有什么用了。因此，这就要求纪律性和计划性。当需要采取行动时，整个团队有责任停下他们手中的事情，来决定接下来采取哪些行动。在完成此事之后，团队才能继续自己的工作。

1.3.4 这个流程可以推广吗

很多人认为我们所描述的过程太理想化了。他们认为，这样的事情在小团队中可能行得通，但在大型分布式项目中是不行的！

我们在过去的几年中，在不同的行业里做过很多大型项目。我们非常幸运，曾与有各种不同经验的同事在一起工作。本书中描写的所有技术与实践，在各种组织（无论大型组织还是小型组织）各种情况下的真实项目中都被证明是有效的。也正是在此类项目中一次又一次经历同样的问题，才促使我们写了这本书。

你会注意到，书中的很多东西都来自于精益思想和哲学。精益制造的目标是确保快速地交付高质量的产品，它聚焦于消除浪费，减少成本。多个行业的实践已经证明，精益制造可以节省大量成本和资源，带来高质量的产品，缩短产品上市时间。这一哲学在软件开发领域也渐成主流，而且影响着本书中的很多内容。精益并不仅仅局限于应用在小系统上，它已在大型组织甚至整个经济体系中得到应用。

根据我们的经验，这一理论与实践既可以应用在大型组织中，也可以应用于小团队，但我们并不要求你马上相信我们所说的。自己试一试，就能找到答案。保留那些对你的团队有效的实践，放弃那些无效的实践，将你的经验写下来，以便别人可以借鉴。

1.4 收效

对于前面我们讲到的这种方法，其主要收益是创建了一个发布流程，这个流程是可重复的、可靠的且可预见的，从而大大缩短了发布周期，使新增功能和缺陷修复能更早与用户见面。节省下来的成本将不仅仅是金钱,还包括建立和维护这样一个发布系统所需要的时间投入。

除此之外,还有其他一些收益,虽然其中一些我们应该能够预见到,但另一些很可能是我们无法预测的,但一旦被发现,可以给我们带来惊喜。

1.4.1 授权团队

部署流水线的一个关键点是,它是一个"拉动"(pull)系统,它使测试人员、运维人员或支持服务人员能够做到自服务,即他们可以自行决定将哪个版本的应用程序部署到哪个环境中。根据我们的经验,对缩短发布周期的主要贡献者是那些在整个交付流程中,等待拿到应用程序的某个"好"版本的人。为了得到一个可用的版本,通常需要很多的电子邮件沟通、问题跟踪单,以及其他效率不高的沟通方式。假如是分布式交付团队的话,这一点就成了主要的低效之源。然而实现了部署流水线之后,这个问题就彻底解决了,因为每个人都能看到应该拿哪个版本部署到相应的环境中,而且只需要单击按钮就能完成部署。

我们常常看到在不同的环境中运行着不同的版本,而不同角色的人工作在其上。能够轻松地将任意版本的软件部署到任意环境的能力能带来很多好处。

- 测试人员可以选择性地部署较旧的版本,以验证新版本上的功能变化。
- 技术支持人员可以自己部署某个已发布的版本,用于重现缺陷。
- 作为灾难恢复手段,运维人员可以自己选一个已知的正确版本,将其部署到生产环境中。
- 发布方式也变成一键式的了。

我们的部署工具为他们提供的灵活性,改变了他们的工作方式,能让其变得更美好。总而言之,团队成员可以更好地控制工作节奏,从而改进工作质量,这就会让应用程序的质量得以提高。他们之间的协作更加有效,无用的交互更少,可以更高效地工作,因为不需要花太多的时间等待可用的版本。

1.4.2 减少错误

我们可能从方方面面将错误引入到软件中。最初委托制作这个软件的人就可能出错,比如提出错误的需求。需求分析人员可能将需求理解错了,开发人员也可能写出了到处都是缺陷的程序,而我们在这里要说的错误是指由不良好的配置管理引入到生产环境的错误。我们将在第2章详细阐述配置管理。现在,让我们想一下到底需要哪些东西才可以让一个应用程序正确地工作,当然肯定需要正确版本的代码,除此之外呢?我们还需要数据库模式(schema)的正确版本、负载均衡器的正确配置信息、应用程序所依赖的Web服务(比如用于查阅价格的Web服务)的正确URL等。当我们说配置管理时,指的是让你识别并控制一组完整信息的流程与机制,这些信息包括每个字节和比特。

一个比特能有多大的影响

几年前，Dave[①]为一个知名零售商开发了一个大型销售系统。当时还是我们考虑自动化部署的初期。因此，有些东西被很好地自动化了，而有些则没有。有一次，生产环境中出现了一个非常难修复的缺陷。我们在日志中突然发现很多从来没见过的异常记录，很难诊断是由于什么原因造成的，而且在所有的测试环境中都不能重现这个问题。我们尝试了很多方法，比如在性能环境中进行负载测试，试图模拟生产环境中可能的不合理情况，但最终还是无功而返。之后，我们还做了很多研究分析（当然不止我在这里描述的）。我们最终决定，调查每一个我们认为在两个系统（生产环境和测试环境）中有可能引起行为差异的东西。最后发现，我们的应用程序所依赖的一个二进制库（它属于我们所用的应用服务器软件的一部分），在生产环境和测试环境中是不同的版本。我们修改了生产环境中二进制库文件的版本，问题就解决了。

这个故事并不是想说明我们工作不够勤勉或小心，或者我们非常聪明能想到检查系统。其关键在于说明软件真的非常脆弱。这是一个相当庞大的系统，有数万个类，几千个库，以及很多的外部集成点。然而这个严重的问题却是由某个第三方二进制文件不同版本间几个字节的不同引入到生产环境中的。

现在的软件系统常常是由几GB的内容组成，没有哪个团队或个人能够在没有机器帮助的情况下，轻松地查出这种大规模软件中的一小处不同。与其等到问题发生，为什么不利用机器的辅助作用在第一时间防止它发生呢？

通过积极地管理在版本控制库中的所有可能变动的内容，比如配置文件、创建数据库及其模式的脚本、构建脚本、测试用具，甚至开发环境和操作系统的配置，我们让计算机来做它们擅长的所有事情，即确保所用的比特和字节都在它们应该在的位置上，至少确保在代码将要运行时确实如此。

手工配置管理的成本

我们曾开发的另一个项目有大量专门的测试环境。每个专门的测试环境运行一个普通的EJB应用程序服务器。此项目是作为敏捷项目开发的，具有良好的自动化测试覆盖率。本地构建得到了很好的管理，开发人员可以很容易地让代码在本地运行，方便开发。然而，这是我们在更仔细考虑应用程序的部署自动化问题之前。那时，我们的每个测试环境都是通过应用服务器供应商基于控制台的工具进行手工配置的。虽然开发人员用于自己本地安装的配置文件副本都被施加了版本控制，但是对每个测试环境的配置却没有做到这一点。而且这些测试环境之间都有所不同。它们配置属性的顺序不同，有些属性丢失了，有些属性的值不相同，还有一些属性的名字不同，而某些属性是针对某个特定环境的，在其他环境中无效。根本找不到两个完全一样的测试环境，而且所有的测试环境都和生产环境不一样。这使我们极难确定哪些属性是必需的，哪些是多余的，哪些应该是环境共有的，哪些是某种环境特有的。结果，这个项目需要一个五人团队来专门负责管理这些不同环境的配置。

[①] 本书正文将沿用David的昵称Dave。——编者注

根据我们的经验，这种依赖手工的配置管理很常见。在我们所参与项目的很多客户组织中，这些都是在生产环境和测试环境中实际发生的事情。一般来说，服务器A的连接池限数为100，而B的限数是120，这类问题通常并不打紧，但某些时候却是至关重要的。

你绝对不想在业务交易最忙的时段里有突发事故，更不想发现它是由于配置项的不一致性导致的。这种情况通常发生在那些用于指定软件运行环境的配置项上，而且这种配置信息实际上经常通过代码指定新的执行路径。我们必须考虑到这类配置信息的更改，并且需要像对待代码一样，对代码运行的环境进行良好的定义与控制。假如我们能够接触到你的数据库配置、应用服务器或Web服务器的话，肯定可以让你的应用程序更快出故障，而且比直接修改你的编译器或源代码来得更快更容易。

假如这类配置参数都是由手工配置和管理的话，难免会在那种重复性的工作中出现人为错误。在一些重要的位置上，只要一个简单的输入失误就可以让应用程序停止运行。编程语言可以通过语法检查来发现编译问题，单元测试可以验证代码中有没有输入错误。可是很少有哪种检查方式可以用于配置信息的验证，尤其是当这些配置信息是在某个控制台上直接输入的时候。

所以，请将配置信息放在版本控制系统中。这个最简单的动作就是一个巨大的进步。至少当你不小心修改了配置信息，版本控制系统会提醒你。这就至少消除了一种非常常见的错误源。

当所有的配置信息都放在版本控制系统中以后，接下来就要消除"中间人"了，即让计算机直接使用这些配置信息，而不是再通过手工输入的方式来进行软件配置。虽然某些技术相对来说更顺应这种方式，但是当你（通常是基础设施提供商）仔细思考一下如何管理这类配置信息，尤其是那些最难驾驭的第三方系统的配置信息时，会惊奇地发现还有很长的路要走。我们将在第4章详细讨论相关内容，而更深入的讨论将在第11章进行。

1.4.3 缓解压力

明显的好处中，可以缓解压力是最吸引所有与发布相关的人的一点。绝大多数经历过项目发布的人都会认为，当项目越临近发布日期，就越能感觉到压力。根据我们的经验，压力本身就是问题的根源所在。一些敏感、保守且具有质量意识的项目经理常常对开发人员说："都这个时候了，你就不能直接修改一下代码吗？"或者让数据库管理员把他们并不清楚来路的数据录入到应用程序的数据库表中。像以上两种情况，或者其他许多类似的情况下，其压力是通过传达"只要让它可以工作就行了"这一信息表现出来的。

不要误解，我们也遇到过同样的事情。我们并不是说这种处理方式一定是错误的，如果刚把代码部署到了生产环境中，而你的组织因为它的某个缺陷遭受经济上的损害时，任何阻止这种损害的行为都是可以理解的。

我们的不同观点在于，上面所提到的为了让刚部署的产品环境可以正常运行的这两种快速修补并不一定是业务需要使然，而更多的可能是由于"今天是计划已久的发布日期"所带来的压力导致的。这里的问题在于系统上线是一个非常重大的事件。只要这是事实，就会有很多的庆典和紧张气氛。

现在，让我们来设想一下。如果接下来的发布只需要单击一下按钮，而且只需要等上几分钟，甚至几秒钟内就可以完成。另外，假如发生了非常糟糕的事情，你只要花上相同的几分钟或几秒钟的时间就可以把刚部署的内容恢复到从前的老样子。再大胆地设想一下，假如你的软件发布周期总是很短，那么当前生产环境中的版本与新版本之间的差异应该非常小。如果上述设想都是事实的话，那么发布的风险一定会大大降低，那种将职业生涯压注在发布是否成功的不爽感觉也将大大减少。

对于很少的一部分项目来说，这种理想状态可能很难成为现实。然而，对于大多数项目来说，尽管可能需要花上一些精力，但肯定是可以做到的。减少压力的关键在于拥有一个我们前面所描述的自动化部署过程，并频繁地运行它，当部署失败后还能够快速恢复到原来状态。尽管刚开始做自动化时可能会很痛苦，但它会渐渐地变得容易起来，而它给项目和团队带来的好处是不可限量的。

1.4.4 部署的灵活性

在一个全新环境上运行应用程序应该是相当简单的事。理想情况下，只要安装机器或虚拟镜像，然后配置一些与具体运行环境相关的特定选项。然后，你就可以使用自动化过程准备好新的部署环境，并选择指定的应用程序版本进行部署。

在笔记本电脑上运行企业级软件

我们最近做过一个项目，该项目就是根据新的业务要求创建一个企业核心系统。该业务涉及跨国事务，软件需要部署在不同类型的昂贵的计算机上。可是，由于政府法规的突然变化，客户业务流程也不得不作出相应的调整。项目可能会被取消的消息自然让每个人都有点失望。

但对于我们来说，还有一点儿希望。聘请我们开发软件的客户做了一个小规模分析。"这个系统的最小硬件配置是什么？我们如何节省资金成本？"他们问道。"让它在笔记本电脑上运行"，我们回答道。他们非常吃惊，因为这可是一个非常复杂的多用户系统。"你们如何确保它的可行性？"他们仔细想了想后，还是担心地问道。"我们可以使用这种方式来运行所有的验收测试，……"然后，我们给客户做了演示。"它的负载需求是什么？"我们问道。他们把负载需求告诉了我们，而我们只修改了一行代码，增加了几个参数，就可以在笔记本电脑上做性能测试了。尽管在笔记本电脑上运行的确比较慢，但并不是慢得离谱。只要一个配置稍好一点儿的服务器就可以满足他们的需求，而事实证明，在这样的服务器上只需要几分钟就可以让应用程序运行起来。

> 当然，这种部署上的灵活性不只是由于我们本书所讲的这种自动化部署技术，良好的应用程序架构设计也很好地支持了这种方式。然而，这种"只要需要，就可以让软件运行在任何环境中"的能力使我们和客户对我们随时管理所有版本发布过程充满信心。这样一来，发布变得不再让大家那么焦虑，正如敏捷所强调的，在每个迭代结束时进行发布这件事就变得很容易了。尽管并不一定每个项目都能够完全做到这种程度，但这会让我们享受属于自己的周末时光。

1.4.5 多加练习，使其完美

在所参与的项目中，我们都会设法让每个开发人员都拥有自己的专属开发环境。但是，即使在那些做不到这一点的项目中，使用持续集成或迭代增量开发的团队也要频繁地部署应用程序。

最好的策略就是无论部署到什么样的目标环境，都使用相同的部署方法。不应该有特殊的QA部署策略，或者一个特殊的验收测试或生产部署策略。在每次以同一种方式部署应用软件时，也是验证我们的部署机制是否正确的时机。事实上，向其他任何环境的任何一次部署过程都是生产环境部署的一次演练。

只有一种环境可以有多变性，那就是开发环境。开发人员应该在自己的开发环境中自行生成二进制文件，而不需要在别处构建生成。所以，对这种开发环境的部署流程要求太严格是没有必要的。虽然我们能够做到在开发人员的开发机器上也以同样的方式部署软件，但实际上对开发环境的部署没有必要严格要求。

1.5 候选发布版本

什么是候选发布版本（release candidate）？对于代码的任何一次修改都有被发布出去的可能性。当你问自己"我们这次修改的版本是否应该发布出去"时，得到的答案很可能只是一次臆测的结果而已。然而，恰恰是构建、部署、测试流程能够验证是否可以发布这次修改后的版本。对于"是否可以发布这次修改的版本"这个问题，这一流程会不断让我们增强信心。我们只做很小的修改(无论是新功能，还是修复缺陷，或是提高一些性能)，并且验证我们是否有足够高的自信把这个带有本次修改的系统发布出去。为了进一步减少发布风险，我们希望尽可能在最短的时间内完成这个验证过程。

尽管每次修改都可以产生一个能够交给用户的最终产物，但是我们应该首先对每次修改都进行适用性评估。只有这次修改没有缺陷，而且满足由客户定制的验收条件，才能够发布它。

大多数软件发布方法都是在其流程的最后阶段才能识别出可以发布的那些版本。当说到与跟踪（tracking）相关的工作时，这是有些意义的。在写作本书时，Wikipedia上对开发阶段的描述中将"候选发布版本"作为这一流程中的一个步骤进行了说明，如图1-2所示。我们的观点则稍有不同。

图 1-2　对于发布候选版本的传统观点

在传统软件开发方法中，通常以较长时间的验证过程来确保软件满足质量要求并实现了全部功能需求，之后才确定能够发布的候选版本。然而，当有全面的自动化测试，并且构建和部署也是自动化过程时，我们在项目后期就不再需要冗长且手工密集型的测试了。在这一阶段应用程序的质量通常也会比较高，手工测试只是用于证实功能完备就行了。

根据我们的经验，直到开发阶段之后才做测试的话，无疑会降低应用程序的质量。最好还是在缺陷被引入时，就发现并将其解决。发现得越晚，修复的成本越高。开发人员已经不记得他们是在实现哪个功能时把缺陷引入的，而这个功能很可能已经发生了变化。直到最后才做测试，这通常意味着没有足够的时间真正地修复缺陷，或者只能修复其中很少的一部分缺陷。因此，我们想尽早地发现并修正这些缺陷，最好是在将其提交到代码库之前。

每次提交代码都可能产生一个可发布的版本

开发人员对代码库的每次修改都应该是以某种方式为系统增加价值。每次代码到版本控制系统的提交都应该是对当前所开发软件的提高或增强。我们如何知道它的正确性呢？唯一的方法就是运行这个软件，看它的行为是否符合我们的期望。大多数项目都将这部分工作推迟到了开发的后期。这就意味着，即使它不能工作，也只有当有人测试或使用这个软件时才能被发现，而此时的修复成本通常会比较高。这个阶段通常称作集成阶段，常常是整个开发过程中最不可预测、最不易管理的阶段。由于集成这件事太痛苦了，所以团队总是推迟集成工作。然而，集成频率越低，集成时我们就会越痛苦。

如果在软件开发中的某个任务令你非常痛苦，那么解决痛苦的方法只有更频繁地去做，而不是回避。因此，我们应该频繁做集成，事实上应该在每次提交修改后都做集成。持续集成这个实践将频繁集成发挥到了极至，而"持续集成"转变了软件开发过程。持续集成会及时检测到任何一次破坏已有系统或者不满足客户验收测试的提交。一旦发生这种情况，团队就立刻去修复问题（这是持续集成的首要规则）。如果能够坚持这个实践，那么软件会一直处于可用状态。假如测试足够全面，且运行测试的环境与生产环境足够相近（甚至相同）的话，那么可以说，你的软件一直处于可发布状态。

我们可以把每次修改都作为一个有可能被发布的候选版本。每次将修改后的代码提交到版本控制系统时，我们都希望它能够通过所有的测试，产生可工作的软件，并能够发布到生产环境中,而这只是我们的一个假设。持续集成系统的职责就是推翻这一假设,证明某个版本并不适合部署到生产环境中。

1.6 软件交付的原则

本书所阐述的思想理念已经被作者在过去多年中经历的项目所证明。随着不断地总结,并把它们记录在这里,我们发现同样的原则一次又一次的出现。我们在这里列举一下。如果说我们之前提到的某些方法可能还需要进一步解释或者谨慎使用的话,那么下面这些原则就完全没有这个必要了。没有以下这些事情做支撑,根本无法想象我们会有一个高效的交付流程。

1.6.1 为软件的发布创建一个可重复且可靠的过程

这个原则是我们写这本书的一个目标:让软件发布成为一件非常容易的事情。事实上,它的确应该是件很容易的事,因为在发布之前,对发布流程中的每一个环节,你都已经测试过数百次了。它就应该像单击一个按钮那么容易。这种可重复性和可靠性来自于以下两个原则:(1)几乎将所有事情自动化;(2)将构建、部署、测试和发布软件所需的东西全部纳入到版本控制管理之中。

归根结底,软件部署包括三件事:

- 提供并管理你的软件所需要的运行环境,这包括硬件配置、所依赖的软件、基础设施以及所需的外部服务;
- 将你的应用程序的正确版本安装在其之上;
- 配置你的应用程序,包括它所需要的任何数据以及状态。

对于应用程序的部署,应该由版本控制系统中的全自动化过程来完成。通过保存在版本控制系统或数据库中的必要脚本和状态信息,应用程序的配置也可以是一个全自动化过程。显然,硬件是无法纳入版本控制的,但利用廉价的虚拟化技术和像Puppet这样的工具,这类支撑过程也可以全部自动化。

本书的后续内容将详细讲述实现这一原则的策略。

1.6.2 将几乎所有事情自动化

有些工作是不可能被自动化的。比如,探索性测试就依赖于有经验的测试人员。向用户代表们演示程序也无法利用计算机来自动完成。人工的审批流程也需要人的干预。但是,这类不能被自动化的事情要比人们想象的要少很多。通常,在需要人做决定的那一时刻之前,构建流程应该是完全自动化的。对于部署流程也是一样。也就是说,整个软件发布流程都适用这一原则。验收测试是可以自动化的,数据库的升级和降级也是可以自动化的,甚至网络和防火墙配置也是可以自动化的。你应该尽可能自动化所有的东西。

有人可能会说，如果有足够的能力和时间，就可以将任何构建或部署流程自动化。

大多数开发团队都没有将发布流程自动化，因为看上去自动化发布流程是一个令人怯步的工作，而手工完成这些事情显得更容易一些。如果我们只需要做一次这样的工作，通过手工执行的确非常容易，但如果需要执行这个流程数十次的话，就不是那么容易的事了，而且很可能在第三次或第四次的时候就感觉不那么容易了。

自动化是部署流水线的前提条件。因为只有通过自动化，才能让大家仅通过单击一下按钮就得到他们所想要的。当然，你不需要把所有的东西一次性地全部自动化。你应该看一下在构建、部署、测试和发布过程中，哪个环节是瓶颈。随着时间的推移，最终你可以，也应该将所有环节全部自动化。

1.6.3 把所有的东西都纳入版本控制

将构建、部署、测试和发布的整个过程中所需的东西全部保存在某种形式的版本存储库中，包括需求文档、测试脚本、自动化测试用例、网络配置脚本、部署脚本、数据库创建、升级、回滚和初始化脚本、应用程序所依赖的软件集合的配置脚本、库文件、工具链以及技术文档等。所有这些内容都应该受到版本控制，与每次构建结果相关的版本都应可以识别。也就是说，这些变更集（change set）都应该有唯一标识，比如构建号、版本控制库中的版本号。

一个刚刚加入团队的新成员应该可以坐在一台新分配给他的开发电脑前，直接从项目的版本库中签出代码，并只需要运行一条命令就能构建应用程序，并将其部署到任意一个允许的环境中，包括本地开发机器。

另外，应该也能够方便地知道当前每个环境中到底部署了应用程序的哪个版本，及其在版本库中所对应的版本号。

1.6.4 提前并频繁地做让你感到痛苦的事

这是最通用的原则，也是最有启发性的。在软件交付这个领域，它可能是最有用的一个启发式原则，我们所说的一切都可以归结到这一点上。集成通常是一个非常痛苦的过程。如果你的项目也是如此，那么就应该在每次有人提交代码后立刻进行集成，而且应该从项目一开始就这么做。如果测试是发布之前最痛苦的事情，那么就别拖到最后，而是应从项目一开始就不断地进行测试。

如果软件发布很痛苦的话，就尝试在每次代码提交并通过所有自动化测试之后就进行发布。如果无法做到每次提交代码后就发布给真正的用户，那么每次提交后可以将其发布到类生产环境中。如果创建应用程序的说明文档是你的痛点，那么每开发一个功能时就应写好文档，而不是留到最后一起写。把一个功能的说明文档也作为"DONE"的一个验收条件，并尽可能自动化这个过程。

根据你当前的专业技术知识水平，要想做到这一点很可能会花很多功夫，但你又无法和客户说："因为我要做自动化，所以就不能交付新功能了。"所以，你可能需要选择一个中期目标，比如每隔几周做一次内部发布。假如你现在就是这么做的，那么就每周做一次。逐步地走向理想状态，即使是一小步一小步地进行，也会带来很大的价值。

极限编程就是把这一启发式原则应用到软件开发后的一个结果。本书中的很多建议都来自于将这一原则应用于软件交付过程的经验总结。

1.6.5 内建质量

这一原则和上一原则（持续改进）都是从精益运动（lean movement）中借鉴来的。"内建质量"也是戴明（精益运动的先驱之一）提出的名言之一。越早发现缺陷，修复它们的成本越低。如果在没有提交代码到版本控制之前，我们就能发现并修复缺陷的话，代价是最小的。

本书中所描述的一些技术，比如持续集成、全面的自动化测试和自动化部署都是为了在这个交付流程中尽早地发现问题（"提前做麻烦的事"在现实中的应用之一），然后修复它们。假如每个人都对火警信号听而不闻，视而不见的话，火警信号就没有意义了。因此，交付团队必须执行铁一般的纪律：一旦发现缺陷，就要马上着手修复。

"内建质量"还有另外两个推论。(1) 测试不是一个阶段，当然也不应该开发结束之后才开始。如果把测试留在最后，那就为时晚矣，因为可能根本没有时间修复那些刚被发现的问题。(2) 测试也不纯粹或主要是测试人员的领域。交付团队的每个人都应该对应用程序的质量负责。

1.6.6 "DONE"意味着"已发布"

你是否经常听到某位开发人员说"这个用户故事（或功能）已经完成了"？也许你还经常听到项目经理问这位开发人员"它真的完成了吗"？那么"DONE"到底是什么意思呢？实际上，我们认为，一个特性只有交到用户手中才能算"DONE"。这是持续部署实践背后的动机之一（参见第10章）。

对于一些敏捷交付团队来说，"DONE"意味着软件已经部署到生产环境上。对于软件项目来说，这是一种理想状态。将其作为衡量是否完成的标准，并不总是合适的。对于那些第一次发布的软件系统来说，它可能需要一段时间才能达到"让外部用户真正从该软件身上获益"的状态。因此，我们可以暂且退让一步，只要某个功能在类生产环境上向客户代表做过演示，并且客户代表试用之后就认为是完成了。

根本没有"已经完成了80%"这一说法。任何事情要么是完成了，要么就是没完成。我们可以估计尚未完成的某件工作还需要多少工作量，但仅仅是估计而已。当事实证明那些还剩余百分之几的估计不正确（事实总是如此）时，估计剩余工作总量的做法总是备受指责。

这一原则有个很有趣的推论：一件事情的完成与否，并不是一个人能控制得了的，它需要整个交付团队共同来完成。这就是为什么所有人（包括开发、测试、构建和运维人员和技术支持人员）在项目一开始就应该在一起工作。这也是为什么整个交付团队应该对交付负责。这个原则非常重要，所以我们接下来要用专门的一节来讨论它。

1.6.7　交付过程是每个成员的责任

理想情况下，团队中的成员应该有共同的目标，并且每个成员应在工作中互相帮助来实现这一目标。无论成功还是失败，其结果都属于这个团队，而非个人。可是，现实是很多项目都是开发者开发后将困难转交给测试者，而测试者又在发布时将困难转嫁到运维团队。当出现问题时，人们花费大量的时间来修复错误，并用同等的时间来互相指责。其实，这些错误是这种各自为政的工作方式所不可避免的结果。

假如你工作于小规模团队或相对独立的部门，也许对发布软件所需的资源有绝对的控制能力。如果是这样，当然非常好啦。假如不是这样的话，你就要有思想准备，很可能需要长期的艰苦工作才能打破不同角色之间的壁垒。

从一个新项目的开始就要保证团队成员能够一起参与到发布程序的过程当中，以保证他们有机会频繁且有规律地进行交流。一旦障碍消失，交流就应持续进行，但我们可能需要逐步地向目标迈进。比如建立一个系统，在这个系统上，每个人都可以一眼就知道应用程序所处的状态，比如其健康状况、各种构建版本、构建通过了哪些测试、它们可被部署到的环境的状态。这个系统应该能让大家执行完成作业的动作，比如向某个环境中部署软件。

这是DevOps运动的核心原则之一。DevOps运动的焦点和我们这本书的目标一致：为了更加快速且可靠地交付有价值的软件，鼓励所有参与软件交付整个过程中的人进行更好的协作。[aNgvoV]

1.6.8　持续改进

这里我们要强调的是：应用程序的首次发布只是其生命周期中的第一个阶段。随着应用程序的演进，更多的发布将会接踵而来。更重要的是，你的交付过程应该随之不断演进。

在交付过程中，整个团队应该定期地坐在一起，召开回顾会议，反思一下在过去一段时间里哪些方面做得比较好，应该继续保持，哪些方面做得不太好，需要改进，并讨论一下如何改进。每个改进点都应该有一个人负责跟踪，确保相应的改进活动能够被执行。当下一次团队坐在一起时，他们应该向大家汇报这些活动的结果。这就是众所周知的戴明环：计划–执行–检查–处理（PDCA）。

关键在于组织中的每个人都要参与到这个过程当中。如果只在自己所在角色的内部进行反馈环，而不是在整个团队范围内进行的话，就必将产生一种"顽疾"：以整体优化为代价的局部优化，最终导致互相指责。

1.7 小结

传统上，软件发布过程充满压力。而且与我们对代码的创建和管理相比，软件发布过程更像是一个缺乏验证的手工过程，它的系统配置的关键部分都依赖于临时性的配置管理方法。在我们看来，这种软件发布的压力与发布过程中的手工且易错的特质是密不可分的。

通过采用自动构建、测试和部署技术，可以获得很多益处，我们将能够验证变化，重现各种环境中的部署过程，在很大程度上减少产品出错的机会。由于发布过程本身已不再是一个障碍，我们可以部署软件变更，从而更快地获得商业利益。实施自动化系统会促使我们将好的实践付诸行动，比如行为驱动的开发（behavior-driven development）和综合的配置管理等。

我们还能与家人和朋友共度周末，享受没有压力的生活，而工作也会变得更加高效。为什么不呢？生命如此短暂，我们不能把自己的假期浪费在计算机旁，做那些枯燥无味的部署工作。

自动化的开发、测试以及发布过程对发布软件的速度、质量和成本有着深远的影响。作为作者的我们就有一人曾从事与一个非常复杂的分布式系统有关的工作。将软件发布到生产环境的过程（包括大型数据库的数据迁移）只需要花费5~20分钟，这取决于与某次发布相关的数据迁移的规模。其中移动数据会用掉很长时间。一个与该系统密切相关且可相比拟的项目做同样的事情则需要花上30天的时间。

本书的其余部分将更详细地说明我们所提供和推荐的建议，但希望本章可以从总体上给你一个切合实际的蓝图。尽管隐去了一些信息以免泄露商业内容，但我们在这里所提到的项目都是真实的案例，且不会夸大任何技术细节或技术价值。

第 2 章

配 置 管 理

2.1 引言

配置管理是一个被广泛使用的名词,往往作为版本控制的同义词。为了陈述清晰起见,在这里我们给出本书中对配置管理的定义:

> 配置管理是指一个过程,通过该过程,所有与项目相关的产物,以及它们之间的关系都被唯一定义、修改、存储和检索。

配置管理策略将决定如何管理项目中发生的一切变化。因此,它记录了你的系统以及应用程序的演进过程。另外,它也是对团队成员协作方式的管理。作为配置管理策略的一个结果,虽然第二点至关重要,但常常被忽视。

虽然版本控制系统是配置管理中最显而易见的工具(团队规模再小,也应该使用版本控制系统),但决定使用一个版本控制工具仅仅是制定配置管理策略的第一步而已。

假如项目中有良好的配置管理策略,那么你对下列所有问题的回答都应该是"YES"。

- ❏ 你能否完全再现你所需要的任何环境(这里的环境包括操作系统的版本及其补丁级别、网络配置、软件组合,以及部署在其上的软件应用及其配置)?
- ❏ 你能很轻松地对上述内容进行增量式修改,并将修改部署到任意一种或所有环境中吗?
- ❏ 你能否很容易地看到已被部署到某个具体环境中的某次修改,并能追溯到修改源,知道是谁做的修改,什么时候做的修改吗?
- ❏ 你能满足所有必须遵守的规程章则吗?
- ❏ 是否每个团队成员都能很容易地得到他们所需要的信息,并进行必要的修改呢?这个配置管理策略是否会妨碍高效交付,导致周期时间增加,反馈减少呢?

最后这一点非常重要。因为我们常常遇到这样的情况：配置管理策略完全满足前面四个要点，但这恰恰成了团队间协作的一个巨大障碍。事实上，如果我们能够给予配置管理策略足够的重视，那么最后一点与其他四点之间是可以不对立的。我们不可能在本章中解决所有这些问题，但当你读完这本书后，问题的答案就显而易见了。在本章中，我们将讨论三个问题。

（1）为管理应用程序的构建、部署、测试和发布过程做好准备。我们从两个方面解决这个问题：对所有内容进行版本控制；管理依赖关系。

（2）管理应用软件的配置信息。

（3）整个环境的配置管理，这包括应用程序所依赖的软件、硬件和基础设施。另外还有环境管理背后的原则，包括操作系统、应用服务器、数据库和其他COTS（商业现货）软件。

2.2 使用版本控制

版本控制系统（也称为源代码控制管理系统或修订控制系统）是保存文件多个版本的一种机制。当修改某个文件后，你仍旧可以访问该文件之前的任意一个修订版本。它也是我们共同合作交付软件时所使用的一种机制。

第一个流行的版本控制系统是一个UNIX下的专有工具，称为SCCS（Source Code Control System，源代码控制系统），可以追溯到20世纪70年代。它被RCS（Revision Control System，修订控制系统）和后来的CVS（Concurrent Versions System，并发版本控制系统）所取代。虽然这三种系统的市场份额越来越小，但至今仍旧有人在使用。现在市面上有很多更好用的版本控制系统，既有开源的，也有商业版的，而且都是针对各种不同的应用环境设计的。一般来说，包括Subversion、Mercurial和Git在内的开源工具就可以满足绝大多数团队的需求。我们会花更多的时间来探讨版本控制系统和它们的使用模式包括分支与合并（详见第14章）。

本质上来讲，版本控制系统的目的有两个。首先，它要保留每个文件的所有版本的历史信息，并使之易于查找。这种系统还提供一种基于元数据（这些元数据用于描述数据的存储信息）的访问方式，使元数据与某个单个文件或文件集合相链接。其次，它让分布式团队（无论是空间上不在一起，还是不同的时区）可以愉快地协作。

那么，为什么要这样做呢？理由可能很多，但最关键的是它能回答下面这些问题。

❑ 对于我们开发的应用软件，某个特定的版本是由哪些文件和配置组成的？如何再现一份与生产环境一模一样的软硬件环境？

❑ 什么时候修改了什么内容，是谁修改的，以及为什么要修改？因此，我们很容易知道应用软件在何时出了错，出错的过程，甚至出错的原因。

这是版本控制的基本原理和根本目的。现在，大多数项目都使用版本控制系统。如果你还没有使用的话，请在阅读完下面几节后就马上把书放到一边，为项目建立版本控制库去吧。下面是我们对高效使用版本控制系统的几点建议。

2.2.1 对所有内容进行版本控制

我们使用"版本控制"（version control）这个术语而不是"源代码控制"（source control）的理由是，版本控制不仅仅针对源代码。每个与所开发的软件相关的产物都应被置于版本控制之下。开发人员不但要用它来管理和控制源代码，还要把测试代码、数据库脚本、构建和部署脚本、文档、库文件和应用软件所用的配置文件都纳入到版本控制之中，甚至把编译器以及工具集等也放在里面，以便让新加入项目的成员可以很容易地从零开始工作。

为了重新搭建测试环境和生产环境，将所有必需的信息保存起来也是很重要的。这里必需的信息包括应用程序所需的支撑软件的配置信息、构成对应系统环境的操作系统配置信息、DNS区域文件和防火墙配置等。你至少要将那些用于重新创建应用程序的安装文件和安装环境所必需的所有信息保存在版本控制存储库之中。

我们的目标是能够随时获取软件在整个生命周期中任意时间点的文件状态。这样我们就可以选择从开发环境至生产环境整个环节中的任意时间点，并将系统恢复到该时间点的状态。我们甚至可以把开发团队所需的开发环境配置也置于版本控制中，如此一来，团队中的每个成员都能够轻松使用完全相同的设置。分析人员应该把需求文档保存到版本控制存储库中。测试人员也应该将自己的测试脚本和过程保存在版本控制存储库中。项目经理则应该将发布计划、进度表和风险日志也保存在这里。总之，每个成员都应该将与项目相关的任何文件及其修订状态保存在版本控制存储库之中。

将所有东西都提交到版本控制库中

许多年前，本书作者之一参与了某个项目开发相关的工作，该项目由三个子系统组成，分别由位于三个不同地点的三支团队开发。每个子系统都使用IBM MQSeries基于某种专用消息协议相互通信。这是在使用持续集成之前，预防配置管理问题的一种手段。

我们对源代码的版本控制一直都非常严格，因为我们在该项目之前就得到过教训。然而，我们的版本控制也仅仅做到了源代码的版本控制而已。

当临近项目的第一个版本发布时间点时，我们要将这三个独立的子系统集成在一起。可是，我们发现其中某个团队使用的消息协议规范与其他两个团队使用的不一致。事实上，该团队所用的实现文档是六个月前的一个版本。结果，为了修复这个问题且保证这个项目不拖期，在之后的很多天里，我们不得不加班到深夜。

假如当初我们把这些文档签入版本控制系统中，这个问题就不会发生，也就不用加班了！假如我们使用了持续集成，项目工期也会大大缩短。

我们无论怎么强调"做好配置管理"都不算过分。它是本书其他内容的基础。如

果没有将项目中的所有源产物（source artifact）全部放到版本控制之中，就无法享受到本书中所提到的任何好处。我们所讨论的有关加快发布周期和提高软件质量的所有实践，从持续集成、自动化测试，到一键式部署，都依赖于下面这个前提：与项目相关的所有东西都在版本控制库中。

除了存储源代码和配置信息，很多项目还将其应用服务器、编译器、虚拟机以及其他相关工具的二进制镜像也放在版本控制库中。这是非常实用的，它可以加快新环境的创建。更重要的是，它可以确保基础配置的完整性。只要能从版本控制库中取出所需要的一切，就能保证为开发、测试，甚至生产环境提供一个稳定的平台。然后你可以将整个环境（包括配置基线上的操作系统）做成一个虚拟镜像，放在版本控制库中，这可以作为更高级别的保证措施，而且可以提高部署的简单性。

这种策略在控制和行为保障方面建立了基础。对于在这种严格配置管理策略约束下的系统来说，根本不存在整个流程的后期还会出错的可能性。这种水准的配置管理可以确保在保证存储库完整性的情况下，我们在任何时候都能拿到应用软件的一个可工作的版本。即使编译器、编程语言或与该项目有关的其他工具都模棱两可时，也足以给你安全保证了。

但我们并不推荐将源代码编译后得到的二进制文件也纳入到版本控制中，有以下几个理由。首先，它们通常比较大，而且（与编译程序不同）会让存储所需要的空间快速膨胀，因为我们每次签入代码，在编译和自动提交测试通过后，都会生成新的二进制文件。其次，如果有自动化构建系统，那么只要重新运行构建脚本，就可以利用源代码重新生成需要的二进制文件。这样的话，根本没有必要把这类二进制产物放在版本控制库中。请注意，我们并不推荐在同一个自动化构建过程中进行重复编译。因为如果需要二进制产物的话，我们只要通过构建系统把源代码再重新打包生成一次就可以了。最后，我们使用修订版本号来标识产品的版本。如果我们把构建生成的二进制文件也储存在版本控制库中，那么在存储库中的一个版本就会有两个不同的源，一个是源代码，另一个是二进制文件。尽管看上去这有点儿含糊，但创建部署流水线（本书的主要议题之一）时就显得极为重要了。

> **版本控制："删除"的自由**
>
> 版本控制库中包含每个文件的每一个版本，它的好处就是：可以随时删除你认为不必要的文件。只要有版本控制系统，对于"是否可以删除这个文件？"这个问题，你可以轻松地回答"Yes"。如果事实证明你的删除决定是错的，只要从早期版本中把它再找回来就行了。
>
> 这种"自由删除"是维护大型配置集合向前迈进的重要一步。保证大型团队能高效工作的关键就在于一致性和良好的组织性。"打破陈规"的能力使团队可以勇敢地尝试新的想法或实现方式，提高代码质量。

2.2.2 频繁提交代码到主干

使用版本控制时，有两点需要牢记在心。首先，只有频繁提交代码，你才能享受版本控制所带来的众多好处，比如能够轻松地回滚到最近某个无错误的版本。

其次，一旦将变更提交到版本控制中，那么团队的所有人都能看到这些变更，也能签出它。而且，如果使用了持续集成（像我们推荐的那样），你所做的修改还会触发一次构建，本次构建很有可能会最终进入验收测试，甚至被部署到生产环境。

由于提交就意味着公开，所以无论修改的是什么，都要确保它不会破坏原有的系统，这一点非常重要。对于开发人员来说，由于其工作内容的本质，他必须谨慎地对待其提交可能带来的影响。如果某位开发人员正在做某项复杂任务，那么只有工作全部完成后，他才能提交代码。而且提交时，他要有足够的信心说：我的代码没问题，不会影响系统的其他功能。

在一些团队中，这种限制很可能导致开发人员需要几天甚至几个星期才能提交一次代码。这种很长时间才提交的做法是有问题的。因为提交越频繁，越能够体现出版本控制的好处。除非每个人都频繁提交，否则"安全地对系统进行重构"这件事基本上是不可能完成的任务。因为长时间不提交代码会让合并工作变得过于复杂。如果你频繁提交，其他人可以看到你的修改且可与之交互，你也可以清楚地知道你的修改是否破坏了应用程序，而且每次合并工作的工作量会一直很小，易于管理。

有些人解决这个两难问题的方法是，在版本控制系统中为新功能建立单独的分支。到某个时间点后，如果这些修改的质量令人满意，就将其合并到主干。这类似于"两阶段提交"。实际上，有些版本控制系统就是以这种方式工作的。

然而，我们对这样的做法持反对意见，除非是第14章提到的那三种例外情况。在这一点上有一些争议，尤其是在使用ClearCase以及相似工具的用户中。我们认为，这种方法存在以下几个问题。

- 它违背了持续集成的宗旨，因为创建分支的做法推迟了新功能的整合，只有当该分支被合并时才可能发现集成问题。
- 如果多个开发者同时分别创建了多个分支，问题会成指数增加，而合并过程也会极其复杂。
- 尽管有一些好用的工具有自动合并功能，但它们无法解决语义冲突。例如，某人在一个分支上重命名了一个方法，而另一个人在另一分支上对该方法增加了一次调用。
- 它让重构代码库变得非常困难，因为分支往往涉及多个文件，会让合并变得更加困难。

我们将在第14章更详细地讨论分支与合并的复杂性。

一个更好的解决方案是尽量使用增量方式开发新功能，并频繁且有规律地向版本控制系统提交代码。这会让软件能一直保持在集成以后的可工作状态。而且，你的软件会一直被测试，因为每次提交代码时，持续集成服务器就会从代码主干上运行自动测试。这会减小因重构引起的大规模合并导致冲突的可能性，确保集成问题能够被及时发现，此时修复这些问题的成本很低，从而提高软件开发质量。我们将在第13章中详细讨论避免分支的技术。

为了确保提交代码时不破坏已有的应用程序，有两个实践非常有效。一是在提交代码之前运行测试套件。这个测试套件应该是一个快速运转（一般少于10分钟）且相对比较全面的测试集合，以验证你没有引入明显的回归缺陷。很多持续集成服务器都提供名为"预测试提交"（pretested commit）的功能，让你在提交之前可以在类生产环境中执行这些测试。

二是增量式引入变化。我们建议每完成一个小功能或一次重构之后就提交代码。如果能正确地使用这一技术，你每天最少可以提交一次，通常能达到每天提交多次。如果你还未习惯于这种技术的话，肯定会以为是"天方夜谭"。但我们向你保证，这种技术能够带来相当高效的软件交付过程。

2.2.3 使用意义明显的提交注释

每个版本管理工具都提供"写注释功能"。但这些注释很容易被忽视，而且很多人习惯于忽略它。写描述性提交注释的最重要原因在于：当构建失败以后，你知道是谁破坏了构建，以及他为什么破坏了构建。当然，这并不是唯一原因。很多时候，提交人没有写足够的描述信息，其原因通常是由于正在抓紧解决某个非常复杂的问题。我们可能常常遇到下面的场景。

(1) 你发现了一个缺陷，结果追溯到一行相当晦涩的代码。

(2) 你通过查看版本控制系统的日志，查找放入这行代码的人，以及他是什么时候放入的。

(3) 可是，放入这行代码的人去度假或者回家了，而他写的提交注释只有简单的几个字，即"已修复令人费解的缺陷"。

(4) 为了修复这个缺陷，你修改了这行晦涩代码。

(5) 但是却把其他功能破坏了。

(6) 你只能再花几个小时的时间，让软件恢复到可工作状态。

在这种情况下，如果之前那个修复缺陷的人能够解释清楚当初为何修改这行代码的话，你可能就会节省大量的调试时间。这种情况越多，你就越希望提交注释能够写得清楚明了。无论提交注释写得多么短小精悍，你也得不到奖励。然而，多写几行字来描述你做了什么，会为将来节省很多时间。

我们喜欢的一种注释风格是这样的：第一段是简短的总结性描述，接下来的几段描述更多的细节。简短的总结性描述怎么写呢？它就像是报纸的标题一样，要给读者足够的信息，以便让读者知道是否还需要继续读下去。

这个注释中还应该包括一个链接，可以链接到项目管理工具中的一个功能或缺陷，从而知道为什么要修改这段代码。在我们曾经工作过的很多团队中，系统管理员会监控版本控制系统，假如注释中不包含这种信息，你就无法提交代码。

2.3 依赖管理

在软件项目中，最常见的外部依赖就是其使用的第三方库文件，以及该软件需要用到的正由其他团队开发的模块或组件间的关系。库一般是以二进制文件的形式部署，不会被你自己的团队修改，而且也不经常更新。然而，组件和模块会被其他团队频繁修改。

我们将在第13章花较多的篇幅讨论依赖问题。在这里，我们只讨论依赖管理中的几个关键点，因为它会影响配置管理。

2.3.1 外部库文件管理

外部库文件通常是以二进制形式存在，除非你使用的是解释型语言。即使是解释型语言，外部库文件也通常会安装在全局系统路径中，并由包管理系统来管理，比如Ruby的Gems和Perl的modules。

对于"是否将这些库文件放到版本控制库中"这个问题，业界还有一些争议。例如，Maven（Java的一种构建工具）允许指定应用程序所依赖的jar文件，并会从因特网上的代码库下载（如果有本地缓存库的话，也可以从本地缓存中取得）。

这么做既有缺点，也有好处。例如，一个新加入项目的成员为了能开始工作，可能必须从因特网下载库文件（或至少是恰好够用的那部分内容），但可以大大缩小源代码库的尺寸，让我们可以在较短的时间内签出全部代码。

我们建议在本地保存一份外部库的副本(如果使用Maven，应该创建一个本地仓库，里面存放那些在你的公司中统一使用的外部库)。如果你必须遵守某些规章制度，这种做法是非常必要的，而且它也能使项目可以快速启动。这样，你就总能再现构建过程。此外，我们还要强调的是，在构建系统中，应该始终指定项目所需外部库的确切版本。如果不这么做的话，很可能无法保证每次都能够完全再现你的构建版本。假如不能指定具体版本，你可能会遇到这样的情况：你花了很长时间来跟踪调试一个非常奇怪的问题或错误，可最终发现是由于库文件的版本不符导致的。

那么是否一定要把外部依赖库文件放在版本控制库中呢？其实，放与不放，各有利弊。如果放了，那我们更容易将软件的版本与正确的库文件版本相关联，但它也可能使源代码库的体积更大，并且签出时间也会变长。

2.3.2 组件管理

将整个应用软件分成一系列的组件进行开发（小型应用除外）是个不错的实践。这能让某些变更的影响范围比较小，从而减少回归缺陷。另外，它还有利于重用，使大项目的开发过程更加高效。

典型情况下，我们总是做一次独立且完整的构建，生成整个应用的二进制代码或安装文件，且通常会同时进行单元测试。这种方法对于构建中小规模的软件应用是最为高效的，当然这也与构建项目所使用的构建工具和技术有关。

随着系统不断变大，或者当有其他项目依赖于我们所开发的组件时，我们就需要将这几个组件的构建分成不同的构建流水线了。如果你正是这么干的，需要特别注意的一点就是，这些构建流水线之间的依赖应该是二进制文件依赖，而不是源文件依赖。因为，如果每次都要重新编译其依赖文件，不但执行效率较低，而且还存在一种可能性，即新编译出来的文件与你之前已测试过的那个依赖文件有差异。虽然使用这种二进制包依赖的方法会给问题追踪带来困难，尤其是那些因修改上游源文件而导致下游组件出错的问题，但是一个好的持续集成服务器产品可以帮助解决这个问题。

尽管现在市面上的持续集成服务器在依赖管理方面做得已经相当不错了，但通常开发人员在其开发环境中仍很难对软件应用重复地做整个端到端的构建过程。在理想情况下，当我将几个组件从代码库签出到我的机器上，这几个组件就应该是直接相关联的。而且，一旦修改了其中的几个组件，只要敲一行命令就可以重新以正确的顺序构建这些组件，生成正确的二进制代码，并运行相关的测试。然而遗憾的是，尽管像Ivy和Maven这样的工具以及像Gradle或Buildr这样的脚本编程技术的支持，会令事情变得容易些，但是如果没有聪明的构建工程师的参与，大多数构建系统还是无法达到理想状态的。

关于管理组件和依赖的更多内容请参见第13章。

2.4 软件配置管理

作为关键部件之一，配置信息与产品代码及其数据共同组成了应用程序。软件在构建、部署和运行时，我们可以通过配置信息来改变它的行为。交付团队需要认真考虑设置哪些配置项，在应用的整个生命周期中如何管理它们，以及如何确保这些配置项在多个应用、多个组件以及多项技术中的管理保持一致性。我们认为，应该以对待代码的方式来对待你的系统配置，使其受到正确的管理和测试。

2.4.1 配置与灵活性

每个人都希望使用的软件非常灵活。为什么不呢？可是，灵活性也是有代价的。

就像一个平衡游标，一端是只有单一用途的软件，而且工作得很好，但很难或根本无法改变它的行为。然而另一端则是编程语言，你可以用它编写游戏、应用服务器或股票管理系统，这就是灵活性！显然，大多数软件都在两点之间，而不是这两端点中的任何一个。这些软件被设计用于完成某些特定目的，但在能够完成这些目的的前提下，通常在一定程度内可以通过某些方法改变它们的行为。

第 2 章　配置管理

对于软件灵活性的期望常常导致一种反模式，即"终极配置"，而这种反模式常被表述为对一个软件项目的需求。如果做得好，它没有什么坏处，但是如果搞不好的话，它会毁了一个项目。

任何改变应用程序的行为，无论修改了什么，都算是编程，即使只是修改一行配置信息。你进行修改所使用的语言可能或多或少地受到限制，但此时仍是在编程。根据定义，要为用户提供的软件配置能力越强，你能置于系统配置的约束就应越少，而你的编程环境也会变得越复杂。

根据我们的经验，"修改配置信息的风险要比修改代码的风险低"这句话就是个错觉。就拿"停止一个正在运行的应用系统"这个需求来说，通过修改代码或修改配置都很容易办到。如果使用修改源代码的方式，可以有多种方式来保证质量，比如编译器会帮我们查语法错误，自动化测试可以拦截很多其他方面的错误。然而，大多数配置信息是没有格式检查，且未经测试的。在大多数系统中，没有什么机制能阻止我们将一个URI"http://www.asciimation.co.nz/"改为"this is not a valid URI"。大多数系统只有在运行时，才能发现这样的更改，此时用户不是惊喜地看到ASCII版的Star Wars，而是看到一堆系统异常报告，因为URI这个类无法解析"this is not a valid URI"。

在构建高度可配置的软件的道路上有很多陷阱，而最糟糕的可能莫过于下面这些。

- 经常导致分析瘫痪，即问题看上去很严重，而且很棘手，以至于团队花费很多时间思考如何解决它，但最终还是无法解决。
- 系统配置工作变得非常复杂，以至于抵消了其在灵活性上带来的好处。更有甚者，可能在配置灵活性上花费的成本与定制开发的成本相当。

终极可配置性的危险

我们曾经有个客户，花了三年的时间与一个供应商合作，想在其业务领域使用该供应商提供的软件产品。该产品被设计成具有高灵活性和高可配置性的软件，以便满足客户的需求。然而，最终的结果是只有该产品的产品专家才知道如何配置。

然而，客户担心该系统一时还无法用于生产环境。最后，他找到了我们，而我们的组织花费了八个月的时间，从零开始用Java为其定制了一个满足同样需求的软件。

可配置的软件并不总是像它看起来那么便宜。更好的方法几乎总是先专注于提供具有高价值且可配置程度较低的功能，然后在真正需要时再添加可配置选项。

不要误解我们的意思，配置并非天生邪恶，但需要采取谨慎的态度来一致地管理它们。现代计算机语言已经采用各种各样的特性和技术来帮助减少错误。在大多数情况下，配置信息却无法使用它们，甚至这些配置的正确性在测试环境和生产环境中也根本无法得到验证。我们认为，对部署活动的冒烟测试（参见5.3.3节）就是一种缓解配置验证问题的方法，我们应始终使用它。

2.4.2 配置的分类

我们可以在构建、部署、测试和发布过程中的任何一点进行配置信息的设置。而且，我们也的确会在多个时间点对应用软件进行相关的配置，如下所示。

- 在生成二进制文件时，构建脚本可以在**构建时**引入相关的配置，并将其写入新生成的二进制文件。
- 在**打包时**将配置信息一同打包到软件中，比如在创建程序集，以及打包ear或gem时。
- 在安装**部署软件程序时**，部署脚本或安装程序可以获取必要的配置信息，或者直接要求用户输入这些配置信息。
- 软件在**启动**或**运行时**可获取配置。

一般来说，我们并不赞同在构建或打包时就将配置信息植入的做法，而是应使用相同二进制安装包向所有的环境中部署，以确保这个发布的软件就是那个被测试过的软件。根据这一个原则，我们可以推出：在相临的两次部署之间，任何变更都应该作为配置项被捕获和记录，而不应该在编译或打包时植入。

打包配置信息

J2EE规范中的一个严重问题是，配置信息必须和应用软件的其他部分一并打包到.war或.ear文件中。除非你使用其他配置机制，而不是使用该规范规定的机制，否则就意味着，如果多个部署环境需要不同的配置信息，你就不得不为每种环境各自创建一个包括不同配置信息的.war或.ear文件。如果你受这种规范制肘的话，就要找其他方式在部署或运行时来配置应用程序，而下面就是我们的建议。

通常来说，能够在部署时对软件进行配置是非常重要的，这样就可以告诉应用程序在哪儿能找到所需服务，比如数据库、邮件服务器或外部系统。比如，当应用程序运行时的配置信息被存储在数据库中，你可能要在部署应用程序时将数据库的连接参数传入，使应用程序启动时可以从数据库中取到这些信息。

如果你有权限完全控制生产环境，就通常能让部署脚本自行获取这些配置并提供给应用。对于套装软件来说，安装包中通常都有默认的配置信息。做软件测试时，我们仍需要用某种方法在部署过程中修改某些配置信息。

当然，我们还可能要在启动或运行应用程序时修改某些配置。在系统启动时，我们可以通过命令参数或环境变量等形式提供配置信息。另外，你还可以使用同样的机制来做运行时的配置，比如注册表设置、数据库、配置文件，或者使用外部配置服务（比如通过SOAP或REST风格的接口访问）。

2.4.3 应用程序的配置管理

在管理应用程序的配置这个问题上，需要回答三个问题。

(1) 如何描述配置信息?
(2) 部署脚本如何存取这些配置信息?
(3) 在环境、应用程序,以及应用程序各版本之间,每个配置信息有什么不同?

通常配置信息以键值对的形式来表示。①有时可使用系统提供的配置类型来有层次地组织这些配置项。比如Windows属性文件的键-值字符串就是以不同的heading来组织的,而YAML文件在Ruby领域非常流行,Java中的属性文件虽然在格式上相对简单,但在大多数情况下还是能够提供足够灵活性的。将配置信息以XML文件的形式来保存可以对其复杂性起到较好的限制效果。

将应用软件的配置信息保存在哪里呢?显而易见的选择包括数据库、版本控制库、文件目录或注册表等。版本控制库可能是最容易的,只要将配置文件签入就可以了,而且你可以随时拿到任意时间点上的历史配置信息。像源代码一样,将配置选项列表也保存在同一个代码库中是非常值得的。

注意,存放配置信息的位置与应用程序访问这些配置信息的方式不是一回事儿。应用程序可以通过本地文件系统上的一个文件来获取它的配置信息,也可以通过其他方式(比如Web服务或目录服务,或者数据库)获取。关于这些内容的详细描述请参见下一节。

将那些特定于测试环境或生产环境的实际配置信息存放于与源代码分离的单独代码库中通常是非常必要的。因为这些信息与源代码的变更频率是不同的。不过,当使用这种方法时,需要注意:配置信息的版本一定要与相应的应用软件的版本相匹配。这种分离方式特别有利于重要信息的安全性,对于这些重要信息(如密码和数字证书等)的存取需要施加限制。

小提示:不要把密码签入到版本控制系统中,也不要把它硬编码到应用程序中。

要是让运维人员知道你这么做,一定会让你卷铺盖走人的。所以,别给他们这样的机会。如果你坚持要将密码存在某处而不是自己记住的话,可以试着把它加密后放在用户主目录下。

这种方法的另一种极糟的使用方式是,将应用程序某一层上的密码保存在需要访问它的那层代码或文件系统中。实际上,用户在部署时应该每次都手工输入密码。对于多层应用系统来说,有多种方式来处理验证问题。比如,你可以使用证书、目录服务,或者一个单点登录系统。

---

① 从技术上讲,配置信息可以被看做是元组的一个集合。

数据库、文件目录和注册表是比较方便存储配置信息的场所，它们可以被远程访问。但是，为了审计性和可回滚性，一定要将配置项的修改历史保留下来。你可以通过某种系统自动地实现这一功能，也可以让版本控制系统充当这一角色，写一个脚本，根据需要将适当版本的配置信息加载到数据库或文件目录中。

1. 获取配置信息

管理配置最有效的方法是让所有的应用程序通过一个中央服务系统得到它们所需要的配置信息。对于套装软件来说，这是很常见的一种方式，就像很多专业服务提供商在因特网上为企业提供多种企业内部应用和软件服务一样。这些方案之间的主要区别只是在于何时注入配置信息，是在套装软件打包时，还是在部署时或运行时。

对于应用程序访问配置信息来说，可能最简单的方法就是使用文件系统。这样做的好处是可以跨平台和得到各种语言的支持，但不太适合applet这种沙盒运行时。如果将配置项保存在文件系统中，一旦应用需要运行于集群环境里，配置信息的同步就会成为一个问题。

还有一种方式是从某个中心仓库（如关系型数据库管理系统、LDAP或某种Web服务）中获取配置信息。一个名为ESCAPE [apvrEr]的开源工具可以通过一种REST式接口方便地管理和获取配置信息。应用程序可以执行一个HTTP GET请求，在URI中包含应用程序名和环境名称，从而获取相应的配置信息。这种机制对于在部署或运行时进行应用软件的配置更有效。将环境名称传给部署脚本（通过一个属性、命令行开关或环境变量），然后由脚本从配置服务中读取适当的配置信息，提供给应用程序使用，比如将其写入文件系统上的一个文件中。

无论配置信息是什么样的存储形态，我们建议使用一个简单的Facade类，让它提供与下面类似的接口：

```
getThisProperty()
getThatProperty()
```

将应用的技术细节与外界相隔离，这样就可以在测试代码中模拟它，并在需要时改变其存储机制。

2. 为配置项建模

每个配置都是一个元组，所以应用程序的配置信息由一系列的元组构成。然而，这些元组及其值取决于三方面，即应用程序、该应用程序的版本、该版本所运行的环境（例如开发环境、用户验收测试环境、性能测试环境、试运行环境或生产环境）。

例如，报表软件1.0版本的配置元组集合与其2.2版本是不同的。当然，它也与项目管理软件1.0版本所使用的配置元组集不同。而且，这些元组的值取决于它们所处的部署环境。比如，在用户验收测试环境中的应用程序所使用的数据库服务器通常与生产环境中的不同，甚至在不同的开发机器上也不相同。这种情况同样适用于套装软件和外部集成系统。比如，在做集成测试时，我们所使用的某个外部服务就可能与真正的用户使用客户端访问时所使用的外部服务不同。

无论你使用哪种方式来存储配置信息，放在源代码控制中的XML文件也好，或REST式Web服务中也好，都要能够满足不同的要求。下面列举了一些在对配置信息建模时需要考虑的用例。

- 新增一个环境（比如一个新的开发工作站，或性能测试环境）。在这种情况下你要能为这个配置应用的新环境指定一套新的配置信息。
- 创建应用程序的一个新版本，通常需要添加一些配置设置，删除一些过时的配置设置。此时应该确保在部署新版本时，可以使用新的配置设置，但是一旦需要回滚时，还能够使用旧版本的配置设置。
- 将新版本从一个环境迁移到另一个环境，比如从测试环境挪到试运行环境。此时应该确保新环境上的新配置项都有效，而且为其设置了正确的值。
- 重定向到一个数据库服务器。应该只需要简单地修改所有配置设置，就能让它指向新的数据库服务器。
- 通过虚拟化技术管理环境。应该能够使用虚拟技术管理工具创建某种指定的环境，并且配置好所有的虚拟机。你也许需要将这种虚拟环境中的配置信息作为某特定版本的应用软件在虚拟环境中的标准配置信息。

在不同环境之间管理配置信息的一种方法是，把预期的生产环境中的配置信息作为默认配置，而在其他环境中，通过适当的方式覆盖这些默认值（确保你有预防措施，以防生产环境受到配置失误的影响）。也就是说，尽量减少配置项，最好只保留那些与应用软件具体运行环境密切相关的配置项。这样，做环境配置时就非常简单了。然而，这也取决于组织对该应用程序的生产环境是否有特殊约束。比如，有些组织就要求生产环境与其他环境的配置信息不能放在一起。

3. 系统配置的测试

与应用程序和构建脚本一样，配置设置也需要测试。对于系统配置测试来说，包括以下两部分。

一是要保证配置设置中对外部服务的引用是良好的。比如，作为部署脚本的一部分，我们要确保消息总线（messaging bus）在配置信息中所指定的地址已启动并运行，并确保应用程序所用的模拟订单执行服务在功能测试环境中能够正常工作。最起码，要保证能够与所有的外部服务相连通。如果应用程序所依赖的任何部分没有准备好，部署或安装脚本都应该报错，这相当于配置设置的冒烟测试。

二是当应用程序一旦安装好，就要在其上运行一些冒烟测试，以验证它运行正常。对于系统配置的测试，我们只要测试与配置有关的功能就可以了。在理想情况下，一旦测试结果与预期不符，这些测试应该能够自动停止软件的运行，并显示安装或部署失败。

2.4.4 跨应用的配置管理

在大中型组织中，通常会同时管理很多应用程序，而软件配置管理的复杂性也会大大增加。这类组织中一般都会有遗留系统，而且很可能某个遗留系统的配置项让人很难搞得清楚明白。这种情况下，最重要的任务之一就是，要为每个应用程序维护一份所有配置选项的索引表，记录这些配置保存在什么地方，它们的生命周期是多长，以及如何修改它们。

如果可能的话，运行每个应用程序的构建脚本时应该自动生成一份这类信息。即使无法做到这一点，也要把它记录在Wiki上，或其他文档管理系统中。

当管理那些并非完全由用户安装的应用程序时，了解每个应用程序的当前配置信息是非常重要的。我们的目的是：系统运维团队可以通过生产系统的监控平台了解每个软件应用的配置信息，并能看到每种环境中所运行的软件到底是哪一个版本。像Nagios、OpenNMS和惠普的OpenView都提供了记录这类信息的功能。另外，如果是用自动化方式来管理构建和部署过程，那么应该一直用这个自动化过程来应用配置信息，而且如果是自动化过程的话，它应该已经被保存在版本控制库中或像Escape这样的工具中了。

如果应用程序之间有依赖关系，部署有先后次序的话，实时存取配置信息的能力就特别重要。很容易因配置信息设置不当而浪费很多时间，甚至导致整套服务无法正常运行，而这类问题是极难诊断的。

每个应用程序的配置项管理都应该作为项目启动阶段的一个议题，纳入计划当中。需要分析当前的运维环境中其他应用程序是如何管理配置信息的，考虑在新开发的应用中是否能够使用相同的配置管理方法。我们通常在需要时才临时决定如何管理配置信息，其后果是每个应用的配置信息被放在不同的位置，而应用程序又以不同的方式获取这些配置。这会给确定"哪些环境中有哪些配置"带来不必要的困难。

2.4.5 管理配置信息的原则

我们要把应用程序的配置信息当做代码一样看待，恰当地管理它，并对它进行测试。当创建应用程序的配置信息时，应该考虑以下几个方面。

- 在应用程序的生命周期中，我们应该在什么时候注入哪类配置信息。是在打包的时候，还是在部署或安装的时候？是在软件启动时，还是在运行时？要与系统运维和支持团队一同讨论，看看他们有什么样的需求。
- 将应用程序的配置项与源代码保存在同一个存储库中，但要把配置项的值保存在别处。另外，配置设置与代码的生命周期完全不同，而像用户密码这类的敏感信息就不应该放到版本控制库中。
- 应该总是通过自动化的过程将配置项从保存配置信息的存储库中取出并设置好，这样就能很容易地掌握不同环境中的配置信息了。
- 配置系统应该能依据应用、应用软件的版本、将要部署的环境，为打包、安装以及部署脚本提供不同的配置值。每个人都应该能够非常容易地看到当前软件的某个特定版本部署到各种环境上的具体配置信息。

- 对每个配置项都应用明确的命名习惯，避免使用晦涩难懂的名称，使其他人不需要说明手册就能明白这些配置项的含义。
- 确保配置信息是模块化且封闭的，使得对某处配置项的修改不会影响到那些与其无关的配置项。
- DRY（Don't Repeat Yourself）原则。定义好配置中的每个元素，使每个配置元素在整个系统中都是唯一的，其含义绝不与其他元素重叠。
- 最少化，即配置信息应尽可能简单且集中。除非有要求或必须使用，否则不要新增配置项。
- 避免对配置信息的过分设计，应尽可能简单。
- 确保测试已覆盖到部署或安装时的配置操作。检查应用程序所依赖的其他服务是否有效，使用冒烟测试来诊断依赖于配置项的相关功能是否都能正常工作。

2.5 环境管理

没有哪个应用程序是孤岛。每个应用程序都依赖于硬件、软件、基础设施以及外部系统才能正常工作。本书中，我们把所有这些内容都称作应用程序的环境。在第11章，我们会详细讲述环境管理，但在此处（配置管理这个上下文中），我们还是需要先了解一些内容。

在做应用程序的环境管理时，我们需要记住的原则是：环境的配置和应用程序的配置同样重要。例如，如果应用程序需要用到消息总线，那么只有正确配置了这个消息总线，应用程序才能正常工作。操作系统的配置也同样重要。比如，应用程序可能依赖于操作系统中大量的文件描述符（file descriptor），如果操作系统中文件描述符数量的默认值比较低的话，应用程序可能根本无法工作。

"临时决定"是管理配置信息最糟糕的方法。这样就会导致使用手工方式安装软件的必要部分，或需要手工编辑一些相关的配置文件。当然，这也是最常见的方法。虽然看起来简单，但几乎对于所有系统（非常小的系统除外），它都有几个很常见的问题。最容易想到的危险场景就是，当使用新的配置无法正常工作时，不管什么原因，都很难恢复到之前某个已知的正常状态，因为根本无法找到以前的配置信息记录。这里把不良环境管理可能带来的问题总结如下。

- 配置信息的集合非常大；
- 一丁点变化就能让整个应用坏掉，或者严重降低它的性能。
- 一旦系统出现问题，需要资深人员花费不确定的时间来找到问题根源并修复它。
- 很难准确地再现那些手工配置的环境，因此给测试验证带来很大困难。
- 很难维护一个不使用配置信息的环境，因此维护这种环境下的行为也很难，尤其是不同的节点有不同的配置时。

在 *The Visible Ops Handbook* 一书中，其作者把手工配置的环境称作"艺术作品"。

所以，为了降低环境管理的成本和风险，有必要将环境变成可量产的对象，使对其进行的操作具有可重复性且时间是可预测的。在我们参与过的项目中，有太多项目因较差劲的配置管理而导致相当大的开销（比如，需要付费给一个或多个单独负责这方面的团队）。它还总是给开发过程拖后腿，使得开发环境、测试环境，以及生产环境的部署工作变得更复杂，成本更高。

环境管理的关键在于通过一个全自动过程来创建环境，使创建全新的环境总是要比修复已受损的旧环境容易得多。重现环境的能力是非常必要的，原因如下。

- 可以避免知识遗失问题。比如某人离职且无法与他联系上，但只有他明白某个配置项所代表的意思。一旦这类配置项不能正常工作，通常都意味着较长的停机时间。这是一个很大却不必要的风险。
- 修复某个环境可能需要花费数小时的时间。所以，我们最好能在可预见的时间里重建环境，并将它恢复到某个已知的正常状态下。
- 创建一个和生产环境相同的测试环境是非常必要的。对于软件配置而言，测试环境应该和生产环境一模一样。这样，配置问题更容易被在早期发现。

需要考虑的环境配置信息如下：

- 环境中各种各样的操作系统，包括其版本、补丁级别以及配置设置；
- 应用程序所依赖的需要安装到每个环境中的软件包，以及这些软件包的具体版本和配置；
- 应用程序正常工作所必需的网络拓扑结构；
- 应用程序所依赖的所有外部服务，以及这些服务的版本和配置信息；
- 现有的数据以及其他相关信息（比如生产数据库）。

其实高效配置管理策略的两个基本原则是：(1) 将二进制文件与配置信息分离；(2) 将所有的配置信息保存在一处。如果应用了这两个基本原则，你就能将"在系统不停机的情况下，创建新环境、升级系统部分功能或增加新的配置项"等工作变成一个简单的自动化过程。

所有这些都需要考虑。尽管把操作系统也提交到版本控制库中的做法显然不合理，但这并不意味着将它的配置信息提交到版本控制库中不合理。远程安装系统与环境管理工具（如Puppet、CfEngine）的结合使用让我们可以直接对操作系统进行集中管理和配置。这个问题将在第11章详细讨论。

对于大多数应用来说，将这些原则应用于其所依赖的第三方软件更为重要。好的软件应该有一个能通过命令行执行的安装程序且不需要任何用户干预。应用程序的配置可以通过版本控制系统来管理，而且不需要手工干预。如果第三方软件依赖无法满足这样的要求，你就要设法找到替代品。使用第三方软件时，这应该是一个重要的评估依据。当评估第三方产品或服务时，应该问自己如下问题。

- 我们可以自行部署它吗？
- 我们能对它的配置做有效的版本控制吗？

❏ 如何使它适应我们的自动化部署策略？

如果这几个问题的答案都是否定的或负面的，可以有几种不同的应对方式，我们会在第11章详细描述。

我们要将处于某个正确部署状态的环境作为配置管理中的一个基线。自动化环境准备系统应该能够从项目部署的历史中找到任一特定基线进行重建。只要对应用程序所在环境的任何配置做修改，就应该把这个修改保存起来，并创建一个新的基线版本，将此时的应用程序版本与这个基线版本关联在一起。这样就可以保证下次部署应用程序或创建新环境时，这些修改也会被包含在内。

实际上，你应该像对待源代码一样对待环境，增量式地修改，并将修改提交到版本控制库中。对每个修改都要进行测试，以确保它不会破坏在这个新版本的环境中运行的应用程序。

对基础设施进行配置管理

我们最近有两个项目的开发经历证明，配置管理的有效性对项目有很大的影响。

第一个项目中使用了一个消息中间件。该项目有正确的配置管理策略，以及很好的模块化设计。我们打算升级到这个中间件的最新版本。供应商承诺这个最新版本会解决我们所担心的大多数问题。

我们的客户和供应商都明显认为这次升级是件大事。他们虽然筹划了几个月的时间，但仍旧担心这会对开发团队有破坏性的影响。我们团队的两位成员按照本节所描述的方式准备了一个新的基线，我们对其进行了本地测试，包括利用它的试用版执行我们全部的验收测试套件。测试中发现了一些问题。

我们修复了最明显的问题，但它仍不能通过所有的验收测试。然而，我们非常有信心能很快修复它们，因为它们的修复方法都简单明了，而且最糟糕的情况也就是回滚到之前放在版本控制系统中的基线上。与开发团队的其他成员达成一致后，我们提交了这次修改，以便整个团队可以一起修复那些由于升级消息中间件而导致的问题。整个过程只用了一天，其间我们运行了所有的自动化测试来验证工作。在接下来的迭代中，我们在手工测试中比较细心，但并没有发现任何相关问题。我们的自动化测试覆盖率被证明是非常不错的。

在第二个项目中，我们面对的是一套运行多年、性能不佳且错误频出的遗留系统。我们的任务是做一些修缮工作。我们接手时，根本没有自动化测试，仅对源代码做了最基本的配置管理。我们的任务之一就是升级应用服务器的版本，因为供应商已不再为原有的版本提供技术服务了。对于这种状态下的应用程序，即没有持续集成系统，也没有自动化测试，这个过程走得还算平稳。然而，从修改、测试到最终部署到生产环境，一个六人团队用了两个月的时间才完成。

> 当然，软件项目之间的直接对比是不可能的。每个项目所用的技术有很大不同，代码库也很不相同。但是，这两个项目都涉及了同样的任务，即升级核心中间件。一个花了六个人两月的工夫，而另一个只用了两个人半天的时间就搞定了。

2.5.1 环境管理的工具

在以自动化方式管理操作系统配置的工具中，Puppet和CfEngine是两个代表。使用这些工具，你能以声明方式来定义一些事情，如哪些用户可以登录你的服务器，应该安装什么软件，而这些定义可以保存在版本控制库中。运行在系统中的代理（agent）会从版本控制库中取出最新的配置，更新操作系统以及安装在其之上的软件。对于应用了这些工具的系统来说，根本没必要登录到服务器上去操作，所有的修改都可能通过版本控制系统来发起，因而你也能够得到每次变化的完整记录，即谁在什么时候做了什么样的修改。

虚拟化技术也可以提高环境管理过程的效率。不必利用自动化过程从无到有地创建一个新环境，你可以轻易地得到一份环境副本，并把它作为一个基线保存起来。这样一来，创建新环境也就是小事一桩，点一下按钮就可以搞定。虚拟化技术还有其他好处，比如它可以整合硬件，使硬件平台标准化，即使你的应用程序需要一些不同的环境也没有问题。

我们将在第11章详细讨论这些工具。

2.5.2 变更过程管理

最后要强调的是，对环境的变更过程进行管理是必要的。应该严格控制生产环境，未经组织内部正式的变更管理过程，任何人不得对其进行修改。这么做的原因很简单：即便很微小的变化也可能把环境破坏掉。任何变更在上线之前都必须经过测试，因而要将其编成脚本，放在版本控制系统中。这样，一旦该修改被认可，就可以通过自动化的方式将其放在生产环境中。

这样，对于环境的修改和对软件的修改就没什么分别了。它也和应用程序的代码一样，需要经历构建、部署、测试和发布整个过程。

在这方面，应该像对待生产环境一样对待测试环境。测试环境所需的核准流程通常会简单一些，应该由管理测试环境的人来控制。但在其他方面，其配置管理应该与生产环境中的配置管理没什么不同。这是非常必要的，因为通过频繁向测试环境部署，可以测试用于向生产环境进行部署的流程。值得重申的是，测试环境的软件配置应该非常接近于生产环境。如果能够做到这一点，向生产环境部署时，就不会有什么异常事件发生了。然而，这并不是说测试环境必须和昂贵的生产环境一模一样，而是说只要我们使用同样的机制来管理、部署和配置这两类环境就行了。

2.6 小结

配置管理是本书其他内容的基础。没有配置管理,根本谈不上持续集成、发布管理以及部署流水线。它对交付团队内部的协作也会起到巨大的促进作用。我们希望读者清楚地认识到,这不只是选择和使用什么样工具的问题,尽管这非常重要,但更重要的是,如何正确地使用最佳实践。

如果配置管理流程比较好的话,对于下面的问题,你的回答都应该是肯定的。

- 是否仅依靠保存于版本控制系统中的数据(除了生产数据),就可以从无到有重建生产系统?
- 是否可以将应用程序回滚到以前某个正确的状态下?
- 是否能确保在测试、试运行和正式上线时以同样的方式创建部署环境?

如果回答是否定的,那么你的组织正处于风险之中。我们建议为下面的内容制定出一个保存基线和控制变更的策略:

- 应用程序的源代码、构建脚本、测试、文档、需求、数据库脚本、代码库以及配置文件;
- 用于开发、测试和运维的工具集;
- 用于开发、测试和生产运行的所有环境;
- 与应用程序相关的整个软件栈,包括二进制代码及相关配置;
- 在应用程序的整个生产周期(包括构建、部署、测试以及运维)的任意一种环境上,与该应用程序相关联的配置。

第 3 章

持 续 集 成

3.1 引言

很多软件项目都有一个非常奇怪而又常见的特征，即在开发过程里，应用程序在相当长的一段时间内无法运行。事实上，由大规模团队开发的软件中，绝大部分在开发过程中基本上处于不可用状态。其原因很简单，没有人有兴趣在开发完成之前运行整个应用。虽然开发人员提交代码后可能会运行自动化的单元测试，但没人会在试运行环境中去启动并使用它。

在那些分支生命周期很长或者直到最后才做验收测试的项目里尤其如此。许多像这样的项目总是在开发结束后留出很长一段时间作为集成阶段。在该阶段里，开发团队会合并分支，让软件能够运行起来，以便进行验收测试。甚至更糟糕，有些项目可能到了集成阶段才发现软件并不能满足需求。这样的集成活动可能会持续很长时间，而最糟糕的则莫过于没人知道到底要花多长时间。

可是，我们也看到，某些项目即便最新提交的代码破坏了已有功能，最多也只要几分钟就可修好。其不同之处在于后者使用了持续集成。持续集成要求每当有人提交代码时，就对整个应用进行构建，并对其执行全面的自动化测试集合。而且至关重要的是，假如构建或测试过程失败，开发团队就要停下手中的工作，立即修复它。持续集成的目标是让正在开发的软件一直处于可工作状态。

持续集成最早出现在Kent Beck写的《解析极限编程》一书中，该书于1999年首次出版。和其他极限编程实践一样，持续集成背后的思想是：既然经常对代码库进行集成对我们有好处，为什么不随时做集成呢？就集成而言，"随时"意思是指每当有人提交代码到版本控制库时。我的同事Mike Roberts说："持续的频繁程度远超出你的想象。"[aEu8Nu]

持续集成是一种根本的颠覆。如果没有持续集成，你开发的软件将一直处于无法运行状态，直至（通常是测试或集成阶段）有人来验证它能否工作。有了持续集成以后，软件在每次修改之后都会被证明是可以工作的（假如有足够全面的自动化测试集

第 3 章　持续集成

合的话）。即便它被破坏了，你也很快就能知道，并可以立即修复。高效使用持续集成的那些团队能够比那些没有使用它的团队更快地交付软件，且缺陷更少。在交付过程中，缺陷被发现得越早，修复它的成本就越低，因此也就大大节省了成本和时间。因此我们认为，对于专业的软件交付团队来说，持续集成与版本控制同等重要。

本章剩余内容将讲述如何实现持续集成。我们会解释如何解决复杂项目中的常见问题，列出有效的持续集成实践及其对设计与开发过程的影响。我们还会讨论一些更高级的话题，包括如何在分布式团队中实施持续集成。

关于持续集成，本书的姊妹篇，即Paul Duvall写的《持续集成》（Addison-Wesley，2006）介绍得更为详细。如果想知道比本章所述更多的内容，请参阅这本书。

本章主要面向开发人员，但其中的某些内容对于想知道更多持续集成相关实践的项目经理也是非常有帮助的。

3.2　实现持续集成

"持续集成"这一实践并非信手拈来，它需要有一定的先决条件。我们先介绍这些先决条件，然后再看一看有哪些工具可以利用。也许最重要的一点是，"持续集成"依赖于那些能够遵守一些重要实践的团队，所以我们也会花上一点时间来讨论一下。

3.2.1　准备工作

在开始做持续集成之前，你需要做三件事情。

1. 版本控制

与项目相关的所有内容都必须提交到一个版本控制库中，包括产品代码、测试代码、数据库脚本、构建与部署脚本，以及所有用于创建、安装、运行和测试该应用程序的东西。听上去这些都是理所当然的事情，可奇怪的是，的确有些项目没有使用版本控制。有些人认为，他们的项目不大，用不着使用版本控制。可在我们看来，现在没有哪个项目小到可以不用它。即便在自己的电脑中为自己写一些代码的话，我们也会使用版本控制。现在有好几个简单易用、功能强大且轻量级的免费版本控制工具。

关于版本控制工具的选择和使用，我们分别在2.2节和第14章中详细讲述。

2. 自动化构建

你要能在命令行中启动构建过程。无论是通过命令行程序启动IDE来构建应用程序，然后再运行测试，还是使用多个复杂的构建脚本通过互相调用的方式来完成都行，但无论采用哪种机制，必须满足如下条件：人和计算机都能通过命令行自动执行应用的构建、测试以及部署过程。

现在，集成开发环境和持续集成工具的功能都非常强大。通常不需要切换到命令行，你就可以用集成开发环境完成应用程序的构建，并执行测试。然而，我们仍认为，你仍然需要有能力通过命令行执行，而不需要使用集成开发环境的构建脚本。对于这一点，可能存在一些争议，但我们的理由如下。

- 要能在持续集成环境中以自动化的方式来执行整个构建过程，以便出现问题时能够审计。
- 应将构建脚本与代码库同等对待。应该对它进行测试，并不断地重构，以使它保持整洁且容易理解，而集成开发环境自动生成的构建过程基本上无法做到这一点。项目越复杂，这项工作就越重要。
- 使理解、维护和调试构建过程更容易，并有利于和运维人员更好地协作。

3. 团队共识

持续集成不是一种工具，而是一种实践。它需要开发团队能够给予一定的投入并遵守一些准则，需要每个人都能以小步增量的方式频繁地将修改后的代码提交到主干上，并一致认同"修复破坏应用程序的任意修改是最高优先级的任务"。如果大家不能接受这样的准则，则根本无法如预期般通过持续集成提高质量。

3.2.2 一个基本的持续集成系统

为了做持续集成，你不一定就需要一个持续集成软件，正如我们所说，它是实践，并不是工具。James Shore在"Continuous Integration on a Dollar a Day"[1] [bAJpjp]一文中描述了一个非常简单的方法，只需要一台闲置的开发机，一个橡胶做的玩具鸡和一个桌上震铃。这篇文章值得一读，从中可以看出，只要有版本控制工具就可以做持续集成了。

事实上，现在的持续集成工具其安装和运行都极其简单。有几个开源工具可供选择，比如Hudson和受人尊敬的CruiseControl家族（CruiseControl、CruiseControl.NET和CruiseControl.rb）。其中，Hudson和CruiseControl.rb的启动和运行尤其简单。CruiseControl.rb是很轻量级的，而且掌握一些Ruby知识的人很容易对它进行扩展。Hudson的插件很多，这使它可以与构建和部署领域中的很多工具集成。

在此书编写之际，还有两种商业化持续集成服务器为小团队提供了免费版本，它们是ThoughtWorks Studios开发的Go以及JetBrains的TeamCity。其他流行的商业化持续集成服务器还包括Atlassian的Bamboo和Zutubi的Pulse。高端的发布管理以及构建加速系统还有UrbanCode的AntHillPro、ElectricCloud的ElectricCommander，以及IBM的BuildForge，它们都可以用于简单的持续集成。还有很多其他产品，完整列表可参见CI feature matrix。[bHOgH4]

假如能够满足前面所述的先决条件，那么当你选择并安装好持续集成工具之后，只要再花几分钟的时间配置一下就可以工作了。这些配置包括让它知道到哪里寻找源代码控制库，必要时运行哪个脚本进行编译，并执行自动化提交测试，以及一旦最新

---

[1] 参见http://jamesshore.com/Blog/Continuous-Integration-on-a-Dollar-a-Day.html。——译者注

的提交破坏了应用程序，通过哪种方式通知你。

第一次在持续集成工具上执行构建时，你很可能发现在运行持续集成工具的机器上缺少一些必需的软件和设置。这是一个独一无二的学习机会，请将接下来你所做的工作全部记录下来，并放在自己项目的知识共享库中。你应该花上一些时间将应用程序所依赖的所有软件和配置项提交到版本控制系统中，并将重建全新环境的整个活动变成一个自动化的过程。

接下来要让所有人开始使用这个持续集成服务器。下面是一个简单的过程。

一旦准备好要提交最新修改代码时，请遵循如下步骤。

(1) 查看一下是否有构建正在运行。如果有的话，你要等它运行完。如果它失败了，你要与团队中的其他人一起将其修复，然后再提交自己的代码。

(2) 一旦构建完成且测试全部通过，就从版本控制库中将该版本的代码更新到自己的开发环境上。

(3) 在自己的开发机上执行构建脚本，运行测试，以确保在你机器上的所有代码都工作正常。当然你也可以利用持续集成工具中的个人构建功能来完成这一步骤。

(4) 如果本地构建成功，就将你的代码提交到版本控制库中。

(5) 然后等待包含你的这次提交的构建结果。

(6) 如果这次构建失败了，就停下手中做的事，在自己的开发机上立即修复这个问题，然后再转到步骤(3)。

(7) 如果这次构建成功，你可以小小地庆祝一下，并开始下一项任务。

如果团队中的每个人在每次提交代码时都能够遵循这些简单的步骤，你就可以很有把握地说："只要是在与持续集成一模一样的环境上，我的软件就可以工作。"

3.3 持续集成的前提条件

持续集成不会独立地帮你修复构建过程。事实上，如果你在项目中期才做这件事的话，可能会非常痛苦。为了使持续集成能够更有效，开始之前，你应该先做好下面这些事情。

3.3.1 频繁提交

对于持续集成来说，我们最重要的工作就是频繁提交代码到版本控制库。每天至少应该提交几次代码。

定期地将代码提交到代码主干上会给我们带来很多其他好处。比如，它使每次的修改都比较小，所以很少会使构建失败。当你做了错事或者走错了路线时，可以轻松地回滚到某个已知的正确版本上。它使你的重构更有规则，使每次重构都是小步修改，从而保证可预期的行为。它有助于保证那些涉及多个文件的修改尽量不会影响其他人的工作。它让开发人员更敢于创新，勇于尝试新的想法，而且一旦行不通，可以轻松地回滚到最近提交的一个版本上。它还会让你不时地停下来休息一下，伸展一下身体，有助于防止腕关节疼痛或肢体重复性劳损（RSI）。如果发生了严重的问题（比如误删了文件等），你也不会丢掉太多的工作成果。

前面我们特意提到过"要提交到主干"。很多项目使用版本控制中的分支技术来进行大型团队的管理。然而，当使用分支时，其实不可能真正地做到持续集成。因为如果你在分支上工作，那么你的代码就没有和其他开发人员的代码进行即时集成。那些使用长生命周期分支的团队恰恰面临着我们在本章开始时描述的集成问题。除一些很有限的情况外，我们不推荐使用分支。我们会在第14章更详细地讨论这个问题。

3.3.2 创建全面的自动化测试套件

如果没有一系列全面的自动化测试，那么构建成功只意味着应用程序能够编译并组装在一起。虽然对于某些团队来说，这已经是非常大的一个进步了，但是，假如能够有一定程度的自动化测试，会让你更有信心说："我们的应用程序是可以工作的。"自动化测试有很多种，我们会在下一章详细讨论。其中有三类测试我们会在持续集成构建中使用，它们分别是单元测试、组件测试和验收测试。

单元测试用于单独测试应用程序中某些小单元的行为（比如一个方法、一个函数，或一小组方法或函数之间的交互）。它们通常不需要启动整个应用程序就可以执行，而且也不需要连接数据库（如果应用程序需要数据库的话）、文件系统或网络。它们也不需要将应用程序部署到类生产环境中运行。单元测试应该运行得非常快，即使对于一个大型应用来说，整个单元测试套件也应该在十分钟之内完成。

组件测试用于测试应用程序中几个组件的行为。与单元测试一样，它通常不必启动整个应用程序，但有可能需要连接数据库、访问文件系统或其他外部系统或接口（这些可以使用"桩"，即stub技术）。组件测试的运行时间通常较长。

验收测试的目的是验证应用程序是否满足业务需求所定义的验收条件，包括应用程序提供的功能，以及其他特定需求，比如容量、有效性、安全性等。验收测试最好采用将整个应用程序运行于类生产环境的运作方式。当然，验收测试的运行时间也较长。一个验收测试套件连续运行一整天是很平常的事儿。

通过组合使用这三类测试，你就能确信引入的修改不会破坏任何现有功能。

3.3.3 保持较短的构建和测试过程

如果代码构建和单元测试的执行需要花很长时间的话，你会遇到一些麻烦，如下所示。

- ❑ 大家在提交代码之前不愿意在本地环境进行全量构建和运行测试，导致构建失败的几率越来越大。
- ❑ 持续集成过程需要花太长时间，从而导致再次运行构建时，该构建会包含很多次提交，所以很难确定到底是哪次提交破坏了本次构建。

❑ 大家提交的频率会变少,因为每运行一次构建和测试,都要坐在那儿等上一阵子。

理想情况下,提交前的预编译和测试过程,以及持续集成服务器上的编译和测试过程应该都能在几分钟内结束。我们认为,十分钟是一个极限了,最好是在五分钟以内,九十秒内完成是最理想的。十分钟对于那些惯于操作小项目的人来说,应该算是比较长的时间了,但对于那些经历过需要花数小时的编译的老前辈来说,却是非常短的时间。这段时间长度应该恰好能泡杯茶,快速聊几句,看一眼邮件,或伸展一下身体。

接下来的这个要求看上去恰好和上一个(即需要有全面的自动化测试集)相矛盾。但是,有很多技术可以帮助你减少构建时间。首先要考虑的事情是让测试执行得更快。XUnit类型的工具,比如JUnit和NUnit,可以提供每个测试运行时长的报告。找出那些运行较慢的测试,看看是否可以把它们优化一下,或者在确保同样覆盖率和信心的前提下缩短测试时间。这件事情应该经常做。

然而,有时候需要将测试分成几个阶段,如第5章所述。那么如何划分阶段呢?首先将其分成两个阶段。第一个阶段用于编译软件,运行所有类级别的单元测试,并创建用于部署的二进制文件。这个阶段叫做"提交阶段"。在第7章我们会非常详细地讨论这个阶段。

第二个阶段应该利用第一个阶段所生成的二进制文件进行验收测试、集成测试。假如你有性能测试的话,也要一并运行。利用现代持续集成工具,很容易创建这种分阶段的构建流程,它们能够同时运行多个任务,并将运行结果收集在一起,以便很容易看到运行状态和结果。

提交阶段的这套测试应该在提交之前运行,而且在每次提交之后,在持续集成服务器上也要再运行一次。一旦提交测试套件通过了,就要马上运行验收测试的第二个阶段,但这个阶段可能会花更多时间。如果该阶段的用时超过半小时,就要考虑使用高性能的多进程机器或者建立构建网格来并行执行这些测试。现代的持续集成服务器都能让这件事变得很简单。另外,有时候把一个简单的冒烟测试套件加入到提交阶段,也是非常有用的。这个冒烟测试套件应该执行一些简单的验收和集成测试,用于确保最常见的功能没有被破坏。假如这些基本功能被破坏了,就能得到很快的反馈。

将验收测试按功能块进行分组通常是可取的。这样,当仅修改了系统中的个别功能块时,就可以单独运行影响系统这部分功能的验证测试。很多单元测试框架都提供这样的分组功能。

有时候,你会遇到这种情况,项目由几个模块组成,而每个模块的功能相对独立。此时需要认真考虑如何在版本控制库和持续集成服务器上合理地组织这些模块。我们将在第13章详细描述这部分内容。

3.3.4 管理开发工作区

对于保证开发人员的开发效率与明晰思路来说，开发环境的管理是特别重要的。当开发人员刚开始新任务时，应该总是从一个已知正确的状态开始。他们应该能够运行构建、执行自动化测试，以及在其可控的环境上部署其开发的应用程序，通常是在他们自己的开发机上。只有在特殊的情况下，才应使用共享环境开发。在本地开发环境上运行应用程序时，应确保所使用的自动化过程与持续集成环境中的一致，与测试环境中也是一样的，且生产环境中也是一样的。

达到这一目标的第一个先决条件就是细心的配置管理，不仅仅是管理代码，还包括测试数据、数据库脚本、构建脚本和部署脚本，这些全部都要放在版本控制库中，且当编码开始时，应该以它们"最新的正确版本"作为起点。"最新的正确版本"是指那个在持续集成服务器上最近一次通过所有自动化测试的那个版本。

其次是对第三方依赖的配置管理，即那些开发中所用的库文件和组件。应确保库文件或组件的版本都是正确的，即它们的版本与你正在开发的源代码的版本是相互匹配的。有些开源工具可以帮助管理第三方依赖，最为常见的有Maven和Ivy。然而，使用这些工具时，你需要格外小心地确保正确配置这些工具，这样才能保证不必每次都将某些第三方依赖的最新版本重新下载到本地仓库中。

对于大部分项目来说，其所依赖的第三方库文件的版本不会经常发生改变，所以最简单的方法就是将这些库文件随你的代码一起提交到版本控制库中。关于这一点，更多的内容请参见第13章。

最后就是确保自动化测试（包括冒烟测试）都能够在开发机上运行。对于一个大型系统，我们可能需要在开发机上配置中间件，运行内存数据库或单用户数据库。这的确要花一定的功夫，但能够让开发人员于每次提交前在自己的开发机上将应用程序运行起来，并在其上跑一遍冒烟测试，这可以大大改善应用程序的质量。事实上，一个好的应用程序架构的标志就是不需要费太大力气就可以让应用运行在开发机上。

3.4 使用持续集成软件

当今市场上有很多产品可以提供针对自动化构建和测试过程的基础设施。持续集成工具最基本的功能就是轮询版本控制系统，查看是否有新的版本提交，如果有的话，则签出最新版本的软件，运行构建脚本来编译应用程序，再运行测试，最后将运行结果告知你。

3.4.1 基本操作

本质上，持续集成软件包括两个部分。第一部分是一个一直运行的进程，它每隔一定的时间就执行一个简单的工作流程。第二部分就是提供展现这个流程运行结果的视图，通知你构建和测试成功与否，让你可以找到测试报告，拿到生成的安装文件等。

通常，持续集成工作流以规定的时间间隔对版本控制系统进行轮询。一旦发现版本库有任何变化，它就会将项目的一个副本签出到服务器或构建代理机器的某个目录中，然后运行你指定的命令。典型情况下，这些命令会构建你的应用程序，并运行相关的自动化测试。

大多数持续集成服务器包括一个Web服务器，用于展示一个列表，列出所有已运行过的构建（图3-1），允许查看结果报告，即每次构建的结果是成功，还是失败。这一系列的构建应该终止于生产环境，并保存所有成果，比如二进制文件或安装包，以便测试人员和客户可以很方便地下载最新的可工作版本。大多数持续集成服务器都可以通过Web界面或简单的脚本进行配置。

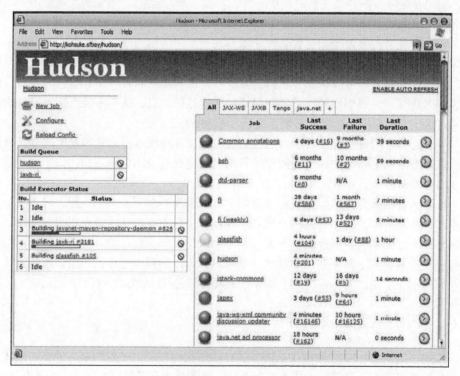

图3-1　Hudson的截图（Kohsuke Kawaguchi 提供）

3.4.2　铃声和口哨

你可以利用持续集成工具的工作流功能做一些基本功能之外的事情。比如，可以将最近一次的构建状态发送到一个外部设备上。曾经有人使用红绿熔岩灯显示最后构建的状态，或使用持续集成工具将状态发送给Nabaztag无线电子兔。我们认识的一位开发人员了解一些电子知识，他做了一个带有闪光灯和警报器的灯塔，其动作可指示一个复杂项目上各种构建的进展情况。还有一种方式是使用TTS语音合成技术（从文本到语音的转换）读出令构建失败的提交人的名字。一些持续集成服务器可以显示构建的状态，以及提交者的照片，而且可以使用一块大屏幕把它们显示出来。

在项目中使用这类小装置的原因很简单，这种方法非常有效，可以让每个人一眼就知道构建的状态。可视化是使用持续集成服务器软件最重要的收益之一。大多数持续集成服务器软件都会提供某种小装置，可以安装在开发机上，在电脑桌面的一角上显示构建状态。对于分布式团队（至少是不在同一房间中工作的团队）来说，这种小工具特别有用。

这种可视化的唯一缺点就是，如果开发团队和客户在一起工作的话（对于大多数敏捷项目来说，的确是这样的），构建失败（流程中很自然的一部分）可能被认为是应用程序质量存在问题的信号。事实也正是如此，每次构建失败都表明发现了一个问题，但如果没有发现的话，它就会被带到生产环境中。然而，有时候很难向客户解释"为什么构建总是失败"。我们曾遇到过好几次这种状况，其中有一次构建失败持续了很长时间，期间我们与客户进行了一些艰难的对话，但唯一能做的事情就是让它高度可视化，并努力工作，向客户解释这样做的好处。当然，最佳解决方案是努力工作，让构建一直成功。

你还可以在构建过程中对源代码进行一些分析工作，包括分析测试覆盖率、重复代码、是否符合编码标准、圈复杂度，以及其他一些健康指标，并将结果显示在每个构建的总结报告中。你也可以运行一些程序来生成与代码相对应的对象模型图或数据库结构图。所有这些都是可视化的一部分。

今天，先进的持续集成服务器还能够将工作分发到构建网格中，并管理这些构建以及多个组件的依赖集合，将结果发送到你的项目管理跟踪系统中，并有其他一些很有用的功能。

> **持续集成的前身**
>
> 在使用持续集成之前，很多开发团队都使用每日构建（nightly build）。当时，微软使用这个实践已经很多年了。谁破坏了构建，就要负责监视后续的构建过程，直至发现下一个破坏了构建的人。
>
> 现在很多项目仍旧在使用每日构建的做法，在每天晚上，所有人都回家以后，通过批处理过程对代码库进行编译集成，这么做的确有一定的益处。但是，假如第二天早上，团队发现代码根本无法编译成功，这显然就没有太大的帮助了。因为第二天团队还是会向代码库中再提新的修改，可直到第二天晚上才能再次验证这个系统是否能够集成起来。久而久之，构建就天天都是红色的[①]了，而这种失败状态很可能会延续到最后的集成时间点才会被修复。另外，当团队不在同一地点办公，而

---

① 红色表示失败，绿色表示成功。——译者注

且是人员分散在不同的时区里,同时还使用同一个代码库时,这种做法基本上就没有什么用了。

接下来具有革命性的一步是增加自动化测试。我们首次尝试自动化测试是在很多年以前。毫无疑问,那时候都是最基本的冒烟测试,简单地断言应用程序可以运行汇编。在当时,这是构建过程中我们引以为豪的非常大的一个进步。可是现在,即使是最基本的自动化构建过程也比那时的功能强大。单元测试已经流行有一段时间了,简单的单元测试套件都可以为我们做构建提供更高的信心。

接下来,在过去某些项目中还出现过一种改进了的方式(坦白地说,我们近期没有看到过这么做的项目),即"rolling builds"过程,即持续不断地运行构建过程,而不是在夜间定时执行批处理过程。每当前一个构建完成之后,就立即从版本控制库中取得最新版本,进行下一次构建。在20世纪90年代初期,Dave使用过这种方式,取得了良好的效果。这种方式要比夜间构建好得多。但这种方式的问题在于,某次具体的提交与某次构建之间没有直接关联性。因此,尽管对开发人员来说,这样可以建立快速反馈环,然而很难追踪到是哪次提交令构建失败的,这在大型团队中尤其如此。

3.5 必不可少的实践

到目前为止,我们所说的都与构建和部署自动化相关。然而,这些自动化都是需要有人参与的。持续集成是一种实践,不是一个工具,它的有效性依赖于团队纪律。要让持续集成系统能够发挥作用,尤其是面对一个大型复杂的持续集成系统时,整个开发团队就必须有高度的纪律性。

持续集成系统的目标是,确保软件在任何时候都可以工作。为了做到这一点,下面是我们在自己的团队中使用的一些实践。我们之后还会讲述那些我们认为可选并推荐使用的实践,而这里列出的实践是持续集成发挥作用所必须的。

3.5.1 构建失败之后不要提交新代码

持续集成的第一忌就是明知构建已经失败了,还向版本控制库中提交新代码。如果构建失败,开发人员应该尽快找出失败的原因,并修复它。假如使用这种策略,我们每次都能非常迅速地找到失败原因并修复它。如果我们同事中的某人提交代码后使构建失败了,那么他们就是修复构建的最佳人选。此时,他们一定不希望别人再提交新代码,因为那样的话,会触发新的构建,使问题越积越多。

一旦这个规则被破坏,花更长的时间去修复是不可避免的。然后,大家就会习惯于看到构建失败,而且你很快就会发现,构建会一直处于失败状态而无人在意。这种状态会一直持续下去,直到某个人忍无可忍,挺身而出,花相当大的气力再把它修好。

但是，如果无人遵守规则，这个过程还会反复上演。所以，当把构建变绿之后，最好借这个机会提醒每个人都遵守这个规则，确保构建一直是绿的，让软件一直处于可工作状态。

3.5.2 提交前在本地运行所有的提交测试，或者让持续集成服务器完成此事

正如之前提过的，我们希望每次提交都可以产生一个可发布的候选版本。任何人以任何形式公布某个东西之前，都会检查一下自己的工作成果，而候选版本也是一个发行物，所以每次提交前也要做一下检查。

我们希望提交过程是一件轻量级的事儿，这样就可以每隔二十分钟左右提交一次了，但它也应该是一件非常严肃的事儿，这样在每次提交之前，我们都会停下来，仔细想一想是否应该提交。提交前在本地运行一次提交测试，就是做一下健全性检查（sanity check）。它也让我们能确信新增的代码的确是按期望的方式运行的。

当开发人员准备提交时，应该从版本控制库中签出代码，更新一下本地的项目副本，然后做一下本地构建，并运行提交测试。只有当全部成功以后，开发人员才能将代码提交到版本控制库中。

如果以前未听说或使用过这种方法，你可能会问："为什么在提交前还要运行本地提交测试呢？这样的话，我们的编译和提交测试不是要运行两次了吗？"这么做，有两个理由。

(1) 如果在你根据版本控制进行更新之前，其他人已经向版本控制库中提交了新代码，那么你的变更与那些新代码合并后，可能会导致测试失败。如果你自己先在本地更新代码并运行提交测试的话，假如有问题，就会在本地提前发现，提前修复，从而不会令持续集成服务器上的构建失败，不至于影响其他人及时提交。

(2) 在提交时经常犯的错误是，忘记提交那些刚刚新增加的东西到存储库中。如果遵守这个流程的话，当本地构建成功，而持续集成系统中的提交阶段失败了的话，那么你就知道要么是由于别人与你同时提交了代码，要么就是你遗漏了一部分类或配置文件没有提交到版本控制系统中。

遵循这样的实践可以确保构建状态一直是绿的。

很多现代持续集成服务器还提供这样一种功能，名字叫做预测试提交（pretested commit），也称为个人构建（personal build）或试飞构建（preflight build）。使用这种特性，就不必自己进行提交，持续集成服务器将拿到你的本地变更，把它放在构建网格中运行提交测试。一旦构建成功通过，持续集成服务器就替你将变更提交到版本控制库中。如果构建失败的话，它会通知你哪里出错了。这是个非常不错的方法，即能遵守规则，又不需要坐在那儿等着提交测试通过，而是直接开始做下一个任务。

在本书写作时，Pulse、TeamCity和ElectricCommander这三种持续集成服务器都已经提供了这个功能。如果使用分布式版本控制系统的话，这个实践就更容易了，因为

你可以将代码存储到自己的本地代码控制库中，而无需提交到团队的中央版本控制库中。通过这种方式，一旦个人构建失败的话，很容易通过创建补丁的方式将自己提交的修改搁置，恢复到你刚刚提交到持续集成服务器的那个版本上，将构建修复，再把补丁放上去[①]。

3.5.3 等提交测试通过后再继续工作

持续集成系统是整个团队的共享资源。当一个团队有效地使用持续集成时，如果遵循我们的这些建议，频繁提交代码，那么对于整个项目和团队来说，构建失败就会成为一个小问题，很容易修复，不足道也。

当然，构建失败是持续集成过程中一个平常且预料之中的事情。我们的目标是尽快发现错误，并消灭它们，而不是期待完美和零错误。

在提交代码时，做出了这一代码的开发人员应该监视这个构建过程，直到该提交通过了编译和提交测试之后，他们才能开始做新任务。在这短短几分钟的提交阶段结束之前，他们不应该离开去吃午饭或开会，而应密切注意构建过程并在提交阶段完成的几秒钟内了解其结果。

如果提交阶段成功了，而且只有提交阶段成功之后，开发人员才能做下一项任务。如果失败了，他们就要着手发现问题的原因并修复它（要么提交新的代码去修复这个问题，要么回滚到原来的版本，即把这次不成功的代码从代码库中拿出来，把问题修复之后再重新提交）。

3.5.4 回家之前，构建必须处于成功状态

现在是星期五的下午五点半，同事们都走出公司大门了，而你刚刚提交了代码，让构建失败了。此时你有三个选择：(1) 晚一点儿回家，先把它修复了；(2) 将提交回滚，下周上班再提交；(3) 现在就走，不管那个失败的构建。

如果没管那个失败的构建，当周一来上班时，你可能要花上一段时间来回忆上个星期五都做了哪些修改导致构建失败了并尝试修复。如果星期一早上你不是第一个来上班的人，那么先到公司的人会先发现构建失败了，他们会对你的行为表示不满。假如你周末突然生病了，周一不能上班，那么你的同事就可能给你打上几通电话，问你是怎么做的，如何修复它。他们也可能不管三七二十一，直接将你的修改回滚，但即使这样，你耳根还会发烧，因为他们还会嘀咕你的名字。

如果是在一个位于不同时区的分布式团队中工作，通常来说，失败构建的影响就更大，尤其是当一天工作结束时构建失败了却对其置之不理时。在这种情形下，让失败的构建过夜是疏远你远方同事最有效的方式。

[①] 分布式版本控制系统的工作方式就是这样的。——译者注

在这里需要澄清一下,我们并不建议你工作到很晚来修复失败的构建,而是希望你有规律地尽早提交代码,给自己足够的时间处理可能出现的问题。或者,你可以第二天再提交。很多有经验的开发人员在下班前一小时内不再提交代码,而是把它作为第二天早上的第一件事情。如果所有手段都不好使,那么把版本控制库中的代码回滚到上一次成功构建的状态,并在本地保留一份失败的代码就可以了。一些版本控制工具(包括所有的分布式版本控制工具)可以让你非常轻松地在本地代码库中积累待提交的代码,而不会将其推送给其他团队成员。

> **分布式项目中的构建纪律**
>
> 我们曾经参与开发一个我们认为是当时世界上最大的敏捷项目。这个项目的人员分布在世界上的不同地点(美国的旧金山和芝加哥,英国的伦敦和印度的班加罗尔),而且共享同一个代码库。在一天24小时内只有三个小时的时间可能没有人提交代码。其他时间里,几乎每时每刻都有人提交代码,构建从来就没有停过。
>
> 如果位于印度的团队破坏构建后就回家了,那么位于伦敦的团队一整天的工作都会受到极大影响。同样,如果位于伦敦的团队做了同样的事,那么位于美国的同事可能在接下来的八小时之内一直在他们的阴影下工作。
>
> 严格的构建纪律是必须的,以致我们需要有一个专职的构建工程师,他不仅要维护构建,还要间或执行监管工作,确保破坏构建的人及时去修复它。如果修复不了的话,构建工程师有权直接将其回滚到上一次成功的状态。

3.5.5 时刻准备着回滚到前一个版本

正如之前提到的,尽管我们努力做到最好,但还是会犯错误。每个人都可能破坏构建,这是预料之中的。在一个大型项目中,每天都可能发生这样的事,尽管预测试提交在很大程度上可以缓解其发生的概率。此时,我们很容易认识到如何修复,而且可能只需要改一行代码。然而,有时候就没那么简单啦。要么是找不到引起问题的根源,要么是提交之后才发现某部分非常重要的内容还没有做。

如果某次提交失败了,无论采取什么样的行动,最重要的是尽快让一切再次正常运转起来。如果无法快速修复问题,无论什么原因,我们都应该将它回滚到版本控制库中前一个可工作的版本上,之后再在本地环境中修复它。毕竟,我们使用版本控制系统的首要理由就是,它能让我们回滚任意操作而且不会丢失任何信息。

飞行员被告诫每次飞机着陆时,都应该假定有出错的可能,并随时做好重新升空再次尝试降落的准备。当我们提交代码时也要有同样的思想准备,即假设提交的代码会破坏构建,而且会需要较长时间来修复,要知道如何将提交回滚到版本库中某个已知的正确版本上。你应该很清楚在你提交前的那个版本是好的,因为持续集成的实践之一就是不能在构建失败状态下提交代码。

3.5.6 在回滚之前要规定一个修复时间

建立一个团队规则：如果因某次提交而导致构建失败，必须在十分钟之内修复它。如果在十分钟内还没有找到解决方案的话，就将其回滚到版本控制系统中前一个好的版本。如果团队能够忍受，有时候也可以延长一段时间来修复它。比如，你已经找到问题根源并修改了代码，正在运行本地构建，如果它成功就可以提交了。在这个时候，可以等一等，看一下这次本地构建的结果。如果这次本地构建成功，你就能提交了，希望这次提交能够修复持续集成服务器上的构建。然而，不管是本地构建，还是持续集成服务器的构建，只要它又失败了，我们就不再等待，直接将其回滚到前一次好的状态下。

有经验的开发人员都会愿意遵守这个规则，并愿意将十分钟内或更久还无法修复的版本从版本控制库中剔除。

3.5.7 不要将失败的测试注释掉

一旦你决定执行前面所说的规则，有些开发人员常常为了能够提交代码，而将那些失败的测试注释掉。这种冲动是可以理解的，但却是无法被容忍的一种错误行为。那些已经成功运行了一段时间的测试失败时，失败的原因可能很难找。这种失败是否真的意味着发现了一个回归问题呢？也许这个测试不再是有效的测试了，也许是因为原有功能因需求变化被改变了。找出真正的失败原因可能需要向很多人了解情况，并且需要花上一段时间，但这是值得的。我们的选择是要么修复代码（如果是回归问题的话），要么修改测试（如果该测试以前的某个假设不成立了），或者删除它（如果被测试的功能已经不存在了）。

将失败的测试注释掉应该是最后不得已的选择，除非你马上就去修改它，否则尽量不要这么做。偶尔注释掉一个测试是可以的，比如，当某个非常严重的问题需要解决，或者是某些内容需要与客户进一步探讨时。然而，这很可能让你滑入泥潭。我们曾遇到过一个情景，项目中50%的测试被注释掉了。所以，我们建议统计一下被注释掉的测试数量，并把它公示出来。我们可以设定一个限定值（比如测试总数的2%），一旦被注释掉的测试数量超过这个值，就让持续集成服务器上的构建自动失败。

3.5.8 为自己导致的问题负责

假如提交代码后，你写的测试都通过了，但其他人的测试失败了，构建结果还是会失败。通常这意味着，你引入了一个回归缺陷。你有责任修复因自己的修改导致失败的那些测试。在持续集成环境中这是理所当然的，但可惜的是，在很多项目中事实并不是这样的。

这一实践有多层含义。首先，你应该有权存取自己的更改可能破坏的所有代码。因为只有这样，当被破坏时你才能修复它。也就是说，不能让开发人员独立拥有某部分代码的修改权。为了持续集成更加有效,每个人都应该能够存取所有代码库。如果因为某种原因,无法保证这一点的话,可以通过保证所有人之间的良好沟通和协作达到这一点。但是,这是没有办法中的办法,你应该努力排除这种代码私有化的问题。

3.5.9 测试驱动的开发

对于持续集成来说,全面的测试套件是非常必要的。虽然我们会在下一章详细讨论自动化测试,但还是应在这里先强调一下,只有非常高的单元测试覆盖率才有可能保证快速反馈(这也是持续集成的核心价值)。完美的验收测试覆盖率当然也很重要,但是它们运行的时间会比较长。根据我们的经验,能够达到完美单元测试覆盖率的唯一方法就是使用测试驱动开发。尽管我们尽量避免在本书中教条式地提及敏捷开发实践,但我们认为测试驱动开发是持续交付实践成为可能的关键。

这里向不太熟悉测试驱动开发的读者简单介绍一下。所谓测试驱动开发是指当开发新的功能或修复缺陷时,开发人员首先要写一个测试,该测试应该是该功能的一个可执行规范。这些测试不但驱动了应用程序的设计,而且既可以作为回归测试使用,也是一份代码的说明文档,描述了应用程序预期的行为。

关于测试驱动开发的话题超出了本书的范围。但值得注意的是,和所有其他此类实践一样,测试驱动开发也需要纪律性和实效性。在这里我们向读者推荐两本相关的书籍:Steve Freeman和Nat Pryce合著的 *Growing Object-Oriented Software, Guided by Tests*,以及Gerard Meszaros写的 *xUnit Test Patterns: Refactoring Test Code*。

3.6 推荐的实践

下面的实践并不是必须的,但是我们认为比较有用,项目中应该给予考虑。

3.6.1 极限编程开发实践

持续集成是Kent Beck关于极限编程的书中描写的十二个核心实践之一,它与其他极限实践互为补充。对于任何团队,即使不采用其他实践,只用持续集成也会给项目开发带来很大改善,而若与其他实践相结合的话,它的作用会更大。尤其是,除了测试驱动开发和我们前面讲到的代码集体所有权,你还应该考虑把重构作为高效软件开发的基石。

重构是指通过一系列小的增量式修改来改善代码结构,而不会改变软件的外部行为。通过持续集成和测试驱动开发可以确保这些修改不会改变系统的行为,从而使重构成为可能。这样,你的团队就可以自由自在地修改代码,即使偶尔涉及较大范围的代码修改,也不用担心它会破坏系统了。这个实践也让频繁提交成为了可能,即开发人员在每次做了一个小的增量式修改后就提交代码。

3.6.2 若违背架构原则，就让构建失败

开发人员有时很容易忘记系统架构的一些原则。我们曾经使用过一种手段来解决这个问题，那就是写一些提交时测试，用于证明这些原则没有被破坏。

这种技术很战术化，让我们举例说明。

> **在构建时执行远程调用**
>
> 我们能想到的最好的例子是一个由很多个分布式服务组成的真正分布式系统，因为它在客户端要执行很多业务逻辑，而真正的业务逻辑在服务器端也有一些（这是为满足真正的业务需求，而不是劣质编程）。
>
> 我们的开发团队在其开发环境上同时为客户端系统和服务器端系统部署了所有代码。对于开发人员来说，很容易将这种环境中客户端和服务器端之间的通信变成本地调用，却没有意识到真正需要的是远程调用。
>
> 我们将代码设计成由多个包组成，每个包是我们分层模式中的一个边界面，以便于部署。同时我们还结合了一些可以评估代码依赖性的开源软件，并使用了grep查找依赖性分析工具的输出，来查看在这些包之间是否有依赖破坏了我们的架构原则。
>
> 这避免了在做功能测试时不必要的失败，并有助于强化系统架构，它可以提醒开发人员区分两个子系统边界的重要性。

这种技术看上去有点儿重量级的感觉，而且也无法取代开发团队对整个系统架构的清晰理解。可是，当需要严格保护我们的架构时，这种方法就非常有用，否则很难在早期发现破坏架构的那类问题。

3.6.3 若测试运行变慢，就让构建失败

前面提到过，持续集成需要小步频繁提交。如果提交测试要运行很长时间的话，这种长时间的等待会严重损害团队的生产效率，他们将花费很长的时间等待构建和测试过程完成。而且，这样也无法做到频繁提交，结果会导致团队成员开始把每次要提交的内容都存在本地，而每多增加一次本地保存就会增加一些复杂性，同时也增加了与版本控制库的代码出现合并冲突的可能性，增加了引入错误的几率，最终可能导致测试失败。所有这些最终都会导致生产率下降。

为了让开发团队注意到快速测试的重要性，可以这样做：当某个测试运行超过一定时间后，就让这次提交测试失败。我们在上一个项目中使用的这一时间是两秒。

我们喜欢那种只需很小的改变就能带来很大效果的实践，而该实践就属于这种。如果开发人员写了一个需要较长时间运行的提交测试，当他提交时，这次提交构建就会失败。这会鼓励开发人员仔细思考如何让测试运行得更快。测试运行得越快，才有可能更频繁地提交。当开发人员提交频率高了，遇到合并问题的可能性就减少了，而

且即使有问题，也不会是大问题，而且很快就能解决，那么开发人员的生产率也就提高了。

这里还要补充一点，这个实践是一柄"双刃剑"。在创建测试时要谨防那种不强壮的测试（比如，当持续集成环境由于某种原因出现不寻常的负载时，该测试就罢工了）。我们发现，使用这种方法最好就是把它作为一种让大团队聚焦于某个具体问题的策略，而不是作为每次构建都要用到的手段。如果构建速度慢，可以用这种方法让团队暂时关注于提高速度。

请注意，我们谈的是测试本身的性能问题，而不是有关性能测试的问题。容量测试会在第9章描述。

3.6.4 若有编译警告或代码风格问题，就让测试失败

编译器发出警告时，通常理由都足够充分。我们曾经用过一个比较成功的策略，即只要有编译警告，就让构建失败，但我们的开发团队常常把它叫做"纳粹代码"。这在某些场合可能有点儿苛刻，但作为强迫写好代码的一种实践，还是很有效的。

你可以通过添加代码检查尽可能地强化这一技术。我们成功使用过很多关于代码质量检查的开源工具，如下所示：

- Simian是一种可以识别大多数流行语言（包括纯文本）中重复代码的工具。
- JDepend是针对Java的免费版本，它有一个.NET的商业版本NDepend，它们拥有大量对设计质量进行评估的实用（和不太实用）的度量指标。
- CheckStyle可以对"烂代码"做一些检查，比如工具类中的公共构造函数、嵌套的代码块和比较长的代码行。它也能找到缺陷和安全漏洞的一些常见根源。它还很容易被扩展。FxCop是它的.NET版本。
- FindBugs是一个Java软件，它是CheckStyle的替代品，有一些相似的校验功能。

正如我们所说，对于那些有编译警告就让构建失败的项目来说，可能的确有点苛刻。我们通常会渐进式地引入这种实践，即将编译警告的个数或者是TODOs的个数与前一次提交中的个数进行比较。如果个数增加，我们就让构建失败。通过这种方法，就可以比较容易地执行下面的规则：每次提交都应该减少警告或TODOs的个数，至少减少一个。

> **CheckStyle：挑刺儿是值得的**
>
> 在一个项目里，我们把CheckStyle加到了提交测试集合中。尽管团队里怨声载道，但毕竟都是些有经验的开发人员，我们一致认为在一段时间内承担这种痛苦是值得的，因为它会让我们养成良好的习惯，并让项目有一个良好的基础。
>
> 项目进行几个星期之后，我们移除了CheckStyle。这让构建速度提高了，并且不再有CheckStyle带来的痛苦。然而，随着更多人员加入到团队中，几个星期后，我们发现代码中的"坏味道"开始增加了，重构中要花较长的时间来清理这些坏代码。

> 最后，我们认识到，尽管使用CheckStyle会付出一些代价，但有助于让团队理解普通代码与高质量代码的区别。我们把CheckStyle又放到了提交测试集合中，并不得不花一些时间来修复因此导致的一些小问题。但是，至少对这个项目来说，这是值得的，并且我们的团队面对问题时渐渐不再抱怨，而是想方法解决它。

3.7 分布式团队

单单就流程和技术而言，分布式团队中使用持续集成与在其他环境中没有什么大的分别。但是，团队成员不能坐在同一间屋子里工作（他们甚至可能身处不同的时区），的确在某些方面会有影响。

从技术角度上看，最为简单的方法（也是从流程角度上讲最有效的方法）就是使用共享的版本控制系统和持续集成系统。如果项目中使用了后面几章将提到的部署流水线，那么共享的版本控制系统和持续集成系统应在人人平等的基础上，对团队的所有成员可用。

当说这个方法最有效时，我们是想强调它是很值得考虑的，而且也是值得付出努力达到这种理想状态的。此处讲述的其他方法的效果都远不如这个方法。

3.7.1 对流程的影响

对在同一时区内的分布式团队来说，持续集成流程基本是一样的。当然，你无法以实物的形式使用提交令牌。虽然有些持续集成服务器支持虚拟令牌，但它不具有人性化特点，所以当你提醒某人去修复构建时，容易导致大家的抵触心理。同时，类似"个人构建"这种功能会变得更加有用。但总地来说，流程是一样的。

对分布在不同时区的分布式团队来说，就需要多处理一些事情啦。如果在旧金山的团队在破坏构建以后回家了，那么，这对北京的团队可能就是个严重的阻碍。因为当旧金山的团队下班后，北京才刚上班。尽管流程没有什么变化，但不良影响会被放大。

对于开发大型项目的分布式团队，像Skype这样的VoIP工具和即时消息工具（IM）对于展开细粒度的沟通，顺利开展项目工作是非常重要的。与开发有关的人（项目经理、业务分析师、开发人员和测试人员）互相之间都应该能利用IM和VoIP进行即时沟通。并且为了使交付过程更加平稳，让各团队之间的人员做定期轮换也是非常必要的，这样每个地方的成员都能与其他地方的团队成员建立起一些私人交情。对于建立团队成员间的信任来说，这是非常重要的，也是分布式团队中最先要面对的问题。通过视频会议设备进行回顾会议、展示会、站立会议和其他常规会议也是可行的。还有一种不错的技术，就是让每个开发团队使用屏幕录像软件录制一下他们在当天所开发的功能。

显然，这是一个比持续集成更广泛的话题。我们的主要观点是让整个流程保持一致，甚至要具有更加严格的纪律性。

3.7.2 集中式持续集成

一些功能更强大的持续集成服务器提供像"集中管理构建网格"和"高级授权机制"这种功能，用于把持续集成作为一个集中式服务，为大型分布式团队提供服务。这样的服务器让团队很容易建立自服务式的持续集成服务，而不需要自己管理硬件。它也会让运维团队将持续集成作为集中式服务，统筹服务器资源，管理持续集成和测试环境的配置，以确保这些环境的一致性以及与生产环境的相似性，还能巩固一些好的实践，比如第三方库的配置管理，预安装一些工具（用于收集代码覆盖率和质量的统一度量数据。最终，我们可以做到项目之间的统一度量数据的收集和监控，为管理者和交付团队提供程序级的代码质量监控方式。

虚拟化技术可以与集中式持续集成服务很好地结合，只需要单击一下按钮就能利用已保存好的基线镜像重建一个新的虚拟机。利用虚拟化技术，可以为开发团队提供一键式搭建新环境这样的自服务功能。这也可以确保构建和部署一直运行在一致的基线版的环境中。人们常常说"持续集成环境是一种艺术作品"，这是因为持续集成环境经过几个月的积累后，安装了很多软件、库文件，进行了很多种配置，让人根本不知道哪些与测试环境有关，哪些与生产环境有关，而虚拟化技术恰好能够解决这样的问题。

集中式持续集成是一种双赢实践。然而，为了达到这种双赢状态，开发团队必须能够很容易地通过自动化方式创建环境，并进行自动配置、构建和部署。当某个团队在准备持续集成环境时，还要发送几封电子邮件并再等上几天的话，他们就会违反这一约定，重新回到原来的手工方式，即在自己的桌上找到一台空闲机器，自己做持续集成，或者更糟，他们根本不做持续集成了。

3.7.3 技术问题

当分布于世界各地的团队之间网络状况不佳时，依据选择的不同版本控制系统，团队间共享版本控制系统、构建和测试资源的做法有时候也会有很多麻烦。

在持续集成运转良好时，整个团队都会有规律地提交代码。这意味着，与版本控制系统之间的交互通常保持在一个较高的合理水平上。由于提交和更新比较频繁，虽然每次交互通常都较小（甚至可以用字节来计算），劣质的通信仍会严重拖生产效率的后腿。因此，加大投入在各开发中心之间建立起足够高带宽的通信机制是非常必要的。考虑将集中式的版本控制库迁到某种分布式版本控制系统（比如Git或Mercurial）也是不错的选择。闻名知意，即使无法连接到主服务器，分布式版本控制系统也能让大家提交代码。

> **分布式版本控制：最后的选择**
>
> 几年前我们做过一个项目，当时就遇到了这样的问题。与印度同事沟通的网络基础设施非常慢，并且不稳定。有几天在印度的同事甚至根本无法提交代码，这在后来的几天内引起了一系列的连锁反应，后果可想而知。后来，我们做了时间成本分析，发现升级通信用的基础设施也就是几天的事情。在另外一个项目中，我们根本无法得到足够快且稳定的网络连接。最后，团队将版本控制库从Subversion（一个集中式版本控制系统）换成了Mercurial（一个分布式版本控制系统），生产效率得到了显著提升。

版本控制系统应该与那些运行自动化测试所用的构建基础设施在网络连接上近一些。因为，如果每次提交后都运行这些测试，这两者之间的网络交互是相当多的。

任何一个开发中心都应该能在平等的基础上，访问那些运行有部署流水线中的版本控制系统、持续集成系统以及各种测试环境的机器。假如由于磁盘已满而导致在印度的版本控制系统无法工作，而且印度同事此时都下班回家了，但是伦敦的开发团队却又无法登录到印度这台版本控制系统上进行清理的话，这对伦敦的开发团队来说，无疑会有严重影响。所以，一定要为每个地点的团队都提供所有系统的系统级访问权限，确保任何每个开发站的团队不但可以访问，而且可以修正那些与其换班相关的问题。

3.7.4 替代方法

如果由于某些不可克服的原因，无法再增加投入在开发中心间建立更高带宽的通信机制，各地团队还可以使用本地持续集成和测试系统（当然这不太理想），甚至在某些极端情况下，不得不用本地的版本控制系统。我们并不建议使用这种方法，但这种情况在现实中还是很有可能的。所以，我们要尽一切可能避免使用这种方法。这种方法在时间和人力上的成本都很高，而且根本无法做到团队间的共享访问和控制。

比较容易解决的是持续集成系统。我们可以用本地持续集成服务器和测试环境，甚至全套的本地部署流水线，尤其是当其中的某个团队需要做大量的手工测试时。当然，我们需要小心地管理这些环境，以确保它们在各团队之间都是一致的。唯一需要说明的一点是，二进制文件或安装文件最好只构建一次。当每个团队需要这些文件时，都要从同一处获取同一份副本。然而，大多数情况下，安装包的尺寸都比较大，此时这种做法就有些不太现实了。如果不得不在本地构建二进制文件或安装包，那么更有必要保证所有配置都是严格一致的，以便确保无论在哪儿的构建结果都是完全一致的。确保这一点的一种方法是利用MD5或相似的算法为二进制文件自动生成散列，并让持续集成服务器自动将它们的散列与"原始"二进制文件的散列相比较，以确保其没有差别。

在某些极端情况下，比如在分布式开发中版本控制服务是远程连接的，而网络慢且不稳定时，那么在本地建立一套持续集成系统就显得非常必要了。我们经常说，使用持续集成的目的就是能够更早发现问题。假如版本控制系统是分治的（无论是以哪种方式分治），识别问题的能力都会打折扣。假如一定要这么做的话，在这种版本控制系统分治的情况下，我们的目标就是将从问题被引入的时间点到它被发现的时间点之间的时间最小化。

对于分布式团队来说，主要有两种方式来解决本地化版本控制系统的存取问题：一是将应用程序分成多个组件；二是使用那些分布式或支持多主库拓扑结构的版本控制系统。

对于基于组件的方法，可以根据组件或功能边界来划分版本控制库和团队。我们会在第13章详细讨论这种方法。

我们还看到过另一种方法，既有本地团队代码库，又有使用全球共享主库的构建系统。根据功能划分的团队在工作日将其代码提交到他们自己的本地代码库中。在每天的某一时间点上，通常是其他时区的某个分布式团队完成了一天的工作时，本地团队的某人将当天本团队所有修改一并提交到主库中，这个人要负责合并所有的修改集。显然，使用分布式版本控制系统会让这项工作容易得多，因为分布式版本控制系统就是为这种工作方式设计的。可是，这种解决方案也绝不是非常理想的方案，我们看到过这种方案的失败案例，原因是有太多的合并冲突问题。

总之，本书中所描述的所有技术在很多项目中已被分布式团队所验证。我们认为，在分布于不同地理位置的团队能够有效合作的重要因素中，持续集成算是仅有的两三种最重要因素之一。持续集成中的"持续"是很重要的。如果真的无从选择，与其使用一些"权宜之计"，倒不如将花一些钱在通信带宽上，从中长期来说，这是比较经济实惠的。

3.8 分布式版本控制系统

DVCS（Distributed Version Control System，分布式版本控制系统）的兴起是团队合作方式的革命性改进。很多开源项目曾经使用电子邮件或论坛发帖的方式来提交补丁，而像Git和Mercurial这种工具让开发人员之间、团队之间以及分支与合并工作流时的打补丁变得极其简单。DVCS使你能够离线工作、本地提交，或在将修改提交给其他人之前把这些代码搁置起来或对其做rebase操作。DVCS的核心特性是每个仓库都包括项目的完整历史，这意味着除了团队约定之外，仓库是没有权限控制功能的。所以，与集中式系统相比，DVCS引入了一个中间层：在本地工作区的修改必须先提交到本地库，然后才能推送到其他仓库，而更新本地工作区时，必须先从其他仓库中将代码更新到本地库。

DVCS为协作提供了新的强有力的方法。比如，GitHub就是为开源项目提供这种新型协作方式的先行者。在传统方式中，提交人（committer）扮演着项目代码库守门人的角色，可以接受或拒绝贡献者（contributor）的补丁。当两个提交人的补丁互不相容时，就会出现分支（fork）。在GitHub模式中，这种情况最终得以扭转。如果对某个开源项目做贡献，首先单击项目站点的"fork"按钮，创建它的一个分支库，并对该分支进行一些修改，然后再让原始代码库的所有者从你的代码库中将修改取出（pull）并合并到原始代码库。在那些较活跃的项目里，分支的网状结构会激增，每个分支都可能新增了不同的特征集。偶尔这些分支会有一些分歧。这种模式的动态性比传统模型强得多，通常来说，在传统模式中补丁并不多，而且在长长的邮件列表中很容易被忽略掉。可是在GitHub上，贡献者更多，因此开发节奏也会随之加快。

可是，这种模式挑战了持续集成的一个基本假设，这个假设就是：存在代码的单一权威版本（通常称作主干，即mainline或者trunk），所有的修改都会提交到这个主干上。可我们要说的是，使用DVCS后，你还可以使用版本控制的主干模式（mainline model）很好地做持续集成。只要你指定某个仓库作为主库（master），每次更改这个仓库就触发持续集成服务器上的一次构建，并让每个人都将其修改推送到这个仓库中来实现共享。很多使用分布式系统的项目都使用这种方式，而且非常成功。它保留了DVCS的很多优点，比如可以频繁提交更改而不用将更改共享给其他人（就像保存游戏进度一样），当尝试不同的方法开发新功能或做一系列复杂的重构时，这个特点非常有用。然而，DVCS的某些使用模式对于持续集成有阻碍作用。比如，GitHub模式干扰了代码共享的主干模型（mainline/trunk model），因此也阻碍了真正的持续集成。

在GitHub中，每个用户的变更集合都放在不同的代码库中，很难说出哪些用户的哪些变更会被成功集成。但是，你可以再创建一个代码库，用来监控其他所有的代码库，一旦其中任何一个代码库发生了变化，就尝试将它们全部合并在一起。然而，在合并时常常会因冲突而失败，更不用说运行自动化测试啦。而且，随着贡献者和代码库数量的增加，问题也会成指数级增长。最终可能没人会留意持续集成服务器所传达的信息，这样持续集成作为沟通"当前应用程序是否能够工作（如果不能正常工作，那么是谁或什么原因使然）"的手段就失败了。

当然，利用更简单的模式让持续集成为我们提供一些益处也是可行的。比如，可以为每个代码库都在持续集成服务器上建立一个构建。每次向该代码库提交代码时，就尝试让它与指定的主库合并，并运行构建。图3-2展示的是利用CruiseControl.rb，对带有两个分支的项目Rapidsms构建主代码库。

图3-2　集成分支

为了创建这样的系统，可以通过命令`git remote add core git://github.com/rapidsms/rapidsms.git`将指向项目主代码库的一个分支加到每个CC.rb所监控的Git代码库中。每次触发构建时，CC.rb都会尝试合并且运行构建：

```
git fetch core
git merge --no-commit core/master
[command to run the build]
```

这个构建之后，CC.rb会运行命令`git reset -hard`来重新将本地存储库指向Head。这种方式并不是真正的持续集成，可是的确可以告诉分支的维护者（以及主仓库的维护者），他们的分支在原则上是否能合并到主仓库中，以及合并之后该应用程序是否还可以正常工作。有趣的是，图3-2显示出主代码库的构建当前是失败的，但分支Dimagi不但与其合并成功，而且还修复了被破坏的测试（还有可能自行增加了一些功能）。

持续集成再向前一步，就是Martin Fowler所说的"随性集成"（promiscuous integration）[bBjxbS]。在这种模式下，贡献者不仅在分支和中心代码库之间取代码，还会从分支之间取代码。这种模式在使用GitHub上那些较大的项目中比较常见，当一些开发人员正工作在某个生命周期比较长的特性分支上时，会从该特性分支的其他分支上取有变更的代码。在这种方式下，甚至不需要任何有权限控制的代码库。软件的一个发布版本可能来自于任意一个分支，只要它通过了所有的测试并被项目经理所认可。这种模型为分布式版本控制系统作出了合理的解释。

持续集成的以上这些替代方案可以创建高质量可工作的软件。然而，这必须满足以下条件才能成为事实。

- ❑ 有一个成员比较少，但都非常有经验提交团队。他们可以取每个补丁、照管自动化测试并确保软件的质量。
- ❑ 频繁地从分支上取被修改过的代码，以避免由于积累太多的代码使变更很难合并。如果发布的时间计划非常严格，则这个条件就非常重要，因为人们倾向于临在近发布时刻再合并，而此时的合并是极其痛苦的——这正是持续集成要解决的问题。
- ❑ 相对较少的核心开发人员，可能有一个贡献频率较低但人员较多的社区作为补充。这会让合并具有可追溯性。

这些条件通常比较适合大多数开源项目和规模相对较小的团队，但在大中型全职开发人员的团队中却非常少见。

总而言之，分布式版本控制系统代表了一次巨大的进步，为协同工作提供了有效的工具，无论你是否在开发一个分布式项目。作为传统持续集成系统（即有一个专属中央代码库，并且每个人都向其频繁地提交代码，且至少每天提交一次）的一部分，DVCS可说是极其有效。它也可以应用于不具备条件做持续集成的模式中，但对于交付软件来说，它仍旧会产生促进作用。但是，如果不能满足上述几个条件，我们反对使用这些模式。第14章会全面讨论这些以及其他模式，以及在什么样的条件下它们才会发挥作用。

3.9 小结

如果本书所介绍的开发实践里,你只想选择其中一种的话,我们建议你选择持续集成。我们一次又一次地看到该实践提高了软件开发团队的生产率。

持续集成的使用会为团队带来一种开发模式上的转变。没有持续集成的话,直到验证前,应用程序可能一直都处于无法工作的状态,而有了持续集成之后,应用程序就应该是时刻处于可工作状态的了,虽然这种自信取决于自动化测试覆盖率。持续集成创建了一个快速的反馈环,使你能尽早地发现问题,而发现问题越早,修复成本越低。

持续集成的实施还会迫使你遵循另外两个重要的实践:良好的配置管理和创建并维护一个自动化构建和测试流程。对某些团队来说,这一目标可能看起来遥不可及,但完全可以逐步达到。我们在前一章已经讨论过实现一个良好配置管理的步骤。第6章会讨论更多的构建自动化,而在下一章中,我们会更详细地介绍测试。

显然,持续集成需要良好的团队纪律提供支持。事实上,哪种流程不需要纪律呢?其不同之处在于,有了持续集成之后,就有了一个"该纪律是否被严格遵守"的信息指示器:构建应该保持在常绿状态。假如发现构建是绿的,而大家却并没有足够地遵守纪律,比如没有达到单元测试覆盖率,你就能非常容易地将各种检查加入到持续集成系统中,强制团队养成良好的行为习惯。

总之,一个好的持续集成系统是基石,在此之上你可以构建更多的基础设施:

- 一个巨大的可视化指示器,用于显示构建系统所收集到的信息,以提供高质量的反馈;
- 结果报告系统,以及针对自己测试团队的安装包;
- 为项目经理提供关于应用程序质量的数据的提供程序;
- 使用部署流水线,可以将其延展到生产环境,为测试人员和运维团队提供一键式部署系统。

第 4 章

测试策略的实现

4.1 引言

很多项目只依靠手工的验收测试来验证软件是否满足它的功能需求和非功能需求。即使某些项目有一些自动化测试,但这些测试常常因无人维护或很少维护而过时,所以还是需要大量的手工测试作为补充。本章及本书第二部分中的某些章会讲述如何规划并实施有效的自动化测试体系。我们会为常见的场景提供一些自动化测试策略,并讲述一些用于支撑和进行自动化测试的有效实践。

戴明14条之一就是:"停止依赖于大批量检查来保证质量的做法。改进过程,从一开始就将质量内嵌于产品之中。"[9YhQXz]测试是跨职能部门的活动,是整个团队的责任,应该从项目一开始就一直做测试。质量内嵌是指从多个层次(单元、组件和验收)上写自动化测试,并将其作为部署流水线的一部分来执行,即每次应用程序的代码、配置或环境以及运行时所需软件发生变化时,都要执行一次。手工测试也是质量内嵌的关键组成部分,如演示、可用性测试和探索性测试在整个项目过程中都应该持之以恒地做下去。质量内嵌还意味着,你要不断地改进自动化测试策略。

在一个理想的项目里,项目一开始,测试人员就会与开发人员以及客户一起写自动化测试。这些测试应该在开发人员开始开发要测试的功能之前就写好。这样,这些测试就成了一个可执行的且从系统行为角度描述的规格说明书。当这些测试全部通过以后,也就说明客户所需要的功能已经被完全且正确地实现了。每次有对应用程序的修改时,持续集成系统都会运行这些自动化测试套件,即这些测试套件也是一个回归测试集合。

这些测试不仅仅对系统进行功能测试。容量、安全性及其他非功能测试也应尽早建立,也应该为它们写自动化测试套件。这些自动化测试确保不符合需求的问题能尽早暴露,降低其修复成本。那些对非功能需求的测试让开发人员可以根据该测试所收集到的证据进行重构和构架上的调整,比如"最近对搜索功能的修改引起了性能下降,我们要修改一下解决方案,以确保满足容量要求"。

如果在项目开始时就遵从适当的纪律准则,这种理想国是完全可以实现的。假如项目已经进行了一段时间,然后你才想实现这样的理想国,就有点儿困难了。需要花费一些时间且要制定周密的计划才能达到较高的自动化测试覆盖率,以便在让团队学会如何实现自动化测试的同时,确保持续开发。虽然与那些刚启动就实现自动化测试的项目相比,达到与其相同的质量需要花费较长的时间,但遗留代码库肯定会从这些技术中受益。我们会在本章的后面讨论如何在遗留代码上使用这些技术。

测试策略的设计主要是识别和评估项目风险的优先级,以及决定采用哪些行动来缓解风险的一个过程。好的测试策略会带来很多积极作用。测试会建立我们的信心,使我们相信软件可按预期正常运行。也就是说,软件的缺陷较少,技术支持所需的成本较低,客户认可度较高。测试还为开发流程提供了一种约束机制,鼓励团队采用一些好的开发实践。一个全面的自动化测试套件甚至可以提供最完整和最及时的应用软件说明文档,这个文档不仅是说明系统应该如何运行的需求规范,还能证明这个软件系统的确是按照需求来运行的。

值得注意的是,在这里我们只能粗浅地触及测试知识的皮毛。本章想要介绍的是自动化测试的基础,为本书的后续章节提供足够的背景,并让读者能够为自己的项目实现一套适合自身的部署流水线。需要特别说明的一点是,我们不会钻研测试实现的技术细节,也不会详细讲述像探索性测试这样的话题。关于测试的详细内容,我们建议你看一下由Lisa Crispin和Janet Gregory写的 *Agile Testing*(Addison-Wesley, 2009)。

4.2 测试的分类

测试有很多种。Brian Marick提出了如图4-1所示的测试象限,它被广泛地应用于对为了确保交付高质量应用软件而做的各种类型的测试的建模。

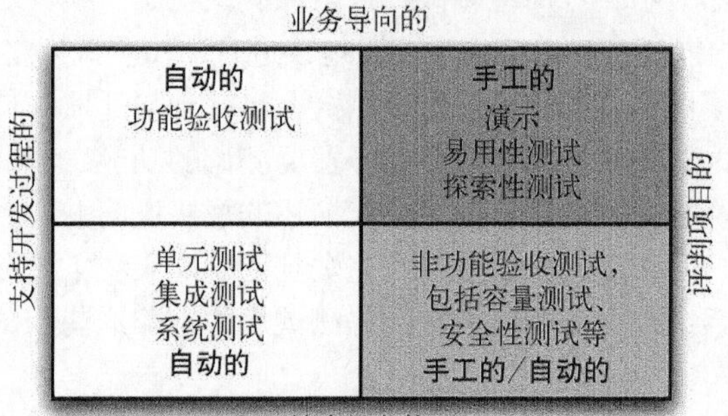

	业务导向的	
支持开发过程的	自动的 功能验收测试	手工的 演示 易用性测试 探索性测试	评判项目的
	单元测试 集成测试 系统测试 自动的	非功能验收测试, 包括容量测试、 安全性测试等 手工的/自动的	
	技术导向的	

图4-1 测试象限图,由Brian Marick基于当时流行的思想提出

在图4-1中,他根据两个维度对测试进行了分类,一个维度是依据它是业务导向,还是技术导向。另一个维度是依据它是为了支持开发过程,还是为了对项目进行评价。

4.2.1 业务导向且支持开发过程的测试

这一象限的测试通常称作功能测试或验收测试。验收测试确保用户故事的验收条件得到满足。在开发一个用户故事之前，就应该写好验收测试，采取完美的自动化形式。像验收条件一样，验收测试可以测试系统特性的方方面面，包括其功能（functionality）、容量（capacity）、易用性（usability）、安全性（security）、可变性（modifiability）和可用性（availability）等。关注于功能正确性的验收测试称作功能验收测试，而非功能验收测试归于图中的第四象限。如果对于功能与非功能测试有模糊认识且常常搞不清它们的区别，请参见技术导向且评估项目的象限。

在敏捷环境中，验收测试是至关重要的，因为它们可以回答如下一些问题。对开发人员来说，它回答了"我怎么知道我做完了呢？"对用户来说，它回答了"我得到我想要的功能了吗？"当验收测试通过以后，它所覆盖到的需求或者用户故事都可被认为是完成了。因此，在理想情况下，客户或用户会写验收测试，因为他们定义了每一个需求的满足条件。时新的自动化功能测试工具，比如 Cucumber、JBehave、Concordion以及Twist，都旨在把测试脚本与实现分离，以达到这种理想状态，并提供某种机制方便地将二者进行同步。在这种方式下，由用户来写测试脚本是可能的，而开发人员和测试人员则要致力于实现这些测试脚本。

总之，对于每个需求或用户故事来说，根据用户执行的动作，一定会找到应用程序中一个中规中矩的执行路径，这称为*Happy Path*。Happy Path通常以如下方式来描述："假如[当测试开始时，系统所处状态的一些重要特征]，当[用户执行某些动作后]，那么[系统新的状态的一些重要特征]。"有时这称为测试的"given-when-then"书写模型。

然而，除最简单的系统外，任何用例的初始状态、被执行的动作以及执行后的结果状态都会有所不同。有时候，这些变化会形成不同的用例，也就是所谓的*Alternate Path*。另外，这些变化还可以引发一些错误处理，从而导致所谓的*Sad Path*。很明显，还有很多测试，因为对于其中的可变因素，给予不同的值会得到不同的结果。等价划分分析（equivalence partitioning analysis）和边界值分析可以帮助你得到尽可能小的用例集合，并保证测试覆盖完整的需求。然而，即便如此，你也要凭直觉来挑选一些最为相关的用例。

系统的验收测试应该运行在类生产环境中。例如手工验收测试，它通常是将应用部署在用户验收测试（UAT）环境后进行的。这个环境应该尽可能与生产环境相似（无论是配置还是应用程序的状态）。不过对于那些外部服务来说，我们可能会使用一些模拟（mock）技术。测试人员通过应用程序的标准用户界面来执行测试工作。自动化验收测试也应该运行在类生产环境之上，并且测试用具（test harness）与应用交互的方式应该和真正的用户使用应用的方式相同。

自动化验收测试

自动化验收测试有很多很有价值的特性。

- 它加快了反馈速度，因为开发人员可以通过运行自动化测试，来确认是否完成了一个特定需求，而不用去问测试人员。
- 它减少了测试人员的工作负荷。
- 它让测试人员集中精力做探索性测试和高价值的活动，而不是被无聊的重复性工作所累。
- 这些验收测试也是一组回归测试套件。当开发大型应用或者在大规模团队中工作时，由于采用了框架或许多模块，对应用某一部分的更改很可能会影响其余特性，所以这一点尤其重要。
- 就像行为驱动开发（BDD）所建议的那样，使用人类可读的测试以及测试套件名，我们就可以从这些测试中自动生成需求说明文档。像Cucumber和Twist这样的工具，就是为让分析人员可以把需求写成可执行的测试脚本而设计的。这种方法的好处在于通过验收测试生成的需求文档从来都不会过时，因为每次构建都会自动生成它。

回归测试也是一个特别重要的话题。在前面的象限图中并没有回归测试，因为它是跨象限的。回归测试是自动化测试的全集。它们用来确保任何修改都不会破坏现有的功能，还会让代码重构变得容易些，因为可以通过回归测试来证明重构没有改变系统的任何行为。在写自动化验收测试时，应该时刻牢记，这些测试是回归测试套件的组成部分。

然而，自动化验收测试的维护成本可能很高。如果写得不好，它们会使交付团队付出极大的维护成本。由于这个原因，有些人不建议创建大而复杂的自动化测试集合，比如James Shore[①] [dsyXYv]就持这种观点。然而，通过使用正确的工具，并遵循好的实践原则，完全可以大大降低创建并维护自动化验收测试的成本，从而令收益大于付出。我们会在第8章讨论这些技术。

同样需要记住的是，并不是所有的东西都需要自动化。对于某些方面的测试来说，用手工方法做更好。易用性测试及界面一致性等方面很难通过自动化测试来验证。尽管有时候测试人员会将自动操作作为探索性测试的一部分，比如初始化环境、准备测试数据等，但探索性测试不可能被完全自动化。很多情况下，手工测试就足够了，甚至优于自动化测试。总之，我们倾向于将自动化验收测试限于完全覆盖Happy Path的行为，并仅覆盖其他一些极其重要的部分。这是一种安全且高效的策略，但前提条件是其他类型的自动化回归测试是很全面的。一般我们将代码覆盖率高于80%的测试视为"全面的"测试，但测试质量也非常重要，单单使用覆盖率这一指标是不够的。我们这里所说的测试覆盖率包括单元测试、组件测试和验收测试，每一种测试都应该覆盖应用程序的80%（我们并不认同60%的单元测试覆盖率加上20%的验收测试覆盖率就等于80%的覆盖率这一天真的想法）。

---

① James Shore是《敏捷开发的艺术》一书的作者。——译者注

作为对自动化验收测试覆盖率比较好的一种评估方法，可以考虑下面的情形：假设要替换系统中的某一部分（比如持久层，使用另一种实现来替换它）。当你完成替换时，运行了自动化测试，并且测试全部通过了。你有多大自信心，认为系统可以正常运行呢？一个好的自动化测试套件应该给你足够的信心执行重构，甚至对应用程序架构进行重构。而且，假如测试能全部通过，就证明应用程序的行为没有受到影响。

对于软件开发的各个方面，各个项目之间都会有所不同，你需要监控到底花了多长时间做重复性的手工测试，以便决定什么时候把它们自动化。一个很好的经验法则就是，一旦对同一个测试重复做过多次手工操作，并且你确信不会花太多时间来维护这个测试时，就要把它自动化。更多关于何时做自动化的内容，参见Brian Marick的文章"When Should a Test Be Automated？"[90NC1y]。

> **验收测试应该通过用户界面来完成吗**
>
> 一般来说，验收测试都是端到端的测试，并运行在一个与生产环境相似的真实工作环境中。这意味着，在理想国中，验收测试会通过直接操作应用界面的方式来运行。
>
> 然而，大多数界面测试工具与界面本身总是紧紧耦合在一起，其后果就是，一旦界面改变了（哪怕是一点儿），测试也会被破坏。这会导致很多的假阳性，因为你会经常遇到这种情况，即测试被破坏的原因并不是应用功能不正确，而只是由于某个复选框的名字被修改了。在这种情况下，仅将这些测试与应用程序同步就会消耗相当多的时间，但却不会交付任何价值。最好不断地问自己这样一个问题："我的验收测试有多少次是由于真正的缺陷才失败的，有多少次是因为需求的变更才失败的？"
>
> 有几种方法来解决这个问题。一种方法是在测试与用户界面之间增加一个抽象层，以便减少因用户界面变更而导致的工作量。另一种方法是通过公共API来运行这些验收测试，这些API就在用户界面层之下，而且用户界面也会使用这些API来执行真正的操作（当然，这就要求你的UI层不应该包含业务逻辑）。我们并不是说不需要用户界面测试了，而是说可以将用户界面本身的测试减少到最低限度，而不是减少对业务逻辑的测试。这样，验收测试套件可以直接验证业务逻辑。
>
> 关于这方面的内容我们会在第8章详细阐述。

需要写的最重要的自动化测试是那些对Happy Path的测试。每个需求或用户故事都应该有对Happy Path的自动化验收测试，而且应至少有一个。这些测试应该被每位开发人员当做冒烟测试来使用，从而能够为"是否破坏了已有的功能"提供快速反馈。也就是说，这类测试应该是自动化的第一目标。

当你有时间写更多的自动化测试时，很难在Happy Path和Sad Path之间进行选择。如果你的应用程序比较稳定，那么Alternate Path应该是你的首选，因为它们是用户所定义的场景。如果你的应用有较多的缺陷并且经常崩溃的话，那么战略性地应用对Sad

Path的测试会帮助你识别那些问题域并修复它们，而且自动化可以保证应用程序保持在稳定状态。

4.2.2 技术导向且支持开发过程的测试

这些自动化测试单独由开发人员创建并维护。有三种测试属于这一分类：单元测试、组件测试和部署测试。单元测试用于单独测试一个特定的代码段。因此，单元测试常常依赖于用测试替身（test double，详见4.2.5节）模拟系统其他部分。单元测试不应该访问数据库、使用文件系统、与外部系统交互。或者说，单元测试不应该有系统组件之间的交互。这会让单元测试运行非常快，因此可以得到更早的反馈，了解自己的修改是否破坏了现有的任何功能。这些测试也应该覆盖系统中每个代码分支路径（最少达到80%）。这样，它们就组成了回归测试套件的主要部分。

然而，为了获得高速度，也有一些代价，即可能会错过应用系统不同部分之间交互时产生的一些缺陷。比如，通常某些对象（面向对象编程中的概念）或者应用程序数据的生命周期是非常不同的。此时，只有当对更大范围的代码进行测试时才能发现一些缺陷，这些缺陷出现的原因是你没有正确处理某些数据或对象的生命周期。

组件测试用于测试更大的功能集合，因此可能会捕获这类问题。当然，它们的运行通常会慢一些，因为它们要涉及更多的准备工作并执行更多的I/O操作，需要连接数据库、文件系统或其他系统等。有时候组件测试称作"集成测试"，但由于"集成测试"这个术语被赋予了太多的语义，因此本书中我们不会使用这个词。

每当部署应用程序时，就要执行部署测试了。部署测试用于检查部署过程是否正常。换句话说，就是应用程序是否被正确地安装、配置，是否能与所需的服务正确通信，并得到相应的回应。

4.2.3 业务导向且评价项目的测试

这类手工测试可以验证我们实际交付给用户的应用软件是否符合其期望。这并不只是验证应用是否满足需求规格说明，还验证需求规格说明的正确性。我们从来没有接触或听说过哪个项目的需求规格说明在开发项目之前就已经写得非常完美。不可避免地，每当在现实生活中有用户试用一个应用，他们就会发现这个应用还有改进的空间。用户会破坏一些东西，因为他们会尝试执行从前没有人执行过的一系列操作。用户也会抱怨，认为应用程序应该能更好地帮助他们完成他们要经常做的工作。他们可能会从应用软件里得到一些启发，发现某种新功能能帮助他们更好地完成工作。软件开发是一个很自然的迭代过程，它建立在一个有效的反馈环之上，而我们却骗自己是否有其他方式来预见它。

一种非常重要的面向业务且评价项目的测试是演示。在每个迭代结束时敏捷开发团队都向用户演示其开发完成的新功能。在开发过程中，我们也应该尽可能频繁地向客户演示功能，以确保尽早发现对需求规范的错误理解或有问题的需求规范。成功的演示既是福祉，又是灾难，因为用户喜欢尝试新东西，但毫无疑问，他们会提出很多改进建议。此时，客户和项目团队不得不决定他们想在多大程度上对项目计划进行修改，以便响应这些建议。无论什么样的决定，更早的反馈总是比在项目快结束时才得到的反馈要好，因为到那时已经太晚，很难再作出调整了。演示就是项目的核心，因为只有此时你才能说自己的工作让用户很满意，然后才能得到回报。

探索性测试被James Bach描述为一种手工测试，他说："执行测试的同时，测试人员会积极地控制测试的设计并利用测试时获得的信息设计新的更好的测试。"[①]探索性测试是一个创造性的学习过程，并不只是发现缺陷，它还会致使创建新的自动化测试集合，并可以用于覆盖那些新的需求。

易用性测试是为了验证用户是否能很容易地使用该应用软件完成工作。在开发过程当中很容易发现问题，甚至那些定义软件需求的非技术人员也能轻易发现问题。因此，易用性测试是验证应用程序是否能交付价值给用户的最终测试。有几种不同的方法做易用性测试，比如，情景调查，让用户坐在你的软件前面，观察他们执行常见任务的情形。易用性测试人员收集一些度量数据，记录用户需要多长时间完成任务，注意他们多少次按了错误的按钮，记录他们花多长时间才能找到正确的文本输入框，最后让他们对软件的满意度打分。

最后，可以让真正用户使用你的系统进行beta测试。很多网站好像一直处于Beta测试状态。很多有前瞻性的网站（比如NetFlix）会持续发布新功能给特定的用户组，这些用户甚至都不会觉察到。很多组织使用金丝雀发布（参见10.4.4节），即让一个应用程序同时有几个版本运行在生产环境中，而这几个版本之间只是稍有不同，用于比较效果差异。这些组织会收集一些关于新功能使用情况的统计数据。如果分析证明新功能无法带来足够的价值，就会删除它。这种方法可以让新功能不断演进，从而得到更为有效的功能。

4.2.4 技术导向且评价项目的测试

验收测试分为两类：功能测试和非功能测试。非功能测试是指除功能之外的系统其他方面的质量，比如容量、可用性、安全性等。正如我们之前提到的，功能测试与非功能测试之间的区别是人为强加的，其依据是非功能需求测试不是面向业务的。这似乎是显而易见的，但是很多项目并不把非功能需求放在与功能需求同等重要的地位来对待，而且可能会更糟糕，他们根本不去验证这些非功能需求。虽然用户很少花时间提前对容量和安全性做要求，但一旦他们的信用卡信息被盗，或者网站由于容量问题总是停止运行，他们就会非常生气。因此，很多人认为"非功能需求"不是一个正确的名字，并建议把它们称为"跨功能需求"（cross-functional requirement）或者"系

---

① "Exploratory Testing Explained" [9BRHOz]一文，作者James Bach。

统特性"。尽管我们也赞同这种提法，但在本书中为了大家都能理解我们在讲些什么，所以仍旧使用"非功能需求"这个术语。无论你把它们称作什么，非功能验收条件应该和功能测试验收条件以同样方式指定为应用程序的需求。

这类测试（用于检查这类验收条件是否被满足了）和运行这类测试的工具可能与特定于功能验收条件的测试和工具有很大不同。这类测试常常需要很多的资源，比如需要比较特殊的环境来运行测试，并且可能需要专业知识来建立和实现测试，另外它们还通常需要花更长时间来运行（无论这些测试是否是自动化测试）。因此，这类测试的实现一般会比较靠后。即使所有非功能测试都被自动化了，与功能验收测试相比，其运行频率也会更低一些，而且很可能是在部署流水线的最后阶段进行。

然而，这种情况正在发生改变。执行这种测试的工具越来越成熟，而且开发这些工具的技术也正渐渐成为主流。我们遇到过很多次在发布之前遇到性能问题的状况，所以建议在项目开始时就至少要建立一些基本的非功能测试，无论这些测试多么简单或者多么不重要。对于更复杂或关键的项目，应该在项目一开始就考虑分配一些时间去研究并实现非功能测试。

4.2.5 测试替身

自动化测试的一个关键是在运行时用一个模拟对象来代替系统中的一部分。这样，应用程序中被测试的那部分与系统其他部分之间的交互可以被严格地掌控，从而更容易确定应用程序中这一特定部分的行为。这样的模拟对象常常就是mock、stub和dummy等。我们所使用的术语来自于Gerard Meszaros的*xUnit Test Patterns*一书，是由Martin Fowler总结出来的。[aobjRH]Meszaros为其定义了术语"测试替身"（test double），并进一步区分了各种测试替身。

- 哑对象（dummy object）是指那些被传递但不被真正使用的对象。通常这些哑对象只是用于添充参数列表。
- 假对象（fake object）是可以真正使用的实现，但是通常会利用一些捷径，所以不适合在生产环境中使用。一个很好的例子是内存数据库。
- 桩（stub）是在测试中为每个调用提供一个封装好的响应，它通常不会对测试之外的请求进行响应，只用于测试。
- spy是一种可记录一些关于它们如何被调用的信息的桩。这种形式的桩可能是记录它发出去了多少个消息的一个电子邮件服务。
- 模拟对象（mock）是一种在编程时就设定了它预期要接收的调用。如果收到了未预期的调用，它们会抛出异常，并且还会在验证时被检查是否收到了它们所预期的所有调用。

mock是一种被格外滥用的测试替身。人们很容易错误地使用mock写出不着边际且脆弱的测试，因为大家很容易通过它们来判断代码的具体工作细节而不是代码与其协作者的交互动作。这样的做法使测试很脆弱，因为假如实现细节变了，测试就会失败。

关于mock和stub之间的不同之处超出了本书的讲述范围，但我们仍会在第8章讲到一些相关内容。关于如何正确使用mock最详尽的文章应该算是"Mock Roles, Not Objects"[duZRWb]。Martin Fowler在"Mocks Aren't Stubs"[dmXRSC]一文中也给出了一些建议。

4.3 现实中的情况与应对策略

下面是一些决定写自动化测试的团队可能面临的典型场景。

4.3.1 新项目

新项目有机会实现我们在本书中所描述的理想国。此时，变化的成本比较低，通过建立一些相对简单的基本规则，并创建一些相对简单的测试基础设施，就可以很顺利地开始你的持续集成之旅。在这种情况下，最重要的事情就是一开始就要写自动化验收测试。为了能做到这一点，你需要：

- 选择技术平台和测试工具；
- 建立一个简单的自动化构建；
- 制定遵守INVEST原则[即独立的（Independent）、可协商的（Negotiable）、有价值的（Valuable）、可估计的（Estimable）、小的（Small）且可测试的（Testable）]的用户故事[ddVMFH]及考虑其验收条件。

然后就可以严格遵守下面的流程：

- 客户、分析师和测试人员定义验收条件；
- 测试人员和开发人员一起基于验收条件实现验收测试的自动化；
- 开发人员编码来满足验收条件；
- 只要有自动化测试失败，无论是单元测试、组件测试还是验收测试，开发人员都应该把它定为高优先级并修复它。

相对于项目开发几个迭代后再写验收测试来说，在项目开始就采用这样的流程是比较容易的。在项目开始一段时间以后再考虑这一问题时，你的代码框架很可能并不支持这种验收测试的书写，所以你不仅必须寻找一些方法实现这些验收测试，还要说服那些持怀疑态度的开发人员，让他们认真遵守这个流程。如果在项目一开始就做自动化测试，可能更容易让开发人员接受。

当然，必须让团队的每个人（包括客户和项目经理在内）都接受这种做法。我们曾看到过一些项目取消这种做法，因为客户觉得写自动化验收测试花费了太多的时间。假如客户真的愿意以牺牲自动化验收测试套件的质量为代价达到快速将软件推向市场的目标，那么，作出这样的决定也无可厚非。当然，其后果也应该非常明显啦。

最后需要再强调的一点是，应细心编写验收测试，确保它们能正确反映用户故事中从用户视角所定义的业务价值。盲目地用书写差劲的验收条件实现自动化测试是产生不易维护的验收的测试套件的主要原因之一。对于每个验收条件来说，都应该能写出一个自动化验收测试来证明项目交付了用户所需的价值。这意味着，从一开始，测试人员就应该参与需求写作的过程，并确保在整个系统演进的过程中，他们都能为具有一致性的和可维护的自动化验收测试套件提供支持。

遵守我们所说的流程，会改变开发人员写代码的方式。同后补验收测试的项目相比，那些从一开始就使用了自动化验收测试的代码库一般总是有更好的封装、更清晰的表达、更清楚的职责分离和更多的代码重用。这的确是一个良性循环：在正确的时机写测试会产出更好的代码。

4.3.2 项目进行中

虽然从零开始编写项目是一件令人愉快的事儿，但是，我们经常发现自己工作在一个大规模且资源有限的团队中，代码库在不断地快速变化，并且面临着很大的交付压力。

引入自动化测试最好的方式是选择应用程序中那些最常见、最重要且高价值的用例为起点。这就需要与客户沟通，以便清楚地识别真正的业务价值是什么，然后使用测试来做回归，以防止功能被破坏。基于这些沟通，你应该能把那些Happy Path的测试自动化，用于覆盖高价值的场景。

另外，让这些测试尽可能覆盖更多的选项也是有用的，即让测试覆盖的范围稍稍宽于通常的用户故事级别的验收测试，比如尽可能多填一些字段，多单击一些按钮来满足测试需求。虽然这些测试无法识别系统中那些细节性的失败或变化，但这样能为这些核心功能带来更广泛的测试覆盖。例如可能会忽略一些验证功能不能正常工作这一事实，但至少能确知系统的基本行为是可以正常工作的。这足以让手工测试更高效，因为不必测试每一个字段了。这样，即便系统中有些方面与你所期望的行为不一致，但那些通过自动化测试的功能一定是正确的，而且交付了业务价值。

由于只对Happy Path进行自动化测试，所以手工测试可能就要相对多一些，以便确保系统完全以预期的方式运行。手工测试变化很快，因为它们测试的都是那些新增的或刚修改过的功能。假如你发现对同一个功能重复进行了多次的手工测试，就要判断一下这个功能是否还会被修改。如果不会的话，就将这个测试自动化。相反，如果你发现很多时间都花在修复某个测试上的话，也许就说明这个测试所覆盖的功能一直在变化，此时可以与客户和开发团队确认一下。果真如此的话，可以在自动化测试集合中先忽略掉这个测试。但需要记住的是，应该尽可能详细地写一下注释，记录原因，以便提醒自己在适当的时间再启用这个测试。如果这个测试没有什么用了，可以删除它。删错了也不要紧，你可以从版本控制库中再把它找回来。

当时间比较紧时，你可能无法花大量的精力去写那些有很多交互操作的复杂场景。此时，最好利用各种各样的测试数据来确保一定的覆盖率。在测试刚开始时，根据应用程序的当前状态，清晰地设定测试的目标，找到最简单并可以满足这一目标的测试脚本，再利用尽可能多的场景来补全它。我们会在第12章讨论自动加载测试数据的问题。

4.3.3 遗留系统

Michael Feathers在他的书*Working Effectively with Legacy Code*中给出了遗留系统的定义：没有自动化测试的系统就是遗留系统。虽然对这个定义还有一些争议，但它的确有用而且简单。根据这一定义，我们可以遵守一个简单规则，即测试那些你修改的代码。

在这种情况下，如果没有自动化构建流程，那么最高优先级的事儿就是创建一个，然后再创建更多的自动化功能测试来丰富它。如果有文档，或能够找到那些曾经或正工作在这个系统之上的成员的话，创建自动化测试套件会更容易一些。然而现实往往并非如此。

项目的出资人（sponsor）并不愿意让开发团队把时间花费在一些看上去低价值的活动上，比如为已经在生产环境中使用的功能创建测试。他们会问："这些功能不是已经在之前被QA团队验证过了吗？"因此，一定要聚焦于系统中高价值的功能。向客户解释一下，创建回归测试套件的价值在于保护系统当前的功能，这样就很容易啦。

坐下来与用户一起识别系统中高价值的功能是非常重要的。利用前面一节所说的技术，创建一套广泛的自动化测试，覆盖这些高价值的核心功能。当然，我们不该在这上面花太长时间，因为这只是一个保护已有功能的框架。有了这个测试套件之后，就要逐渐为新增功能添加相应的测试。对于遗留系统来说，这些覆盖核心功能的测试就是非常重要的冒烟测试了。

一旦有了这些冒烟测试，就可以开发新的用户故事了。这时候，把自动化测试分成不同的层级也是很有用的。第一级应该是那些非常简单且运行较快的测试，而且这些测试要能验证那些防碍你手中的功能进行开发或做测试的问题。第二级是测试某个具体用户故事的关键功能。应尽可能使用上一节提到的开发和测试新项目的方法，测试新功能的行为。对于每个新功能，都应该创建有验收条件的用户故事，并将自动化测试作为这些用户故事完成的标志之一。

听起来容易，做起来难。与没有考虑可测试性的那些系统相比，在设计时就考虑到可测试性的系统，其标准组件化的倾向更强，而且更容易测试。然而，千万不能偏离你的目标。

这种遗留系统的特点在于：代码通常没有标准组件化，结构比较差。所以修改系统某部分的代码却影响了另一部分代码的事情经常发生。此时，通常比较有效的策略是在测试结束后仔细地验证系统的状态。如果时间来得及，你可以再测试一下这个用户故事的Alternate Path。最后，你还可以写更多的验收测试来检查一些异常条件，或防御一些常见的失效模式（failure mode），或防止不良的副作用。

切记，只写那些有价值的自动化测试就行。基本上，可以将应用程序分成两部分。一部分是实现系统功能的具体代码，另一部分则是在这些代码之下，为实现系统功能提供支撑的框架代码。绝大多数回归缺陷都是因为修改这些框架代码引起的。因此，如果只是增加新功能，而不需要修改这个提供支撑的框架代码时，为这部分代码写全面的测试是没有什么价值的。

当软件需要在很多不同的环境上运行时，情况就不同了。此时，自动化测试和类生产环境的自动化部署相结合，会给项目带来巨大的价值，因为可以把脚本直接指向需要测试的环境，从而节省大量的手工测试时间与精力。

4.3.4 集成测试

假如你的应用程序需要通过一系列不同的协议与各种外部系统进行交互，或者它由很多松散耦合的模块组成，而模块之间还有很复杂的交互操作的话，集成测试就非常重要了。在组件测试和集成测试之间的分界线并不十分清晰（尤其当"集成测试"这个词被赋予了太多的意义）。我们所说的"集成测试"是指那些确保系统的每个独立部分都能够正确作用于其依赖的那些服务的测试。

你可以利用写一般验收测试的方式来写集成测试。通常来说，集成测试应该在两种上下文中运行：首先是被测试的应用程序使用其真正依赖的外部系统来运行时，或者是使用由外部服务供应商所提供的替代系统；其次是应用程序运行于你自己创建的一个测试用具（test harness）之上，而且这些测试用具也是代码库的一部分。

我们要确保在正式部署到生产环境之前，应用程序不要与真实的外部系统进行交互，否则就要想办法告诉外部系统，这个应用程序所发送的数据只是用于测试的。一般来说，有两种常见的方法来保证你可以安全地测试自己开发的应用程序，而不必与真正的外部系统进行交互，而且通常要同时使用这两法方法。

❏ 在测试环境中使用一个"防火墙"将该应用程序与外部系统隔离开来，而在开发过程中，越早这么做越好。当外部系统不可用时，这也是测试应用程序行为的一个好方法。

❏ 在应用程序中使用一组配置信息，让其与外部系统的模拟版本进行交互。

在理想情况下，服务提供商会提供一个复制版的测试服务，除了性能以外，它可以提供与真正的服务完全相同的行为。你可以在此之上进行测试。然而，在现实世界中，你常常需要开发一个测试用具。比如当：

❏ 外部系统还没有开发完成，但接口已经提前定义好了（此时你需要有心理准备，因为这些接口很可能会发生变化）；

❏ 外部系统已经开发完了，但是还不能为了测试而部署它，或者用于测试目的的外部系统运行太慢，或缺陷太多，无法支持正常自动化测试的运行；

❏ 虽然有测试系统，但它的响应具有不确定性，从而导致无法对自动化测试结果进行验证（比如，某个股票市场的实时数据）；

❏ 外部系统很难安装或者需要通过用户界面进行手工干预；

❏ 需要为涉及外部系统服务的功能写一份标准的自动化验收测试，而这些测试应该一直在测试替身上运行；

- 自动化持续集成系统需要承担的工作量太大且其所需要的服务水平太高，远不是一个仅用于做手工探索性测试的轻量级测试环境所能承受或提供的。

可以把测试用具做得非常全面，但具体做到什么程度，主要依赖于外部服务是否需要记录其状态。如果外部系统是一个有状态系统的话，测试用具也要能够根据收到请求的不同作出不同的反应。此时，黑盒测试是价值最高的测试，并要列出外部系统所有可能的响应，并为每个响应写测试。这个模拟的外部系统需要找到某种方式识别你的请求，并回发正确的响应，假如有个请求不能被外部系统所识别，则应该返回一个异常。

测试用具不但应该能返回服务调用所期望的响应，而且还要能返回不可预期的响应。在 *Release It!* 一书中，Michael Nygard 讨论了创建一个测试用具的要求：它应该能模拟因远程服务不正确或者是基础设施问题而导致的极端行为。① 这些行为的出现可能是由于网络传输问题、网络协议问题、应用协议问题以及应用逻辑问题。这些行为的例子包括这样一些病态现象，如拒绝网络连接、接受连接后即断开、接受连接后却不回复、响应速度奇慢、发送回大量非期望的数据、回复一些无效数据、拒绝认证证书、发回异常，或者在当前应用程序状态下回复格式符合规则但无效的响应等。你的测试用具应该能模拟前面提到的所有情况，这可能通过监听不同的端口，每个对应一种失效模式来实现。

你要模拟尽可能多的这类情况，并用它们来测试你的应用程序，以便确保应用可以处理这类情况。Nygard提到的其他模式，比如Circuit Breaker和Bulkheads，可以用于强化应用程序，使其可以处理那些在生产环境中很可能出现的异常事件。

这些自动化集成测试可以当成向生产环境部署系统时的冒烟测试，也可以作为一种诊断方法来监控生产环境中的系统行为。如果集成问题是开发阶段的一个风险的话，（集成问题几乎一定是有风险的）就应该早一点儿做自动化集成测试。

把关于集成的活动放到发布计划中也是非常必要的。与外部系统的集成总是比较复杂，需要花时间并制定计划。每当增加一个外部系统集成点时，项目风险就会增加，集成风险如下。

- 测试服务是否准备好了？它是否能正常运行？
- 外部服务供应商是否有足够的资源和人力来回答我们遇到的问题、修改缺陷，添加我们提出的一些定制化功能？
- 我们是否能直接访问真实的生产环境，以便验证外部系统是否满足我们的容量要求或可用性要求？
- 外部服务提供的API是否很容易与我们自己开发应用软件时所采用的技术进行集成，我们的团队是否需要某些专业技能才能使用这些API？
- 是否要编写并维护我们自己的测试服务？

---

① 参见其5.7节。

❑ 当外部系统的响应与我们所期望的行为不一致时，我们自己的应用程序是否能够正确地处理？

另外，你还需构建和维护这个集成层以及相关的运行时配置，还有所有必需测试服务和测试策略，比如容量测试。

4.4 流程

如果团队成员之间的沟通不畅，写验收测试的成本可能很高，甚至成为一种乏味的体力活。很多项目依靠测试人员来检查收到的需求，遍历所有可能的场景，并设计复杂的测试脚本，作为后续工作的参照。这个流程的产物①会让客户进行审批。批准后，测试人员就会依此来测试。

我们可以在该流程中的几个点做一些极简单的优化。最好的解决方案就是在每个迭代开始时，召集所有的项目干系人开个会。假如没有做迭代式开发，那么就在某个用户故事开始开发的前一周召开这样的会议。让客户、分析人员、测试人员坐在一起，找到最高优先级的测试场景。像Cucumber、JBehave、Concordion和Twist这类工具让你能在一个文本编辑器中用自然语言写验收条件，然后再写代码让这些验收条件变成可执行的测试，并且如果对这些测试代码进行重构，它们也会更新相应的测试规范。另一种方法是为测试创立一种DSL（Domain-Specific Language，领域专属语言），并用这种DSL来书写验收条件。我们最起码要让客户当场找出最简单的验收测试场景，并覆盖这些场景的Happy Path。在会议之后，大家再增加更多的数据来提高测试的覆盖率。

这些验收测试以及测试目标的简短描述就可以成为开发人员开发用户故事的起点。测试人员和开发人员在开发前应该尽早一起讨论这些验收测试。这会让开发人员更好地了解用户故事，并理解最重要的场景是什么样的。与开发完用户故事之后再沟通相比，这会大大减少开发人员和测试人员之间的反馈循环，有助于减小遗漏功能的几率，并有助于减少缺陷。

最容易出现瓶颈的地方就是用户故事开发完成之后，开发人员和测试人员之间的工作移交。最糟的情形是当开发人员完成一个用户故事，并开始实现另一个用户故事时，某位测试人员才在刚刚完成的那个用户故事中发现了一些缺陷，他不得不打断开发人员（有时候这个用户故事也可能是一段时间以前完成的），这样是非常低效的。

在用户故事的开发过程中，开发人员和测试人员的紧密合作是保证平稳发布的关键。无论开发人员什么时候完成一个功能，他们都应该把测试人员叫到身边，让他们检查一下。测试人员应该在开发人员的机器上做一下测试。此时，开发人员可以在附近的某个终端或笔记本电脑上继续工作，比如修改某些回归缺陷。这样他们仍旧在工作（因为测试可能需要花上一点儿时间），但测试人员随时能找他来讨论问题。

---

① 比如测试用例文档。——译者注

管理待修复缺陷列表

理想情况下，你的应用程序根本不应该有缺陷。如果使用测试驱动开发和持续集成，并有一个全面的自动化测试集，其中包括系统级别的验收测试，以及单元测试和组件测试，在测试人员和用户发现缺陷之前，开发人员就应该能够捕获它们。然而探索性测试、演示以及用户使用的过程中，都可能会发现应用程序的缺陷，这也许是不可避免的。这些缺陷都会放在待修复缺陷列表（backlog）中。

关于"一个可接受的待修复缺陷列表是由什么组成的，以及如何解决掉这个列表"这个问题有几类想法。James Shore[①]倡导零缺陷 [b3m55V]。达到这一目标的一个方法是，无论什么时候，一旦发现缺陷就立即修复它。当然，这就要求测试人员很早就可以发现缺陷，而开发人员马上就能修复它。但是，如果已经有待修复缺陷列表了，这种方法可能就行不通了。

如果已经有一个待修复缺陷列表了，那么非常重要的一件事情就是将其可视化，让开发团队的每个人都认识到缩短待修复缺陷列表的责任。尤其当构建常常失败时，仅仅显示验收测试成功与否是不够的，还要显示测试通过的数量、失败的数量以及被忽略掉的测试数量，而且要放在比较显眼的位置。这样，可以让团队都关注这些问题。

带着一堆缺陷继续前进是有风险的。过去，很多开发团队和开发过程都对大量缺陷采取视而不见的不关注态度，总是希望以后能找个适当时机来修复它们。然而，几个月之后，他们就会看到堆积如山的缺陷，其中有些缺陷以后根本不会被修复，而有些因为功能需求的变化已不再是缺陷了。但是，还有一些缺陷对于某个用户是非常严重的，但它们却被淹没在缺陷海洋中了。

假如根本没有验收测试，或者在分支上开发完成的功能没有被合并回主线，以至于让验收测试效果变差，问题就大啦。此时我们常常看到，一旦代码被集成在一起，开始进行系统级别的手工测试时，团队就会在缺陷面前疲于奔命。测试、开发和管理层之间的争论就会爆发，发布日期会被顺延，而用户得到的会是低质量的软件。然而，如果能够遵循一个好的流程，就可能阻止这些缺陷的产生。详见第14章。

还一种处理缺陷的方法，那就是像对待功能特性一样来对待缺陷。毕竟，修复缺陷和开发新功能一样，都需要花时间和精力。因此，客户可以将某个缺陷与要开发的新功能进行对比，得出它们的相对优先级。比如，一个出现概率很小的缺陷，只会影响少量用户，而且还有一个已知的临时解决方案，那么修复它的重要性可能要低于那些可以为用户带来收入的新功能。至少，我们可以把缺陷分为严重（critical）、阻塞（blocker）、中（medium）和低（low）四个级别。要想找到更全面的评估方法，我们可能还要考虑缺陷发生的频率，对用户的影响是什么，以及是否有临时解决方案等。

根据这种分类方式，就能在待修复缺陷列表中根据优先级将缺陷与用户故事按相同方式来排序，并可将二者一起放置。这样，除了可以避免"这是新功能，还是缺陷"

---

① James Shore的博客地址为http://jamesshore.com/。——译者注

的争论以外，还能一眼就看清楚还有多少工作要做，并相应地调整其优先级。低优先级的缺陷将被放在待修复缺陷列表中靠后的位置，就像对待低优先级的用户故事一样。客户也常常会选择不修复某些缺陷。因此，将缺陷和新特性一起放在待修复缺陷列表中也是管理它们的一种合乎逻辑的方法。

4.5 小结

在很多项目中，测试被认为是一个由一些专职人员负责的独立阶段。可是，只有当测试成为与软件交付相关的每个人的责任，并从项目一开始就被引入并持续进行时，才能产生高质量的软件。测试主要是建立反馈环，而这个反馈环会驱动开发、设计和发布等活动。将测试推迟到项目后期的计划最终都会失败，因为它破坏了产生高质量、高生产率，以及（最重要的）反映项目进展情况的反馈环。

如果每次修改后都能运行一次自动化测试集合，就能建立最短的反馈环。这些测试应该包含从单元测试直到验收测试（包括功能测试和非功能测试）的各种层次的测试。自动化测试应该结合使用手工测试，比如探索性测试和演示。本章的目的是让你更好地理解建立优质反馈所必需的不同类型的自动化测试和手工测试，以及在不同类型的项目中实现这些测试的策略。

在4.1节所描述的原则中，我们讨论了如何定义"完成"。对于工作的"完成"来说，将测试融入到交付过程的每个环节是至关重要的。因为，我们的测试方法定义了我们所理解的"完成"，而测试的结果是制定项目计划的基石。

从根本上讲，测试与"完成"的定义是相互关联的，而测试策略应该在对每个功能特性的测试上都体现出这种关联关系，并确保在整个流程之中到处都有测试活动。

Part 2 第二部分

部署流水线

本部分内容

- 第 5 章 部署流水线解析
- 第 6 章 构建与部署的脚本化
- 第 7 章 提交阶段
- 第 8 章 自动化验收测试
- 第 9 章 非功能需求的测试
- 第 10 章 应用程序的部署与发布

第 5 章

部署流水线解析

5.1 引言

对于大多数项目来说，采纳持续集成实践是向高效率和高质量迈进的一大步。它保证那些创建大型复杂系统的团队具有高度的自信心和控制力。一旦代码提交引入了问题，持续集成就能为我们提供快速的反馈，从而确保我们作为一个团队所开发的软件是可以正常工作的。它主要关注于代码是否可以编译成功以及是否可通过单元测试和验收测试。但持续集成并不足以满足我们的需要。

持续集成的主要关注对象是开发团队。持续集成系统的输出通常作为手工测试流程和后续发布流程的输入。在软件的发布过程中，很多浪费来自于测试和运维环节。例如，我们常常看到：

- 构建和运维团队的人员一直在等待说明文档或缺陷修复；
- 测试人员等待"好的"版本构建出来；
- 在新功能开发完成几周之后，开发团队才能收到缺陷报告；
- 开发快完成时，才发现当前的软件架构无法满足该系统的一些非功能需求。

若从开发直到在类生产环境上部署之间需要很长时间，就会导致软件无法部署，而若开发团队与测试、运维人员之间的反馈周期太长，就会使软件存在很多缺陷。

当然，我们能找到很多种能很快得到收益的方法，来渐进改善软件交付过程，比如教开发人员如何才能写出可以随时在生产环境上运行的软件，在类生产环境中进行持续集成，以及组建跨功能团队等。然而，尽管这种实践肯定会让情况得到改善，但它们无法帮助你洞悉哪里是交付流程的瓶颈，以及如何进行优化。

解决方案就是采取一种更完整的端到端的方法来交付软件。在前面几章中，我们已经解决了配置管理以及自动化大量构建、部署、测试和发布流程的很多问题。现在，我们通常能通过一键式方式把软件的某个版本部署好，甚至可以将其一键式部署到生产环境中，这样就建立了一个非常有效的反馈环——由于很容易将应用程序部署到测试环境中，所以团队可以同时得到软件功能和部署流程两个方面的快速反馈。因为部署流程（无论是在开发机器上部署，还是为最后发布而进行的部署）是自动化的，所以可以频繁且有规律地运行并被测试，从而降低发布风险，也降低了向开发团队传递有关部署流程的知识时的风险。

从精益的角度来看，我们实现了一个"拉式系统"（pull system），即测试团队只要自己单击按钮，就能将某个特定的软件版本部署到测试环境中。运维人员也可以通过单击一下按钮就把软件部署到试运行环境和生产环境中。在整个发布流程中，开发人员能看到每个目标环境上部署了哪个版本，发现了哪些问题。管理人员也很容易就能看到一些关键的度量指标，比如周期时间（cycle time）、吞吐量（throughput）以及代码质量等。整个交付过程中的所有人都因此具有两种能力，即他能使用任何他想使用的东西，也能看到整个发布流程，从而可以改善反馈循环，识别、优化并解决瓶颈。这样就形成了一个更加快速且更加安全的交付流程。

实现端到端的自动化构建、部署、测试和发布流程会带来一些连锁反应，还会带来一些意料之外的收益。通过在很多项目里使用这种技术，我们找到了这些项目中各种部署流水线系统之间的共同点。而且通过这种抽象总结出来的一些通用模式在我们尝试过的项目中都获得了成功。这种抽象使我们在项目开始就能很快建立一个相当成熟且能快速运行的构建、测试和部署系统。在交付项目里，这种端到端的部署流水线系统使我们获得了一定程度的自由和灵活性，而这在几年前是根本无法想象的。我们确信，这种方法能让我们以更高的质量和相当低的成本与风险来创建、测试、部署复杂系统。

这正是部署流水线的功用。

5.2　什么是部署流水线

从某种抽象层次上讲，部署流水线是指软件从版本控制库到用户手中这一过程的自动化表现形式。对软件的每次变更都会经历一个复杂流程才能发布。这一流程包括构建软件，以及后续一系列不同阶段的测试与部署，而这些活动通常都需要多人或者多个团队之间的协作。部署流水线是对这一流程的建模，在持续集成和发布管理工具上，它体现为支持查看并控制整个流程，包括每次变更从被提交到版本控制库开始，直到通过各类测试和部署，再到发布给用户的过程。

因此，这个由部署流水线建模而成的流程（从代码提交到软件发布的这个流程）实际上就是"将客户或用户脑中的一个想法变成其手中真实可用的特性"这一过程的一部分，而整个流程（从概念到概念兑现）可以用一个价值流图来描述。关于创建新产品的一个抽象价值流图如图5-1所示。

这个价值流图讲述了一个故事。整个过程一共需要大约三个半月的时间，其中真正的工作时间只有大约两个半月，其余时间都是从概念到概念兑现整个流程中各阶段之间的等待时间。例如，在开发完成首次要发布的版本与测试开始之间有五天的等待时间。这个时间有可能是将应用部署到某个类生产环境上所需的时间。顺便说一句，

第 5 章 部署流水线解析

图中故意没有表明该产品是否为迭代开发。如果是迭代开发流程，开发阶段本身就会包含几个迭代，而每个迭代都包括测试和演示。而且，从发现到发布这个过程也会被重复很多次。[①]

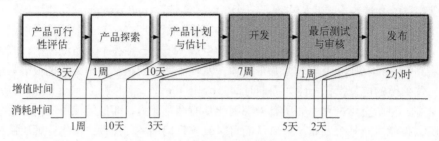

图5-1 价值流图示例

创建一个价值流图并不是一个高技术含量的过程。在Mary和Tom Poppendieck写的经典书籍 *Lean Software Development: An Agile Toolkit* 中，对其描述如下：

> 拿着笔和纸，到你的组织中出现客户请求的地方去。你的目标就是画出从组织接到一个客户请求直至完成这一请求的一张流程图。你应该和参与每个活动的人一起，描绘出为了满足这个请求所必需的所有步骤，以及该请求在每个步骤上所停留的平均时间。在这个图的底部，画一条时间线，标注出花在那些向该请求增加价值的活动上的时间，以及花在等待以及不增加价值的活动上的时间。

如果想做一些组织转型方面的工作来改进流程的话，你可能要深入了解每个部分由谁负责，在异常情况下的子流程是什么，各环节之间的交接需要由谁审批，需要什么资源，组织级的汇报结构是什么样的等。不过，这些并不是我们在此所必需讨论的内容。关于这方面更详细的内容，请参见Mary和Tom Poppendieck写的书 *Implementing Lean Software Development: From Concept to Cash*。

本书中，我们仅讨论从开发到发布的价值流，也就是图5-1中的阴影部分。这部分价值流的一个关键不同点在于会有很多次构建通过这一流程走向最后的发布。要理解部署流水线以及代码变更在其上流动的方法，是把它看成一个序列图[②]，如图5-2所示。

请注意，流水线的输入是版本控制中的某个具体版本。每次变更都会生成一次构建，这个构建像神话中的英雄一样，闯过一系列的测试，希望成为一个能到达生成环境中的发布版本。在这一系列的测试阶段中，每个阶段都从不同的角度评估这个构建版本，且和持续集成一样，它的起点是向版本控制库的每一次提交。

[①] 关于产品开发过程中，基于用户反馈的迭代发现的重要性请参阅Marty Cagan写的 *Inspired* 和Steven Gary Blank写的 *The Four Steps to the Epiphany*。
[②] Chris Read提出了这一想法[9EIHHS]。

5.2 什么是部署流水线

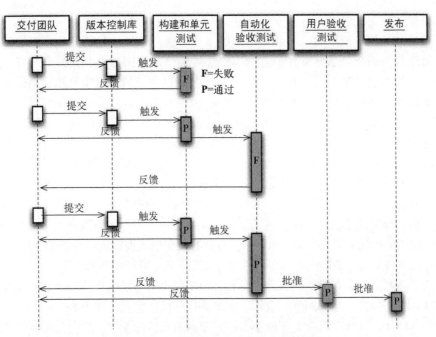

图5-2 代码变更集经过部署流水线的过程

随着某个构建逐步通过每个测试阶段,我们对它的信心也在不断提高。当然,我们在每个阶段上花在环境方面的资源也在不断增加,即越往后的阶段,其环境与生产环境越相似,其目的就是在这个过程中尽早发现那些不满足发布条件的构建版本,并尽快将失败根源反馈给团队。一般来说,只要某个构建使无论是这一流程中的哪个阶段失败了,它都不会进入下一个阶段。这在图5-3中有所反映。

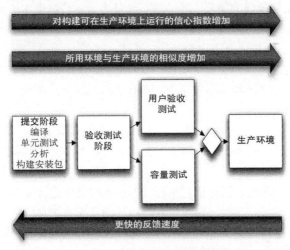

图5-3 部署流水线中的平衡

使用这种模式的话，有些非常重要的积极影响。首先，它可以有效地阻止那些没有经过充分测试或不满足功能需求的版本进入生产环境，也能避免回归缺陷，尤其是对于那些需要紧急修复并部署到生产环境的情况（因为和其他变更一样，这种紧急修复版本也需要走同样的流程）。根据我们的经验，最新发布的软件由于系统组件和其环境之间的未预期交互导致出现故障的事情是很常见的，比如使用了新的网络拓扑结构，或者生产环境的服务器在配置方面有些许不同。部署流水线的纪律会缓解这种现象。

其次，当部署和产品发布都被自动化之后，这些活动就变成快速、可重复且可靠的了。一旦被自动化，发布工作会变得非常容易，以至于会变成一件"平常"事，即只要你愿意，就可以做频繁发布。另外，如果支持自动安全回滚，发布风险也会大大降低，那么频繁发布就更不成问题了。一旦具有这种能力，发布就根本不会有什么风险了。最不济也就是引入一个严重缺陷，可这时只要回滚到之前没有缺陷的那个版本，然后在线下修复这个缺陷就可以了，没什么大不了的，详见第10章。

为了达到这种令人羡慕的状态，我们必须把那些用于证明某些版本满足业务要求的测试集合进行自动化。而且，我们还要把测试环境、试运行环境和生产环境上的部署过程自动化，这样可以避免那些手工密集型的易出错的步骤。对于很多系统来说，可能还需要其他形式的测试或者阶段，但对所有项目有一些阶段是共同具有的。

- 提交阶段是从技术角度上断言整个系统是可以工作的。这个阶段会进行编译，运行一套自动化测试（主要是单元级别的测试），并进行代码分析。
- 自动化验收测试阶段是从功能和非功能角度上断言整个系统是可以工作的，即从系统行为上看，它满足用户的需要并且符合客户的需求规范。
- 手工测试阶段用于断言系统是可用的，满足了它的系统要求，试图发现那些自动化测试未能捕获的缺陷，并验证系统是否为用户提供了价值。这一阶段通常包括探索性测试、集成环境上的测试以及UAT（User Acceptance Testing，用户验收测试）。
- 发布阶段旨在将软件交付给用户，既可能是以套装软件的形式，也可能是直接将其部署到生产环境，或试运行环境（这里的试运行环境是指和生产环境相同的测试环境）。

部署流水线就是由上述这些阶段，以及为软件交付流程建模所需的其他阶段组成，有时候也称为持续集成流水线、构建流水线、部署生产线或现行构建（living build）。无论把它叫做什么，从根本上讲，它就是一个自动化的软件交付流程。这并不是说该发布过程不需要人的参与，而是说在执行过程中那些易出错且复杂的步骤被变成可靠且可重复的自动化步骤。事实上，人工参与的活动反而有增加的趋势，因为在开发流程中所有阶段均可进行一键式部署这一事实，会促使测试人员、分析人员、开发人员以及（最重要的）用户更频繁地执行它。

最基本的部署流水线

图5-4中显示了一个典型的部署流水线，体现了这种方法的本质。当然，一个真正的流水线应该反映真实的软件交付流程。

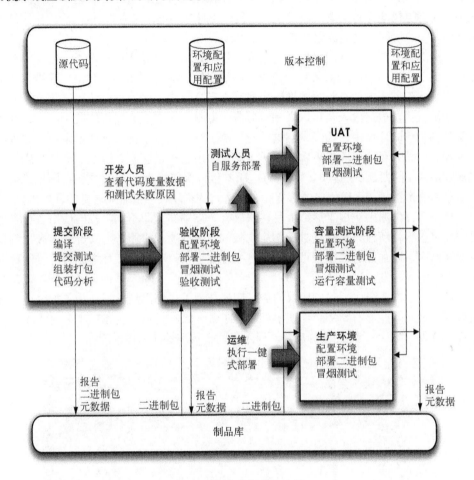

图5-4 基本的部署流水线

这个流程的起点是开发人员向版本控制库提交代码。此时，持续集成管理系统对这次提交作出响应，触发该流水线的一个实例。第一个（提交）阶段会编译代码，运行单元测试，执行代码分析，创建软件二进制包。如果所有的单元测试都通过了，并且代码符合编码标准，就将可执行代码打包成可执行文件，并放到一个制品库（artifact repository）中。时新的持续集成服务器都提供保存这种过程产物的功能，并让用户和流水线的后续阶段能以某种非常简便的方式获取并使用。另外，还有很多像Nexus和Artifactory这样的工具可帮助管理这类过程产物。在提交阶段，你也许还会执行另外一些任务,比如为验收测试准备测试数据库。时新的持续集成服务器都支持通过构建网格并行执行这些任务。

第二个阶段通常由运行时间较长的自动化验收测试组成。因此,持续集成服务器最好支持将测试分成多组的做法,以便在构建网络中并行执行任务,这样会提高执行效率,使你更快地得到反馈(通常要在一两个小时之内返回结果)。这个阶段应该是流水线中第一个阶段成功完成以后自动触发的。

在此之后,部署流水线可能会有分支出现,这样就可以将该构建版本独立部署到多个不同的环境中,比如部署到用户验收测试环境、容量测试环境和生产环境。通常情况下,我们并不需要在验收测试阶段成功之后直接自动触发这些阶段。相反,我们希望让测试人员或运维人员可以做到自服务,即自己手工选择需要的某个版本,并将其部署到相应的环境中。为了做到这一点,需要有一个自动化部署脚本来执行这种部署过程。测试人员应当能够看到需要手工测试的所有构建版本,以及它们的状态(即已通过前两个阶段测试的版本,以及每个版本包含哪些修改,提交注释写了什么等)。之后单击一个按钮,运行相应的部署脚本将选定的构建版本部署到选定的环境上。

要将同样的原则应用于后续阶段,仅仅有一点不同,即不同阶段的使用者拥有各自的环境权限,所以只有那些具有相应权限的人才能通过自服务方式部署该应用到各自的环境中。比如,运维团队可能希望自身是唯一有权在对生产环境进行部署的部署工单上签字的一方。

最后,一定要记住,我们所做的这一切都是为了尽快得到反馈。为了加速这个反馈循环,就必须能够看到每个环境中都部署了哪个版本,每个构建版本在流水线中处于哪个阶段。图5-5(产品Go的截屏)展示了这个实践是什么样子的。

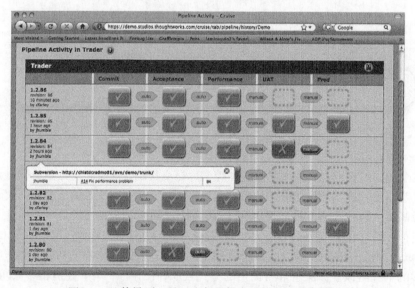

图5-5　Go的界面,显示出每次提交已经到了哪个阶段

你可能已经注意到，每次提交都列在了页面的一侧，并显示出了每次提交分别走到了流水线中的哪个阶段，以及相应的每个阶段是否成功了。要能够将某次代码提交、构建版本与其在部署流水线上通过了哪些阶段关联在一起，这一点是非常必要的。因为这样你就能立刻发现是哪次代码提交造成了本次验收测试的失败。

5.3 部署流水线的相关实践

接下来，我们将讨论部署流水线中每个阶段的细节。在开始之前，为了能够获得该方法带来的好处，你需要遵循一些实践。

5.3.1 只生成一次二进制包

方便起见，我们将所有可执行代码的集合称作二进制包，例如Jar文件、.NET程序集和.so文件。有时候代码根本不需要编译，那么这种情况下，二进制包就是指所有源文件的集合。

很多构建系统将版本控制库中的源代码作为多个步骤中最权威的源，不同上下文中会重复编译这个源，比如在提交时、做验收测试时或做容量测试时。而且，在每个不同的环境上部署时都要重新编译一次。但是，对于同一份源代码，每次都重新编译的话，会引入"编译结果不一致"的风险。在后续阶段里，其编译器的版本可能与提交阶段所用版本不一致。对于第三方库，你可能会不小心使用了本未打算使用的版本。甚至编译器的配置都会对应用程序的行为产生影响。我们曾遇到过由于上述原因导致在生产环境中出现问题的情景。

一种相关的反模式就是一直使用源代码，而不是二进制包。关于这种反模式更详细的讨论，请参见14.5.2节中的"ClearCase与从源重建反模式"。

这种反模式违反了两个重要原则。第一个原则就是"保证部署流水线的高效性，使团队尽早得到反馈"。重复编译违反了这一原则，因为编译需要花时间，在大型软件系统中进行的编译尤其如此。第二原则就是"始终在已知可靠的基础上进行构建"。被部署到生产环境中的二进制包应该与通过前面验收测试流程的二进制包是完全一样的。在很多实际使用的流水线里，每次生成二进制包时，都会存储其散列，并在后续每个阶段中利用这个散列对二进制包进行验证。

假如重新创建二进制包，就会存在这样的风险，即从第一次创建二进制包到最后发布这两个时间点之间会引入某种变化，比如在不同阶段里，编译时所用的软件工具链有差异，此时这个即将发布的二进制包就不是我们曾经测试过的那个二进制包了。出于审计的目的，确保从二进制包的创建到发布之间不会因失误或恶意攻击而引入任何变化是非常关键的。如果是解释性语言的话，有些组织甚至要求只有资深人员才有权在某个特定的环境里进行编译、组装或打包，其他人不得插手。所以一旦创建了二进制包，在需要时最好是重用，而不是重新创建它们。

总之，二进制包应该只在构建流水线的提交阶段生成一次。这些二进制包应该保存在文件系统的某个位置上，让流水线的后续阶段能够轻松地访问到这个位置，但要注意不要放在版本控制库中，因为它只是一个版本的衍生品，并不是原生态的定义。大多数持续集成服务器能处理这类事情，而且会执行一些关键性的记录操作，让你能追溯到版本控制库中与之相关联的某次代码提交上。没有必要花太多时间和精力对这些二进制包进行备份，因为应该可以在版本控制库中的某个正确版本上，通过运行自动化构建精确地重新生成这个二进制包。

假如你正在考虑我们的提议，第一直觉可能就是"有太多工作要做了"。如果持续集成工具不支持把二进制包传递给部署流水线的后续阶段，你就要自己想办法。一些比较流行的集成开发环境（IDE）会绑定一个非常简单的配置管理工具，但其中某些工具的做法是不正确的。一个值得注意的例子就是，有些项目模板会在构建过程中一下子直接生成既包含代码，又包含配置文件（比如ear和war文件）的程序集。

这一原则的一个必然结果是能够在任意环境上部署这些二进制包。这会促使你将代码（对不同的环境是相同的）与配置（对不同的环境是不同的）分开放置。这样会引导你正确地管理配置信息，促使你使用结构良好的构建系统。

为什么二进制包应该具有环境无关性

我们认为，为每个环境都创建一个二进制包是一种不好的做法。尽管这种方法比较常见，但的确存在几个严重的缺点，不利于部署的灵活性、方便性和系统的可维护性，而有些工具恰恰鼓励你这么干。

如果构建系统是按这种方式组织的，它们很快就会变得非常复杂，最终会导致不得不利用某些特殊手法处理不同部署环境里的差异和特殊行为。我们曾遇到过这样一个项目，其构建系统非常复杂，以至于需要一个由五个人组成的全职团队来维护它。最终，通过重新组织构建流程，我们把与环境相关的配置和与环境无关的二进制包相分离，将他们从"火坑"中拯救了出来。

这种构建系统会将原本很简单的事情（比如向一个集群中增加一台服务器）搞得非常复杂，结果导致发布流程变得非常脆弱且成本很高。如果你的构建过程创建的二进制包只能在某些特定机器中运行，那现在就开始计划重新组织它吧！

这种方法自然而然地就把我们带向了下一个实践。

5.3.2 对不同环境采用同一部署方式

为了确保构建和部署流程被有效测试，在各种环境中使用相同流程对软件进行部署是非常必要的，这些环境即包括开发人员或分析人员的工作站，也包括测试环境和生产环境。开发人员经常执行部署工作，而测试人员和分析人员执行部署相对少一些，而针对生产环境的部署活动通常会更少。显然，部署风险与部署频率成反比。部署频率最低的环境（生产环境）却是最重要的。因此，只有在很多环境中对部署过程测试过数百次以后，我们才能消除那些由于部署脚本错误而导致的问题。

当然，每个环境多多少少都会有所不同，至少IP地址肯定是不一样的。通常还会有其他不同之处，比如操作系统和中间件的配置设置，数据库的安装位置和外部服务的位置，以及在部署时需要设置的其他配置信息。但这并不意味着你应该为每个环境都建立一个单独的部署脚本，而只要把那些与特定环境相关的特定配置分开放置就行了。一种方法是使用属性文件保存配置信息，比如分别为每个环境保存一个属性文件，并将其放在版本控制库中。在部署时，通过本地服务器的主机名来查找正确的配置，而如果是在有多台服务器的环境中，可以将环境变量提供给部署脚本使用。当然还有一些其他方法提供部署时的配置信息，比如将其放在一个目录服务中（LDAP或ActiveDirectory），也可以将其放在数据库中，通过像ESCAPE这样的工具来访问它。[apvrEr]关于管理软件配置的内容参见2.4节。

对所有应用程序使用相同的部署时配置机制是非常重要的，在大型公司或使用了很多异构技术的应用系统中更应如此。通常我们会遵循"继承旧有方式"的规则。但我们看到过太多这样的情况，即对于"部署到指定环境中的指定应用程序"，很多组织难以确定到底哪些配置项被真正提供给了这个环境。我们知道，很多时候为了解这一情况，不得不向那些分布在不同洲际的团队发送很多封电子邮件。可当想找到某个缺陷的根源时，这也会成为实现高效率的一大障碍。而且，当你把在价值流图中所有这类延迟都加在一起，会发现这其实是一个相当高的成本。

在同一个源（一个版本控制库、一个目录服务，或一个数据库）中找到所有环境中运行的所有应用程序的配置信息是完全可行的。

如果你所在的公司里，管理生产环境的团队与负责开发和测试的团队不是同一个团队，那么这两个团队就要在一起工作，确保自动化部署过程在所有环境中都是有效的（包括开发环境在内）。能够使用相同的脚本向开发环境和生产环境部署，是避免"它在我的机器上可以工作"病症的法宝 [c29ETR]。如果能做到这种程度的话，那么在版本即将发布前，部署流程就已经在其他环境中测试过数百次了。这是我们所知道的缓解软件发布风险的最好方法之一。

> 我们的假设前提是你已经有自动化的流程来部署应用程序。当然，现在仍旧有很多组织使用手工部署方式。如果用的是手工部署流程，你现在要做的是：首先，确保在每个环境上都使用同样的流程来部署；然后一点儿一点儿地把它自动化，直至全部自动化。最终，整个部署过程应该只需要你在部署开始前指定一个目标环境，以及所要部署的程序版本就可以了。一个自动化的标准部署流程对于重复且可靠地发布应用程序来说，有相当大的促进作用，它可以确保整个过程被完全记录并是可审计的。我们会在下一章详细讨论自动化部署问题。

这一原则实际上是某个规则在现实中的另一种应用，而这个"规则"就是应该将会变动的与不会变动的东西分离。如果对于不同的环境，其部署脚本也不相同的话，你就无法知道某个测试过的脚本是否在上线部署时还能正常工作。相反，如果使用同一个脚本在所有的环境上进行部署，那么当在某个环境上部署失败时，就可以确定其原因一定来自以下三个方面：

❑ 与该环境相关的配置文件中，某项配置有问题；
❑ 基础设施或应用程序所依赖的某个服务有问题；
❑ 环境本身的配置有问题。

那么到底是哪个原因呢？这是接下来的两个实践需要解决的问题。

5.3.3 对部署进行冒烟测试

当做应用程序部署时，你应该用一个自动化脚本做一下冒烟测试，用来确保应用程序已经正常启动并运行了。这个测试应该非常简单，比如只要启动应用程序，检查一下，能看到主页面，并在主页面上能看到正确的内容就行了。这个冒烟测试还应该检查一下应用程序所依赖的服务是否都已经启动，并且正常运行了，比如数据库、消息总线或外部服务等。

一旦有了单元测试之后，这种冒烟测试（部署测试）可能就是你要马上着手做的最重要测试了，甚至可以说是最最重要的测试。因为它可以让你对"应用程序可以运行起来"建立信心。如果应用程序不能运行，这个冒烟测试应该能够告诉你一些最基本的诊断提示，比如应用程序无法运行是否是因为其依赖的外部服务无法正常工作。

5.3.4 向生产环境的副本中部署

很多团队实际部署应用上线时可能遇到的另一个主要问题是，生产环境与他们的开发环境或测试环境有非常大的差异。为了对系统上线充满信心，你要尽可能在与生产环境相似的环境中进行测试和持续集成。

理想情况下，如果生产环境非常简单，或者有足够多的预算，我们完全可以建立与生产环境一模一样的环境，用于运行手工测试或自动化测试。另外，要想确保所有

的环境都一样,需要有很多纪律保障良好的配置管理实践。你要确保:

- 基础设施是相同的,比如网络拓扑和防火墙的配置等;
- 操作系统的配置(包括补丁版本)都是相同的;
- 应用程序所用的软件栈是相同的;
- 应用程序的数据处于一个已知且有效的状态。系统升级过程中需要进行的数据迁移是部署活动的一个痛点,我们将在第12章讲这个问题。

你可以使用像磁盘镜像或虚拟化技术这类实践,以及Puppet、InstallShield这类工具和某个版本控制系统共同管理环境配置。我们将在第11章详细讨论这个问题。

5.3.5 每次变更都要立即在流水线中传递

在持续集成出现之前,很多项目都有一个各阶段的执行时间表,比如每小时构建一次,每天晚上运行一次验收测试,每个周末运行一次容量测试。部署流水线则使用了不同的方式:每次提交都要触发第一个阶段的执行,后续阶段在第一个阶段成功结束后,立即被触发。当然,假如某些阶段需要花较长的时间,而开发人员(尤其是在大型团队中)的提交又非常频繁,就很难做到这一点了。图5-6中就显示了这样做的问题。

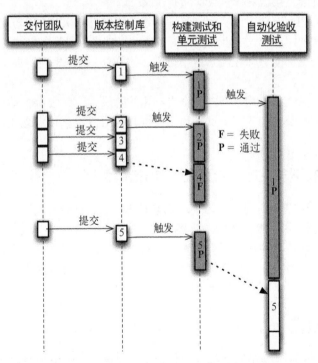

图5-6 部署流水线中被计划执行的各阶段示意图

在本例中，某人将代码提交到版本控制库，生成了版本1，并且触发了流水线的第一个阶段（构建及单元测试）。这一阶段通过之后，紧接着触发了第二个阶段——自动化验收测试。此时另一个人提交了另一个修改，在版本库中生成了版本2，流水线中的第一个阶段（构建及单元测试）被再次触发。然而，即便这次构建也通过了，它仍无法触发下一个自动化验收测试，因为有一个自动化验收测试正在运行。与此同时，又有两个新的版本被提交。可是持续集成系统不能同时构建它们两个，如果遵循这个原则，而开发人员继续以同样的速率提交代码的话，构建就会越来越落后于开发人员的开发速度。

另一种构建策略是，一旦代码构建和单元测试结束，持续集成系统就去检查版本库中是否有新的提交。如果有的话，就将最近还没有构建过的所有变更全部拿来进行构建，即对版本4进行构建。假设这次构建和单元测试失败了，那么构建系统是无法知道究竟是哪个版本（版本3还是版本4）引起的，但开发人员自己可以很容易发现问题在哪儿。有些持续集成系统可以让你执行某个特定版本的构建，而无需按顺序执行。假如持续集成服务器有这种功能的话，开发人员就可以运行一次对版本3的构建和单元测试，看版本3是否能够通过测试，这样就可以弄清楚到底是哪个版本引入了问题。无论哪种方法，开发人员会提交版本5，来修复这个构建。

这样，当验收测试结束以后，持续集成系统的调度程序发现版本5已经通过了第一阶段的测试，就会直接触发针对版本5的验收测试。

这种聪明的调度方法对于实现部署流水线来说是非常关键的。一定要确保持续集成服务器支持这种调度方式（事实上，很多持续集成服务器都支持这种调度方式），而且要确保每次变更都能立即在流水线中传递，这样就不用按固定的时间表来执行不同的阶段了。

目前，这些策略只能用于那些完全自动化的阶段，比如包含自动化测试的阶段，而流水线中后续的那些为手工测试环境执行部署的阶段就要按需激活，我们会在本章后面介绍。

5.3.6 只要有环节失败，就停止整个流水线

就像我们在3.2节中所说的，为了达到本书所描述的目标（迅速、可重复且可靠的发布），对于团队来说，最重要的是要接受这样的思想：每次提交代码到版本控制系统中后，都能够构建成功并通过所有的测试。对于整个部署流水线来说，都适用这一要求。假如在某个环境上的某次部署失败了，整个团队就要对这次失败负责，应该停下手头的工作，把它修复后再做其他事情。

5.4 提交阶段

每次提交都生成部署流水线的一个新实例。如果提交阶段的测试通过了，这个版本就被视为一个候选发布版本。部署流水线中第一个阶段的目标就是消除那些不适合

生产环境的构建，并尽早给团队一个信号——"应用程序出错了"。我们不想在那些明显有问题的版本上花时间和精力，所以当开发人员提交变更到版本控制系统后，我们希望尽快地评估一下这个最新版本。提交者要一直等到构建结果，然后才能做下一项工作。

在提交阶段，我们需要做以下几件事。这些任务通常作为一个工作集合运行在构建网格上（大多数持续集成服务器都提供类似功能），这样，提交阶段就能够在一个可接受的时间之内完成（最好在五分钟之内完成，最多不能超过十分钟）。一般来说，提交阶段包含以下步骤：

- 编译代码（如果所用开发语言需要的话）；
- 运行一套提交测试；
- 为后续阶段创建二进制包；
- 执行代码分析来检查代码的健康状况；
- 为后续阶段做准备工作，比如准备一下后续测试所用的数据库。

第一步是编译源代码的最新版本。如果在编译过程中出现错误，就向在最后一次提交成功之后提交代码的所有人发送通知。如果这一步没有成功，就直接让整个提交阶段失败，不再考虑后续工作。

接着，运行一套测试集合。最好优化一下，让它运行得飞快。之所以把这一套测试称为提交阶段的测试，而不是单元测试，原因在于虽然这套测试集中大部分都是单元测试，但同时能够包含一小部分其他类型的测试是非常有用的。这样，我们会更有信心说："只要提交阶段成功了，就证明我们的应用程序是可以正常运行的。"这个测试集合也是开发人员在向版本控制系统提交代码之前需要在本地运行的测试（或者是在一个构建网格上运行的预提交测试）。

项目刚开始的时候，只把单元测试放在提交测试集中就可以了。但是，随着项目的进行，你就会掌握在验收测试和后续其他阶段中，哪些类型的失败是比较常见的，然后就可以把一些特定测试加入到提交测试集中，试着尽早发现问题。这是一个不断进行的流程优化，如果你不想在后续阶段花高成本发现和修复缺陷的话，这一点非常重要。

需要注意的是，代码能够通过编译和测试当然很好，但这并不能告诉你有关应用程序非功能需求方面的信息。测试非功能特性（比如容量）可能比较困难，但仍旧可以通过一些分析工具，收集一些关于当前代码库的测试覆盖率、可维护性以及安全漏洞方面的信息。为这些度量项设定一个阈值，并像对待测试一样，一旦不满足阈值条件，就让提交阶段失败。比较有用的度量项包括：

- 测试覆盖率（如果提交测试只覆盖了代码库的5%，那么这些测试发挥不了太大的作用）；
- 重复代码的数量；
- 圈复杂度（cyclomatic complexity）；

- 输入耦合度（afferent coupling）和输出耦合度（efferent coupling）；
- 编译警告的数量；
- 代码风格。

如果前面这些任务都成功了，提交阶段的最后一步就是生成二进制包，用于后续阶段的部署。当然，只有这步也成功了，提交阶段才能算成功。把生成可执行代码作为成功的验收条件，是确保构建流程本身也能够被持续集成系统不断评估和检查的简单方法。

提交阶段最佳实践

在第3章中所描述的实践大多数都适用于提交阶段。开发人员需要一直等到部署流水线的提交阶段成功完成。如果它失败了，开发人员要么快速修复问题，要么将刚提交的代码回滚。在理想情况下（无限的处理能力和无限的网络带宽），我们希望开发人员能够一直等到所有测试（甚至是手工测试）全部通过，这样一旦出现问题，就可以马上修复。然而，这并不现实，因为部署流水线的后续阶段（自动化验收测试、容量测试和手工验收测试）都需要相对较长的时间。这也是规范测试流程的一个理由，因为当缺陷还比较容易修复时，尽快得到反馈是非常重要的，而不应花更大的代价得到全面的反馈。

"部署流水线"这一术语的来源

第一次使用这个概念时，我们就称它为"流水线"（pipeline），并不是因为它像流经管道的水流。对于我们这些人中的铁杆粉丝来说，这个术语能够提醒我们，为了实现一定的并行处理能力，处理器要通过多个"流水线"输送指令。处理器芯片可以并行执行指令，可如何将本打算顺序执行的机器指令流分成并行指令流，而且不会破坏它们的本来意图呢？处理器使用的方法非常聪明，也相当复杂。事实上，它总能够在一个独立的执行管道中高效地"猜"某个操作的结果，并根据这个基于猜测的假设前提开始执行。如果后来发现这个猜测是错误的，基于该假设所得出的结果就直接被扔掉。此时，虽然没有什么收获，但也没有什么损失。可是，如果这个猜测是对的，那么在同一时间里，处理器所完成的工作就是单一执行流执行时的两倍，也就是说，它的运行速度提高了一倍。

"部署流水线"概念也是这样的。我们在设计提交阶段时，希望它能在运行极快的同时捕获大部分问题。因此，一旦提交阶段成功了，我们就"猜测"所有后续测试阶段也会成功，所以会马上接着开发新的特性，准备下一次提交并开创下一个发布版。在我们开发新特性时，流水线则基于我们的"成功猜测"乐观地继续干活。

对于在这个待发布的候选版本，第一阶段的成功是一个重要的里程碑，它是这个部署流水线的一个关卡。一旦通过这个关卡，开发人员就被从上一个任务中释放出来，开始做下一个任务了。然而，他们仍旧有责任监视后续阶段的运行状况。即使后续阶段出了问题，修复失败的构建仍旧是开发团队的首要任务。我们赌自己能成功，可一旦赌输了，也已准备好去偿还技术债。

即使在开发过程中只有提交阶段，这也在产品可靠性和质量方面迈出了巨大一步。然而，只有再实现几个必需的阶段后，才能算得上是最基本的部署流水线。

5.5 自动化验收测试之门

全面的提交测试套件对于发现许多种错误来说，是非常优秀的试金石。然而，有很多类型的错误是它无法捕获的。在提交测试集合中，大部分是单元测试，而单元测试与底层的API是紧耦合的，以至于开发人员难免落入一个陷阱，即"用某种特殊方式来证明解决方案是正确的"，而不是断言它解决了某个具体问题。

> **为什么仅有单元测试是不够的**
>
> 在我们曾经参与过的一个大项目里，大约有80名开发人员。持续集成是我们开发流程中的核心。而且，我们的构建纪律非常好，而对于这么大的团队来说，必须做到这一点。
>
> 有一天，我们把已经通过单元测试的一个最新版本部署到了测试环境里。这个部署过程虽然较长，但完全处于受控状态且是由部署专家执行的。可是，最终这个系统却无法运行起来。我们花了很长时间想找出环境的配置在哪里出了错，但是没有找到。后来，有位资深开发人员在自己的开发机器上部署了这个应用程序，发现它还是无法运行。
>
> 接着，他一直向前追溯历史版本，最后发现应用程序在三个星期之前就无法工作了。一个非常小且莫名其妙的缺陷使应用程序无法正确启动。
>
> 这个项目的单元测试覆盖率很高，对于所有的模块平均为90%。开发人员通常只运行单元测试，并不运行应用程序。因此，在三个星期内，没有一个人发现这个问题。
>
> 后来，我们修复了这个缺陷，并在持续集成流程中加入了几个简单的自动化冒烟测试，并最终验证应用程序能够运行起来，并可以完成大多数基本功能。
>
> 从这个大而复杂的项目里，我们得到了很多教训，以及其他宝贵的经验。可最根本的收获还是，单元测试仅仅是从开发人员的角度测试某个问题的解决方案。对于验证应用程序是否以用户期望的方式运行，单元测试的能力有限。如果想确保交付的软件为用户提供了我们希望它具有的价值，就需要其他形式的测试。开发人员可以通过频繁地手工运行程序，并与其进行交互来达到这一目的。这会解决我们上面遇到的那种问题，但对于大型复杂项目来说，这并不是一个非常有效的方法。

第 5 章 部署流水线解析

> 这个故事还指出了在开发过程中我们常犯的另一个错误。发现问题后，我们的第一个想法就是：一定是在部署至测试环境时，把系统的某个地方配置错了。这个想法非常自然，因为这种故障很常见。而且，应用程序的部署的确是个非常复杂且有很多手工干预的过程，很容易引入错误。
>
> 因此，尽管我们有很成熟、管理非常好且纪律性非常强的持续集成流程，还是不能确保一定能够识别真正的功能问题。我们也无法保证在部署时不会引入更多的错误。另外，由于部署周期较长，所以每次部署时，部署流程都可能会发生变化。这就意味着每次尝试部署都是一个全新的经历，因为它是一个手工的且易出错的过程。发布是一个高风险的恶性循环。

每次提交后就立即运行提交测试的意义在于，它能为最新的一次构建或程序中可能存在的一些较小的代码问题提供及时反馈。然而，如果没有在类生产环境上执行验收测试，我们就根本不知道该应用程序是否符合了客户规范，也不知道它在现实世界中是否能够部署并运行。如果想在这些方面得到及时反馈的话，就必须在持续集成流程中引入更多测试并不断对系统各个方面进行演练。

部署流水线中的自动化验收测试阶段与功能验收测试之间的关系，和提交阶段与单元测试的关系相似。验收测试阶段中运行的大部分测试是功能验收测试，但并不全是。

验收测试阶段的目标是断言应用程序交付了客户期望的价值，并满足了验收条件。它也是一个回归测试套件，用于验证新的修改是否在现有功能中引入了回归缺陷。正如我们在第8章要讲到的，创建和维护自动化验收测试的流程不能由独立的团队负责，它应该是开发过程的核心组成部分，而且是由跨功能交付团队来负责的。开发人员在写单元测试和开发代码的同时，就要和测试人员与客户在一起共同创建这些测试。

至关重要的是，作为常规开发流程的一部分，验收测试一旦失败，开发团队就必须立即对其作出响应。团队必须确定这是一个回归缺陷，还是一个有意的应用行为变更，或是测试本身的问题，然后采取适当的行动使自动化验收测试能够重新回到成功状态。

这个自动化验收测试关卡是识别候选发布版本过程中第二个重要的里程碑。部署流水线只允许后续阶段（比如需要手工干预的手工部署阶段）获取那些已通过自动化验收测试的构建版本。我们当然可以不遵循这样的机制，但可能会导致大量时间和精力的消耗。如果能把这些时间和精力花在修复那些已被部署流水线发现的问题上，花在以受控的可重复方式进行的部署工作上，不是更好吗？在部署流水线的帮助下，我们更容易做正确的事情。

因此，如果一个候选版本不能满足所有的验收条件，就根本不会被交给用户。

自动化验收测试最佳实践

仔细考虑应用程序所要被部署到的生产环境是非常重要的。如果生产环境能完全在开发团队的控制之中,那么这个开发团队真的很幸运。此时,只要在这一环境的副本上运行验收测试就可以了。如果生产环境非常复杂或者非常昂贵,我们可能就要使用它的简化版了,比如仅使用两个中间件服务器,尽管生产环境中可能会有很多个。如果应用程序对外部服务有依赖,可以使用测试替身来模拟所依赖的外部基础设施。关于这种方法,我们会在第8章详细介绍。

如果应用程序需要支持多种不同环境(比如应用程序要安装在终端用户的电脑上),就要选一些可能的机器环境作为目标环境,并在其上运行验收测试。这用构建网格更容易实现。建立一组测试环境(至少为每个目标测试环境准备一套),并在之上并行执行验收测试。

在很多已经使用自动化验收测试的组织中,一种常见做法是让一个专门团队负责生产环境,并对测试套件进行维护。正如我们在第4章细述的,这是一个坏主意。因为很容易导致这样一个结果,即开发人员会觉得他们不是验收测试的所有者,因此也不关心部署流水线中这个阶段成功与否,以至于即使它失败很长时间了,开发人员也不管。另外,在开发人员不参与的情况下写出来的验收测试也会有与UI紧耦合的倾向,所以很脆弱,也很难进行重构,因为测试人员并不知道UI之下的设计是什么样的,缺乏创建抽象层的能力,或不会使用公用API来执行验收测试。

实际上,就像整个团队负责流水线的每一个阶段一样,整个团队都是验收测试的所有者。如果验收测试失败了,整个团队都要停下来,马上修复它。

这一实践的一个重要推论是,开发人员必须能在自己的开发环境中运行自动化验收测试。这样,开发人员在发现验收测试失败后,就很容易在自己的机器上修复它,然后在本地再次运行验收测试来验证修复。对于这个实践来说,最常遇到的障碍是没有足够多的测试软件授权,应用程序的架构不允许将其部署到开发环境中,以至于无法运行验收测试。如果你的自动化验收测试策略是为长远打算的话,就应该尽早清除这类障碍。

对于验收测试来说,搞不好它就与应用程序的具体解决方案紧密耦合在一起,而不是对系统的业务价值进行断言啦。一旦发生这种事情,即便系统行为只做了很小的改动并因此使测试失效,花在维护验收测试集合上的时间也会越来越多。事实上,验收测试应该使用业务语言来表达(就是Eric Evans所说的"通信语言①"),而不是应用程序中所用的技术语言。我们认为,使用团队在开发时使用的编程语言写验收测试也没什么问题,但是其所用的抽象层应该是业务行为层面,比如使用"下单"而不是"单击下单按钮",或使用"确认已拨款"而不是"检查资金表是否有交易记录"。

尽管验收测试非常有价值,但它们的创建和维护成本也是非常高的。所以要时刻牢记,自动化验收测试也是回归测试。不要幼稚地对照着验收测试条件,盲目地把所有东西都自动化了。

---

① 出自Eric Evans的著作 *Domain-Driven Design: Tackling Complexity in the Heart of Software* (2004)。

很多项目证明，假如遵循前面描述的某些不良实践，自动化功能测试不能带来足够的价值，而且常常因为维护成本太高，促使开发团队停止写自动化功能测试。如果测试成本高于它所能节约的成本的话，不写测试也是正确的决定。然而，假如能设法改变创建和维护这些自动化测试的方式，我们可以大大削减花在这上面的精力，从而改善投入产出比。如何正确地做验收测试是第8章的主要内容。

5.6 后续的测试阶段

验收测试阶段是整个遴选候选发布版本过程中的一个重要里程碑。一旦这个阶段结束了，这个候选版本就会受到开发人员之外更多人的广泛关注。

对于最简单的部署流水线来说，至少就系统的自动化测试而言，一个构建版本通过了验收测试就能够发布给用户了。如果某版本在验收测试阶段失败了，根据定义，它是不能发布的。

到目前为止，整个候选发布版本的遴选过程都是自动化的，而且前一个阶段会自动触发后一个阶段。假如以增量开发的方式交付软件，就可以做生产环境上的自动部署了，正如Timothy Fitz的一篇博客"持续部署"（Continuous Deployment）[dbnlG8]所述。但对于很多系统来说，即使有非常全面的自动化测试集合，在发布之前，仍需要某种形式的手工测试。另外，很多项目还需要有不同的环境来做与其他系统的集成测试，还需要测试容量的环境、做探索性测试的环境以及试运行和生产环境。每个环境多多少少都会与生产环境有些相似，并且有特定于它自己的配置信息。

部署流水线也应该包含向这些测试环境部署的阶段。有些发布管理工具（比如AntHill Pro和Go）都提供下面这种功能：支持查看每个环境中都部署了哪个版本，并支持通过一键式部署方式向这些环境中部署应用程序。当然，在后台只是调用一个写好的执行部署的脚本而已。虽然商业化软件都提供了可视化、报告以及严密的权限管理等功能，但你也可以依托开源工具（比如Hudson或CruiseControl家族），自己构建一个这样的系统。如果自己创建的话，关键是要支持查看所有已经通过了自动化验收测试阶段的那些候选发布版本的一个列表，并有一个按钮支持将所选择的某个版本部署到指定的环境中，支持查看每个环境中当前部署的是哪个版本，以及与其对应的版本库中的版本号是多少。图5-7就是可执行这些功能的一个自制系统。

可能要按照一定的顺序向这些环境中部署应用程序，后面一个环境的部署依赖于前一环境上的成功部署。比如，只有已经在UAT和试运行环境中部署过之后，才能向生产环境部署。当然，这些部署也可能是并行的，或者通过手工选择的方式进行。

重要的是，部署流水线应该能让测试人员根据自己的需求将任意一个版本部署到自己的测试环境上。这就替代了"每日构建"，即测试人员不需要依赖从开发人员那里得到的一个不确定的修正版（开发人员在回家前刚刚提交的那个版本），而是可以轻松找到那些已经通过自动化测试的版本，而且还可查看每个版本中都有哪些修改，最后选择一个他们想要的版本。假如发现这个构建版本在某种程度上不太令人满意（比如这个版本中并不包含正确的修改，或者有某个影响测试稳定性的缺陷），测试人员只要自己再选一个版本重新部署就行了。

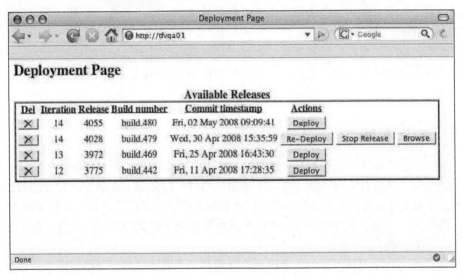

图5-7　部署的一个示例页面

5.6.1　手工测试

在迭代开发过程中，验收测试之后一定会有一些手工的探索性测试、易用性测试和演示。在此之前，开发人员可能已经向分析师和测试人员演示了应用程序的功能，但一定是在自动化测试通过之后。在这个过程中，测试人员所扮演的角色并不是回归测试该系统，而是首先通过手工证明验收条件已被满足，从而确保这些验收测试的确是验证了系统行为。

之后，测试人员会做一些机器不太擅长而人比较擅长的测试。他们做探索性测试、易用性测试，在不同平台上测试程序的界面是否正确，并着眼于一些不可控制的最坏情况进行测试。自动化验收测试使测试人员节省出更多的时间做那些高价值的活动，而不是测试脚本的人力执行器。

5.6.2　非功能测试

每个系统都有很多非功能需求。比如，几乎每个系统都有容量和安全性方面的要求，或者必须遵守服务水平协议等。通常应该用某些自动化测试衡量应用程序是否满足这些需求。如何能够做到这一点呢？请参见第9章。对于某些系统，并不需要连续不断地做非功能需求测试。根据我们的经验，如果需要的话，完全可以在部署流水线中创建一个阶段，用于运行这些自动化的非功能测试。

在定义部署流水线结构时，必须回答一个问题，即容量测试阶段的结果是可以作为一个门槛，还是需要由人来决定？对于高性能应用来说，可以在验收测试阶段通过之后，就运行容量测试，作为该版本整个自动化测试的输出结果。如果这个版本不能通过容量测试，就不能把它看成是可部署的版本。

然而，对于很多应用程序来说，判定"什么是可接受的"更加具有主观性。通常根据实际容量测试阶段的结果，由人来判定该版本是否可以作为候选版本来部署会更有意义。

5.7 发布准备

每次向生产环境发布时都有业务风险。一旦在发布时发生严重问题，可能最好的结果就是推迟部署有价值的新功能，而最糟糕的结果就是出了问题却没有合适的撤销计划，这可能导致关键业务无法运行，因为新版本中已经替换了原有版本的关键功能。

缓解这类风险非常简单，只要把这个发布环节视为部署流水线的一个自然结果就行。实际上，我们只需要：

- 让参与项目交付过程的人共同创建并维护一个发布计划（包括开发人员和测试人员，以及运维人员，基础设施和支持人员）；
- 通过尽可能多的自动化过程最小化人为错误发生的可能性，并从最容易出错的环节开始实现自动化；
- 在类生产环境中经常做发布流程演练，这样就可以对这个流程及其所使用的技术进行调试；
- 如果事情并没有按计划执行，要有撤销某次发布的能力；
- 作为升级和撤销过程的一部分，制定配置迁移和数据迁移的策略。

我们的目标是实现一个完全自动化的发布过程。发布就应该简单到这种程度，即只要选择一个需要发布的版本，单击一下按钮就万事大吉了。撤销也应该同样简单。更多关于这方面的内容，请参见第10章。

5.7.1 自动部署与发布

对生产环境的控制权越小，遇到意外情况的可能性就越大。因此，无论何时发布软件系统，我们都希望有完全的控制权。然而，这里至少有两方面的约束。首先，对于很多应用程序来说，你根本不能完全控制应用程序所在的运行环境。对于由用户自行安装的软件（比如游戏或者办公软件）来说，这一点是必然的。通常解决这个问题的办法就是选择一些具有代表性的目标环境，并分别在这些样本环境上执行自动化验收测试套件。这样就能通过收集结果数据发现哪些测试在哪些平台上无法正常运行了。

第二个约束就是，人们通常认为为了达到完全控制环境所付出的成本会高于因此得到的收益。然而，事实常常恰好相反。生产环境中的大多数问题往往是由不充分的控制导致的。正如我们在第11章中所讲的，生产环境应该是完全受控的，即对生产环境的任何修改都应该通过自动化过程来完成。这不仅包括应用程序的部署，还包括对配置、软件栈、网络拓扑以及状态的所有修改。只有在这种方式下，我们才可能对它们进行可靠地审计和问题诊断，并在可预计的时间内修复它们。随着系统复杂性的增加，不同类型服务器的增多，以及不断提高的性能需求，我们就更需要这种程度的控制力。

管理生产环境的流程也应该用于测试环境，比如试运行环境、集成环境等。通过这种方式，就可以利用自动化变更管理系统来为手工测试环境创建一个完全一致的配置信息。根据容量测试的结果对配置进行不断的评估和调整，就会得到一个非常完美的配置。当满意后，就能在这种可预测且可靠的方式下，把这份配置放在每个需要这种配置的服务器上，也包括生产环境上的服务器。环境的所有方面都应该以这种方式来管理，包括中间件（如数据库、Web服务器、消息代理和应用服务器等）。每个配置都能够被调整，并把可选设置加到配置基线中。

通过自动化的环境准备和管理、最佳的配置管理实践以及虚拟化技术（如果适用的话），环境准备和维护的成本会显著降低。

一旦环境配置被正确地管理起来了，就可以部署应用程序了。尽管很多实现细节更多地依赖于系统所使用的技术，但步骤基本上是相似的。这种方法与我们用来创建构建脚本和部署脚本，以及监控流程的方法相似。创建构建脚本与部署脚本的方法将在第6章中加以讨论。

使用自动化部署与发布，交付流程就变成了很平常的事儿。开发人员、测试人员和运维人员不再需要依靠操作单管理系统和互发电子邮件得到可部署的构建版本，这样就能得到关于系统生产准备就绪的反馈。测试人员不必成为技术专家，也能自行决定将哪个版本部署到测试环境上，进行部署操作也不必有相应专业知识。由于部署简单，就能更频繁地改变他们要测试的版本。比如当发现某个缺陷时，他们就可以重新部署系统的某个旧版本，通过与新版本的行为对比发现一些线索。销售人员可以访问应用程序的最新版本，向客户展示应用最有竞争力的特性，以便赢得客户的订单。当然，这还会在其他方面带来一些变化。根据我们的经验，人们开始变得轻松了。他们会感到项目在整体上风险比较小，因为风险的确降低了。

风险降低的一个重要原因是，此时此刻，发布流程本身已经做过很多次演练、测试并被完善过了。由于在每个环境中都使用相同的部署流程，并使用同样的流程来发布应用，所以这个部署流程会被极频繁地测试，可能一天中就有好几次测试。假如第五十次，甚至是第一百次成功部署了一个复杂系统，对你来说部署就应该是驾轻就熟啦。我们的目标就是尽快地达到这种状态。和系统中的其他方面一样，如果想对发布过程和使用的技术建立起充分的信心，我们就必须定期使用它，证明它是好用的。让每次变更都在尽可能短的时间里通过部署流水线最终部署到生产环境中，这是完全可以做到的。我们应该持续地评估和改进自己的发布流程，尽可能在问题被引入时就发现它们。

很多业务需要在一天内能够发布多次新版本。甚至产品公司也经常需要快速交付软件新版本给用户，以免用户发现严重缺陷或安全漏洞。本书中的部署流水线和相关实践就是为了让这件事变得更安全和可靠。尽管很多敏捷开发流程（如果在你的组织中适用的话，我们强烈推荐使用敏捷开发流程）的目标都是频繁发布产品到生产环境，但这种做法并不一定任何时候都是恰当的。有时候，在能提供给用户一组有价值的功能之前，我们可能还需要做很多工作，尤其是在做产品研发时。然而，即使不需要每天发布软件多次，实现部署流水线仍可以提高快速可靠交付软件的能力。

5.7.2 变更的撤销

传统上，人们对新版本的发布常常存在着恐惧心理，原因有两个。一是害怕引入问题，因为手工的软件发布过程很可能引入难以发现的人为错误，或者部署手册本身就隐藏着某个错误。二是担心由于发布过程中的一个问题或新版本的某个缺陷，使你原来承诺的发布失败。无论是哪种情况，你的唯一希望就是足够聪明且非常迅速地解决这个问题。

我们可以通过每天练习发布多次来证明自动化部署系统是可以工作的，这样就可以缓解第一种问题。对于第二个问题，可以准备一个撤销策略。最糟的情况也就是回滚到发布之前的状态，这样你就有足够的时间评估刚发现的问题，并找到一个合理的解决方案。

通常，最好的撤销策略是在发布新版本时，让旧版本仍旧处于可用状态，并在发布后保持一段时间。这是我们将在第10章讨论的一些部署模式的基础。对于很简单的应用程序来说，这是可以做到的（忽略数据和配置信息的迁移），只要把每个版本都放在一个单独的目标中，再使用符号链接指向当前版本就行了。最复杂的情况就是在部署和撤销中涉及生产数据的迁移。我们将在第12章详细讨论。

另一种比较好的撤销策略是从头开始重新部署旧版本。为此，与部署流水线中的其他环境一样，我们就应当能通过单击按钮的方式来发布已通过所有测试阶段的任意一个版本。某些软件完全可以达到这种理想状态，甚至那些数据量相当大的系统也可以做到这一点，而对另外一些系统来说，即使不差钱儿，对于某些个别的变更，提供这种具有版本无关性的撤销也是相当耗时的。无论怎样，有目标、有理想总是好的，因为它为每个项目都设定了一个努力方向。即使在某些方面做得不够好，但你的方法越接近这种理想状态，部署就会越容易。

撤销流程绝不应该与部署流程、增量部署流程或回滚流程有什么不同。然而，这些流程可能很少被测试，所以也就不可靠。而且，这些流程也很少基于某个已知良好的版本基线，所以也就比较脆弱。因此，一定要让旧版本保持同步运行一段时间，或者在必要时完全重新部署某个已知良好的旧版本。

5.7.3 在成功的基础上构建

当一个候选发布版本能够部署到生产环境时，我们就确信：
- 代码可以编译；
- 代码能够按开发人员的预期运行，因为它通过了单元测试；
- 系统能够满足分析人员或用户预期，因为它通过了所有的验收测试；
- 基础设施的配置和基线环境被恰当地管理了，因为应用程序在模拟的生产环境上通过了测试；
- 系统所有的正确组件都就绪了，因为它是可以部署的；
- 部署脚本也是可以工作的，因为在该版本到这一阶段之前，部署脚本至少在开发环境中用过一次，在验收测试阶段用过一次，在测试环境中用过一次；
- 我们需要部署的所有内容都在版本控制库中，而且不需要手工干预，因为我们已经部署这个系统好几次了。

这种"在成功的基础上构建"的方法，完全符合我们常挂在嘴边的口头禅"尽快让这个流程或其任何环节失败"，这在任何层次都是有用的。

5.8 实现一个部署流水线

无论是从零创建新项目，还是想为已有的系统创建一个自动化的流水线，通常都应该使用增量方法来实现部署流水线。接下来，我们将描述如何从无到有，建立一个完整流水线的策略。一般来说，步骤是这样的：
- 对价值流建模，并创建一个可工作的简单框架；
- 将构建和部署流程自动化；
- 将单元测试和代码分析自动化；
- 将验收测试自动化；
- 将发布自动化。

5.8.1 对价值流进行建模并创建简单的可工作框架

正如本章开始所描述的，第一步就是画出从提交到发布整个过程的价值流图。如果项目已经建好并开始运行，你在半个小时内就能画完。然后和参与其中的每个人聊一下，记录下流程中的每个步骤，包括对经历时间（elapsed time）和增值时间（value-added time）的最佳估计值。如果是还没有启动的新项目，就要先设计一个合适的价值流，可以在同一组织中找个与你的项目相似的项目，思考它的价值流，也可以从最简单的价值流开始，即第一个阶段是提交阶段，用来构建应用程序并运行基本的度量和单元测试，第二个阶段用来运行验收测试，第三个阶段用来向类生产环境部署应用，以便用它来做演示。

第 5 章　部署流水线解析

一旦有了价值流图，就可以用持续集成和发布管理工具对流程建模了。如果所用工具不支持直接对价值流建模的话，可以使用"项目[①]间依赖"来模拟它。首先，这些项目应该什么也不做，而只是作为可以被依次触发的占位符。如果是使用"最简单模型"，每当有人提交代码到版本控制系统时，就应该触发提交阶段。当提交阶段通过以后，验收测试阶段就应该被自动触发，并使用提交阶段刚刚创建的二进制包。为手工测试或发布应用而向类生产环境部署二进制包的阶段，都应该会要求你具有通过单击按钮来选择到底部署哪个版本的能力，而这种能力通常都需要授权。

接下来，就让这些占位符真正做些事情。假如项目已经全面展开，那么把已有的构建、测试和部署脚本放进去就可以了。如果还没有的话，就先创建一个"从头到尾的轮廓"[bEUuac]，即用最少的工作量将所有的关键元素准备就绪。首先是提交阶段。如果还没有开始写代码和单元测试的话，就写一个最简单的"Hello world"示例（如果是 Web 应用，写个 HTML 页面就行），再写个单元测试，而这个测试只是"`assert(true)`"。其次，完成部署，比如在 IIS 上建立一个虚拟目标，将你的网页放进去。最后，进行验收测试。注意，要在完成部署阶段后再做验收测试。因为只有部署应用后才能做验收测试。对于 Web 应用，验收测试可以使用 WebDriver 或 Sahi 来验证网页中是否包括文字"Hello world"。

对于一个新项目，上述内容都应在开发工作正式开始之前完成，如果是迭代开发的话，这是迭代 0（iteration zero）中的工作内容。另外，系统管理员或运维人员也应该参与到建立演示用的类生产环境和开发部署脚本的活动中。在下面的几节中，我们会更详细地讲述如何创建简单的可工作框架，并随着项目的进行而不断开发。

5.8.2　构建和部署过程的自动化

实现部署流水线的第一步是将构建和部署流程自动化。构建过程的输入是源代码，输出结果是二进制包。"二进制包"是我们故意含糊使用的一个词，因为由于所用开发技术的不同，构建过程的输出也不相同。在这里，二进制包的关键特征是"你能将它复制到一台新机器上（上面没有 IDE 等开发工具集），只要环境配置正确，且又有应用在该环境中所需的正确配置信息，它就可以启动并运行了，而不必依赖于在这台机器上安装的开发工具链的任何部分。

每当有人提交后，持续集成服务器就应执行构建——使用 3.2 节所列出的某个工具。持续集成服务器应该监视版本控制系统，每当发现有新提交的代码时，就签出或更新源代码，运行自动化构建流程，并将生成的二进制包放在文件系统的某个地方，使整个团队都能通过持续集成服务器的用户界面获取。

一旦持续构建流程建立并运行起来了，接下来就要做自动化部署了。首先，要找

[①] 这里所说的项目是指持续集成和发布管理工具中的项目，通常是一个测试套件的集合，比如 CruiseContorl 中的 project，或者是 Hudson 中的 Job。——译者注

到能够部署应用程序的机器。对于刚启动的新项目,用持续集成服务器所在的机器也行。如果项目已比较成熟,可能就需要找几台专用机器了。这些环境可以称作试运行环境或者用户验收测试(UAT)环境(这在各组织中的叫法不同)。无论怎样,这个环境应该与生产环境相似——如第10章所述,而且它的准备和维护工作都要用全部自动化的流程完成——如第11章所述。

部署自动化的几种常见方法在第6章有详细描述。部署活动可能包含:(1) 为应用程序打包,而如果应用程序的不同组件需要部署在不同的机器上,就要分别打包;(2) 安装和配置过程应该实现自动化;(3) 写自动化部署测试脚本来验证部署是否成功了。部署流程的可靠性是非常重要的,因为它是自动化验收测试的前提条件。

一旦将部署流程自动化后,接下来就要向UAT环境做一键式部署了。配置一下持续集成服务器,使你能自由挑选应用版本,并做到通过单击按钮来触发一个流程,即获取作为构建输出的二进制包,运行部署脚本,再运行部署测试。在开发构建和部署系统的过程中,一定要确保遵循前面说过的那些原则,如只生成一次二进制包,将配置信息与二进制包分离,以便在不同环境的部署中可以使用相同的二进制包。这能确保配置管理有一个健全的基础。

除非软件需要用户自行安装,否则发布流程应该与向测试环境部署的流程相同。即使有不同之处,也只能是环境配置信息不同而已。

5.8.3 自动化单元测试和代码分析

开发部署流水线的下一步就是实现全面的提交阶段,也就是运行单元测试、进行代码分析,并对每次提交都运行那些挑选出来的验收测试和集成测试。运行单元测试应该不需要太复杂的步骤,因为根据单元测试的定义,它并不需要运行整个应用程序,只需要运行在一个xUnit风格的单元测试框架上。

因为单元测试并不需要访问文件系统或数据库(与之对应的是组件测试),所以运行速度应该很快。这也是构建应用程序之后就直接运行单元测试的原因。与此同时,还可以运行一些静态分析工具,得到一些有用的分析数据,比如代码风格、代码覆盖率、圈复杂度、耦合度等。

随着应用软件不断变得复杂,你就需要写更多的单元测试和组件测试了。这些测试也应该出现在提交阶段。一旦提交阶段运行超过五分钟,就应把它们分成几份,以便并行执行。为了做到这一点,就需要多台测试机器(或者一台更强大的机器,它要有足够大的内存和更多的CPU),以及一个支持多任务并行管理的持续集成服务器。

5.8.4 自动化验收测试

流水线的验收测试阶段可以重用向测试环境部署的脚本。唯一的不同之处就是在冒烟测试之后,就要启动验收测试框架,并在结束之后,为进行分析收集所有的测试结果报告。另外,最好也保存一下应用程序的运行日志文件。如果应用程序有图形用户界面的话,也可以在验收测试运行时使用一个像Vnc2swf这样的软件来进行屏幕录像,这对于诊断问题比较有用。

验收测试可分为两种类型:功能测试和非功能测试。在项目初期就开始非功能需求测试(比如测试容量和可扩展性等)是非常关键的,这样你就能得到一些数据,用来分析当前的应用程序是否满足这些非功能需求。关于安装和部署,我们可以使用与功能验收测试同样的方法。但是,测试内容有所不同(关于如何创建这些测试请参见第9章)。刚开始时,你完全可以把验收测试和性能测试放在同一个阶段里接连运行。之后,为了能很容易知道哪类测试失败了,你可以再将它们分开。一套好的自动化验收测试会帮助你追查随机问题和难以重现的问题,如竞争条件、死锁,以及资源争夺。这些问题在应用发布之后,就很难再被发现。

当然,在部署流水线中,提交测试阶段和验收阶段需要运行哪些测试取决于你的测试策略(参见第4章)。在项目初期,应该至少有每种测试的一到两个测试可以自动化运行,并把它们放到部署流水线中。这样,初步框架就建好了,今后随着项目的进展,就比较容易增加测试了。

5.8.5 部署流水线的演进

我们发现,每个价值流图和流水线中几乎都有上面描述的步骤。通常这些是自动化的第一个目标。随着项目越来越复杂,价值流图也会演进。另外,对于流水线来说,还有两个常见的外延:组件和分支。大型应用程序最好由多个组件拼装而成。在这样的项目中,每个组件都应该有一个对应的"迷你流水线",然后再用一个流水线把所有组件拼装在一起,并运行整个验收测试集(包括自动化的非功能测试),然后再部署到测试环境、试运行环境和生产环境中。第13章会详细讨论这部分内容,而分支管理会在第14章讨论。

尽管每个项目流水线的实现技术或细节都会有很大不同,但对于大多数项目来说,每个阶段的目标都是一样的。把它作为一种模式使用的话,可以加速构建和部署流水线的创建。当然,部署流水线最终是为了对软件的构建、部署、测试和发布流程进行建模,并确保每次修改都能以一种尽可能自动化的方式走过整个流程。

当实现了部署流水线后,你会发现与相关人士的谈话以及效率的提高反过来又会对你的流程有影响。所以,一定要记住三件事。

首先,并不需要一次实现整个流水线,而应该是增量式实现。如果流程中有手工操作部分,就在流水线中为它创建一个占位符。当开始和结束手工任务时,确保部署流水线记录下这两个时间点,这样就可以看到每个手工过程消耗了多少时间,并估计到这一活动会在什么程度上成为流程中的瓶颈。

其次,部署流水线是构建、部署、测试和发布应用程序整个流程中有效的,也是最重要的统计数据来源。部署流水线应该记录流程的每次开始和结束时间,以及流程的每个阶段中到底修改了什么。之后，我们可以使用这些数据衡量从提交开始到将其部署到生产环境的周期时间，以及花在每个阶段上的时间（市场上的一些商业工具会帮你做这件事儿）。这样就可以看到整个流程的瓶颈在哪里，并根据优先级来解决它们。

最后，部署流水线是一个有生命的系统。随着不断改进交付流程，部署流水线也应该不断变化，加以改善和重构，就像改善和重构要交付的应用一样。

5.9 度量

反馈是所有软件交付流程的核心。改善反馈的最佳方法是缩短反馈周期，并让结果可视化。你应该持续度量，并把度量结果以一种让人无法回避的方式传播出去，比如使用张贴在墙上的海报或者用一个专门的计算机显示器以大号粗体字显示结果，这些设备就是信息辐射器。

然而，重要的问题是：度量什么？选择什么样的度量项对团队行为有很大的影响。（这就是所谓的霍桑效应。）如果度量代码行数，开发人员就会把每行代码都写得很短。如果度量被修复的缺陷数的话，那么即使是和开发人员讨论一下就能修复的缺陷，测试人员也会把它们记录下来。

根据精益思想，应该做整体优化，而不是局部优化。如果你花很多时间去解决某个瓶颈，而这个瓶颈在整个交付流程中并不是一个真正约束的话，整个交付流程并不会有什么根本性的变化。因此，应该对整个流程进行度量，从而判定这个交付流程作为一个整体是否存在问题。

对于软件交付过程来说，最重要的全局度量指标就是周期时间（cycle time）。它指的是从决定要做某个特性开始，直到把这个特性交付给用户的这段时间。正如Mary Poppendieck所问的那样："你所在的组织中，如果仅仅修改一行代码，需要多长时间才能把它部署到生产环境中？你们是否以一种可重复且可靠的方式做这类事情？"①这个指标很难度量，因为它涉及软件交付过程中的很多环节（从分析到开发，直至发布）。然而，这个指标比其他任何度量项都更能反映软件交付过程的真实情况。

可惜的是，很多项目会错误地选择其他度量项作为主要度量指标。非常看重质量的项目会选择度量有多少缺陷，可它是一个辅助度量项。如果使用该度量项的团队发现了某个缺陷，但为了修复它，需要花六个月的时间，那么知道有这个缺陷的意义又会有多大呢？致力于缩短周期时间会鼓励大家使用提升质量的一些实践，比如每次提交都运行全面的自动化测试套件。

部署流水线实现得好的话，就应该能根据从提交到发布这段价值流图轻松地计算出周期时间，而且可以看到从提交到每个阶段的时间。这样，你就能发现瓶颈了。

---

① 参见*Implementing Lean Software Development*一书。

一旦知道了应用程序的周期时间，就能找到最佳办法来缩短它。你可以利用约束理论，按照下面的流程来做优化。

(1) 识别系统中的约束，也就是构建、测试、部署和发布这个流程中的瓶颈。随便举个例子，比如手工测试部分。

(2) 确保供应，即确保最大限度地提高流程中这部分的产出。在我们的例子中（手工测试），就是保证总是有用户故事在等待手工测试，并确保手工测试所需的资源不会被其他工作占用。

(3) 根据这一约束调整其他环节的产出，即其他资源都不会100%满负荷工作。比如，开发人员全力开发用户故事时，等待测试的用户故事会越积越多。因此，只要开发人员开发用户故事的速度能及时供应手工测试就可以了，其他时间他们可以写些自动化测试来捕获缺陷，这样测试人员就不需要在手工测试上花太长时间了。

(4) 为约束环节扩容。如果周期时间还是太长（换句话说，第(2)步和第(3)步都没有什么太多的帮助），就要向该瓶颈环节增加资源了，比如聘用更多的测试人员，或者在自动化测试方面投入更多的精力。

(5) 理顺约束环节并重复上述步骤，即在系统中找到下一个约束，并重复第(1)步。

尽管周期时间是软件交付中最重要的度量项，但还有一些其他度量项可以对问题起到警报作用。这些度量项如下所示。

- 自动化测试覆盖率。
- 代码库的某些特征，比如重复代码量、圈复杂度、输入耦合度、输出耦合度、代码风格问题等。
- 缺陷的数量。
- 交付速度，即团队交付可工作、已测试过并可以使用的代码的速率。
- 每天提交到版本控制库的次数。
- 每天构建的次数。
- 每天构建失败的次数。
- 每次构建所花的时间，包括自动化测试的时间。

如何呈献这些度量项是值得斟酌的。上面这些报告会产生很多数据，而如何解析这些数据就是一门艺术。比如程序经理可能想在一个项目健康报告中以非常简单的红黄绿交通信号灯方式看到已分析的聚合数据，而不是看到一页又一页的报告。相比之下，一个团队中资深的软件工程师会希望看到更详细的情况，但也不会乐意查看多页的报告。我们的同事Julias Shaw创建了一个叫做Panopticode的项目，可以在Java代码上运行一系列这样的报告，生成丰富的密集的可视化报告（如图5-8所示），使你一眼就能知道代码库是否存在问题，以及问题在哪儿。我们所要强调的是，一定要创建一个聚合所有信息，并且人脑可以直接通过其无比的模式匹配能力识别流程或代码库中问题的可视化报告。

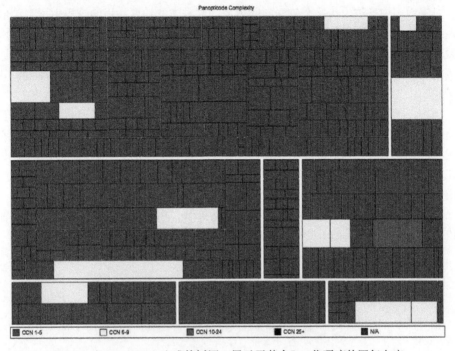

图5-8　由Panopticode生成的树图，展示了某个Java代码库的圈复杂度

每个团队的持续集成服务器在每次提交后都应该能够产生这样的报告和可视化效果，并将报告保存起来，以便今后对照某一数据库中的这些数据，对每个团队进行追踪分析。这些结果数据应该发布到一个内部网站上，用不同页面分别显示一个特定项目的数据信息。最后，把它们聚合在一起，这样就可以在整个开发过程，甚至整个组织的所有项目中追踪监控这些数据。

5.10　小结

部署流水线的目的是，让软件交付过程中的每个人都能够看到每个构建版本从提交到发布的整个过程。大家应该能够看到哪次修改破坏了应用程序，哪次修改可以作为候选发布版本进入到手工测试环节或发布环节。它应该能够支持人们执行到手工测试环境的一键式部署，并使大家能了解当前每个环境中运行的应用程序究竟是哪个版本，还能够支持一键式发布选定的某个版本，并清楚地标识出这一候选发布版本已成功通过整个流水线，并在类生产环境中经历了一连串的自动化测试和手工测试。

一旦有了部署流水线，发布流程中的低效环节就会显而易见。所有需要的信息都可从这个部署流水线上获取，比如一个候选发布版本需要多长时间能够通过各种手工测试阶段，从提交到发布的平均时间是多长，流程中每个阶段发现了多少缺陷。一旦掌握了这些信息，就可以优化软件的构建和发布流程了。

第 5 章　部署流水线解析

对于实现部署流水线这个复杂问题来说，没有万能钥匙一样的解决方案。关键还是在于创建一个记录系统，用来管理从提交到发布的任何变更，为你提供在流程中尽早发现问题所需要的信息。部署流水线可以帮助消除流程中的低效环节，这样可让反馈周期更短并更有效。这样做的途径有多种，比如添加更多的自动化验收测试，并行执行它们，或让测试环境与生产环境更相似，或者实现更好的配置管理流程等。

当然，部署流水线也依赖于一些基础设施，包括良好的配置管理，自动化的软件构建脚本和部署脚本，还要有自动化验收测试来验证软件会向用户交付价值。它还需要纪律性，比如确保只有通过了自动化构建、测试和部署的那些修改才能发布。我们会在第15章讨论这些前提条件和必要的纪律，其中有一个成熟度模型，用来评估持续集成、测试、数据管理等。

后面的几章会深入讲述实现部署流水线的细节，探讨在实现全生命周期的部署流水线过程中，我们常见的一些问题，并讨论可以采纳的技术。

第 6 章

构建与部署的脚本化

6.1 引言

对于非常简单的项目，我们使用IDE（Integrated Development Environment，集成开发环境）就可以进行软件的构建和测试。然而，这却只适合最简单的任务。只要项目所需人力超过两个人，或者需要个把月的开发时间，或者输出的可执行文件多过一个，若不想让它变得更复杂和难以处理，就需要施加更多的控制了。在大型或分布式团队（包括开源项目）里，使用脚本执行应用程序构建、测试和打包工作是必须的，否则团队的新成员就要花上几天的功夫才能熟悉项目。

第一步真的非常简单，现在几乎每种平台都可以在命令行中进行构建。Rails项目可以使用默认的Rake任务，.NET项目可以使用MSBuild，Java项目（如果设置正确的话）可以使用Ant、Maven、Buildr①或Gradle，而利用SCons，无需太多工作就能让那些简单的C/C++项目运行起来。这样开始做持续集成就简单了，只要让持续集成服务器运行这个命令创建二进制包就行了。另外，只要利用某个比较流行的测试框架，在很多平台上运行测试也相对简单。Rails用户，以及用Maven或Buildr的Java项目只要运行相关命令即可。.NET和C/C++用户需要先做一些复制和粘贴工作才行。然而，一旦项目变得复杂了，比如有多个组件或者不太常见的打包方式，你就需要撸起袖子，动手构建脚本了。

自动化部署则稍微麻烦一点儿。向测试环境和生产环境部署软件的过程不可能是"复制一个二进制文件到生产环境，然后就坐在那里等着就了事儿"那么简单。大多数情况下，它需要一系列的步骤，比如配置应用程序、初始化数据、配置基础设施、操作系统和中间件，以及安装所需的模拟外部系统等。项目越复杂，这样的步骤就越多，所需时间越长，而且（如果没有自动化的话）就越容易出错。

---

① 在写作本书时，Buildr还可以无缝地处理Scala、Groovy和Ruby。希望在你读到本书时，它能支持更多运行于JVM的语言。

除了那些最简单的情况以外，利用通用构建工具执行部署都会遇到很多麻烦。目标环境和所有中间件对于部署机制通常都会有一些约束。更为重要的是，应该由开发人员和运维人员共同决定怎么做自动化部署，因为这两个角色都需要了解这一技术。

本章是为了让你大致了解使用所有构建和部署工具的原则，给出实际工作所需的基础知识，并列出一些提示或小技巧，指出更多的信息。在这一章中，我们并不讲述如何使用脚本管理环境，这在第11章会讲到。我们不会给出代码示例和工具的详细说明，因为这些内容很快就会过时。你可以在本书的网站上找到更多关于工具的描述和一些示例脚本[dzMeNE]。

构建和部署系统必须一直保持活力，即这个系统不仅要从项目刚开始就开发，而且一直要持续到软件在生产环境中的维护阶段。一定要细心地设计和维护它，像对待其他源代码一样对待它，并定期使用，以便当我们需要时，可以确保它还能运行。

6.2 构建工具概览

自动化构建工具已经伴随着软件开发走过了很长一段路。很多人都会记得，作为曾经的标准构建工具，Make以及它的很多变种已用了很多年。所有构建工具都有一个共同的核心功能，即可以对依赖关系建模。在执行过程中，它能以正确的顺序执行一系列的任务，计算如何达到你所指定的目标，而且被依赖的任务也仅需要运行一次。例如，假如你想运行测试，就需要编译自己的代码和测试，并设置测试数据，以及编译与初始化环境相关的所有东西。图6-1显示了一个依赖网络的简单例子。

图6-1　一个简单的构建依赖关系图

构建工具能推算出它需要执行这个依赖网络中的每一个任务。它可能从初始化开始，也可能从设置测试数据开始，因为这两个任务是独立的。一旦初始化完成以后，就可以编译源代码和测试了，而且一定是两个任务都要做，并在运行测试之前准备测试数据。尽管很多个任务都依赖于初始化，但它只会运行一次。

一个值得注意的小地方是每个任务都包括两点内容，一是它做什么，二是它依赖于什么。在每个构建工具中都会对这两点进行建模。

然而，各构建工具的不同点在于它是任务导向的，还是产品导向的。任务导向的构建工具（比如Ant、NAnt和MSBuild）会依据一系列的任务描述依赖网络，而产品导向的工具，比如Make，是根据它们生成的产物（比如一个可执行文件）来描述。

乍看之下，这种区分显得有些学术气，但对于了解如何优化构建流程以确保其正确性来说，这一点是非常重要的。比如，一个构建工具必须要确保对于即定目标，每个先决条件必须只被执行一次。如果某个先决条件没有被执行，构建过程的结果就是不对的。可是，如果某个先决条件被执行了多次，最好的结果是花费较长的时间（假如这些先决条件是幂等的），而搞不好的话，构建结果是无法用的。

通常来说，构建工具会遍历整个网络，调用（但并不一定执行）每个任务。因此，在这个例子当中，我们假想的这个构建工具可能会调用"设置测试数据"、"初始化"、"编译源代码"、"初始化"、"编译测试"，然后是"运行测试"任务。在任务导向的工具中，每个任务都会知道它自己在构建过程中是否被运行过。所以，即使"初始化"任务被调用过两次，它也只会执行一次。

然而，在产品导向的工具中，它们是用一系列的文件建模的。例如，在本例中，"编译源代码"（compile source）和"编译测试"（compile test）的目标是分别在一个文件中包含所有编译过的代码，我们暂且把这两个文件叫做source.so和tests.so。相应地，"运行测试"（Run test）可能会生成一个叫做testreports.zip的文件。一个产品导向的构建系统会确保在运行"编译源代码"和"编译测试"之后再调用"运行测试"，但是只有当这两个.so文件的时间戳晚于testreports.zip时，才会执行"运行测试"。

因此，面向产品的构建工具将状态以时间戳的形式保存在每个任务执行后生成的文件中（SCons使用MD5签名）。这在编译C或C++程序时非常好，因为Make会保证只编译那些自上次构建后发生过修改的源代码文件。在大型项目中，这种特性（称为增量式构建）会比全量构建节省数小时。在C/C++项目中，通常编译会花较长的时间，因为编译器会做很多优化代码的工作。对于运行于虚拟机上的语言来说，编译器只创建字节码就行了，虚拟机运行时（JIT）编译器会在运行时进行这种优化。

相反，任务导向的构建工具在构建之间并不保存状态，这也削弱了它的能力，使之完全不适于C++编译。可是，对于C#这样的语言来说，这却不是什么问题，因为这些语言的编译器提供了用于执行增量构建的内建逻辑。[①]最后值得注意的是，Rake即可以被看做是产物导向的工具，也可以被看做是任务导向的工具。关于依赖网络的更多内容，请参见Martin Fowler写的"Domain-Specific Languages"[8ZKox1]。

---

① 在Java中，相应的事情就复杂了一点。在本书写作时，Sun的Javac编译器无法做增量构建（因此是Ant中的任务），但IBM的Jikes编译器却可以。然而，在Ant中的javac会做增量编译。

下面，我们简单总结一下当前流行的构建工具。本书网站[dzMeNE]上有很多使用这些技术的构建脚本的例子和参考。

6.2.1 Make

Make和它的变种仍旧活跃在系统开发领域。它是一种强大的产品导向的构建工具，能在单次构建中追踪依赖关系，还能只构建那些受到本次修改影响的组件。当编译时间在开发周期中是相当大的时间成本时，对于提升团队的开发效率来说，这一点就相当重要了。

然而，Make也有很多缺点。随着应用程序复杂程度和组件之间依赖关系的增加，这种复杂性会让Make变得越来越难以调试。

为了使这种复杂性更易控制，对于在庞大的代码库上工作的团队，一个常见的约定是在每个目录下创建一个Makefile，最上层的Makefile会递归调用每个子目录中的Makefile。这意味着构建信息和流程最终会触及很多文件。当有人提交修改给构建时，很难知道究竟改了什么，以及会对最终的交付物有什么样的影响。

在某些情况下，空白字符的影响非常大，所以很容易在Makefile中引入一些难以发现的缺陷。比如在一个命令脚本中，那些传给shell的命令必须有一个制表符在前面。如果相反地使用了空格，这个脚本就无法正常工作了。

Make的另一个缺点是，它依赖于shell做所有的事情。结果，Makefile就不得不与操作系统绑定在一起了。(的确，很多工作就由Make周边的一堆工具来承担，以便构建脚本可以在UNIX的多种变种系统中运行。) 由于Makefile是一种外部的DSL (Domain-Specific Language，领域特定语言)，并不提供对核心系统的扩展能力（除非定义新的规则）。在无法使用Make的内部数据结构的前提下，所有的扩展都必须重建公共解决方案。

由于Make程序本身所用的声明式编程模型并不为大多数开发人员（那些习惯于命令式编程的）所了解，这些问题就意味着在新开发的商业应用中，Make很少被用做主要的构建工具。

> "这是软件开发中让我不爽的事情之一。有时候在Make上花费的时间会让我感到吃惊。"——Mark Dominus, "Suffering from 'make install'" [dyGIMy]。

现在很多C/C++的项目中，开发人员更倾向于使用SCons，而不是Make。SCons本身和它的构建文件都是用Python写的，这让它成为了比Make更强大和更适用的工具。它有很多非常有用的特性，比如支持Windows和并行构建。

6.2.2 Ant

随着Java的出现，开始有更多的跨平台开发项目。Make固有的局限性越来越成问题，而Java社区也先后经历了几种解决方案，先是将Make本身移到Java上。与此同时，

XML作为构建结构化文档的方便方法开始崭露头角。二者的融合就产生了Apache的构建工具Ant。

由于完全跨平台的特点，Ant包含一系列用Java写的任务，可用来执行常见的操作，如编译和文件系统操作。Ant也很容易使用Java来扩展一些新的任务。Ant很快成了Java项目构建工作的事实标准。现在很多IDE和其他工具都支持Ant。

Ant是一个任务导向的构建工具。Ant的运行时组件也是用Java写的，但Ant脚本是用XML书写的一种外部DSL。这种结合使Ant具有了强大的跨平台能力。它也是极其灵活和强大的系统，因为Ant的任务几乎可以让你做任何想做的事情。

然而，Ant也有几个缺点。
- 你要用XML写构建脚本，可XML的脚本既不简洁，又不易阅读。
- Ant是一个贫血领域模型。任务上没有真正的领域概念，所以要花大量的时间为编译、生成Jar、运行测试等编写样板文件。
- Ant是声明式语言，而非命令式语言，但提供了少量的命令式标签（比如糟糕可怕的`<antcall>`）给用户使用。
- 关于Ant 任务，它没法回答类似下面这样的问题，比如"运行了多少个测试"和"它们花了多长时间"。你能做的就是找一个工具把这些信息输出到命令行窗口中，然后对其进行解析，或者写一些Java代码做个钩子，放在Ant中。
- 尽管Ant通过`import`和`macrode`任务支持重用，但对新手用户来说，它们很难理解。

由于这些局限性，Ant文件会很长，也很难重构（数千行的Ant文件很常见）。当使用Ant时，非常值得一读的文章就是ThoughtWorks公司的咨询师Julian Simpson写的"Refactoring Ant Build Files"，它发表在了ThoughtWorks文集《软件开发沉思录》中。

6.2.3　NAnt 与 MSBuild

当初Microsoft引入.NET 框架时，很多特性与Java语言和环境中的一样，Java开发人员很快就可以将他们喜欢的开源Java工具移植到其上。所以你看到了NUnit和NMock，以及NAnt（这是意料之中的），而不是JUnit和JMock。NAnt使用了和Ant同样的语法，只有少许不同。

Microsoft后来在NAnt上引入了少量变化，并形成了一个变体——MSBuild。作为Ant和NAnt的直接后裔，MSBuild很容易令使用过Ant和NAnt的用户上手。然而，它与Visual Studio结合更紧密，知道如何构建Visual Studio上的解决方案和项目，以及如何管理依赖（所以，NAnt的脚本常常调用MSBuild来做编译）。尽管有些用户抱怨MSBuild的灵活性不如NAnt，但它更新比较快，而且是.NET框架中的一部分，所以是NAnt的有力对手。

它们两个的缺点基本与Ant的缺点一样。

6.2.4 Maven

在相当长的一段时间里，Ant在Java社区是老大，但创新的脚步却没有停止。Maven通过为Java项目的代码组织结构定义一些假设前提，形成一个比较复杂的模型，试图以此消除Ant文件中大量的样板文件。这种流行的"惯例胜于配置"（convention over configuration）的原则意味着，只要项目按Maven指定的方式进行组织，它就几乎能用一条命令执行所有的构建、部署、测试和发布任务，却不用写很多行的XML。这包括为项目创建网站，用来默认宿主应用软件的所有Javadoc。

Maven另一个重要的特性是，它能自动管理Java库和项目间的依赖，而这正是大型Java项目的一个痛点。Maven还支持一种复杂且严格的软件分区方案，使你能将复杂的解决方案分解成较小的组件。

Maven的问题有三个。首先，如果项目没有按Maven规定的结构和生命周期来组织的话，你很难（甚至不可能）使用Maven。当然，在一些组织中，这也可能被认为是一种特点，它迫使开发团队根据Maven的规范组织项目结构。对于缺乏开发经验或有很多项目的组织，这是一件好事，但如果想要做一些"打破常规"的事（比如在执行测试之前加载一些定制测试数据），你就要颠覆Maven的生命周期和领域模型，而这个过程相当痛苦，而且难以维护，但通常是不可避免的。Ant比Maven灵活得多。

Maven的第二个问题是，它也需要用XML写的外部DSL。也就是说，为了扩展它，你要写代码。尽管写Maven插件并不很复杂，但绝对不可能在几分钟之内搞定。你要学习Mojos、插件描述符，以及Maven所用的控制反转（inversion-of-control）框架。幸运的是，Maven有很多插件，对于一般的Java项目，你几乎能找到所有想要的插件。

Maven的第三个问题是，在默认配置中，它是自更新的。Maven的内核非常小，为了让自己能够工作，它要从因特网上下载它自己的插件。Maven每次运行时都会尝试更新自己，而这种插件的自动升降级有可能导致不可预期的失败。更严重的结果是，你很可能无法重现某次构建。与之相关的一个问题是，Maven的库和依赖管理功能允许在多个项目之间使用组件的快照。如果使用这种快照依赖的话，就更难重现某次构建了。

对于某些团队来说，Maven的约束可能过于严格了，或者需要很多精力才能将项目整理成符合Maven的规定的结构。所以，他们宁可使用Ant。最近，出现了叫做Ivy的工具，它可以在多个组件之间管理库文件和依赖，而不需要使用Maven。将它与Ant结合使用，在某种程度上，可以得到与使用Maven一样的效果。

值得注意的是，尽管Ivy和Maven在组件间管理依赖的能力很强，但其管理外部依赖（从Maven社区维护的因特网仓库中下载它们）的默认机制并不总是最好的选择。在做第一次构建时，你要等上一段时间，因为Maven要从网上下载依赖。更大的问题是，除非你严格指定使用哪个版本的依赖库，否则Maven会在你不知情的时候更新某个库的版本，结果可能导致菱形（diamond）依赖问题和损坏。

关于如何管理库文件和组件间依赖，请参见第13章。

6.2.5 Rake

对于软件构建来说，Ant和它的兄弟都是外部的领域特定语言（DSL）。可是XML令这些语言很难编写、阅读、维护和扩展。主流的Ruby构建工具Rake作为一个试验品出现了，它是否能够通过在Ruby中创建内部DSL来轻松完成Make的相应功能呢？答案是肯定的。Rake和Make一样是产品导向的工具，但也可以用作任务导向的工具。

像Make一样，Rake只能理解任务和依赖。然而，由于Rake脚本是纯Ruby的，所以你可以用Ruby的API来执行任何任务。因此，用Rake可以轻松写出强大且与平台无关的构建文件，因为你能使用通用编程语言的所有本地化功能。

当然，使用通用语言意味着在维护构建脚本时，你能利用在正常开发中所用的任何工具。你能对构建脚本进行重构或模块化，还能使用普通的开发环境。使用标准的Ruby调试器可以直接调试Rake。如果在执行Rake的构建脚本时遇到了问题，你还能通过栈信息找到问题所在。而且，在Ruby中类是对扩展开放的，因此为了调试可以通过构建脚本向Rake的类中增加方法。对于Rake还有其他很多有用的技术，它们在Martin Fowler的博文"Using the Rake Build Language"［9lfL15］中都有描述。

尽管Rake是Ruby程序员开发的，并被广泛地用于Ruby项目，但这并不意味着它无法用在使用其他技术的项目上。（比如Albacore项目提供了一套Rake任务来构建.NET系统。）Rake是一种通用的构建脚本工具。当然，这需要团队掌握一些Ruby的基本编程能力，但Ant和NAnt也同样需要基本编程能力。

Rake也有两个不便之处：首先，要确保在你的平台上装有适当的Ruby运行时环境（作为最方便最可靠的平台，JRuby势头强劲）；其次，要组合使用RubyGems。

6.2.6 Buildr

Rake的简单和强大令"构建脚本应该用一个真正的编程语言编写"有了一个令人信服的理由。新一代构建工具，比如Buildr、Gradle和Gantt都使用了这种方式。它们都以内部DSL的形式构建软件。然而，它们试图让复杂的依赖管理和多项目构建变得简单。我们接下来详细讨论Buildr，因为它是我们最熟悉的工具之一。

Buildr建立在Rake之上，所以Rake可以做的事情，它都能做。然而，它也是Maven的简易替换，因为它也用和Maven一样的惯例，包括文件系统布局、产物规范（artifact specification）和仓库。你还可以使用Ant的任务（包括定制的任务在内），却无需配置。它利用Rake的产品为导向的架构做增量构建。令人惊讶的是，它比Maven快。可与Maven不同，定制任务或创建新的任务是极其容易的。

如果刚开始一个Java项目，或是想找Ant或Maven的替代品，我们强烈推荐Buildr，如果你喜欢Groovy中的DSL，就用Gradle吧。

6.2.7 Psake

Windows用户也不用错过内部DSL构建工具的大潮。Psake（发音是"saké"）是用

PowerShell写的内部DSL，提供了面向任务的依赖网格。

6.3 构建部署脚本化的原则与实践

在本节中，我们会列出构建部署脚本化时所要遵循的原则与实践，无论你使用哪种技术它们都是适用的。

6.3.1 为部署流水线的每个阶段创建脚本

我们是DDD①（Domain-Driven Design，领域驱动设计）的忠实粉丝，所以，在我们设计的任何软件中都会使用这一技术，对于设计构建脚本也不例外。如果想让构建脚本的结构清晰地表达构建流程，这可能有点儿不切实际。使用这种方法，我们可以确保在维护构建部署系统和最小化组件间依赖的过程中，还能令脚本具有良好的结构。幸运的是，部署流水线提供了一种优秀的组织原则，可使构建脚本间的职责清晰明确。

当项目刚开始时，可以将部署流水线中的每个操作都放在同一个脚本文件中，即使是那些还没有被自动化的步骤，也可以有对应的哑操作。但是，一旦脚本变得太长，就要将它们分成独立的脚本，让部署流水线中的每个阶段分别使用单独的脚本。这样，一个提交阶段的脚本就可以完成编译、打包、运行提交测试套件和执行代码静态分析的工作。②功能验收测试脚本会调用部署工具，将应用程序部署到适当环境中，并准备相关数据，之后再运行验收测试。你还可再用一个脚本运行任何非功能测试，比如压力测试和安全测试。

　　确保将所有的脚本都放到版本控制库中，并且最好和源代码放在同一个版本控制库中。对于开发人员和运维人员来说，最关键的是要能够合作完成构建脚本和部署脚本，而想要做到这一点，就要把它们放在同一个仓库中。

6.3.2 使用恰当的技术部署应用程序

在典型的部署流水线里，提交阶段之后的大多数阶段（比如自动化的验收测试阶段和用户验收测试阶段）都需要把应用程序部署到类生产环境中，所以部署自动化也是非常关键的。然而，在做自动化部署工作时，应该使用恰当的工具，而不是通用脚本语言（除非部署流程十分简单）。几乎每种中间件都有相应的工具来配置和部署它，那就使用它们吧。比如，使用WebSphere应用服务器的话，你需要用Wsadmin工具来配置容器，并部署应用程序。

最重要的是，开发人员（至少可以在他们自己的开发机器上）、测试人员和运维人

---

① 出自Eric Evans的著作*Domain-Driven Design:Tackling Complexity in the Heart of Software*(2003)。
② 本书的网站[dzMeNE]上有一些提交脚本示例，它们是分别针对Ant、Maven、MSBuild和Psake写的。

员都要做应用程序的部署工作。因此，他们要共同判定如何部署应用程序。这件事也要在项目一开始就做。

> **运维人员和开发人员必须合作规划部署流程**
>
> 在某大型电信公司的一个项目中，开发人员创建了基于Ant的部署系统，在本地部署应用程序。然而，当要把应用程序部署到与生产环境类似的UAT环境时，不仅开发人员的部署脚本无法工作，而且就连管理该环境的运维团队也拒绝使用它，因为他们不知道如何使用Ant。
>
> 这在一定程度上促使人们在该项目中特意组建了一个构建团队，旨在为向各种环境进行部署创建统一流程。这个团队必须与运维人员和开发人员紧密合作，创建一个二者都能接受的部署系统。最终，形成了一套Bash脚本（统称为"科南"部署器），通过远程方式连到应用服务器节点，用于重新配置Apache和WebLogic。
>
> 运维团队喜欢用"科南"部署产品将应用部署至生产环境，原因有两个。首先，他们参与了其开发过程。其次，他们看到整个部署流水线中都使用这个脚本部署应用程序到每个测试环境中，所以比较信任该脚本。

部署脚本应该能够完成应用程序的安装和升级任务。在部署之前，它要能够关闭当前运行的版本，而且既支持在当前的数据库上升级，又能够从头创建数据库。

6.3.3 使用同样的脚本向所有环境部署

正如5.3节所述，使用同样的流程部署应用程序到每个环境是非常必要的，这样就能确保构建和部署流程能经过有效测试。也就是说，"使用同样的脚本部署每个环境"和"环境配置信息的不同（比如服务URI或IP地址）"这两件事应该分开管理，即将配置信息从脚本中分离出来，并将其保存在版本控制库中，并用第2章所描述的一些机制让部署脚本去获得这些信息。

这里有两个关键点：(1) 构建和部署脚本在开发机器和类生产环境上都能运行；(2) 开发人员使用这些脚本进行所有的构建和部署活动。对于并行构建系统来说，很容易变成"只有开发人员使用这些脚本"，但这就丢失了可以令构建部署脚本保持灵活性、很好地被重构和测试的关键因素。如果应用程序还依赖于公司内部开发的其他组件，就要确保能很方便地将其正确版本（已知与我们的应用程序相匹配的版本）放到开发机器上，这时Maven和Ivy这样的工具就能够派上用场。

如果应用程序的部署架构比较复杂，就要做一些必要的简化工作，以便让它可以部署在开发人员的机器上。有时，这种事情的工作量会很大，比如在开发环境做部署时，可能会把Oracle数据集群替换成内存数据库。然而，这种代价是值得的。如果开发人员为了运行应用程序不得不依赖于共享资源，必然会导致执行频率下降，进而导致反馈周期变长，并进而导致更多的缺陷和更低的开发速度。问题不在于"我们怎么才能证明这些成本是值得的",而是在于"我们怎样才能证明,在'本地运行应用程序'这件事上,我们不需要投入。"

6.3.4 使用操作系统自带的包管理工具

在本书中我们使用"二进制包"指代部署过程中需要放在目标环境中的所有内容。大多数情况下,它是构建过程中产生的一堆文件,以及应用程序所需的库文件,可能还包括版本库中的某些静态文件。

可是,"将一堆文件分别部署到文件系统的不同位置"这种做法效率非常低,维护起来也非常麻烦,尤其是在升级、回滚和卸载时。这也是包管理工具出现的原因。如果只有一种目标操作系统,或者一组相似的操作系统,我们强烈推荐使用操作系统自身的包管理技术把需要部署的文件打包在一起。例如,Debian和Ubuntu都使用Debian的包管理系统,RedHat、SuSE和很多其他Linux发行版都使用RedHat包管理系统,Windows用户可以使用Microsoft Installer系统等。所有这些包管理系统都相对容易使用,并有很好的工具支持。

如果在部署过程中需要把文件放在多个文件夹中或向注册表中增加键,那么就用一个包管理系统完成这样的任务吧。这会带来很多好处,不但令应用程序的维护变得非常简单,而且在部署流程中就可以使用像Puppet、CfEngine和Marimba这样的环境管理工具。只要将包放到组织级的代码库中,让这些工具来安装正确版本的包就可以了,就像让它们安装Apache的正确版本一样。假如要把不同的文件安装到不同的机器上(比如当使用N层架构时),你就可为每一层或每一类机器分别创建一个安装包。对二进制文件进行打包的工作也应该是部署流水线中需要实现自动化的部分。

当然,并不是所有的部署都能用这种方式来管理。比如商业化中间件服务器就经常需要使用特定的工具来执行部署。此时,就必须使用混合方法了。准备好所有并不需要那些特定工具的东西,然后再使用这些特定工具执行部署过程的后续部分就行了。

你也可以用与具体开发平台相关的包管理系统,比如Ruby的Gems,Python的Eggs和Perl的CPAN等来分发应用程序。但是当为部署创建包时,我们倾向于使用操作系统的包管理系统。如果要把二进制包放在某种平台上,那么使用与该平台相关的工具也行,但需要注意的是,这些工具是由开发人员设计并为开发服务的,而不是为系统管理员定制的。大多数系统管理员并不喜欢这些工具,因为这些工具增加了一层管理,而且它们并不总是能与操作系统的包管理器融洽相处。如果要将纯Rails的应用部署到多种操作系统上,当然可以使用RubyGems打包。然而,如果可能的话,还是请尽量使用操作系统的标准包管理工具链。①

---

① CPAN是一种设计上比较好的平台包管理系统,用它可以自动地将Perl的模块(module)转化成一个RedHat包或Debian包。要是所有平台安装包的格式都设计成能自动转成系统安装包的格式,这种冲突就不会存在了。

6.3.5 确保部署流程是幂等的（Idempotent）

无论开始部署时目标环境处于何种状态，部署流程应该总是令目标环境达到同样（正确）的状态，并以之为结束点。

做到这一点的最简单方法就是，将已知状态良好的基线环境作为起点，要么是通过自动化，要么是通过虚拟化方式准备好的。这里所说的环境包括所有需要用到的中间件，以及让应用程序能正常工作的任何软硬件。然后，部署流程可以获取指定的应用程序版本，并使用（对于中间件来说）适当的部署工具将其部署到该环境中。

如果你的配置管理做得不够好，还无法满足这一要求的话，下一步最好把部署流程对该环境作出的那些前提假设验证一遍。如果这些假设不成立，就让部署失败。比如你可以验证一下适当的中间件是否已安装了，是否正在运行，是否为正确的版本。而且，无论如何，你都要验证一下该应用程序所依赖的外部服务是否也在运行并且为正确的版本。

如果应用程序通过了测试、构建，并已集成为一个整体的话，通常应该以部署单件的方式来部署它。也就是说，每次部署时都应该基于根据版本库中的某个单一修正版本生成的二进制包从头开始。对多层系统也是一样，比如同时开发了应用程序的表现层和应用层，那么当部署其中的某层组件时，就应该将任意一层上的组件都部署一次。

为了将变更最小化，很多组织坚持只部署那些发生过修改的组件。然而，我们很难回答"哪些东西发生了变更"这个问题，而且这一判断过程比从头开始部署更容易出错，也很难测试。当然，测试所有可能的变更组合是不可能的，所以如果某个没有想到的无法控制的情况恰恰在发布时发生了，就会使应用程序处于某种未知状态。

对于这一原则，也有一些例外情况。首先，对于集群系统来说，总是将整个集群系统同时重新部署就不可取，更多细节请参见10.4.4节。

其次，如果应用程序是由多个组件构成的，而这些组件来源于不同的源代码库，那么二进制包就由这些源代码库中的一系列修正版本（x、y、z……）来定义。此时，如果你知道仅有一个组件发生了变更，而且将要部署到生产环境的所有组件的组合都已经测试通过了的话，那么只部署这个发生变更的组件就行了。这里的关键区别在于从上一个状态更新到新状态的过程已被测试过。这一原则也适用于面向服务架构的服务部署上。

最后，还有一种方法，那就是使用效果幂等的工具进行部署。比如，无论目标目录中的文件处于什么状态，Rsync都会使用一种强大的算法，仅通过网络传输目标目录与源目录中不同的部分，确保某系统上的目标目录与另一个系统中的源目录是完全一样的。版本控制的目录更新也能达到相似的结果。第11章详细描述的Puppet会分析目标环境的配置，并只做必要的修改，使它满足指定的环境状态规范。BMC、惠普和IBM都有整套的商业化产品来管理部署和发布。

6.3.6 部署系统的增量式演进

每个人都能看到一个完全自动化的部署过程的魅力，即"单击按钮即可发布软件"。当某个大型企业应用系统以这种方式部署时，看起来就像变魔术一般。但魔术有一个问题，即从外部看会显得极为复杂。事实上，当你查看我们的部署系统时会发现，它只是由一组非常简单的、增量的步骤组成的复杂系统，而这些步骤也是随着项目的进行不断完善的。

我们想说的是，并不是完成所有的步骤之后才能获得价值。事实上，当你第一次写了一个脚本用于在本地的开发环境上部署应用程序，并将其分享给整个团队时，就已经节省了很多开发人员的时间。

我们可以从"运维团队与开发人员一起把将应用程序部署到某个测试环境的过程自动化"开始做起。另外，要确保运维人员能够接受部署所用的那些工具，还要确保开发人员能使用同样的流程在自己的开发环境中部署和运行应用程序。然后，再改进这些脚本，使其也能用于验收测试环境的部署。然后扩展这个部署流水线，使运维人员可以用同样的工具将应用程序部署到试运行环境和生产环境中。

6.4 面向 JVM 的应用程序的项目结构

尽管本书尽可能避免基于专属技术的讨论，但在这里，还是值得花一些笔墨来描述如何组织面向 JVM 的应用程序的项目结构。因为尽管有一些有用的惯例，但如果不使用 Maven[①] 的话，这些就只是惯例，而不是规定。如果开发人员能够遵守这些标准结构的话，生活会更美好一些。另外，花一点儿精力也可以将下面的知识用到其他技术平台上。尤其是对于 .NET 项目来说，可以卓有成效地使用完全相同的结构，只是要把 "/" 换成 "\"。[②]

项目结构

下面是 Maven 所用的项目结构，称为 Maven 标准目录结构。即使你没有使用（或不喜欢）Maven，它最重要的贡献之一就是引入了项目代码结构的标准惯例。

一个典型的源代码结构如下所示：

```
/[project-name]
  README.txt
  LICENSE.txt
  /src
    /main
```

[①] 它与 Rails 和 .Net 工具链不同。Rails 必须使用固定的目录结构，而 .NET 工具链也可以为你处理一些这方面的事情。

[②] 参见 Jean-Paul Boodhoo 的博客[ahdDZO]。

```
  /java        Java source code for your project
  /scala       If you use other languages, they go at the same level
  /resources   Resources for your project
  /filters     Resource filter files
  /assembly    Assembly descriptors
  /config      Configuration files
  /webapp      Web application resources
/test
  /java        Test sources
  /resources   Test resources
  /filters     Test resource filters
/site          Source for your project website
/doc           Any other documentation
/lib
  /runtime     Libraries your project needs at run time
  /test        Libraries required to run tests
  /build       Libraries required to build your project
```

如果你使用Maven子项目的话，应该知道每个子项目都在项目根目录的一个目录中，而其子目录也遵循Maven标准目录结构。值得注意的是lib目录并不是Maven的一部分，因为Maven会自动下载依赖并保存它们在由其管理的本地库中。可是如果你没有使用Maven，就最好将二进制包也作为源代码的一部分放在版本库中。

1. 源代码管理

请坚持遵循标准的Java实践，将文件放在以包名为目录名的目录中，每个文件保存一个类。Java编译器和所有时新的开发环境都会使用这种惯例，但仍有人会违反它。如果不遵循它或语言的其他惯例，有可能引入很难被发现的缺陷。而且，更严重的是，这会令项目变得更难维护，编译器会报告很多警告。基于同样的原因，我们应该遵循Java命名习惯，如包名用PascalCase方式，而类名使用camelCase方式。在代码提交阶段做代码分析时应利用一些开源工具（比如CheckStyle或FindBugs）来做检查，迫使大家遵循这些命名习惯。关于命名习惯，参见Sun的文档"Code Conventions for the Java Programming Language"[asKdH6]。

生成的任何配置或元数据（比如由annotations或XDoclet生成的那些）不应该放在src目录中，而应该放在target目录中，这样，当运行全量构建（clean build）时，它们可被删除。这样也会避免因失误把它们提交到版本控制库中。

2. 测试管理

请将所有要测试的源代码都放在test/[language]目录中。单元测试应该放在与包名相对应的目录中。也就是说，某个类的测试应该与该类放在同一个包中。[①]

其他类别的测试，比如验收测试、组件测试等可以放在其他各包中，比如com.mycompany.myproject.acceptance.ui、com.mycompany.myproject.acceptance.api、com.mycompany.myproject.integration。但人们通常会把它们也放在test这个目录之下。在构建脚本中，可以使用包名过滤确保不同类型的测试能被分开执行。有些人喜欢在test目录下为每类

---

① 测试文件放在test目录下的包目录中。——译者注

测试再创建一级目录,这只是个人喜好问题而已,因为IDE和构建工具都能很好地处理这两种结构。

3. 构建输出的管理

当用Maven做构建时,它把所有的东西都放在项目根目录中一个叫做target的文件夹中,包括生成的代码、元数据文件(如Hibernate映射文件)等。将这些内容放在一个单独的目录中能让我们更容易清除前一次构建结果,因为只要把整个目录删除就行了。不要把这个目录中的东西提交到版本控制库中,而如果打算把二进制文件提交到版本控制库中,请将它们先复制到另一个存储库中再提交。源控制系统应该忽略target目录。Maven在这个目录中如下创建文件:

```
/[project-name]
  /target
    /classes              Compiled classes
    /test-classes         Compiled test classes
    /surefire-reports     Test reports
```

如果你没有用Maven,可以在target目录下用一个名为reports的目录来保存测试报告。

构建系统最终应该生成JAR、WAR和EAR这种形式的二进制包,并将其放在制品库的target目录中。在开始时,每个项目都应该创建一个JAR文件。可是随着项目的演进,你有可能要为不同的组件创建不同的JAR文件(关于组件,参见第13章)。比如,你可以为系统中的大功能块(代表所有组件或服务)创建一个JAR文件。

无论使用什么样的策略,你都要记住,创建多个JAR文件的目的有两个:一是令应用程序的部署更简单;二是令构建流程更加高效,并将构建依赖图的复杂性最小化。这些是应用程序打包的指导方针。

除了将所有代码作为一个项目保存,并创建多个JAR文件外,还可以使用另外一种方式,即为每个组件或子项目分别创建项目。一旦项目达到一定规模,从长远来说,这样更容易维护。当然,某些IDE也支持代码库的导航。具体选择哪种方式,依赖于开发环境以及不同组件间代码的耦合程度。在构建过程中利用一个独立的步骤,将不同的JAR文件组合成应用程序,这会使打包方式更灵活。

4. 库文件管理

库文件的管理有几种不同的选择。一是完全交给工具来管理,比如Maven或Ivy工具。这时就不需要将库文件提交到版本控制库中,只需要声明一下项目中所依赖的库文件就可以了。另一个极端是把库文件(包括构建、测试和运行时必需的所有库文件)都提交到版本控制库中,最常见的做法是将它们放在项目根目录下的lib文件夹中。我们喜欢根据其用途,将这些库放在不同的目录中,比如构建时、测试时和运行时。

关于"如何保存构建时的依赖库(比如Ant这个工具本身也是一种依赖)"有一些争论。其实,这在很大程度上取决于项目的大小和持续时间。一方面,像编译器这样的工具或Ant的版本可能被用于构建很多不同的项目,因此把它们放在每个项目的版本控制库中是一种浪费。当然，这里也要有一些权衡。因为随着一个项目的不断演进，维护依赖库就会慢慢变成一个大问题。一个简单的解决方案是，在版本控制系统中，将大多数依赖库放在一个独立项目自己的独立版本库中。

一种比较高级的做法是建立组织级的第三方依赖库，将所有项目需要的所有依赖库文件都放在其中。Ivy和Maven都支持仓库自定义。在强调纪律的组织中，通常用这种方式。第13章会详细阐述这些方法。

作为部署流水线的一部分，你要确保应用程序所依赖的所有库文件都和应用程序的二进制包在一起打包，如6.3.4节所述。因为，Ivy和Maven通常是不会被安装到宿主生产环境的机器中的。

6.5 部署脚本化

环境管理的核心原则之一就是：对测试和生产环境的修改只能由自动化过程执行。也就是说，我们不应该手工远程登录到这些环境上执行部署工作，而应该将其完全脚本化。有三种方式执行脚本化的部署。首先，如果系统只运行在一台机器上，我们就可以写一个脚本，让它在那台机器上本地执行所有的部署活动。

然而，大多数情况下，部署都需要一定程度的编排，比如为了执行某个部署任务，需要在不同的计算机上运行多个脚本。这时，就要写一套部署脚本了（每个脚本对应整个部署流程中的一个独立部分），并应在所有必需的服务器上运行这些脚本，但这并不是说一个脚本要对应一台服务器。比如，有可能是一个脚本用于升级数据库，另一个脚本用于在每台应用服务器上部署一个新的二进制包，还有一个脚本用于升级该应用程序所依赖的某个服务。

有三种方法做远程部署。第一种方法就是写个脚本，让它登录到每台机器上，运行适当的命令集。第二种方法是写个本地运行的脚本，在每台远程机器上安装一个代理（agent），由代理在其宿主机上本地运行该脚本。第三种方法就是利用操作系统自身的包管理技术打包应用程序，然后利用一些基础设施管理或部署工具拿到新版本，运行必要的工具来初始化你的中间件。第三种方式最为强大，理由如下。

- 像ControlTier和BMC BladeLogic这类部署工具，以及像Marionette Collective、CfEngine和Puppet这样的基础设施管理工具都是声明式的而且是等效的，即使在部署时某些机器停机了，或者新增机器或VM时，它们都能确保将正确版本的二进制包安装到所有机器上。关于这些工具的更多信息，参见第11章。
- 你还可以使用同一套工具管理应用程序的部署以及基础设施。由于同一组人（运维团队）同时负责这两件事情，而这两件事情关系紧密，所以使用相同的工具就更有必要了。

如果你无法使用这种方法的话，使用支持代理模式的持续集成服务器（现代的持续集成服务器几乎都支持这种模式）会让第二种方式变得更简单。这种方法有以下几种好处。

- 你的工作更少。只要写一些本地运行的脚本，把它们提交到版本控制库中，让持续集成服务器在指定的远程机器上运行这些脚本就可以了。
- 持续集成服务器提供了管理任务（job）的整套基础设施，比如失败后重新执行，显示控制台输出，提供信息辐射显示板，让你能看到部署状态，以及每个环境中部署的版本号。
- 如果有安全性需求，可以让自己机器上的持续集成代理从持续集成服务器上得到部署所需的所有内容，而不必用脚本远程登录到测试或生产环境中。

最后，假如由于某种原因，你无法用上述任何一种工具的话，也完全可以从头到尾自己定制一个部署脚本。如果远程机器是UNIX，你可以使用原始的Scp或Rsync复制二进制包和数据，然后通过Ssh执行相关命令来进行部署。如果你使用Windows操作系统，也有两种选择：PsExec和PowerShell。当然，还有高层次的工具（如Fabric、Func和Capistrano等）让你绕过底层操作，直接将部署脚本化。

然而，无论你用持续集成系统，还是定制的脚本化部署，都无法处理某些情况，比如部署流程只执行了一半，或者刚向网格中增加了一个节点，需要环境准备和部署。基于这种原因，最好还是使用合适的部署工具。

这一领域的工具也在不断演进中。本书的网站[dzMeNE]上给出了使用这些工具的一些例子，如果新的工具出现，也会不断更新网站内容。

6.5.1 多层的部署和测试

对于软件交付或某个复杂系统的构建和部署，假如说有一个基础的核心原则的话，那就是应该总是把根基扎在已知状态良好的基础之上。我们不去测试那些没有编译成功的代码，也不会对没有通过提交测试的代码进行验收测试等。

当把候选版本发布到类生产环境中时更应该如此。在将应交付的二进制包复制到文件系统的某个正确位置之前，我们就要确保环境已经准备好了。为了做到这一点，我们喜欢把部署看做是一个层级沉积序列，如图6-2所示。

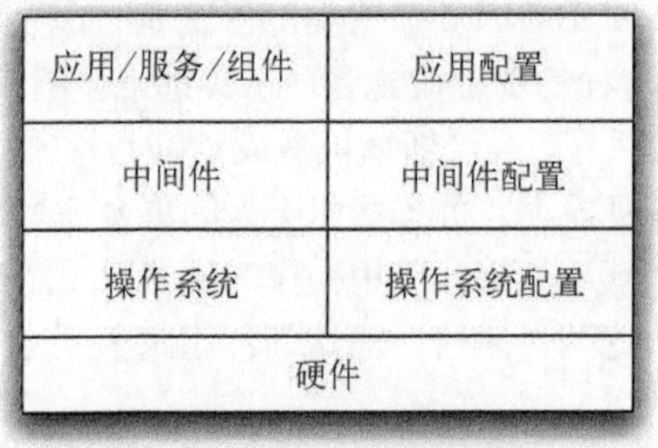

应用/服务/组件	应用配置
中间件	中间件配置
操作系统	操作系统配置
硬件	

图6-2　软件部署中的层级视图

底层是操作系统，然后是中间件和应用程序所依赖的其他软件。一旦这两层准备好了，就需要对其进行一些具体配置，为应用程序的部署做准备。只有这些都做完了，我们才能开始部署软件，这包括可部署的二进制包、所需要的服务或守护进程，以及其相关配置。

6.5.2 测试环境配置

任何一个层级的部署出错，都可能导致应用程序无法正常运行。所以，当准备每一层级时，都要对其进行测试（参见图6-3）。如果发现问题，就要让环境配置流程快速失败，而测试结果也应该给出清晰指示，指出错误出现在哪里。

图6-3 层级部署测试

这些测试不必非常详尽，它们只需要捕获常见错误或昂贵的潜在错误，应该只是一些非常简单的"冒烟测试"，断言某些关键资源是否存在。我们的测试目标是为"刚部署的层级是可以工作的"提供一定的信心指数。

你写的基础设施冒烟测试针对每个具体系统应该是各不相同的，但测试目标是一致的，即证明环境的配置与我们的期望相符。关于基础设施监控在11.9节有详细阐述。为了给读者一些感觉，下面列出了我们认为比较有用的测试示例：

- 确认能从数据库中拿到一条记录；
- 确认能连上网站；
- 断言消息代理中的已注册的消息集合是正确的；
- 透过防火墙发送几次"ping"命令，证明线路是通的，且各服务器之间提供了一个循环负荷分配。

对N层架构进行冒烟测试

我们曾经把.NET项目部署到多台服务器上。和很多其他.NET环境一样，当时有很多物理上的分层。该系统中，Web 服务被部署到了两台服务器上：一个数据库服务器和一个应用服务器。每个Web服务都在其他层的配置文件中保存了自己的端口和URI。诊断通信问题非常痛苦，如同大海捞针一样，想要找到问题在哪儿，就要检查每个信道终端的服务器日志。

> 我们写了一个简单的Ruby脚本，用于解析config.xml文件和找到并连接每个URI，最后再将结果输出到终端控制台上，如下所示：
>
> ```
> http://database.foo.com:3002/service1 OK
> http://database.foo.com:3003/service2 OK
> http://database.foo.com:3004/service3 Timeout
> http://database.foo.com:3003/service4 OK
> ```
>
> 这样诊断连接问题就非常简单了。

6.6 小贴士

在本节中，我们将列出常见构建和部署问题的一些解决方案和策略。

6.6.1 总是使用相对路径

构建中最常见的错误就是默认使用绝对路径。这会让构建流程和某台特定机器的配置形成强依赖，从而很难被用于配置和维护其他服务器。比如根本无法在同一台机器上签出同一项目的两个副本（但是，在很多情况下，这是一个非常有用的实践做法，比如对比调试或并行测试时）。

应该默认所有位置都使用相对路径。这样，构建的每个实例都是一个完整的自包含结构，你提交到版本控制库的镜像就会自然而然地确保将所有内容放在正确的位置上，并以其应有的方式运行。

当然偶尔也会使用绝对路径，这是很难完全避免的。但是，一定要尝试用一些更有创造力的方法尽量避免。如果不得不使用绝对路径的话，应该确保这一定是构建中的特例，而不是常规用法。确保把这些绝对路径放在属性文件或其他配置机制中，使其与构建系统相互独立。当然，有时绝对路径是必要的。比如，应用程序必须与某个第三方库集成，而它依赖于某个硬编码的路径。这时尽可能将这部分独立出来，不要让它影响构建系统的其他部分。

甚至在部署应用程序时，也可以避免绝对路径。对于软件安装来说，每种操作系统和应用程序栈都遵循某种惯例，比如UNIX的FHS（Filesystem Hierarchy Standard）。请使用系统的打包工具强制遵守这些惯例。如果必须安装到某个非标准位置，一定要在配置系统中为其设定一个配置项。可以把应用程序的所有路径都放在同一个根目录下，或者放在结构定义良好的多个目录（比如部署根目录、配置根目录等）中，这样只要覆写这些根目录就可以了。

关于部署时如何配置应用程序的更多信息，请参见第2章。

6.6.2 消除手工步骤

难以想象的是，现在还有很多人手工或通过图形用户界面工具来部署软件。对于很多组织来说，所谓的"构建脚本"仍旧是一个可打印出来的文档，上面写满了下面这样的执行步骤：

　　……

　　STEP 14　从光盘的E:\web_server\dlls目录下，将所有的DLL文件复制到新的虚拟目录中

　　STEP 15　打开一个命令行客户端，输入命令: regsvr webserver_main.dll

　　STEP 16　打开微软的IIS管理控制台，单击"Create New Application"（创建新应用）

　　……

这种部署是枯燥且易出错的。文档常常存在错误或过时，所以在生产环境中部署时，经常会有大量的演练成本。每次部署都各不相同，因为某个缺陷的修复或小的系统改动，可能只需对系统的个别部分进行重新部署。因此，对于每次发布来说，这个部署过程都必须修订一下。前面部署中留下来的知识和物件无法重用。对于部署执行人来说，每次部署都是对其记忆力以及对系统理解程度的考验，并且基本上都会出错。

那么，我们什么时候应该考虑将流程自动化呢？最简单的回答就是："当你需要做第二次的时候。"到第三次时就应该采取行动，通过自动化过程来完成这件工作了。这种细粒度的渐进方法，可以迅速建立起一个系统，将开发、构建、测试和部署过程中的可重复部分实现自动化。

6.6.3　从二进制包到版本控制库的内建可追溯性

能够确定"某个二进制包是由版本控制库中的哪个具体版本生成的"是非常必要的。假如在生产环境中出了问题，能够轻松确定机器上每个组件的版本号，以及它们的来源，你的生活会轻松很多。Bob Aiello写的 *Configuration Management Best Practices* 一书中有个很好的例子。

有很多办法可以做到这一点。在.NET平台上，你可以把已版本化的元数据放在程序集中（确保构建脚本总是这么做，而且要将版本控制库中的版本标识也放在其中）。JAR文件在MANIFEST中也包含有元数据，所以你可以做类似的事情。如果你使用的技术不支持将元数据构建进包的话，还可以使用另一种方法，即将构建流程生成的每个二进制包的MD5散列以及它的名字和版本标识符一起放在一个数据库中。这样你就可以使用二进制文件的MD5散列来确定它是什么以及它的来源了。

6.6.4　不要把二进制包作为构建的一部分放到版本控制库中

有时候，把二进制包或结果报告当做构建的一部分放到版本控制库中看起来是一个不错的主意。可是，一般来说，我们应该避免这种做法，原因如下。

首先，版本控制标识的最重要作用之一就是能够追踪到某次提交中修改了什么。通常我们会将一个版本控制ID与一个构建标签相关联，用于在各种环境中（直至生产环境）追踪每次变更。假如把构建生成的二进制包和结果报告也提交到版本控制库中，那么与版本标识对应的这些二进制包就会有属于它们自己的版本标识了，有时这会令人感到迷惑。

取而代之的是，我们可以把二进制包和结果报告放在一个共享的文件系统中存储。如果你把它们弄丢了或者需要重新生成它们的话，最好是从源代码中重新构建一份。假如你无法根据源代码重新构建出一份一模一样的副本，这说明你的配置管理没达到标准，需要加以改进。

一般的经验法则是不要将构建、测试和部署过程中生成的任何产物提交到版本控制库中，而要将这些产物作为元数据，与触发该次构建的版本的标识关联在一起。大多数时新的持续集成和发布管理服务器都有制品库和元数据管理功能，如果没有的话，你也可以使用像Maven、Ivy或Nexus这样的工具。

6.6.5 "test"不应该让构建失败

在某些构建系统中，一旦某个任务失败，便默认令本次构建立即失败。也就是说，假如你有一个"test"任务，如果在其运行时，任何测试失败了，整个构建就将立即失败。通常来说，这种做法是不好的。相反，应该将当前失败的任务记录下来，然后继续构建流程的后续部分。最后，在过程结束时，如果发现有任意一个任务失败了，就退出并返回一个失败码。

为什么要这么做呢？因为在很多项目中，有时会有很多个测试任务。比如提交测试套件就可能包括一套单元测试、一些集成测试，可能还有几个验收冒烟测试。如果先运行的单元测试失败了，并让本次构建失败的话，那么直到下一次提交时我们才有可能知道集成测试能否通过。这样会浪费更多的时间。

一个较好的实践是：假如有错误，就设置一个标志，当生成更多的结果报告或者更完整的测试集后再令构建失败。比如在NAnt和Ant中，测试任务就有一个`failure-property`属性来做这种事。

6.6.6 用集成冒烟测试来限制应用程序

交互设计师常常通过界面约束来避免那些未预期的用户输入。你可以使用同样的方式来限制应用程序，使得当程序本身发现自己处于非正常状态时，它就会停止运行。比如，可以在部署之前令部署脚本先检查一下是否被部署在了正确的机器上。对于测试和生产环境配置来说，这尤其重要。

几乎所有系统都会有定期执行的"批处理"任务。在会计系统中，有些组件每月只运行一次，有些则每个季度运行一次或一年一次。在这种情况下，一定要在软件安装时，让其验证一下自身的配置信息。你绝对不会想在新年第一天的凌晨三点钟还在调试和安装吧。

6.6.7 .NET 小贴士

.NET有其自身的特殊性，下面就列举一些需要注意的事。

在.NET里，解决方案和项目文件会包含对其真正要构建的那些文件的引用。如果某个文件没有被引用，它就不会被构建。也就是说，有可能一个文件已经不在解决方案中了，可仍旧存在于文件系统上。这会导致一些很难定位的问题，因为当看到这个文件时，有人会想知道这个文件究竟是干什么用的。把这种无用的文件删除，使项目更加干净是非常重要的。一个简单的方法就是在所有的解决方案中，打开"显示隐藏文件"功能，并留意没有图标的文件，看到时就把它从源控制系统中删除。

按理说，当你把它们从解决方案中删除时，它们就应该被自动从源控制系统中删除。可遗憾的是，大多数与Visual Studio集成的源代码控制集成工具都做不到这一点。尽管我们可以等着供应商来实现这个特性，但现在还是要自己来处理这个问题。

注意bin和obj这两个目录。确保你在解决方案中完全删除了所有的bin和obj目录，可以使用clean调用Devenv的`clean solution`命令做这件事儿。

6.7 小结

"脚本"这个术语被广泛应用，通常是指辅助我们进行构建、测试、部署和发布应用程序的所有自动化脚本。当你从部署流水线的最后环节来追溯这些脚本集时，它们看起来会相当复杂。然而，构建或部署脚本中的每个任务都非常简单，而流程本身也不太复杂。我们强烈建议你使用构建和部署流程作为组建该脚本集的一个指导。请以迭代的方式来识别最令你痛苦的步骤，并将其自动化，沿着部署流水线，逐步完善自动化构建和部署能力。请时刻牢记最终目标，即在开发、测试和生产环境中共享同一种部署机制，但不要过早地纠结于工具的创建。在制定和创建这些机制时，一定要运维人员和开发人员一起做。

现在，有很多技术可以用于将构建、测试和部署流程脚本化。随着PowerShell、IIS的脚本化接口和其他微软软件栈的到来，即使是Windows（历来对自动化支持不佳的平台）中也出现了一些极好的工具。我们在本章已经提到过一些最流行的工具，并提供了关于这些工具的一些参考资源。显然，在像我们这种通用性书籍中，对于这些工具，只能介绍一些基本知识。假如我们已经让你深入理解了构建脚本化，并使你了解到各种各样的可能性的话（更重要的是激发你走向自动化），我们的目的也就达到了。

最后，再重申一次，脚本应该是系统中的"一等公民"。这些脚本应该贯穿应用程序的整个生命周期。我们应该对这些脚本进行版本控制、维护、测试和重构，并且将其用作部署应用程序的唯一机制。很多团队把构建系统作为一种事后工作。我们常常看到,当进行系统设计时,构建和部署系统几乎总是考虑最少的。结果,这种维护不良的系统常常是对合理的可重复发布流程的一个阻碍,而不是其基石。交付团队的确应该花上一些时间和精力写正确的构建和部署脚本。这不是让团队中的实习生拿来练手的东西。花些时间,想一想你要达到的目标,好好设计一下构建和部署流程。

第 7 章

提 交 阶 段

7.1 引言

当更改项目状态（向版本控制库的一次提交）时，提交阶段就开始了。当它结束时，你要么得到失败报告，要么得到后续测试和发布阶段可用的二进制产物和可部署程序集，以及关于当前应用程序状态的报告。理想情况下，提交阶段的运行应该少于五分钟，一定不会超过十分钟。

从许多方面来看，提交阶段都是部署流水线的入口。它不但是候选发布版本的诞生地，也是很多团队实现部署流水线的起点。当团队使用持续集成时，就会创建这个流程中的提交阶段。

这是极其重要的第一步。提交阶段的使用能确保项目花费最少的时间做代码级别的集成。它能驱动一些好的设计实践，并且对代码质量和交付速度产生很大影响。

提交阶段也是应该开始构建部署流水线的起点。

在第3章和第5章中，我们已经简单地介绍了提交阶段，而本章将更详细地讨论如何创建有效的提交阶段和高效的提交测试。可能主要感兴趣的是开发人员，因为他们是从提交阶段得到反馈的主体。提交阶段如图7-1所示。

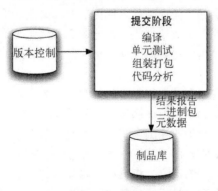

图7-1　提交阶段

第 7 章 提交阶段

在这儿提示一下提交阶段是怎样工作的。当某人向版本控制库的主干上提交了一次变更后，持续集成服务器会发现这次变更，并将代码签出，执行一系列的任务，包括：

- 编译（如果需要的话），并在集成后的源代码上运行提交测试；
- 创建能部署在所有环境中的二进制包（如果使用需要编译的语言，则包括编译和组装）；
- 执行必要的分析，检查代码库的健康状况；
- 创建部署流水线的后续阶段需要使用的其他产物（比如数据库迁移或测试数据）。

这些任务由持续集成服务器通过调用相应的构建脚本组织在一起。关于构建脚本化详见第6章。如果该阶段成功了，二进制包和结果报告就被保存在你的中央仓库中，以供交付团队和部署流水线的后续阶段使用。

对于开发人员来说，提交阶段是开发环节中最重要的一个反馈循环。它会为开发人员引入的最常见错误提供迅速反馈。提交阶段的结果是每个候选发布版本的生命周期中一个重大的事件。这一阶段的成功是唯一进入部署流水线，启动该软件交付流程的途径。

7.2 提交阶段的原则和实践

如果说部署流水线的目标之一是消除无法在生产环境运行的构建的话，那么提交阶段就是"门卫"。提交阶段的目标是在那些有问题的构建引起麻烦之前，就把它们拒之门外。提交阶段的首要目标是要么创建可部署的产物，要么快速失败并将失败原因通知给团队。

接下来，我们讨论建立高效提交阶段的原则和实践。

7.2.1 提供快速有用的反馈

提交测试的失败通常是由以下三个原因引起的：(1) 由于语法错误导致编译失败；(2) 由于语义错误导致一个或多个测试失败；(3) 由于应用程序的配置或环境方面（包括操作系统本身）的问题引起。无论是什么原因导致了失败，提交测试一结束，就要通知开发人员，并提供简明的失败原因报告，比如失败测试的列表、编译错误或其他错误清单。开发人员还应该可以很容易地拿到提交阶段运行时的控制台输出，即使提交阶段在多台机器上运行。

引入错误后，越早发现它，就越容易修复它。因为引入错误的人对其上下文的印象还比较深，而且找到错误原因的方法也比较简单。如果开发人员修改了一些内容并因此导致某个测试失败，而失败原因不是非常明显，最自然的做法就是查看从最后一次成功提交后到目前为止所有修改过的内容，来缩小搜查范围。

如果开发人员按照我们的建议，频繁提交修改的话，每次变更都会比较小。如果部署流水线能快速发现失败（最好是在提交阶段）的话，那变更的范围就仅限于该开发人员自己修改的代码。也就是说，修复那些在提交阶段发现的问题，要比修复那些由后续运行大量测试的阶段发现的问题简单得多。

因此，为了得到高效的部署流水线，我们要尽早捕获错误。在大多数项目中，我们实际上在提交阶段之前就开始做这些事儿了。比如充分利用新式开发环境，只要开发环境中发现编译警告（如果适用）或语法错误，就尽快修复它们。很多时新的持续集成服务器也提供称为预测试提交或试飞构建的功能，即在提交之前就运行一下提交测试。如果没有这样的环境或设备，在提交之前必须在本地运行一下编译和提交测试。

提交阶段是第一个将质量视角从个体开发人员扩大到更多人的正式步骤。提交阶段的第一件事儿就是把提交者的修改与主线合并，然后对集成后的应用程序执行某种自动化的"验证"。既然"尽早识别错误"是我们的目标，那么就要做到"有问题就尽早失败"，所以提交阶段要捕获开发人员引入到应用程序中的大多数错误。

在采纳持续集成实践的早期，常见的错误是对"有问题就尽早使之失败"只按字面理解，即一旦发现错误，就让构建立即失败。这基本上是正确的，但优化过了头儿。我们一般会把提交阶段分成一系列的任务（具体包括哪些任务就因项目而异了），比如编译、运行单元测试等。只有在某个错误让提交阶段的其他任务无法执行时，我们才会让提交阶段停下来，比如编译错误，否则就直至提交阶段全部运行完后，才汇总所有的错误和失败报告，以便可以一次性地修复它们。

7.2.2 何时令提交阶段失败

传统上讲，当出现下列任一情况时，提交阶段就应该失败，即出现编译错误、测试失败，或者环境问题，否则就应该让提交阶段成功通过并报告一切OK。但是，假如测试通过是由于仅执行了一小部分测试呢？如果代码质量不高呢？如果编译成功，但有很多编译警告，我们也能满足吗？一个绿色（表示成功通过）的提交阶段很容易变成一个假象，即看上去应用程序的质量是不错的，但事实却不是这样的。

关于"提交阶段只有成功和失败两种状态的限制是否太严格了"有很多争论。有人认为，在提交阶段结束时，应该提供更丰富的信息，比如关于代码覆盖率和其他度量项的一些图表。实际上，这些信息可以使用一系列阈值聚合成一个"交通灯信号"（红色、黄色、绿色），或者浮动的衡量标度。比如，当单元测试覆盖率低于60%就令提交阶段失败，但是如果它高于60%，低于80%的话，就令提交阶段成功通过，但显示成黄色。

可在现实中，我们从来没看到过这么复杂的东西，但曾经做过下面这样的事：写一个脚本，当某次构建的编译警告的数量比前一次增多或者没有减少时，就让提交阶段失败（这就是"渐进式"实践），如3.6.4节所述。当然，如果重复代码的数量超出了某个事先约定的限制，或者有关代码质量的其他度量项不符合约束条件时，就令提交阶段失败，这是完全可以接受的。

但要记住的是，我们的纪律是如果提交阶段失败，交付团队就要立即停下手上的工作，把它修复。如果全团队尚未就某个原因①达成一致意见，就不要让提交测试失败，否则大家会不拿失败当回事儿，而持续集成就渐渐会失去其应有的作用。我们强烈建议在提交阶段持续检查应用程序的质量，并在恰当的时候考虑加强代码质量的度量。

7.2.3 精心对待提交阶段

提交阶段中有构建用的脚本和运行单元测试、静态分析等的脚本。这些脚本需要小心维护，就像对待应用程序的其他部分一样。和其他所有软件系统一样如果构建脚本设计得很差，还没得到很好维护的话，那么保持它能够正常工作所需投入的精力会呈指数级增长。这相当于双重打击。一个较差的构建系统不但会把昂贵的开发资源从创造业务功能的工作中拖走，而且会令那些仍在创建业务功能的开发人员的工作效率降低。我们曾经见过几个项目因严重的构建问题导致停工。

随着项目的进行，要不断努力地改进提交阶段脚本的质量、设计和性能。一个高效、快速、可靠的提交阶段是提高团队生产效率的关键，所以只要花点儿时间和精力在这上面，让它处于良好的工作状态，就会很快收回这些投入成本。要想令提交阶段在较短时间内完成，并尽早捕获任何问题的话，就要有一些创造性，比如仔细地选择和设计测试用例。与应用程序的代码相比，若不太看重脚本，很快就会令脚本变得很难理解和维护。我记得有个项目的Ant脚本就有10 000行之多的XML文件。不用问，这个项目需要一个专职团队来保证构建脚本可以运行，完全是在浪费资源。

正如第6章所述，要确保将脚本做成模块化的。将那些经常使用但很少变化的常见任务与经常需要修改的任务（比如向代码库中增加模块）分开。将部署流水线中不同阶段所用的代码分别写在不同的脚本中。最重要的是，不要写出与具体环境相关的脚本，即要把具体环境配置与构建脚本分离。

7.2.4 让开发人员也拥有所有权

在某些组织中会有一支专家团队，团队成员都精通创建有效且模块化的构建流水线，并且擅长管理这些脚本的运行环境。本书的两位作者都曾经担当过这样的角色。但是，如果真的只有那些专家才有权维护持续集成系统的话，那就是一种失败的管理方式。

交付团队对提交阶段（也包括流水线基础设施的其他部分）拥有所有权是至关重要的，这与交付团队的工作和生产效率是紧密联系在一起的。如果你设置了人为障碍，使开发人员不能快速有效地作出修改，就会减缓他们的工作进程，并在其前进的道路上埋下地雷。

---

① 比如前面提到过的编译警告太多。——译者注

如果必要的话，即使是很普通的变更（比如增加新的库文件和配置文件等）也都应该由一起工作的开发人员和运维人员来执行。这类活动不应该由构建专家完成，除非是在项目初期团队刚开始建立构建脚本时。

不能低估专家们的专业知识，但他们的目标应该是建立并使用良好的结构、模式和技术，并将他们的知识传授给交付团队。一旦建立了这些基本规则，只有对脚本结构进行较大修改时才需要他们的专业知识，而日常构建维护工作不应该由他们来做。

对于非常大的项目，有时候会需要一个环境专家或构建专家全职投入。但是，根据我们的经验，最好还是把它看做是为了解决某个棘手问题的权宜之计，令开发人员和专家在一起工作，以便知识可以传递到交付团队。

开发人员和运维人员都必须要习惯构建系统的维护工作，而且要对其负责。

7.2.5 在超大项目团队中指定一个构建负责人

在小团队或只有二三十人的团队中，自组织就可以了。如果构建失败了，通常很容易在这种规模的团队中确定谁（一位或多位负责人）该负责修复它，如果他没进行修复的话则提醒一下他，如果他在进行修复，就帮他一下。

但在大团队中，这并不总是一件容易的事。此时，让某个（或多个）人扮演构建负责人的角色是必要的。他们不但要监督和指导对构建的维护，而且还要鼓励和加强构建纪律。如果构建失败，构建负责人要知会当事人并礼貌地（如果时间太长的话，不礼貌也没问题）提醒他们为团队修复失败的构建，否则就将他们的修改回滚。

这个角色能起作用的另一种情况是，当团队刚开始接触持续集成时。在这样的团队中，构建纪律还没有建立起来，有个人能不断提醒大家，会令事情走向正轨。

构建负责人不应该是由固定的人担任。团队成员应该轮流担当，比如每星期轮换一次。这个纪律不错，能让每个人都学到一些经验。无论怎么说，想一直做这项工作的人还是不多的。

7.3 提交阶段的结果

与部署流水线的所有阶段一样，提交阶段既有输入，也有输出。输入是源代码，输出是二进制包和报告。产生的报告包括测试结果（假如测试失败，这些结果是找出哪里出了错的重要信息）和代码库的分析报告。分析报告可能包括测试覆盖率、圈复杂度、复制/粘贴分析、输入和输出耦合度以及其他有助于建立健康代码库的度量项。提交阶段生成的二进制包应该在该部署流水线的实例中一直被重用，而且（如果可能）最后还会发布给用户。

制品库

提交阶段的输出（结果报告和二进制包）需要保存在某个地方，以便部署流水线的后续阶段能重用它们,并使团队也能使用它们。最容易想到的地方就是版本控制库,但它却不是一个正确的选择,因为这会让你的硬盘空间很快被吃掉,而且有些版本控制系统对二进制文件支持不佳。除此之外,还有几个理由。

- 制品库算是一个不同寻常的版本控制系统,它仅保存某些版本,而不是全部。如果候选发布版本在部署流水线的某个阶段失败了,就不再需要保留它了。如果有必要的话,我们完全可以将这类二进制包和报告从制品库中彻底删除。
- 还有一点也至关重要,那就是能够追溯已发布的软件究竟是由版本控制库中的哪个版本产生的。为了能够做到这一点,部署流水线的一个实例应该与版本控制库中触发它的那个版本相关联。作为部署流水线的一部分,我们已经把所有东西都提交到版本控制库了,而将更多修订版本与相应的流水线实践关联在一起会让这个流程更加复杂。
- 对于良好的配置管理策略,其标准之一就是二进制文件的创建过程应该是可重复的。也就是说,如果我不小心删除了二进制包,只要在同一个版本上再次触发提交阶段,就能再次得到一模一样的二进制包。在配置管理的范畴内,二进制包不那么重要,但我们会永久保存二进制包的散列,来验证重新生成的二进制包是否与生产环境上使用的一模一样。

绝大多数时新的持续集成服务器都会提供一个制品库,还能设置保存多长时间之后就自动删除那些不想要的二进制包。它们一般会提供某种机制让你声明需要保留任意任务运行后生成的哪些二进制包,并提供一个Web接口来方便团队获取结果报告和二进制包。当然,你也可以使用一个专用制品库(比如像Nexus或Maven风格的仓库管理器)来处理二进制包,但这些工具通常不适合于结果报告的保存。仓库管理器使我们更容易从开发机器上访问到二进制包,而无需与持续集成服务器集成。

创建自己的制品库

如果想创建自己的制品库,那也是非常容易的。我们将在第13章详细描述制品库背后的原则。

图7-2显示了一个制品库在典型安装中的使用方式。它是为每个候选发布版本保存二进制包、结果报告和元数据的关键资源。

下面是一个候选发布版本在理想情况下在部署流水线中成功走向生产环境的每一步,其序号与图7-2中各阶段相对应。

(1) 交付团队的某个人提交了一次修改。
(2) 持续集成服务器运行提交阶段。
(3) 成功结束后,二进制包和所有报告和元数据都被保存到制品库中。
(4) 持续集成服务器从制品库中获取提交阶段生成的二进制包,并将其部署到一个类生产测试环境中。

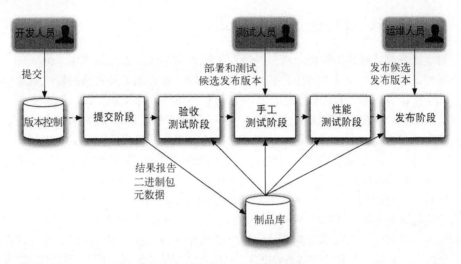

图7-2 制品库担当的角色

(5) 持续集成服务器使用提交阶段生成的二进制包执行验收测试。
(6) 成功完成后，该候选发布版本被标记为"已成功通过验收测试"。
(7) 测试人员拿到已通过验收测试的所有构建的列表，并通过单击一个按钮将其部署到手工测试环境中。
(8) 测试人员执行手工测试。
(9) 一旦手工测试也通过了，测试人员会更新这个候选发布版本的状态，指示它已经通过**手工测试**了。
(10) 持续集成服务器从制品库中拿到通过验收测试（根据部署流水线的配置，也可能是手工测试）的最新候选发布版本，将其部署到生产测试环境。
(11) 对这个候选发布版本进行容量测试。
(12) 如果成功了，将这个候选版本的状态更新为"已通过容量测试"。
(13) 如果部署流水线中还有后续阶段的话，一直重复这种模式。
(14) 一旦这个候选发布版本通过了所有相关阶段，把它标记为"可以发布"，并且任何被授权的人都能将其发布，通常是由质量保证人员和运维人员共同批准。
(15) 一旦发布以后，将其标记为"已发布"。

 为简单起见，我们用顺序方式来描述这一过程。对于前面的阶段，的确是按这种顺序方式进行的，它们也应该被顺序执行。然而，根据项目的不同，验收阶段的几个后续阶段不串行执行也是正常的。比如，手工测试和容量测试就可以被验收测试的成功同时触发。另外，测试团队还可以将不同版本的候选发布版本部署到他们的环境中。

7.4 提交测试套件的原则与实践

对于提交测试套件的管理，有一些重要的原则和实践。提交测试中，绝大部分应由单元测试组成，这也是本节中我们主要讲的内容。单元测试最重要的特点就是运行速度非常快。有时候，我们会因为测试套件运行不够快而令构建失败。第二个重要的特点是它们应覆盖代码库的大部分（经验表明一般为80%左右），让你有较大的信心，能够确定一旦它通过后，应用程序就能正常工作。当然，每个单元测试只测试应用程序的一小部分，而且无须启动应用程序。因此，根据定义，单元测试套件无法给你绝对信心说"应用程序可以工作"，而这正是部署流水线后续部分的任务。

Mike Cohn找到了一种很好的可视化方法指出自动化测试套件应该如何组织。在他的自动化测试金字塔（图7-3）中，单元测试占了自动化测试中相当大的比例。但由于它们执行得非常快，所以单元测试套件应该能在几分钟内就结束。即便验收测试比较少（可进一步分成服务和用户界面测试），它们也会花较长时间，因为这些测试需要启动应用程序。所有层次的测试对于确保应用程序可以工作并交付预期的业务价值都是至关重要的。这个测试自动化金字塔覆盖了4.2节中的那个测试象限图的左半边（支持开发过程的）。

图7-3　测试自动化三角（Cohn，2009，第15章）

设计能快速运行的提交测试并不总是那么简单的事情。下面我们会介绍几种策略，其中大部分都是为了达到一个共同的目标：将指定测试的范围最小化，并让它尽可能聚焦于系统的某个方面。尤其要注意的一点是，运行的单元测试不应该与文件系统、数据库、库文件、框架或外部系统等打交道。所有对这些方面的调用都应该用测试替身代替，比如模拟对象（mock）和桩等。关于测试替身类型的定义参见4.2.5节。有关单元测试和测试驱动开发的材料已经有很多了，所以我们在这里仅简单介绍一下。请在参考书目中查找与其相关的更多内容。①

---

① James Carr有一篇博文[cX6V1k]中收录了一些TDD模式。

7.4.1 避免用户界面

根据定义，用户界面是用户最容易找到缺陷的地方。这让大家自然而然地想到，要把测试焦点放在用户界面上，这有时还会吃掉其他测试的成本。

然而，对于提交测试来说，我们建议根本不要通过用户界面进行测试。用户界面测试的困难来自两方面。首先，它会涉及很多组件或软件的多个层次。这样是容易出问题的，因为要花很多时间和精力去准备各种各样的组件或数据，才能让测试运行起来。其次，用户界面是提供给用户手工操作的，而手工操作的速度与计算机操作的运行速度相比，是相当慢的。

如果你的项目或所用技术可以避免这两点的话，那么通过用户界面创建单元级别的测试可能也是值得的。然而，根据我们的经验，用户界面测试经常出问题，通常最好由部署流水线的验收测试阶段处理。

我们会在讨论验收测试的那一章详细讨论用户界面测试的方法。

7.4.2 使用依赖注入

依赖注入（或控制反转）是一种设计模式，用于描述如何从对象外部建立对象间的关系。显然，只有在使用面向对象语言时才能用上它。

假如我创建了一个类，叫`Car`。无论我什么时候创建`Car`的一个实例，都可以让创建自己的`Engine`。另外，我也可以设计`Car`，使得在创建`Car`的同时，它会强制我提供一个`Engine`类给它。

后者就是依赖注入。这样就更灵活了，因为我可以创建`Car`，并提供不同类型的`Engine`，却不用改变`Car`的代码。我们甚至可以为`Car`创建一个特别的`TestEngine`，它专门在`Car`类被测试时模拟`Engine`。

这种技术不但是构建灵活的模块化软件的很好的方法，而且它还能让测试变得很容易，只需要测试必要的类，那些依赖包就不再是包袱了。

7.4.3 避免使用数据库

刚接触自动化测试的人常常写出一些需要与代码中的某一层进行交互的测试，并将结果写入数据库，然后再验证该结果的确被写到了数据库中。尽管这种方法简单，容易理解，但从其他方面来说，它不是一个很有效的方法。

首先，这种测试运行得非常慢。当想重复测试，或者连续运行几次相似的测试时，这种有状态的测试就是个障碍。其次，基础设施准备工作的复杂性令这种测试方法的建立和管理更加复杂。最后，如果从测试中很难消除数据库依赖的话，这也暗示着，你的代码在通过分层进行复杂性隔离方面做得不好。这也使得可测试性和CI在团队身上施加了一种微妙的压力，迫使其开发出更好的代码。

提交测试套件的这些单元测试根本不应该依赖于数据库。为了达到这一点，你就要把被测试的代码与其存储分离开来。这就要求对代码实现良好的分层，也需要使用像依赖注入这样的技术。实在做不到的话，也至少要使用内存数据库。

然而，在提交测试中，也应该有一两个非常简单的冒烟测试。这些测试应该是端到端的测试，并选自那些高价值的、常用功能的验收测试套件，用来证明应用程序可以真正运行起来。

7.4.4 在单元测试中避免异步

在单个测试用例中的异步行为会令系统很难测试。最简单的办法就是通过测试的切分来避免异步，这样就能做到：一个测试运行到异步点时，切分出来的另一个测试再开始执行。

比如，当系统需要发出一条消息，再根据这个消息作出反应，那么可以自己实现一个接口封装原生的消息发送机制。然后你可以利用一个简单的实现了消息接口的桩或者下一节讲的模拟技术，先在一个测试用例中验证这种调用与你所期望的相同。然后，再增加第二个测试，只要通过消息接口调用一下原来的那个调用点，验证一下消息处理程序（message handler）的行为就可以了。当然这也依赖于你的架构，有时候可能需要很多工作才能做到这一点。

我们建议尽量消除提交阶段测试中的异步测试。依赖于基础设施（比如消息机制或是数据库）的测试可以算做组件测试，而不是单元测试。更复杂、运行得更慢的组件测试应该是验收测试的一部分，而不应该属于提交阶段。

7.4.5 使用测试替身

理想的单元测试集中在很小且紧密相关的代码组件上，典型的就是单个类或一小组极其相关的类。

如果系统设计得比较好，每个类都比较小，并通过与其他类的交互完成其运行目的。这是良好封装设计的核心，即每个类都不对外暴露它是如何达到其目标的。

问题是，在这种设计得比较好的模块化系统中，为了测试一个在关系网中心的某个类，可能需要对它周边的很多类进行冗长的设置。解决办法就是与其依赖类进行模拟交互。

为这种依赖代码打桩已有相当长且光辉的历史啦。我们在前面已经描述过依赖注入的使用，而且，在建议将 Engine 替换为 TestEngine 时，也提供了一个打桩的简单例子。

打桩是指利用模拟代码来代替原系统中的某个部分，并提供已封装好的响应。桩并不对外界作出响应。这是个极其有用且灵活的方法，可以用在任何软件层次上，从模拟被测试代码依赖的一个非常简单的类，到模拟一个完整的系统。

使用桩代替消息系统

Dave曾参与过一个关于交易系统的项目，其中有一个需求是要求与另一个系统（由另外一个团队开发）通过消息队列进行极复杂的交互。该会话相当丰富，在很大程度上，一个交易整个生命过程的推动者是一个消息集合，而该生命周期恰恰分布在两个不同系统的交互步骤当中。如果没有这个外部系统的话，我们开发的软件根本无法完成整个交易过程，因此，我们很难创建一个有意义的端到端的验收测试。

后来，我们实现了一个有一定复杂度的桩，用于模拟该真实系统的操作。我们从中得到了很多益处。首先，它令我们能在整个生命周期中对系统进行测试。其次，它让我们可以模拟不同的边界用例，这些用例使用真实系统是很难做到的。最后，它还使我们不用依赖于另外一个团队的开发速度。

我们不必再维护一个彼此交互的复杂分布式系统网络，只要决定什么时候需要与真实系统交互，什么时间需要与这个简单的桩进行交互就行了。另外，我们通过配置信息来管理桩的部署方式，只要根据不同的环境选择其中一个进行部署就行了。

对于大型组件和子系统的模拟，我们倾向于使用桩技术。但是，对于模拟编程语言级的组件，我们建议少用桩技术，更推荐使用模拟技术。

相对来说，模拟技术（mocking）稍微新一些。使用它的动机是希望广泛利用与桩类似的技术，而又不需要我们自己写很多桩代码。让计算机为我们自动生成这些桩，而不是自己写，这样不是更好吗？

模拟技术恰好做到了这一点。现在有几种模拟技术工具集，比如Mockito、Rhino、EasyMock、JMock、NMock和Mocha等。使用模拟技术，你就可以说："给我构建一个对象，让它假装就是某某类型的一个类。"

关键是，还可以更进一步，在一些简单的断言中，你能指定测试中期望该模拟类作出什么行为。这是模拟技术和桩技术的根本不同。使用桩时，我们不需要关心桩是如何被调用的，而使用模拟对象时，可以验证我们的代码是否以期望的方式与模拟对象进行交互。

让我们再回头看一下关于Car的那个例子，把这两种方法都试一下。请考虑这样一个需求：当调用Car.drive()时，我们期望先调用engine.start()，紧接着调用engine.accelerate()。

正如前面所讲的，我们在这两个例子中都通过依赖注入把Engine和Car关联在一起。简单类实现如下所示：

```
class Car {
  private Engine engine;

  public Car(Engine engine) {
    this.Engine = engine;
  }
```

第7章　提交阶段

```
  public void drive() {
    engine.start();
    engine.accelerate();
  }
}

Interface Engine {
  public start();
  public accelerate();
}
```

假如用桩技术，我们就创建一个桩，让`TestEngine`记录`engine.start()`和`engine.accelerate()`都被调用过了。因为我们要求先调用`engine.start()`，所以当`engine.accelerate()`被首先调用时，桩就要抛出一个异常，或者以某种方式记录下这个错误行为。

这样，我们的测试代码就是在创建一个新的`Car`对象时，传入一个`TestEngine`到它的构造函数，再调用`car.drive()`，然后确认`engine.start()`和`engine.accelerate()`都被依次调用了。

```
class TestEngine implements Engine {
  boolean startWasCalled = false;
  boolean accelerateWasCalled = false;
  boolean sequenceWasCorrect = false;

  public start() {
    startWasCalled = true;
  }
  public accelerate() {
    accelerateWasCalled = true;
    if (startWasCalled == true) {
      sequenceWasCorrect = true;
    }
  }
  public boolean wasDriven() {
    return startWasCalled && accelerateWasCalled && sequenceWasCorrect;
  }
}
class CarTestCase extends TestCase {
  public void testShouldStartThenAccelerate() {
    TestEngine engine = new TestEngine();
    Car car = new Car(engine);

    car.drive();

    assertTrue(engine.wasDriven());
  }
}
```

使用模拟技术实现相同的需求时，就要这样做：通过调用一个模拟类来生成一个模拟的`Engine`类，然后将它的引用以其接口形式传到`Engine`中。

然后，再以正确的调用顺序声明两个期望的调用行为，即依次调用 engine.start() 和 engine.accelerate()。最后，让模拟系统（mock system）来验证我们所期望的行为是否真正发生过。

```
import jmock;

class CarTestCase extends MockObjectTestCase {
  public void testShouldStartThenAccelerate() {
    Mock mockEngine = mock(Engine);
    Car car = new Car((Engine)mockEngine.proxy());

    mockEngine.expects(once()).method("start");
    mockEngine.expects(once()).method("accelerate");

    car.drive();
  }
}
```

这个例子中使用了一个开源模拟系统——JMock，但其他模拟系统使用起来也相差不多。在本例中，最后的验证环节是在每个测试方法的最后才做的。

模拟技术的好处显而易见。即使这么简单的例子中，代码也相当少。在现实使用中，模拟技术会节省人们的很多精力。而且，它还能很好地把第三方的代码与你要测试的代码分隔。当那些交互需要进行开销很大的远程通信或使用重量级的基础设施时，它的作用是非常显著的。

最后，与需要组装所有的依赖和状态相比，使用模拟技术的测试运行起来通常是非常快的。模拟技术有很多益处，我们强烈推荐使用。

7.4.6 最少化测试中的状态

理想情况下，单元测试应聚焦于断言系统的行为。然而，特别对于那些刚接触有效测试设计的新手来说，常见的问题是测试中状态的不断增加。实际上问题包括两个方面。首先，很容易想到的是，测试就是为系统中的某个组件提供一些输入信息，然后得到一定的返回结果。所以在写测试时，你就会组织一下相关的数据结构，以便以正确的形式提交输入信息，然后再把结果与你期望的进行比较。事实上，所有的测试或多或少都是这种形式。问题是，如果处理不当的话，这个系统及其相关的测试会变得越来越复杂。

这样就很容易落入一个陷阱，即为了支撑测试，精心地建立起一堆难以理解和维护的数据结构。理想的测试应该能很容易和快速地进行测试准备，而清理工作也应该更快、更容易。对于结构良好的代码来说，其测试代码往往也非常整洁有序。如果测试看起来繁琐复杂，那可能是系统设计有问题。

然而，这是个很难定性的问题。我们的建议是设法让测试中的这种对状态的依赖最小化。你可能无法从根本上消除它，但为了运行测试，持续关注"如何降低要构造的测试环境的复杂性"是合理的。如果测试变得越来越复杂,很可能是由于代码结构问题引起的。

7.4.7 时间的伪装

时间问题是自动化测试需要面对的问题,原因有以下几个。你的系统可能需要在每天晚上八点触发一个处理过程,也可能在启动下一步前要等上500毫秒,也可能要在每个闰年的二月二十九号做一些特殊的处理。

如果你将这些时间和真正的系统时间绑定的话,这些情况处理起来可能会有点儿棘手,且对单元测试策略说,很有可能是灾难性的。

对于所有基于时间的系统行为,我们的做法是将对时间的请求抽象到一个你能够控制的类中。通常,我们使用依赖注入把用到的系统时间行为注入到包装类中(wrapper)。

通过这种方法,我们就可以为 `Clock` 这个类的行为进行打桩或模拟,或做一些我们认为合理的抽象。在我们的测试中,如果我们能设定当前是闰年,或要延时500毫秒的话,那么它就完全在我们的控制之下了。

在一个要求快速运行的构建里,对于那些需要"确保一定的延时或等待"的行为来说,这一点尤其重要。这么做以后,我们就可以通过调整代码结构保证测试时的所有延迟时间为0,使测试执行够快。假如单元测试需要某种真正延时才能运行的话,你就应该重新考虑一下代码结构和测试设计,避免这种情况发生了。

这在我们自己的开发中已经根深蒂固了。甚至是,只要代码中需要使用时间,我们就会抽象对系统时间服务的请求,而不是直接在业务逻辑中调用它们。

7.4.8 蛮力

开发人员总是为最快的提交周期争论不休。然而,事实上,这要与在提交阶段识别最常见错误的能力平衡考虑。这是个只能通过不断试错才能找到的优化过程。有时候,运行速度稍慢一点儿的提交测试可能优于通过优化测试或减少发现的缺陷数来追求运行速度的提交测试。

通常我们会让提交测试在十分钟内完成。这基本上是我们能够承受的上限。这个时间比我们期望的理想时间(少于五分钟)还要长一些。大型项目中的开发人员可能无法接受"十分钟以内"这个限制,认为他们就目前的情况来说无法达到这一标准。其他开发团队可能会把这看做是一种太离谱的妥协,认为最高效的提交测试要比十分钟短得多。根据对很多项目上的观察,我们建议把这个数字作为指导。当这一限制被打破时,开发人员会开始做两件事,而这两件事对于开发流程来说都是极其糟糕的:(1)提交频率变低;(2)如果提交阶段的用时远远超过十分钟,他们可能就不再关注提交阶段通过与否了。

有两招儿能加快测试套件的运行。首先,将它分成多个套件,在多台机器上并行执行这些套件。时新的持续集成服务器都有"构建网格"功能，直接支持这种做法。记住，计算能力是廉价的，而人力是昂贵的。及时得到反馈比准备几台服务器的成本要有价值得多。第二招儿就是，作为构建优化过程的一部分，将那些运行时间比较长且不经常失败的测试放到验收测试阶段运行。然而，需要注意的是，这会导致需要更长的时间才能知道这些测试是否失败了。

7.5 小结

提交测试应该聚焦于一点，即尽快地捕获那些因修改向系统中引入的最常见错误，并通知开发人员，以便他们能快速修复它们。提交阶段提供反馈的价值在于，对它的投入可以让系统高效且更快地工作。

应该在每次对系统代码或配置进行修改时都运行部署流水线的提交阶段。这样开发团队的每个人每天都会多次执行它。如果构建的执行速度低于可接受的标准，开发人员就会开始抱怨（多于五分钟，就会有人开始抱怨了）。倾听这些反馈，并想尽办法让这个阶段快速运行是非常重要的，同时还要关注真正的价值所在，即尽快使构建失败，以便就错误提供快速反馈，否则以后会花更多的成本来修复它们。

因此，提交阶段的创建（一个每次修改都会触发的自动化过程，它将构建二进制包、运行自动化测试，并生成有效的度量报告）是采纳持续集成实践的一个最小集。假如你遵循了由持续集成引入的其他实践，比如定期提交，以及一旦发现缺陷就尽快修复，那么提交阶段会让交付流程在质量和可靠性方面有相当大的进步。尽管它只是部署流水线的起点，但可以为你提供巨大的价值，比如可以马上知道谁在什么时候提交的修改让应用程序无法工作，并能够马上修复，令应用程序恢复工作。

第 8 章

自动化验收测试

8.1 引言

本章将探讨自动化验收测试，并详细讲述它在部署流水线中所起的作用。验收测试在部署流水线中是一个关键阶段：它让交付团队超越了基本的持续集成。一旦正确实施自动化验收测试，你就是在测试应用程序的业务验收条件，即验证应用程序是否为用户提供了有价值的功能。验收测试通常是在每个已通过提交测试的软件版本上执行的。部署流水线的验收测试阶段的工作流程如图8-1所示。

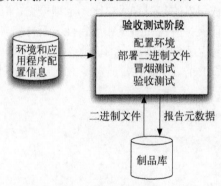

图8-1 验收测试阶段

本章首先讨论验收测试在交付流程中的重要性。然后深入讨论如何写出有效的验收测试，以及如何维护一个高效的验收测试套件。最后，揭示管理验收测试阶段的原则与实践。但在开始之前，我们先阐述一下我们所说的验收测试的含义。验收测试与功能测试或单元测试有什么不同呢？

对于一个单独的验收测试，它的目的是验证一个用户故事或需求的验收条件是否被满足。验收条件有多种类型，如功能性验收条件和非功能性验收条件。非功能性验收条件包括容量（capacity）、性能（performance）、可修改性（modifiability）、可用性（availability）、安全性（security）、易用性（usability），等等。其中的关键点在于，当与某个具体用户故事或需求相关的验收测试成功后，就表明这个用户故事或需求已满足验收条件，可以认为它已完成并且是可正常工作的。

作为一个整体，验收测试套件既验证了应用程序是否交付了用户期望的业务价值，又能防止回归问题或缺陷破坏了应用程序的原有功能。

把验收测试作为证明应用程序是否满足了每个需求验收条件的方法来重点考虑，这种做法还有一个附带的好处。它能让与交付流程有关的每个人（包括客户、测试人员、开发人员、分析人员、运维人员和项目经理）都参与其中，共同考虑"每个需求需要达到什么要求才算成功"，详见8.3.3节。

假如你已经有测试驱动的设计（test-driven design）的工作背景，可能会想："这与我们的单元测试有什么区别？"其不同点在于验收测试是针对业务的，而不是面向开发的。它能在一个类生产环境中的应用程序运行版本上一次性地测试所有的故事。单元测试的确是自动化测试策略的关键部分，但是，它通常并不足以使人们确信程序能够发布。而验收测试的目标就是要证明应用程序的确实现了客户想要的，而不是以编程人员所认为的正确方式来运行的。虽然有时单元测试也会实现同样的目标，但并不总是这样的。单元测试的目标就是要证明：应用程序的某个单一部分的确是按开发人员的思路运行的，但这并不能断言它也就是用户想要的功能。

8.2　为什么验收测试是至关重要的

关于自动化验收测试，总是有很多争议。项目经理和客户常常认为创建和维护它们的成本太高。的确，如果实现不好，成本确实相当高。很多开发人员相信，通过测试驱动开发（TDD）方式创建的单元测试套件足以防止回归问题的发生。而我们的经验是，通过合理地创建和维护自动验收测试套件，其成本就会远低于频繁执行手工验收和回归测试的成本，或者低于发布低质量软件带来的成本。我们还发现，自动化验收测试能捕获那些即使单元或组件测试特别全面也都无法捕获的一些问题。

首先值得指出的是手工验收测试的成本问题。为了防止缺陷被发布出去，在每次发布之前，都要执行应用程序的验收测试。据我们所知，有个组织每次发布软件时花在手工测试上的钱就有300万美元。这极其严重地限制了他们频繁发布软件的能力。手工验收测试是有效果的，但当对复杂一点儿的应用程序进行测试时，手工测试的成本也是非常高的。

而且为了捕获到回归缺陷，在开发完成后就要用一段时间来执行这种测试，之后才能发布。因此，手工测试通常都发生在项目的最后，软件即将发布整个团队都面临压力的情况下进行的。其结果经常是，原计划中预留的时间并不足以修复手工验收测试中发现的缺陷。最后，当需要比较复杂的修改才能修复刚发现的缺陷时，很可能引入新的回归问题。①

---

① Bob Martin总结了一些原因，解释了为什么自动化验收测试是非常重要的，不能够外包出去[dB6JQ1]。

第 8 章　自动化验收测试

在敏捷社区的一些人主张几乎完全取消自动化验收测试，代之以全面的单元和组件测试套件。有人认为，这种做法在与其他极限编程实践（比如结对编程、重构、细心的分析和由客户、分析人员及测试人员共同进行的探索性测试）相结合后，可以更好地代替高成本的自动化验收测试①。

这种论点有几个瑕疵。首先，除验收测试外，没有哪种测试能够基本上代替生产环境中的实际运行来证明软件能为客户提供他们所期望的业务价值。单元测试和组件测试都不测试用户场景，因此也无法发现那种用户与应用程序进行一系列交互后呈现出来的缺陷。而验收测试就是为这而设计的。另外，验收测试在以下几个方面也表现出不俗的查错能力：线程问题、以事件驱动方式实现的应用程序出现的紧急行为（emergent behavior），以及由架构问题或环境及配置问题造成的其他类型的bug。这类缺陷很难通过手工测试发现，更不用说单元测试和组件测试了。

当对应用程序进行大规模修改时，验收测试也会起到保护作用。在这种情况下，单元测试和组件测试通常不得不根据领域对象进行根本性的修改，因此无法用做应用程序功能的保护伞。只有验收测试能够在这种大规模修改后还能证明应用程序仍旧可以工作。

最后，选择放弃自动化验收测试的团队会令测试人员的负担非常重，测试人员必须在恼人且重复的回归测试上花费相当多的时间。那些我们认识的测试人员并不喜欢这种方法。尽管开发人员可以承担一部分这类工作，但很多写单元测试和组件测试的开发人员却很难像测试人员一样有效地发现缺陷。根据我们的经验，与完全由开发人员编写的自动化验收测试相比，那些有测试人员参与编写的自动化验收测试能更好地发现用户场景中的缺陷。

大家不喜欢自动化验收测试的真正原因是认为它太昂贵了。然而，我们还是能够把它的成本降到投入产出比可接受程度的。如果每次提交测试通过后，都在该版本上运行自动化验收测试的话，软件交付过程的效果是非常明显的。首先，由于反馈环将大大缩短，缺陷被发现得更快，也就更容易修复。其次，由于测试人员、开发人员和客户需要紧密合作才能创建一个良好的自动化测试套件，这会促进他们之间的良好合作，而且每个人都将关注软件应该交付的业务价值。

基于有效验收测试的策略还会连带产生几个积极的促进作用。对构造良好的应用程序进行验收测试效果最好，而这种构造良好的应用程序不但要有合理的结构（UI层较薄②），而且要在开发机器和生产环境上都能够运行。

后面将分4节内容讨论有效自动化验收测试的创建和维护问题，包括(1) 创建验收测试；(2) 创建应用程序驱动层；(3) 实现验收测试；(4) 维护验收测试套件。在详细讲述这些内容之前，先简单介绍一下我们的方法。

---

① 提倡这种做法的人有J. B. Rainsberger（在其博文"Integrated Tests Are a Scam"中提到过[a0tjh0]），以及James Shore（在其博文"The Problems with Acceptance Testing"中也有提到[dsyXYv]）。

② 指没有很多业务逻辑。——译者注

8.2.1 如何创建可维护的验收测试套件

要写出可维护的验收测试套件，首先需要细心地关注分析过程。验收测试来源于验收条件，因此写应用程序的验收条件时必须想着如何使其自动化，并要遵循INVEST原则[①]，尤其是"对最终用户有价值"和"可测试"这两点。这是另一个既微妙却又很重要的压力，即对自动化验收测试的关注会影响整个开发流程，因为它需要有高质量的需求来支撑。验收条件写得很差，就无法解释某功能应该完成什么才能对用户有价值。而对那些写得很差的验收条件进行自动化是造成质量差且很难维护的验收测试套件的主要原因。

一旦你拿到了一些验收条件来描述对用户的价值，下一步就是将它们自动化。自动化验收测试应该是分层的，如图8-2所示。

图8-2　验收测试的层次

在验收测试中，第一层就是验收条件。像Cucumber、JBehave、Concordion、Twist和FitNesse这样的工具让你能够把验收条件直接写在测试中，并把它们与底层实现关联在一起。然而，正如本章后面会讲到的那样，当使用XUnit Test这类测试框架时，可以将验收条件写在测试的名字中，然后通过XUnit测试框架直接运行验收测试。

使用领域语言来实现测试是至关重要的，不要把与应用程序如何交互的细节也包含在其中。直接引用应用程序的内部API或UI来实现验收测试是很脆弱的，即使在UI上做很小的改动也立刻会导致引用该元素的所有测试失败。这种事情是很常见的。

不幸的是，这种反模式随处可见。大多数的测试都写在详细实现这个层次上："先点一下这里，然后在那里输入个字符，那么，这里就会出现这样的结果。"这种测试通常是那些"记录回放式"测试自动化工具的结果。而这也是自动验收测试被认为成本

---

① INVEST原则指独立性（independent）、可协商的（negotiable）、有价值的（valuable）、可估计的（estimable）、小的（small）和可测试的（testable）。

昂贵的主要原因之一。用这种工具创建的验收测试套件与UI是紧耦合的，所以很脆弱。

大多数UI测试系统提供下面这种操作：在某个字段中填写数据，点击按钮，然后从页面的某个特定区域读取结果。这种层次的细节当然是必要的，但是它与一个测试用例的本意（真正的价值）相去甚远。任何验收测试用例所要断言的这些行为最终都是在不同层次上的抽象。我们真正想知道答案的那个问题实际上是"如果我下了订单，它是否被接受了？"或者"如果我的信息卡额度超出了限制，系统会正确地通知我吗？"

测试实现应该通过一个较低的层次（称为应用程序驱动层）与被测试的系统进行交互。这个应用程序驱动层有一个API，它知道如何执行动作并返回结果。如果测试基于应用程序的这种公共API来运行的，那么应用程序的驱动层就是了解这个API的细节并能正确调用它的层次。如果测试是基于GUI（Graphical User Interface，图形用户界面）的，这一层就要包括一个窗口驱动器（window driver）。在一个结构良好的窗口驱动器中，某个GUI元素只会被引用很少的几次。也就说，如果它发生了变化，那么只有对它的引用需要更新。

长期维护验收测试，就需要有很强的原则性。必须注意保持测试实现的高效性及结构良好性，特别是在状态管理、超时处理以及测试替身（Test Double）的使用方式等方面。当新增验收条件时，要对验收测试套件进行重构，确保它们的相关性。

8.2.2 GUI上的测试

在写验收测试时，一个非常重要的考虑是：测试是否直接基于应用程序的GUI运行。由于验收测试试图模拟用户与系统的交互，因此如果有图形界面的话，理想情况下理应通过系统提供的这个用户界面与系统打交道。如果没有通过用户接口进行测试，那么就没有测试用户与系统进行真实交互所执行的代码路径。然而，直接通过GUI进行测试会遇到几个问题：界面变化速度很快、场景的设置复杂、拿到测试结果很难，以及不可测的GUI技术。

在应用程序的开发过程中，用户界面通常会频繁变化。如果验收测试与UI耦合，那么UI的微小变化很容易就能破坏验收测试套件。而这种现象并不仅仅局限于应用程序的开发过程中，在用户测试时、改进可用性或者修正拼写错误时这都可能发生。

其次，如果UI是系统的唯一入口的话，那么场景准备也可能很复杂。准备测试用例可能需要与系统交互多次才能达到用例本身所要求的状态。在一个测试结束后，可能很难通过UI拿到测试结果，因为UI很可能无法提供你需要验证的测试结果。

最后，某些UI技术（尤其是比较新的）极难进行自动化测试[①]。所以，检查一下所使用的UI技术是否能通过某种自动化框架来驱动。

还有另一种方式通过GUI进行测试。假如应用程序设计得比较好，GUI层仅是清晰

---

① 在本书写作时，Flex就是其中一个。希望当你读到这里时，新的测试框架支持Flex。

定义用于数据展现的代码，不包括任何业务逻辑。在这种情况下，绕过界面，基于界面下的代码进行测试的风险会相对小一些。将可测试性铭记在心，写出来的应用程序就会有一个API，使GUI和测试用具（test harness）都能用它来驱动应用程序。如果应用程序能够做到这一点的话，我们建议直接基于业务层执行测试，这是一个合理的策略。唯一的要求就是开发团队在这方面的纪律性，即让表现层只负责展现，不要涉足业务领域或应用逻辑。

如果应用程序没有设计成这个样子的话，就只能通过UI来测试了。本章后面部分将讨论管理这种情况的策略，主要策略还是窗口驱动器模式（window driver pattern）。

8.3 创建验收测试

本节将讨论如何创建自动化验收测试。首先，分析人员、测试人员应该和客户一起工作，确定验收条件，然后再讨论以某种可以被自动化的方式来展现这些验收条件。

8.3.1 分析人员和测试人员的角色

开发流程应该经过裁剪，来满足个体项目的需求。但是，一般来说，我们建议大多数项目（无论大小）都应该有一个业务分析师作为核心团队的一部分，与团队一同工作。业务分析师这个角色主要代表客户和系统的用户。他们与客户一起工作，识别需求，并排定优先级。他们与开发人员一起工作，确保开发人员能从用户的角度很好地理解应用程序。他们对开发人员进行指导，确保那些用户故事真正交付了它们应有的业务价值。他们与测试人员一起工作，确保验收条件已被合理阐明，并且开发出来的功能满足这些验收条件，交付了期望的价值。

任何项目中，测试人员都是至关重要的。他们的角色就是确保交付团队的每个人（包括客户）都了解并理解正在开发的软件的当前质量和生产准备情况。为了做到这一点，他们要与客户和业务分析师一起工作，为用户故事或需求定义验收条件，与开发人员一起工作，编写自动化验收测试，他们还要执行手工测试活动，比如探索性测试、手工验收测试和演示。

并不是每个项目都需要不同的人担任不同的角色，来完成这些工作。有时候，开发人员会做一些分析人员的工作，或者分析人员会做一些测试人员的工作。理想情况下，与团队在一起的客户可以担任分析师的角色。关键是这些角色在团队中不能缺失。

8.3.2 迭代开发项目中的分析工作

总的来说，本书一直试图避免限定你所使用的开发流程。我们相信，我们描述的这些模式对所有交付团队都有益处，无论这些团队使用什么样的开发流程。然而，我们仍旧认为，对于创建高质量的软件，迭代开发过程是至关重要的。所以，假如这里更多地谈到了迭代开发过程的话，请你谅解，因为它有助于勾画出分析人员、测试人

第8章　自动化验收测试

员和开发人员的角色。

在迭代交付方法中，分析人员会花大量时间定义验收条件。团队用这些验收条件来评判某个具体需求是否被满足。最开始，分析人员会与测试人员和客户紧密合作，定义验收条件。在这个阶段，鼓励分析人员和测试人员协作不仅对双方都有利，并且能使流程更加有效。分析师会有所收获，因为测试人员会根据他们的经验提供一些信息，比如哪些事情可能或应该用于定义用户故事是否做完了。而测试人员在测试这些需求之前，就能获得对这些需求本质的理解。

一旦验收条件定义完成，在开始实现这个需求之前，分析人员、测试人员应该和将要实现这个需求的开发人员碰一下头儿（有客户在就更好了）。分析人员讲解需求，以及它的业务上下文，并检查一遍验收条件。然后，测试人员和开发人员讨论，并就"实现哪些自动化验收测试来证明验收条件被满足"达成一致。

这个简短的碰头会是迭代交付过程中的一个重要组成部分，确保实现需求的每一方都能很好地理解需求以及他们在交付过程中的角色。这种方法可以避免分析人员创建那种难以实现或测试的"象牙塔"式需求，也避免测试人员由于自己对系统的错误理解，把正常的系统行为当成缺陷写在报告里，还可以避免开发人员实现一些不相干的、客户并不想要的功能。

在实现需求时，如果开发人员发现对某个地方不是非常理解（或者发现了一个问题，或找到更高效的方法可以解决需求问题），就可以去问分析人员。这种互动是迭代交付过程的核心，部署流水线"在任何时候都可以让应用程序运行在选定的环境上"这种能力对实现这种互动提供极大的便利性。

当开发人员认为工作已经完成时，通常是指所有相关的单元测试和组件测试都已经通过了，验收测试也全部实现，并证明系统满足需求。此时，他们就可以向分析人员、测试人员和客户进行演示。这种检查方式使分析人员和客户能尽早看到需求被解决了，让他们确认应用程序满足了需求。在这种检查过程中，常常会发现一些小问题，这样就可以马上修复。有时，这种检查会引发一些关于这次修改的讨论。对于团队来说，这正是一个好机会来验证一下，他们对系统的理解是否一致。

一旦分析人员和客户对需求很满意，就可以交给测试人员进行测试了。

8.3.3　将验收条件变成可执行的规格说明书

对那些使用迭代过程的项目来说，由于自动化测试变得更加重要，所以，很多实践者都认识到，自动化测试不仅仅是测试而已。相反，验收测试就是正在开发的应用程序行为的一个可执行规格说明书。这作为自动化测试的一种新方法，被称为行为驱动开发。行为驱动开发的核心理念之一就是验收测试应该以客户期望的应用程序行为的方式来书写。这样，就可以拿这些写好的验收条件直接在应用程序之上运行，来验证它是否满足规格说明了。

8.3 创建验收测试

这种方法有一些相当显著的好处。随着应用程序的演进，大多数需求规格说明书会过时。而对于可执行的规格说明来说，这是不可能的：如果它们没有准确指定应用程序是如何运行的，在运行时就会抛出异常。如果某个版本的应用程序没有满足它的这个规格说明，部署流水线的验收测试阶段就会失败，而这个版本就无法部署或发布。

验收测试是面向业务的，所以它们应该验证应用程序的确向用户交付了价值。分析人员为用户故事定义验收条件，只有这些验收条件被满足了，这个用户故事才算完成。Chris Matts和Dan North总结出一种写验收测试的领域特定语言，其格式如下：

假如（Given）初始条件，

当（When）某个事件发生时，

那么（Then）就会有……结果。

对应用程序来说，"假如"表示在测试用例开始之前应用程序所处的状态。"当……"描述用户与应用程序间的一个交互动作。"那么……"描述交互完成后，应用程序所处的状态。测试用例的工作就是让应用程序达到"假如"中所述的状态，然后执行"当……"中所描述的动作，最后验证应用程序是否处于"那么"中所描述的状态。

例如，想象在一个金融交易系统中，我们可以写出下面格式的验收条件：

```
Feature: Placing an order

  Scenario: User order should debit account correctly
  Given there is an instrument called bond
  And there is a user called Dave with 50 dollars in his account
  When I log in as Dave
  And I select the instrument bond
  And I place an order to buy 4 at 10 dollars each
  And the order is successful
  Then I have 10 dollars left in my account
```

像Cucumber、JBehave、Concordion、Twist和FitNesse这样的工具都能让你用纯文本方式写出这样的验收条件，并且让它们与实际的应用程序保持同步。比如，在Cucumber中，可以将上面描述的验收条件保存在一个文件中，文件名为"features/placing_an_order.feature"。这个文件代表图8-2中所述的验收条件。可以创建一个Ruby文件，在其中列出该场景所有的步骤，文件名为"features/step_definitions/placing_an_order_steps.rb"。这个文件代表了图8-2中的测试实现层。

```
require 'application_driver/admin_api'
require 'application_driver/trading_ui'

Before do
  @admin_api = AdminApi.new
  @trading_ui = TradingUi.new
end

Given /^there is an instrument called (\w+)$/ do |instrument|
```

```
        @admin_api.create_instrument(instrument)
end

Given /^there is a user called (\w+) with (\w+) dollars in his account$/ do
      |user, amount|
    @admin_api.create_user(user, amount)
end

When /^I log in as (\w+)$/ do |user|
    @trading_ui.login(user)
end

When /^I select the instrument (\w+)$/ do |instrument|
    @trading_ui.select_instrument(instrument)
end

When /^I place an order to buy (\d+) at (\d+) dollars each$/ do |quantity, amount|
    @trading_ui.place_order(quantity, amount)
end

When /^the order for (\d+) of (\w+) at (\d+) dollars each is successful$/ do
      |quantity, instrument, amount|
    @trading_ui.confirm_order_success(instrument, quantity, amount)
end


Then /^I have (\d+) dollars left in my account$/ do |balance|
    @trading_ui.confirm_account_balance(balance)
end
```

为了支撑这个测试和其他测试，你可能需要在目录application_driver中创建一个名为AdminApi的类和一个名为TradingUi的类。而这些类就是图8-2中所说的应用程序驱动层。如果应用程序是基于Web的，它们可能会调用Selenium、Sahi或者WebDriver；如果应用程序是.NET富客户端软件，它们则可能会调用White；如果应用程序有REST API，那么可能要用HTTP POST或GET。在命令行中运行cucumber，会有如下输出：

```
Feature: Placing an order

  Scenario: User order debits account correctly
              # features/placing_an_order.feature:3
    Given there is an instrument called bond
              # features/step_definitions/placing_an_order_steps.rb:9
    And there is a user called Dave with 50 dollars in his account
              # features/step_definitions/placing_an_order_steps.rb:13
    When I log in as Dave
              # features/step_definitions/placing_an_order_steps.rb:17
    And I select the instrument bond
              # features/step_definitions/placing_an_order_steps.rb:21
    And I place an order to buy 4 at 10 dollars each
              # features/step_definitions/placing_an_order_steps.rb:25
```

```
And the order for 4 of bond at 10 dollars each is successful
            # features/step_definitions/placing_an_order_steps.rb:29
    Then I have 10 dollars left in my account
            # features/step_definitions/placing_an_order_steps.rb:33

1 scenario (1 passed)
7 steps (7 passed)
0m0.016s
```

这种创建可执行规格说明的方法是行为驱动设计的本质。让我们再回顾一下这个过程：

- 和客户一起讨论用户故事的验收条件；
- 以可执行的格式将得到的验收条件写下来；
- 为这些使用领域专属语言所描述的测试写出它的代码实现，与应用程序驱动层进行交互。
- 创建应用程序驱动层，使测试通过它来与系统交互。

相比于传统方式（比如使用Word文档或者跟踪工具来管理验收条件，或者使用录制回放方式创建验收测试），这种方式有很多优点。可执行的规格说明组成了对测试的记录系统，因为它们真的是可执行的规范。测试人员和分析人员不再需要写Word文档，然后把文档扔给开发人员，因为在整个开发过程中，分析人员、客户、测试人员和开发人员可在这些可执行规范上协作。

对于在那些有特殊规定限制的项目上工作的读者来说，值得注意的是，这些可执行的规格说明一般可以使用一个简单的自动化流程将它转化为一个文档，用于审计。我们曾工作过的好几个团队都使用这种方法，而且很成功，审计人员对结果非常满意。

8.4 应用程序驱动层

应用程序驱动层是一个知道如何与应用程序（即被测试的系统）打交道的层次。应用程序驱动层所用的API是以某种领域语言表达的，可以认为是一种针对它自己的领域专属语言。

什么是领域专属语言

DSL（Domain-Specific Language，领域专属语言）是一种计算机编程语言，用于解决某个具体问题域的某个问题。它与通用编程语言不同，因为它无法像通用编程语言那样可以解决很多类型的问题，它专门为解决某个专属问题域的问题而设计。

DSL可以分为两种类型：内部的和外部的。外部的领域专属语言在其指令被执行之前需要明确的解析。前面使用的Cucumber例子中，最顶层的那个验收测试脚本就是一种外部DSL。另外一些例子还包括Ant和Maven的XML构建脚本。外部的DSL不必是图灵完备的（Turing-complete）。

第8章　自动化验收测试

> 内部DSL是那种直接在代码中表达的。在下面Java的例子就是一个内部DSL。Rake也是一个内部DSL。总的来说，内部DSL更强大一些，因为能够使用熟悉的底层语言，但是它们可能变得非常难懂（决定于底层语言的语法）。
>
> 在可执行的规格说明方面有几个有趣的事情，它在现代计算中横跨两个领域：意图编程和领域专属语言。当开始定义应用程序的意图时，你就可以开始看一下测试套件，或者更进一步，看一下可执行规范。你陈述这个意图的方式就可以被认为是一种领域专属语言，而这里的领域就是指应用程序规范。

如果有一个设计良好的应用程序驱动层，就能够完全放弃验收条件层，在测试的实现中表达验收条件。对于前面我们用Cucumber写的一些验收测试，只用JUnit测试也可以表达。下面这个例子就是Dave目前的项目上的真实测试。

```
public class PlacingAnOrderAcceptanceTest extends DSLTestCase {
  @Test
  public void userOrderShouldDebitAccountCorrectly() {
    adminAPI.createInstrument("name: bond");
    adminAPI.createUser("Dave", "balance: 50.00");
    tradingUI.login("Dave");

    tradingUI.selectInstrument("bond");
    tradingUI.placeOrder("price: 10.00", "quantity: 4");
    tradingUI.confirmOrderSuccess("instrument: bond", "price: 10.00", "quantity: 4");

    tradingUI.confirmBalance("balance: 10.00");
  }
}
```

这个测试创建了一个新用户，并成功登录了，并且确保他有足够的资金进行交易。然后，又创建了一个新工具（instrument），用于后续的交易。这两个创建活动都有各自权限带来的复杂度，但DSL把它们抽象到一定程度，使初始测试的任务仅用几行代码就搞定了。以这种方式写出的测试，其关键特性在于将测试从实现细节中抽取出来。

这些测试的另一个关键特性是使用别名（alias）来表示键值（key value）。在上面的例子中，我们创建了一个叫bond的工具和一个叫Dave的系统用户。应用程序驱动器（application driver）在后台做的事情是创建了真正的工具和用户，每个都有各自的ID。应用程序驱动器会在内部为这些值起别名，这样我们就可以引用Dave或bond，尽管真正的用户在数据库中可能叫做testUser11778264441。这个值是随机生成的，每次运行测试时都会发生变化，因为每次都会创建一个新用户。

这样做有两种好处。首先，这让验收测试彼此完全独立。因此能很容易并行执行验收测试，而无须担心相互之间会影响数据。其次，使用几个较高抽象层次上的命令就可以创建测试数据，这样就将你从维护测试集所需的复杂种子数据的工作解放出来了。

在上面这种形式的DSL中，每个操作（placeOrder、confirmOrderSuccess等）都会有几个字符串参数。某些参数是必须的，但大多数都是可选的且会有默认值。比如，除了用户的别名之外，登录操作还让我们指定一个具体的密码和产品代码。如果测试本身并不关心这些细节，那么DSL就会使用默认值来运行。

为了让读者对这里所说的默认值有更深入的理解，下面列出createUser中的所有参数。

- name（必须）。
- password（默认为password）。
- productType（默认为DEMO）。
- balance（默认为15000.00）。
- currency（默认为USD）。
- fxRate（默认为1）。
- firstName（默认为Firstname）。
- lastName（默认为Surname）。
- emailAddress（默认为test@somemail.com）。
- homeTelephone（默认为02012345678）。
- securityQuestion1（默认为Favourite Colour?）。
- securityAnswer1（默认为Blue）。

设计良好的应用程序驱动层能提高测试的可靠性。使用这个例子的系统具有很高的异步性。也就是说，这些测试在执行下一步之前常常需要等待一段时间，才能拿到当前步骤的返回结果。这会导致测试的间断性和脆弱性，它们对时间的细微变化都非常敏感。由于使用DSL以后的高重用性，复杂的交互和操作只要写一次，就可以用在很多测试用例当中。当验收测试套件中的测试在运行中遇到间断问题时，只要在一处修复就可以了，这样就可以确保后来重用这部分代码的测试也同样是可靠的。

开始构建应用程序驱动层非常简单，只需要建立几个用例，写一些简单的测试就行了。但在这之后，团队开始实现更多需求时，只要发现这个驱动器层缺少某个测试所需的功能，就要把这个新功能加入到驱动器层中。经过一段相对比较短的时间之后，应用程序驱动层和由API体现出来的DSL就会变得十分广泛。

8.4.1 如何表述验收条件

将这两种方式（使用JUnit和Cucumber写验收测试）对比一下，对我们是很有启发性的。首先，这两种方法都能够很好地工作，而且各有其优缺点。另外，它们都要比传统的验收测试做得好。本书作者Jez在当前的项目中使用Cucumber形式的方法（尽管使用Twist的时间比Cucumber更多一些），而另一作者Dave则在其项目中直接使用JUnit（比如上面的例子）。

外部DSL方法的好处在于，可以在验收条件之间任意切换。无需用跟踪工具管理验收条件之后再用xUnit写一遍测试，这种方式下，验收条件和用户故事就是可执行的规范。然而，虽然这些现代工具能够减少撰写可执行的验收条件及使其与验收测试实现保持同步所需的开销，但还是有一定的开销的[①]。

如果分析人员和客户有足够的技术背景，能够使用内部DSL编写的xUnit测试的话，直接使用xUnit这种方法最好。它不太需要那些复杂的工具，只要会使用开发环境中的自动完成功能就可以了。也可以在测试中直接使用DSL，而无须再利用前面所说的别名方式拐弯抹角地查看DSL。你当然可以使用像AgileDox这样的工具将类名和方法名转成一个文本文档，其中列出所有的功能特性（比如前面例子中的"Placing an order"）和场景（如"User order should debit account correctly"）。但是，将实际的测试转成一堆用文本描述的执行步骤仍是比较困难的。而且，这种转换是单方向的（只能直接在测试代码中做一些修改，但不能直接修改验收条件）。

8.4.2 窗口驱动器模式：让测试与 GUI 解耦

本章中的例子清晰地表明，验收测试分为三层：可执行的验收条件、测试实现和应用程序驱动器层。只有应用程序驱动器层知道如何与应用程序打交道，而其他两层只用业务的领域语言。如果应用程序有GUI，而且已经决定验收测试需要基于GUI来做的话，应用程序驱动器层就要了解如何与其进行交互。应用程序驱动器层中与GUI交互的这部分就叫做窗口驱动器。

窗口驱动器模式是通过提供一个抽象层，减少验收测试和被测试系统GUI之间的耦合，从而让基于GUI的测试运行时更加健壮。它有助于隔离系统GUI的修改对测试的影响。实际上是写了一个抽象层，作为测试的用户接口。所有测试都要通过这个抽象层与真正的UI进行交互。所以，如果对GUI做了一些修改，我们可以对窗口驱动器做相应的修改，这样就不用改测试了。

FitNesse（一个开源的测试工具）就是使用类似的方法，通过创建Fit夹具（fixture）作为你将要测试的部件的"驱动器"。在这方面，它是一个非常杰出的工具。

在实现这种窗口驱动器模式时，要为GUI上每个设备驱动器（device driver）写一个等价物。验收测试代码只能通过某个适当的窗口驱动器与GUI进行交互。作为应用程序驱动层的一部分，窗口驱动器提供了一个抽象层，用于将测试代码与UI的具体修改进行隔离。当UI变化时，只要修改窗口驱动器的代码，所有依赖于它的测试就都可以运行了。窗口驱动器模式如图8-3所示。

应用程序驱动器与窗口驱动器的区别在于：窗口驱动器知道如何与GUI打交道。如果为应用程序供一个新的GUI（比如除了Web界面以外，还有一个富客户端），你只要在应用程序驱动器中再加入一个新的窗口驱动器就可以了。

[①] Twist是Jez所在的公司ThoughtWorks开发的一个商业工具，它能够在验收条件脚本中直接使用Eclipse的自动完成功能和参数查找功能，还可以对脚本和底层实现进行重构，并保持它们同步。

8.4 应用程序驱动层

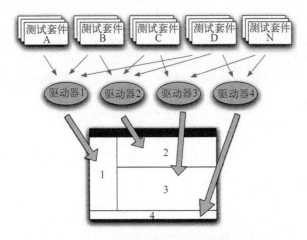

图8-3 在验收测试中使用窗口驱动器模式

> **使用窗口驱动模式创建可维护的测试**
>
> 在一个非常大的项目中，我们选择了一个开源的GUI测试脚本工具。在第一个版本发布的开发过程中，尽管被测试的版本可能要落后于当前开发版本有一两周的时间，我们还是设法用与开发相同的节奏来运行自动化验收测试。
>
> 在第二个版本发布中，我们的验收测试很快就被抛在了后面。在发布结束时，由于落后太多，第一个发布中写的测试没有一个可以运行的了。
>
> 在第三个版本发布中，我们实现了窗口驱动模式，改变了创建和维护测试的流程，最显著一个变化就是让开发人员负责对测试的维护。到发布结束时，我们就有了一个可以工作的部署流水线，其中每次成功的提交之后都会立即运行自动化验收测试。

下面是没有使用本章描述的分层机制写出来的验收测试的例子：

```
@Test
public void shouldDeductPaymentFromAccountBalance() {
  selectURL("http://my.test.bank.url");
  enterText("userNameFieldId", "testUserName");
  enterText("passwordFieldId", "testPassword");
  click("loginButtonId");
  waitForResponse("loginSuccessIndicator");

  String initialBalanceStr = readText("BalanceFieldId");

  enterText("PayeeNameFieldId", "testPayee");
  enterText("AmountFieldId", "10.05");
  click("payButtonId");
```

```
        BigDecimal initialBalance = new BigDecimal(initialBalanceStr);
        BigDecimal expectedBalance = initialBalance.subtract(new BigDecimal("10.05"));
        Assert.assertEquals(expectedBalance.toString(), readText("BalanceFieldId"));
    }
```

下面是重构成两层(测试实现层和窗口驱动层)以后的例子,其中AccountPanelDriver就是一个窗口驱动器。这是一个对测试进行解耦的很好的出发点。

```
@Test
public void shouldDeductPaymentFromAccountBalance() {
    AccountPanelDriver accountPanel = new AccountPanelDriver(testContext);

    accountPanel.login("testUserName", "testPassword");
    accountPanel.assertLoginSucceeded();

    BigDecimal initialBalance = accountPanel.getBalance();
    accountPanel.specifyPayee("testPayee");
    accountPanel.specifyPaymentAmount("10.05");
    accountPanel.submitPayment();

    BigDecimal expectedBalance = initialBalance.subtract(new BigDecimal("10.05"));

    Assert.assertEquals(expectedBalance.toString(), accountPanel.getBalance());
}
```

我们可以更清晰地看到测试语义和在其之下与UI交互细节的分界线。如果只看该测试中的代码量,再加上窗口驱动器的代码量,其代码量当然比不分层的测试要多,但是,这种方式使抽象的层次更高一些。我们可以在需要与该页面交互的很多不同的测试中重用这个窗口驱动器,并不断对其增强。

就我们的例子而言,如果业务人员决定不使用基于Web的用户接口,而是使用触屏界面的话,这些测试基本不需要修改。我们只需要再创建一个窗口驱动器,让它代替原来那个Web窗口驱动器,与触摸屏界面进行交互就可以了。

8.5 实现验收测试

验收测试的实现当然不仅仅是分层问题。它还包括让应用程序达到某种特定状态,然后再执行几个操作,之后再验证结果。另外,它还要能处理异步问题和超时问题。测试数据也要细心管理。还常常需要使用测试替身,以便模拟与外部系统的集成。这些都是本节所要讲的内容。

8.5.1 验收测试中的状态

在上一章中,我们讨论了有状态的单元测试问题,并提供建议试着将测试对状态的依赖最小化。而对于验收测试来说,这个问题就更加复杂了。验收测试要模拟真实的用户在真实的应用场景下与系统进行交互,并验证系统功能是否满足业务需求。当用户与系统进行交互时，他们会建立并依赖于系统中所管理的状态信息。如果没有这种状况信息的话，验收测试就没有意义了。但建立一个已知的起始状态，准备真正测试的条件，然后在这个状态下运行测试是很困难的事情。

当说"有状态的测试"时，实际上我们用了一个缩略语。实际上，这里的"有状态"是指为了测试应用程序的某个行为，应用程序必须处于某种特定的起始状态（就是行为驱动开发中，"假如"那段所描述的内容）。应用程序可能需要一个拥有某种特殊权限的账户，或者需要对某支特定的股票进行操作。无论所需的起始状态是什么，令应用程序处于某种被测试的状态常常是写测试过程中最困难的部分。

虽然在所有的测试中消除状态是不切实际的（更不用说验收测试了），但更重要的是让测试对复杂状态的依赖最小化。

首先，要抵制使用生产数据的备份作为验收测试的测试数据库的诱惑（尽管有时它对吞吐量测试是有用的）。相反，我们要维护一个受控的数据最小集。测试的一个关键方面是建立一个确知的起始点。如果想在测试环境中跟踪生产系统的状态（我们在很多组织中看到过很多次这样的事情），你花在让该数据集能够运行起来的时间远远要多于用它来真正做测试的时间。毕竟，测试的关注点在于系统的行为，而非数据本身。

维护一个最小的一致性数据集，足够让你做探索系统的行为就可以了。很自然地，这个最小的起始点应该是放在版本控制库中的一组脚本，在验收测试开始运行时使用。理想情况下，正如将在第12章所要描述的，测试应该使用应用程序的公共API将应该程序调整到一个正确的状态，然后再开始测试。这比直接使用应用程序的数据库更强壮。

最理想的测试应该具有原子性。原子测试是指测试的执行顺序无关紧要，这样就消除了那些很难追踪的bug的主要来源之一。而且，这也意味着测试可以并行执行。只有做到这一点，你才能做到，无论应用程序变得多么庞大，都能得到快速反馈。

原子测试会创建它所需要的一切，并在运行后清理干净。除了是否成功以外，不会留下其他东西。在验收测试中可能很难，但并不是不可能做到。在处理事务系统时（尤其是关系型数据库），我们对其做组件测试时常用的一种技术就是在测试开始时创建一个事务，在其结束时将其回滚。这样，数据库就回到了测试运行前的状态。然而，遗憾的是，如果你接受了我们另一个建议（即将验收测试作为端到端的测试），那这个方法就不适用了。

验收测试最有效的方法是：利用应用程序自身的功能特性来隔离测试的范围。比如，软件支持多个具有独立账户的用户，就可以用这个功能特性在每个测试开始之前都创建一个新用户，如前面的例子所示。在应用程序驱动层创建一个简单的测试基础设施，让创建用户这个操作变得非常容易。这样，当运行该测试时，该账户相关联的任务活动和结果状态独立于其他所有账户的活动。这种方法不但可以确保测试是独立的，而且它也测试了应用程序的这种独立特性，尤其是在并行执行验收测试时。但如果应用程序本身没有足够独立的用例的话，这种方法就会有问题了。

有时，我们只能在测试用例间共享状态。在这种情况下，必须细心地对测试进行设计。像这样的测试更脆弱，因为它们的起始点并不是确知的。比如下面这个最简单的测试例子：向数据库中写入4条记录，然后再取出第3条记录用于下一步操作，那么就要确保在运行测试之前没有人向其中写入任何记录，否则你拿出来的可能就是错误记录。还有一件事儿需要小心处理，那就是：如果在最后没有环境清理过程（tear-down process）的话，执行多个测试时，就无法重复运行它们。对于测试的维护和执行来说，这些都是很讨厌的工作。可惜，有时候这是不可避免的，但还是值得尽力避免这些事儿。仔细思考一下是否能以不同的方式来设计这个测试，让它运行之后别留下什么东西。

当你发现必须创建一个无法保证初始状态而且运行后也无法清理干净的测试时，建议你集中精力，让这样的测试有绝对的防御性。在测试开始之前验证其状态是否符合你的期望，如果有任何异常之处，就马上让这个测试失败。用前置条件断言来保护测试，确保系统已为运行该测试准备好了。对于这种测试，要以相对方式验证，而不是绝对方式。比如不要把测试写成这样：向一个集合中加入三个对象，然后验证这个集合中只有三个对象。相反，应该首先得到集合中对象的初始数目x，然后再加三个对象进去，最后验证对象的数目是$x+3$。

8.5.2 过程边界、封装和测试

最直截了当的测试是那些不需要权限就能验证需求的测试，所以，它们也是所有验收测试的榜样。刚接触自动化测试的人会发现，想让代码可测试，必须修改对它的设计，事实的确如此。但是他们常常希望在代码上开很多秘密的后门，用于验证结果。这就不对了。正如我们所说的，自动化测试会给你压力，让你的代码更趋向于模块化和更好的封装性。但是如果你通过破坏封装性让它变得可测试，那么通常就会错过达到同一目的的好方法。

大多数情况下，你应该怀着下面这种愿望来写测试代码，即这些代码的存在只是为了验证应用程序的行为。努力避免这种受限访问，为自己设定一个底线，努力思考，直至你非常肯定自己已无法再找到更好的方法之前，决不放弃。

然而，当一点儿灵感都没有的时候，你就不得不使用某种后门了。比如设计某些方法调用，让你能够修改系统某部分行为，可能还会返回一些关键结果，或者将系统的某个部分完全调整到某种特定的测试模式下。如果你没有其他选择了，这种方法也行。但是，我们的建议是：只对那些系统外部的组件这么做，用受控的桩或者其他测试替身来代替与外部组件交互的那部分代码。另外，还建议不要添加那些只为测试而写的与远程系统部件交互的接口，这些远程系统部件将会被部署到生产环境中。

> **使用桩来模拟外部系统**
>
> 对于这个问题，我们遇到的最明显的例子是在某个测试当中需要处理流程边界。我们想写个验收测试，该测试需要通过一个外部接口，与另外一个系统所提供的服务进行交互，而这个外部系统并不在测试范围之内。可是，我们需要确认系统能够与这个外部接点协作。我们还需要确保我们的系统对于与该通信相关的任何问题都能够作出适当的响应。
>
> 我们就做了一个桩，用来代表这个外部系统，并让我们的服务与这个桩进行交互。最后，我们实现了一个叫做 `what-to-do-on-the-next-call` 的方法，我们的测试使用这个方法用于将桩切换到一种等待模式（即 triggered to respond，像我们定义的一样）等待下一次调用。

作为特定接口的一个替代品，你可以提供一个测试时（test-time）组件，它能返回"魔法"数值。这种策略虽然可行，但是应该确保这种组件不要被部署到生产系统中。对于测试替身来说，这是一种有用的策略。

这两种策略都会产生有很大维护工作量的测试，需要经常进行修修补补。真正的解决方案是，只要能依赖系统自身的真正行为来验证测试的结果，就尽量避免这种妥协。只有没有其他选择时，才启用这种策略。

8.5.3 管理异步与超时问题

异步系统的测试有其独特之处。就单元测试来说，在单个测试范围之内，应该避免所有异步情况，也要避免跨越测试边界的情况。后者会引起难以发现的偶然性测试失败。对于验收测试来说，根据应用程序本身的特点，异步可能是不可避免的。这个问题不仅会发生在那些明显具有异步的系统中，在任何使用线程和事务的系统都会有异步问题。在这种系统中，有些调用可能必须要等待另一个线程或事务执行完。

那么，接下来的问题是：是让这个测试失败呢？还是一直等待，直到返回结果？我们发现，最有效的策略是构建一个夹具用于将测试本身与这个问题隔离开来。诀窍是，对于测试本身而言，让事件顺序发生，使测试看起来像是同步的。这可以通过把同步调用背后的异步性隔离开来实现。

假设我们正在构建一个接收并存储文件的系统。系统会在文件系统的某个位置创建收件箱，并会以固定间隔检测更新。当它发现一个文件时，它会把这个文件安全地保存起来，然后发封邮件给某人说："文件已经到了。"

当编写在提交阶段执行的单元测试时，可以独立地测试这个系统中的每个组件，使用测试替身对象技术来断言它与其相邻的一小撮对象可以正确交互。这种测试不会真正与文件系统打交道，但会使用测试替身对象来模拟文件系统。在测试过程中我们遇到时间问题时（因为该系统中有定时轮询），我们会弄个假时钟，或者让系统"立刻"做轮询。

第8章　自动化验收测试

对于验收测试来说，我们需要知道更多的信息。比如，我们需要知道部署过程能正常工作，这就要求我们能够配置轮询机制，电子邮件服务器被正确配置，所有的代码都能无缝地工作在一起。

对于这个系统的验收测试来说，要处理的问题有两个：轮询间隔，即系统在检查新文件之前等待的时间；以及收邮件的时间。

理想情况下，我们的测试（使用C#语法）应该像下面这样：

```
[Test]
public void ShouldSendEmailOnFileReceipt() {
  ClearAllFilesFromInbox();
  DropFileToInbox();
  ConfirmEmailWasReceived();
}
```

然而，如果把测试写得如此简单，只是检查一下是否收到了邮件，测试的执行速度一定会超出应用程序的运行速度。当我们检查时，那封邮件一定没有收到。测试就会失败。尽管事实上，在我们检查之后没多久，那个邮件就到了。

```
// THIS VERSION WON'T WORK
private void ConfirmEmailWasReceived() {
  if (!EmailFound()) {
    Fail("No email was found");
  }
}
```

相反，在这个测试失败之前，先让它暂停一下，让应用程序有机会跟上测试的速度。

```
private void ConfirmEmailWasReceived() {
  Wait(DELAY_PERIOD);

  if (!EmailFound()) {
    Fail("No email was found in a sensible time");
  }
}
```

如果将DELAY_PERIOD设置得足够长，这个测试就会通过了。

这种方法的缺点是DELAY_PERIOD的个数和时间都会快速增长。但是，有一次我们对这种策略做了一些调整，结果验收测试的时间从两小时下降到40分钟。

这个新策略基于两个想法。一个是去轮询结果数据，另一个是将监控中间事件作为测试的一个门槛。我们用了"重试"（retry），而不是在超时之前等上足够长的时间。

```
private void ConfirmEmailWasReceived() {
  TimeStamp testStart = TimeStamp.NOW;
  do {
    if (EmailFound()) {
      return;
    }
    Wait(SMALL_PAUSE);
  } while (TimeStamp.NOW < testStart + DELAY_PERIOD);
  Fail("No email was found in a sensible time");
}
```

在这个例子中,我们只保留了很小的暂停,否则我们就是浪费宝贵的CPU周期来检查电子邮件,而非去处理收到的电子邮件。虽然还有一个暂停SMALL_PAUSE,但也比上一个版本的测试更加高效,与DELAY_PERIOD相比,SMALL_PAUSE要少一些(通常会少两个或多个数量级)。

最后的提升有一点儿侥幸,它更多的是依赖于应用程序的特点。我们发现,在有很多异步操作的系统中,通常能找到一些其他帮手。在这个例子中,想象一下,还有一个服务,用来处理收到的电子邮件。当电子邮件到达以后,它会发出一个"已收到邮件"的事件。如果等待这个事件,而不是定时去轮询电子邮件是否到达的话,测试就会快一些。

```
private boolean emailWasReceived = false;

public void EmailEventHandler(...) {
  emailWasReceived = true;
}

private boolean EmailFound() {
  return emailWasReceived;
}

private void ConfirmEmailWasReceived() {
  TimeStamp testStart = TimeStamp.NOW;
  do {
    if (EmailFound()) {
      return;
    }
    Wait(SMALL_PAUSE);
  } while(TimeStamp.NOW < testStart + DELAY_PERIOD);
  Fail("No email was found in a sensible time");
}
```

就ConfirmEmailWasReceived的所有调用者而言,该确认步骤看上去好像就与上面写的各版本的代码都是同步的了。这样,写高层次的测试就容易多了,尤其是在这个检查之后还有后续活动的时候。这类代码应该是在应用驱动器层上,这样很多测试用例就都可以重用它了。这种相对复杂一点的实现是值得花上一点儿功夫的,因为它高效,而且完全可靠,这也让所有依赖于它的测试都变得可靠。

8.5.4 使用测试替身对象

能够在类生产环境中执行自动化测试是做验收测试的必备条件。然而,这种测试环境的一个关键属性是它能够完全支持自动化测试。自动化验收测试与用户验收测试并不完全一样。其中一个不同点就是:自动化验收测试不应该运行在包含所有外部系统集成点的环境中。相反,应该为自动化验收测试提供一个受控环境,并且被测系统应该能在这个环境上运行。这里所说的"受控"是指,可以为每个测试创建正确的初始化状态。如果与真正的外部系统集成,我们很可能就无法做到这一点。

在做验收测试时,应该最小化外部依赖的影响。然而,我们的目标是尽早地发现问题。为了达到这个目标,我们就要做系统的持续集成。很明显,这里有点儿冲突。与外部系统的集成很难一次就做对,而且常常是问题的来源。这也暗示着,有效及仔细地测试这类集成点是非常重要的。问题是,如果你把外部系统也放到验收测试的范围中,那么对系统和开始状态的控制能力就会减弱。进而,使自动化测试的强烈冲击在项目早期就释放在这些外部系统上,可能要比人们期望的更早。

这种平衡通常会导致对已建立的测试策略进行一些妥协。与开发过程的其他方面一样,很少有"正确的"答案,每个项目都是不同的。这个策略有两个分支:我们通常创建测试替身对象,用于代表系统与所有外部系统交互的连接器,如图8-4所示。另外,还会围绕集成点创建一些测试,目的是在一个真正与外部系统连接的环境中运行。

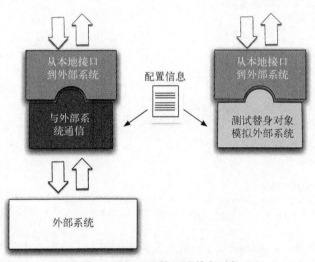

图8-4 外部系统的测试替身对象

除了能够为测试用例提供已知的起始点以外,在测试中,用替身对象取代外部系统还有一个好处,那就是能够控制行为、模拟通信失败、模拟错误响应事件或高负载下的响应等,所有这些都能在我们的掌握之中。

应用一些好的设计原则,可以让外部系统与你开发的系统的耦合最小。通常会设计一个系统组件专门与某个外部系统进行交互,也就是说,每个外部系统对应一个内部组件(一个网关或适配器)。该组件把这些交互及与其相关的问题集中到一点,并将这些交互的技术细节与系统的其他部分隔离开来。还可以使用各种模式改善应用程序的稳定性,比如*Release It!: Design and Deploy Production-Ready Software*[①]一书中所描述的circuit breaker模式。

---

① 参见此处一书的2007年版第115页,其作者为Michael T. Nygard。

这个组件是应用程序与外部系统交互的一个接口。不管这个公开的接口是属于外部系统，还是属于应用程序代码库的一部分，它是保证内外两部分能够正常工作的一种契约。所以不但要验证应用程序可以与其交互，同时还要证明其是与外部系统交互的真正交点。可以用桩来断言应用程序和外部系统可以正确交互。接下来要讨论的集成测试能够用于断言外部系统是按照期望行为进行交互的。这样，使用测试替身对象和交互测试来消除出错的可能性。

测试外部集成点

由于各种各样的原因，外部集成点通常是很多问题的来源。而修改自己团队正在开发的代码通常不成问题。但是对于几乎所有类似于内外系统共享的数据结构、消息交换的频率以及寻址机制相关配置的修改都可能会引起问题。外部系统的代码修改也同样会导致问题。

当为这类集成点的行为编写测试时，测试点应该是那些可能出现问题的点，而到底哪些点容易出问题则更多地是由该集成自身的特性以及外部系统在整个生命周期中所处的位置决定的。假如外部系统比较成熟并且已经上线，那么出现的问题可能与正在开发当中的系统遇到的问题有所不同。这些因素是我们决定在哪里、什么时候做哪种程度的测试的依据。

如果外部系统也在开发当中，那么两个系统间的接口很可能会修改。模式（schema）和契约（contract）等都可能改变。而更微妙的是，与外部系统交换信息内容的方式也会发生变化。这种情况下，需要定期做仔细的测试，来识别两个系统的临界点。根据我们的经验，在大多数集成活动中，通常有几个明显的场景需要模拟。建议编写少量测试来覆盖这些场景。这种策略通常会遗漏一些问题。我们的应对办法是一旦发现这种遗漏，就写个测试来把它补上。随着时间的推移，我们会为每个集成点积累一个小的测试套件，很快就会捕获大部分问题。这种策略并不完美，但在这种情况下试图做到完全覆盖的话，通常是非常困难的，而且投资回报率很小，甚至为负。

测试应该总是被限定在两个系统（系统与外部系统）之间的特定交互上，不应该对外部系统接口进行全面测试。当然，基于收益递减规律：如果你根本不在意某个特定的字段是否有值，就别测试它了。另外，遵循4.3.4节中所述的原则也是必要的。

我们已经说过，"什么时候应该运行集成测试"这个问题根本没有固定答案。它应该根据项目的不同而不同，也根据集成点的不同而不同。偶尔，它可能和验收测试一起运行是有意义的，但大多数情况下却不是这样的。仔细想一下对外部系统的需要。记住，测试每天会运行多次。如果每个与外部系统的交互测试都是真实交互的话，那么自动化测试有可能对外部系统造成近似于生产环境一样的负荷。这并不总是受欢迎的，尤其是在外部系统的供应商自己本身就没有做很多自动化测试的时候。

而缓解策略就是实现它自己的测试套件，这样就不用每次验收测试运行时就运行它，但最好还是一天或一周运行一次。你也可以将这些测试放在部署流水线的另一个阶段中，比如放在容量测试阶段。

8.6 验收测试阶段

一旦有了验收测试套件，就应该把它作为部署流水线的一个组成部分来运行。提交测试一旦成功完成，就应该开始在通过提交测试的软件版本上运行验收测试套件。下面是一些运行验收测试可以使用的实践。

令验收测试失败的构建版本不能被部署。在部署流水线模式中，只有已经通过这一阶段的候选发布版本才能走向后续阶段。而后续阶段常常被认为是需要人为评判的：在大多数项目中，如果某个候选发布版本无法通过容量测试，就会有人来决定这次失败是否足以严重到要取消这个候选版本的发布资格，还是让它继续走下去。可是，对于验收测试，不应该提供这种人为评定的机会。如果成功，就可以继续，如果失败，就不能向前。

由于这个硬性规定，验收测试阶段是个极其重要的门槛。假如你想让开发过程持续且稳定的进行的话，就必须如此。不断运行这些复杂的验收测试，的确会花费开发团队很多时间。然而，根据我们的经验，这种成本投入是一种投资，会节省很多倍的维护成本。当对应用程序进行大范围修改时，它就是一张防护网，而且软件质量也会得到保证。这也符合我们的总原则：将流程中的痛点尽量提前。据我们所知，如果没有这种良好的自动化验收测试覆盖率，会有三种结果：(1) 当你认为开发快要结束，马上就能完成的时候，可能会在找bug和修改bug上花相当长的时间；(2) 花很多时间和金钱做手工验收和回归测试；(3) 发布低质量的软件。

为了调试而录制验收测试

自动化UI测试的一个常见问题是查出某个测试为什么会失败。因为这些测试都是高层次上的测试，所以失败的原因可能有很多。有时甚至可能与项目无关，有时可能是由于前面测试的失败（比如不同的窗口或对话框没关闭）导致后面的测试无法通过。通常找原因的手段只能是重新运行该测试，在它运行时目不转睛地盯着它。

在某个项目中，我们找到了一个办法使追踪问题更容易。在测试机器上安装开源工具Vnc2swf，并在测试开始前将它启动，录制测试运行过程。测试完成后，如果它失败了，我们就将这个录像也作为构建产物上传到服务器上。只有创建这个视频之后，我们才会让构建失败。这样做以后，调试验收测试就非常简单了。

有一次，不知道哪个开发人员登录到那台测试机上，查看了一下任务管理器，可能是为了检查一下内存使用情况或性能问题。但他忘记关闭窗口了，由于这个窗口是一个模式窗口，所以阻碍了应用程序的窗口。因此，UI测试无法点击应用程序窗口上的按钮。这个问题在构建页面显示为"无法找到按钮"，但这个录像发现了真正的原因。

很难枚举所有的理由来说明，在自动化验收测试上的投资对一个项目来说是合理的。对于经常接触到的项目类型来说，我们通常会把自动化验收测试和部署流水线的实现作为合适的起点。对于项目周期极短，而团队成员很少（也许少于四个开发人员）的情况，它可能会显得过分，还不如把端到端的测试也放在持续集成的提交阶段中呢。然而，对于那些大于这个规模的项目来说，聚焦于业务价值的自动化验收测试带给开发人员的价值一定超过它的成本。当然，假如一个大型项目也像小项目那样从简单开始，那么随着项目不断变大，如果没有极大的决心和艰苦的努力，要想补全自动化验收测试几乎是不可能的。

我们建议所有的项目都应该由交付团队创建、拥有和维护自动化验收测试，并将其作为项目的一个必要组成部分，而不是一个爱做不做的工作。

8.6.1 确保验收测试一直处于通过状态

由于运行高效的验收测试套件的时间问题，它通常运行在部署流水线中比较靠后的位置。这么做引起的一个问题是，如果开发人员没有像等待提交测试那样，坐在那里等着这些测试运行通过的话，那么他们常常会忽视验收测试的失败。

对于部署流水线来说，这种低效性是我们能够接受的妥协，因为这样能在提交测试阶段快速捕获大多数失败，并且也维持了比较高的自动化测试覆盖率。但这也是一种反模式。说到底这是一个纪律问题，整个交付团队应该为保持验收测试通过负责。

当某个验收测试失败时，团队要停下来立即评估问题。它是一个脆弱的测试，还是由于环境配置问题，或者是由于应用程序的某个修改使原有的假设不成立了，还是一个真正的失败？然后，让某人立即采取行动，使测试通过。

> **谁是验收测试的责任人**
>
> 很长时间以来，在传统模式下，我们把验收测试的责任划分给测试团队。事实证明，这种策略很有问题，特别是在大项目中。测试团队总是在开发链的最末端，所以验收测试经常处在失败状态。
>
> 开发团队只管自己的开发工作，并没有认识到他们的修改所产生的影响，即一些修改可能会大面积地破坏验收测试。当提交这些修改之后，测试团队才会在相对较晚的时间里发现这些修改。由于测试团队需要修复很多自动化测试，所以会耽搁一些时间才能修改最近发生的那些失败。也就是说，开发团队一直向前开发新功能，这种问题就一直不能被解决。测试团队很快就会被那些等待修复的测试，以及为开发人员正在实现的新需求实现测试所淹没。
>
> 这不是个小事情。验收测试通常都很复杂。找到某个验收测试失败的根本原因通常都会很耗时。正是在这种环境下，我们首次尝试了流水线式构建。我们希望缩

第 8 章　自动化验收测试

短"从代码的某次修改引入问题"到"某人发现需要对验收测试进行相应修改"之间的时间。

我们改变了自动化验收测试的拥有权。与其让测试团队负责验收测试的开发和维护，不如让整个交付团队（包括开发人员和测试人员）来负责。带来的好处是：它令开发人员关注并努力达到某个功能的验收条件。这能让他们立即意识到他们的修改对代码库的影响，因为他们也要对验收测试负责，也需要跟踪验收测试的运行。也就是说，开发人员也需要考虑验收测试了，而且更加了解他们的修改会影响哪些验收测试，这样会更好地完成他们的工作。

至关重要的是，为了保证验收测试一直可以工作，并使开发人员关注应用程序的行为，要让整个交付团队对验收测试拥有所有权和维护权，而不仅仅是测试团队的事情。

如果让验收测试变得很烂，会发生什么呢？当快要发布时，你会试图让验收测试通过，以便使你自己对软件质量感到一些自信。然而看过一遍验收测试后，你会发现，很难确定哪些验收测试是因为测试条件的变化而失败的，哪些测试是由于测试与代码紧耦合，而该代码被重构才导致失败，或者真的是由于应用程序的行为不正确而导致的失败。在这种情况下，常常看到的结果是，要么把测试删除，要么把测试忽略掉。因为对于当前的代码来说，已经没有足够多的时间找到这些失败的原因啦。你最终还是死在持续集成本来想要解决的问题上，即直到最后才想方设法让所有东西能正常运行，但不知道到底需要花多长时间，也不清楚代码真正的状态。

尽早修复失败的验收测试是至关重要的，否则测试套件就没有贡献真正的价值。其中最重要的一步就是让失败可视化。我们用过很多种方法，比如指定构建负责人（build master），让他跟踪到底是谁的修改导致失败，并给他们发送邮件，甚至直接站起来，大声问："谁在修复验收测试构建？"（这种方法效果很不错）。我们发现，最有效的方法是通过一些噱头（比如熔岩灯，很大的构建显示器，或者像 3.4.2 节中所说的某个技术）。下面还有几种方法可以令测试保持在良好的状态下。

识别可能的"罪魁祸首"

确定到底是什么原因令某个验收测试失败并不像单元测试那么简单。单元测试由某个开发人员或一对开发人员的组合所提交的修改触发。假定在你提交之前单元测试是好的，当你提交修改后，测试就失败了。那没有什么好说的，你就是"罪魁祸首"。

然而，在两次验收测试之间，可能会有多次提交，所以验收测试失败的几率更大。仔细设计构建流水线，以便能追踪与每个验收测试相关联的修改，这是非常值得做的一件事。某些现代持续集成系统很容易就能让你在整个构建部署生命周期中追踪每个部署流水线的构建版本，解决这个问题会相对容易一些。

> **验收测试与构建负责人**
>
> 在首个实现了复杂构建流水线的项目中，我们写了一些简单的脚本，并作为多阶段CruiseControl构建流程的一部分来运行。这些脚本会核对自上次成功运行验收测试之后的所有提交版本，识别所有的提交标签，因此也就知道到底是哪些开发人员提交了代码，可以向那些已经提交但还没有通过验收测试的代码的开发人员发送邮件。在这个大项目中，这非常有效。但是，我们还是需要有个人担任构建负责人，来加强构建纪律，使构建失败尽早被修复。

8.6.2 部署测试

如前所述，好的验收测试关注于验明某个具体用户故事或需求的某个具体验收条件是否被满足了。最好的验收测试是具有原子性的，即它们创建自己的起始条件，并在结束时将环境清理干净。这些理想测试会将其对状态的依赖最少化，并且通过公共入口而不是预留后门来测试应用程序。然而，仍有某些类型的测试不满足这种要求。但无论如何，在验收测试阶段运行它们都是非常有价值的。

当运行验收测试时，我们设计的测试环境会尽可能与期望的生产环境一致。如果成本不太高的话，它们就应该是一样的。否则，尽可能利用虚拟技术来模拟生产环境。所用的操作系统和任何中间件都应该和生产环境一致，在开发环境中已经模拟或者被忽略的那些重要的流程边界一定会在这里出现。

这就意味着，除了测试是否满足验收条件以外，这还是验证类生产环境自动化部署和部署策略是否能够工作的最早时刻。我们常常选择运行一小撮冒烟测试，用于断言我们配置的环境与期望一致，并且系统中各种组件中的通信也是正常的。我们有时把这叫做基础设施测试或环境测试。但实际上，它们是部署测试，目的在于证明部署非常成功，并为更多功能验收测试的执行建立完好的起始状态。

通常，我们的目标是快速失败。如果验收测试有问题的话，我们希望验收测试构建尽快失败。由于这个原因，我们常常将部署测试套件作为一种特殊的套件。如果它失败了，我们会让整个验收测试阶段失败，并且不会等待需要长时间运行的验收测试套件执行完。在测试异步系统时，这是特别重要的。如果基础设施没有准备好，每个测试可能都会直到超时才会结束。这种失败模式曾经发生在我们的一个项目中，有一次它令一个验收测试运行了30多个小时才最终失败，而正常情况下90分钟就够了。

也可以将那些间断性的测试或者通常能捕获常见问题的测试放到这种优先级较高、需要快速失败的测试集合中。如前所述，你要找到这些提交级别的测试，它们通常能够捕获常见的错误或失败，但有时这种策略也可以作为一种临时手段，用于找到那些常见且很难测试的问题。

第 8 章 自动化验收测试

> **土豚检录**
>
> 在一个项目中，我们曾使用JUnit写验收测试。我们所掌握的唯一方便控制运行测试套件的方式就是利用套件的名字，因为它们是按字母顺序排列的。我们组织了一组环境测试，并把它命名为"土豚"（Aardvarks），以确保它在所有其他测试之前执行。
>
> 请记住，在运行其他测试之前，一定做土豚检录测试。

8.7 验收测试的性能

由于自动化验收测试是用来断言应用软件交付了用户期望的价值的，所以，它们的性能并不是主要考虑的问题。在项目一开始就创建部署流水线的原因之一就是：通常验收测试由于运行时间太长，所以不能把它放在提交阶段。有些人反对这种观点，认为性能太差的验收测试套件是验收测试套件缺乏维护的一种症状。让我们澄清一下：我们认为，持续地关注维护验收测试套件，以保持它的良好结构和连贯性是非常重要的，但是自动化验收测试的全面性要比测试在10分钟内运行完成更重要。

验收测试必须断言系统的行为。它们必须尽可能从外部用户的角度来断言，而不仅仅是测试系统中某个外部不可见的行为。这自然也暗示着性能上的损失，即使对于一个相对简单的系统来说也是一样。甚至在我们考虑运行单个测试花多长时间之前，就必须能对该系统及其相关的所有基础设施进行部署、配置，以及启动和停止等操作。

然而，一旦你开始实现部署流水线，快速失败体系和迅速反馈环就开始显露出它们的价值了。引入问题的时间点与发现问题的时间点之间的时间越长，发现问题根源并修复它的难度越大。通常，验收测试套件花几个小时而不是几分钟才能运行完。这是可以接受的，很多项目的验收测试阶段都要花几个小时，但也运行良好。但是，仍旧有办法可以提高效率。有一系列的技术能用来缩短从验收测试阶段得到运行结果的时间，从而提高团队的整体效率。

8.7.1 重构通用任务

最显而易见且快速奏效的方法就是每次构建结束后都找到最慢的几个测试，再花上一点儿时间找些办法让它们更加高效。这种策略与我们管理单元测试的方法相同。

这之后就要寻找通用模式，尤其是在测试准备阶段。一般来说，根据验收测试的特点，它要比单元测试有更多的状态。由于我们建议你使用端到端的方法来做验收测试，尽可能减少共享状态，这也暗示着，每个验收测试应该准备自己的起始条件。然而，你常常会发现，在多个测试用例中，准备过程中的某些步骤是完全一样的，因此，值得多花些时间让这些步骤变得更高效一些。在比较理想的情况下，假如在准备工作中有一个公共API可以利用，就不要通过界面来操作。有时，事先为应用程序准备一些"种子数据"（seed data），或者用一些应用测试的后门为它准备测试数据都是有效的办法。但是，你应该对这种后门持有一定的置疑态度，因为这很容易造成测试数据与实际应用程序运行所产生的数据不一致的情况，也就无法验证后续测试的正确性了。

无论采用什么样的机制，对测试进行重构，通过创建测试辅助类，确保测试在执行通用任务时所用的代码相同，这对更好的测试性能和更高的可靠性是非常重要的步骤。

8.7.2 共享昂贵资源

在前面几章中，我们已经描述了一些技术，可以帮助提交测试阶段中的那些测试达到适当的测试起始状态。这些技术也同样适合于验收测试，但对于验收测试的黑盒特性来说，可能会有个别选项并不适合。

解决这种问题的直接办法就是在某个测试开始之前，创建一个标准的空白的应用程序实例，并在它结束之后，把这个实例销毁。该测试自行负责用它所需要的初始数据来填充这个实例。这种做法简便且非常可靠，并且让每个测试都从一个受控且可完全重现的起始状态开始执行，这是非常有价值的属性。然而，遗憾的是，对于我们创建的大多数系统来说，它执行得非常慢，因为除了那些最简单的软件系统以外，其他软件系统都要花相当长的时间来清理它的状态，并启动应用程序。

所以，妥协是必要的。我们要找出测试间会共享哪些资源，以及哪些资源要被单个测试独占。通常，对于大多数基于服务器的应用程序来说，都可以共享这个服务器的同一个实例。在执行验收测试前，创建一个干净的系统运行实例用于测试，在这个实例上运行所有的验收测试，最后再将它关闭。根据被测系统的特质，有时候可对其他的耗时资源进行优化，使验收测试套件在整体上能更快地执行。

加速Selenium测试

在Dave当前的项目里，他利用优秀的开源工具Selenium测试Web应用程序。他用Selenium Remoting，并使用本章前面提到的DSL技术把验收测试写成JUnit测试的形式，而DSL位于窗口驱动器层的上面。开始时，这些窗口驱动器就会启动和停止Selenium实例和测试用的浏览器。这很方便、强壮且可靠，但运行比较慢。

Dave能够修改代码，使测试共享这些Selenium运行实例和浏览器。而这也会令代码变得更复杂，而且会话状态也会复杂一些。但是，这毕竟也是加快验收测试运行速度的一个优化选择。

可是，Dave最终选择了另一个策略：并行验收测试和在计算网格上运行。后来，他还优化了每个测试客户端，使它有自己的Selenium实例，如下节所述。

8.7.3 并行测试

当验收测试间的独立性比较好时,还有一种办法可加速测试的运行,那就是"并行执行测试"。对于那些基于服务器的多用户系统来说,这是显而易见的。如果你能将测试分开,并且保证它们之间没有互相影响的话,那么,在同一个系统实例上并行执行测试会大大减少验收测试阶段运行的总时长。

8.7.4 使用计算网格

对于那些非多用户系统,或者那些极其昂贵的测试,或者那些需要模拟并发用户的测试来说,使用计算网格的益处非常大。当与虚拟服务器结合使用时,这种方法就变得极其灵活且可扩展了。你甚至能让每个测试运行在属于它自己的虚拟机器上。这样,验收测试套件的时间再长,也就是那个运行得最慢的测试所用的时间了。

实际上,有更多约束的分配策略通常更有意义。这个领域中一些供应商并没有忽略这种优势。大多数现代持续集成服务器都提供了管理测试服务器网格的功能。如果你使用Selenium的话,还有另外一个选择,那就是使用开源的Selenium Grid,它可以让使用Selenium Remoting写的验收测试不必修改就能并行运行于计算网格中。

使用云计算进行验收测试

随着时间的推移,Dave所在项目的验收测试环境变得非常复杂。开始时使用JUnit写的基于Java的验收测试进行测试,并通过Selenium Remoting与Web应用程序进行交互。起初效果还不错,但是随着测试的增多,验收测试套件运行的时间也越来越长。

我们开始时使用常规的优化方法,即识别并重构验收测试中的公共模式。最后写了一些非常有用的辅助类,抽象和简化了很多测试准备工作。这多多少少提高了测试性能,但对于一个很难测试、具有高度异步特性的应用程序来说,更主要的是提高了测试的可靠性。

该应用程序有一套公共API和几个不同的Web应用,这些Web应用通过这些API可以与后台系统进行交互。所以接下来的优化重点是把那些针对API的测试分离出来,在运行基于UI的测试之前首先运行这些API测试。如果API验收测试套件(它要比UI测试快得多)失败了,那么就令验收测试阶段失败。这使得反馈速度更快,也提高了捕获简单错误并快速修复它们的能力。

然而,验收测试的时间还是随着测试的增多而增长。

接下来做了一些粗粒度的并行测试,也就是将测试分成几组并行执行。为了简单起见,我们按字母顺序对它们进行了分组,然后使用开发环境中的几个虚拟机,让这几组测试分别运行于它们各自的应用程序实例上。此时,在开发过程中已经使用了很多的虚拟化技术。为了最大化服务器利用率,开发环境和生产环境都使用了虚拟化技术。

这马上就使验收测试时间缩短了一半，而且只要做很少的配置，就可以对这种方式进行扩展。与完全并行相比，这种方法的优点是不需要那么多的测试隔离性。每组验收测试套件都有其独立的应用程序实例，在每个套件内部，测试运行顺序与原来相同。其优点在于如果需要更多的验收测试套件，只需要增加更多的主机（无论是虚拟机还是物理机）就可以了。

然而，此时我们决定稍微改变一下战术，利用Amazon EC2云计算，以便获得更大的扩展性。图8-5显示了我们所用的测试虚拟机的逻辑组织结构。一部分虚拟机放在我们公司内部，而模拟多个客户端与被测试的系统交互的那些机器以分布式的方式运行于EC2云中。

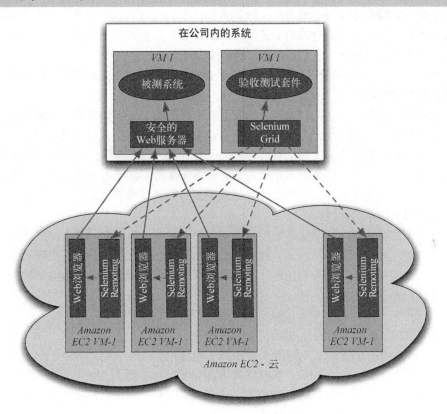

图8-5 使用计算网格进行验收测试的例子

8.8 小结

使用验收测试对提高开发流程的效率非常重要。它使交付团队的所有成员都关注于真正的工作：用户想从应用程序中得到什么。

第 8 章　自动化验收测试

自动化验收测试通常要比单元测试复杂，需要更多的时间进行维护。而且，由于它在修复某个失败与使所有验收测试套件成功通过之间那种固有的滞后性，所以与单元测试相比，它处于失败状态的时间要长一些。然而，如果把它作为从用户角度看待系统行为的一种保障的话，它为复杂的应用程序在整个生命周期中的回归问题提供了一个良好的防范性。

由于在不同软件项目间作出有意义的对比是非常困难的（并非不可能），所以，即使用自动化验收测试会得到数倍的收益，我们也很难为你提供任何数据支持我们下面这个断言。我们只能向你保证，虽然在我们参与的项目中，确保验收测试持续运行是一项很困难的工作，而且带来了一些复杂问题，但是，我们从来没有后悔使用验收测试。它使我们能对系统安全地进行大规模重构。我们还坚信，在开发团队中鼓励关注这种测试的是软件成功交付的有力武器。最后，建议你尝试采用本章中所描述的这种验收测试，自己亲自评估一下是否值得这么做。

我们认为，"拒绝未能通过验收测试的候选发布版本"这一纪律是交付团队开发高质量软件过程中前进的一大步。

我们的经验是，手工测试是软件行业中的一种基准，并且常常是一个团队进行测试的唯一形式。我们发现，手工测试的成本不但极其昂贵，而且也不足以确保生产出高质量的软件。当然，手工测试有其自己的位置，如探索性测试、易用性测试和用户验收测试和演示。人类生来就不适合做那种索然无味的、需要不断重复但却非常复杂的工作，然而，不幸的是，这些恰恰都是做手工回归测试所需要的。这种低质量过程必然生产出低质量的软件。

近年来，越来越多的团队开始关注并使用单元测试。与只依赖手工测试相比，已经算是向前发展了一大步。然而，根据我们的经验，它仍然会导致代码没有做用户想要的东西，因为单元测试的关注点并不是业务本身。我们相信，采纳验收测试条件驱动的测试代表了更先进的理念，因为它：

- 为"软件是否满足业务目标"提供了更高的信心；
- 为系统进行大范围修改提供了一个保护网；
- 通过全面的自动回归测试极大地提高了质量；
- 无论什么时候出现缺陷，都能提供快速、可靠的反馈，以便可以立即修复；
- 让测试人员有更多的时间和精力去思考测试策略、开发可执行的规格说明，以及执行探索性测试和易用性测试；
- 缩短周期时间，使持续部署成为可能。

第 9 章

非功能需求的测试

9.1 引言

为了实现部署流水线,我们已经讨论了自动化测试的很多方面。然而,到目前为止,我们主要关注于测试应用程序的行为,这通常称为功能需求测试。本章将讨论非功能需求的测试方法,这主要是关于容量(capacity)、吞吐量(throughput)和性能(performance)的测试。

首先澄清一些易混淆的术语。我们将与Michael T. Nygard使用相同的术语[1]。"性能"是对处理单一事务所花时间的一种度量,既可以单独衡量,也可以在一定的负载下衡量。"吞吐量"是系统在一定时间内处理事务的数量,通常它受限于系统中的某个瓶颈。在一定的工作负载下,当每个单独请求的响应时间维持在可接受的范围内时,该系统所能承担的最大吞吐量被称为它的容量。客户通常对吞吐量和容量较感兴趣。在现实生活中,"性能"常被用来指这些术语的合集,本章会小心地使用它们。

NFR(NonFunctional Requirement,非功能需求)是非常重要的,因为在很大程度上,它们代表着软件项目的交付风险。即使当你清楚地知道非功能需求是什么的时候,也很难投入恰到好处的精力来保证这些非功能需求得到满足。很多失败的系统就是由于无法处理负载、不安全、运行得太慢,或者因为更常见的原因——低质量代码而导致无法维护。有些项目失败则是因为走向了另一个极端,即太担心非功能需求,所以使开发速度非常慢,或者由于系统变得太复杂或过度开发而使得无人知道如何做才能让开发更有效或更合适。

所以,将需求分为功能性需求与非功能性需求其实是一种人为结果。非功能需求[比如有效性(availability)、容量、安全性和可维护性等]与功能测试同样重要,同样有价值,它也是系统功能中至关重要的组成部分。由于这个术语——非功能测试——

---

[1] 参见 *Release It!: Design and Deploy Production-Ready Software* 一书2007年版第151页。

第9章 非功能需求的测试

让人产生错觉，所以有人建议使用"跨功能需求"（cross-functional requirement）或"系统特征"（system characteristics）来描述这些内容。根据我们的经验，通常用于处理这类需求的办法和效果都不是很好。项目干系人（stakeholder）应该能够决定：在"用信用卡付费"与"处理1000个并发用户"这两个需求中，哪个优先级更高。其中一个需求的业务价值一定比另一个更高。

在项目开始就识别出哪些是重要的非功能需求，这一点至关重要。然后，团队就要找到某种方法来衡量这些非功能需求，并在交付时间表中考虑什么时候做这些测试，把它们放在部署流水线的哪个位置。本章将先讨论一下非功能需求的分析工作。然后再讨论以什么样的方式开发应用程序，来满足它的容量需求。接下来再讲一下如何衡量容量，如何创建用于衡量的环境。最后，讨论一下在自动化验收测试套件中创建容量测试的策略，以及如何把它放在部署流水线中。

9.2 非功能需求的管理

一方面，非功能需求与其他需求一样，它们也有实际的业务价值。而另一方面，它们之间也有所不同，即非功能需求会跨越其他需求的边界。非功能需求本身所具有的横切（crosscutting）特性令它们难于处理，无论是分析还是实现。

把非功能需求与功能需求区别对待，就很容易把它从项目计划中移除，或者不给予它们足够的分析。然而，这可能就是一个灾难，因为非功能需求常常是项目风险的来源之一。在交付过程的后期才发现应用程序因基本的安全漏洞或很差的性能而导致项目无法验收，这种常见现象会导致项目推迟交付甚至被取消。

对于实现来说，非功能需求是很复杂的，因为它们通常对系统架构有很大的影响。比如，任何需要高性能的系统都不应该让一个请求横跨系统中的多个层。由于在交付过程的后期很难对系统架构进行修改，所以在项目一开始就要考虑非功能需求，这是至关重要的。这意味着需要做一些恰到好处的预分析，决定为系统选择什么样的架构。

另外，非功能需求之间可能彼此排斥：对安全性要求极高的系统常常在易用性上做一些妥协，而非常灵活的系统经常在性能方面有所妥协，等等。我们想说的是，尽管在理想状态中，每个人都希望他们开发出来的系统具有很好的安全性，很高的性能，非常大的灵活性，并且极易扩展，易用性也非常好，技术支持也比较容易，开发和维护都很简单。然而，在现实世界中，前面提到的每个特征都是有成本的。每个架构面对非功能需求都会作出一些妥协。因此，软件工程协会（Software Engineering Institute）的ATAM（Architectural Tradeoff Analysis Method，架构权衡分析方法）就是通过对系统非功能需求（称为"质量属性"）进行完整分析，帮助团队选择一种合适的架构。

总而言之，在项目一开始，交付过程中的每个人（包括开发人员、运维人员、测试人员和客户）都需要思考一下应用程序的非功能需求，以及它们对系统架构、项目时间表、测试策略和总成本的影响。

非功能需求的分析

正在进行的项目中，我们有时也把非功能需求作为某些功能性用户故事的一种验收条件了，但满足这些非功能需求所花的成本比我们预计所花的成本和精力要大得多。用这种方式来管理非功能需求常常是一个尴尬且低效的办法。相反，更有效的办法是，像功能需求那样，为这些非功能需求也创建一些具体的用户故事或任务，尤其是在项目的一开始。由于我们的目标是把不得不处理的横切问题降到最小程度，所以，可以同时使用以下两种方法：(1) 创建一些具体任务来管理非功能需求；(2) 如果有必要，向其他功能需求中加入非功能需求的验收条件。

比如，管理某个非功能需求的一种方法是这样的：以可审计性为例，可以写成"与系统所有重要的交互都应该被审计"，并且再制定某种策略，向那些有重要（需要被审计的）交互的用户故事中加入相关的验收条件。另一种方法是从审计人员的角度来捕获需求。此种身份的用户会有何种需求呢？我们只需针对审计人员想看到的报告来描述一下需求即可。这样，审计就不再是横切性的非功能需求了。相反，它和其他功能需求没什么区别，而且可以与其他需求一起排定优先级，而且它也是可测试的。

对于容量问题，也是一样的。以用户故事的方式定量描述系统在这方面的期望是合理的，并且要定义足够多的细节，这样就可以做成本与收益的分析，并依此对它们进行优先级的排定了。根据我们的经验，这种方式还会让这些需求得到有效的管理，最终会让用户和客户满意。这种策略还能让你远离最典型的非功能需求问题：安全性、审计性、可配置性，等等。

当分析非功能需求时，提供适当的细节是至关重要的。只说"响应时间要尽量快"是不够的。"尽量快"根本无法评估到底在这方面要用多少预算来满足需求。"尽量快"意味着要细心处理如何做缓存，以及到底缓存哪些内容？或者这是否也意味着，自己需要制造CPU，就像苹果公司iPad的做法呢？无论是否具有功能性，所有需求都必须给它一个值，以便可以对它进行评估，并排列优先级。这种方法会使团队思考在哪方面投入开发成本最划算。

很多项目都面临一个同样的问题，即没有很好地理解应用程序的验收条件。虽然很明显它们会有一个确切的说明，比如"所有用户交互都要在两秒内作出响应"，或者"系统每小时可以处理80 000个事务"。然而对于我们的需要来说，这种定义太宽泛了。涉及"应用程序性能"，人们常用很多含糊的提法来简要地描述性能需求、可用性需求乃至许多其他需求。假如要求"应用程序要在两秒内作出响应"，那么是在所有的情况下都要做到这一点吗？假如某个数据中心出了问题，我们还必须满足这个"两秒种以内"的要求吗？这个要求对于那些相对很少被用到的交互是一样的，还是只对常用的那些交互有效？当说"两秒以内"时，是指两秒内成功结束本次交互，还是指用户在两秒内可以得到某种反馈就可以了？如果某个地方出了问题，那么是需要在两秒内返回一个错误消息给用户，还是只对那些成功的交互才有这个要求？如果系统遇到较大压力,是否也需要在两秒内作出响应?是在负载达到峰值时也有同样的要求,还是仅需要平均响应时间呢?

在性能需求中,还有另一种常见的错误要求,即用一种非常懒散的方式来描述系统的可用性。当很多人说"在两秒种内作出响应"时,他们是想说:"我不想坐在计算机前等上很长时间还没有得到任何反馈"。如果这是他们真正的想法,其实这就并不一定是一个性能问题。

9.3 如何为容量编程

假如没有很好地分析非功能需求,它们就往往会限制我们的思维,从而导致过分设计和不恰当的优化。很容易花过量的时间写一些"高性能"的代码。在预测应用程序中哪里有性能瓶颈这一方面,开发人员的表现相当差。他们往往会在代码中引入不必要的复杂性,并且花很多成本来维护,以达到无法确定的性能。这值得让我们引用一下高德纳(Donald Knuth)最著名的格言。

> 在97%的时间里,我们都应该忘记那种小的效率提升:过早优化是所有罪恶之根。然而,我们也不能让另外非常关键3%的机会与我们擦肩而过。一个优秀程序员不会因为这个原则而对其置之不理,他们非常聪明,只会在识别出那段关键代码后,才会非常细心地去查看。

关键点在最后一句。在找到解决方案之前,必须先找出问题的根源。也就是说,我们要知道问题到底是什么。容量测试阶段的关键在于,它要告诉我们是否存在问题,以便我们可以修复它。不要枉自猜测,而要先进行度量。

过早优化

我们曾做过一个项目,其目标是对某个遗留系统进行功能增强。该系统最初的目标用户群只是一小撮人,而真正在使用它的用户则更少,因为它的性能太差了。举个例子,在某个交互中,需要向用户显示在某个消息队列中存放的一个错误提示信息。这些错误提示信息从队列中取出后,被放进了内存中的一个列表(list)里。这个列表在被传到另一个模块中的列表之前,会有另一个线程以异步方式对其进行轮询。在第二个模块中的列表也会经历同样的操作。这种操作模式被重复七次之后,才会最终显示到用户界面上。

你可能会想,这是多么糟糕的设计啊。事实上,你是对的,的确很糟糕。然而,这个设计原本的目的却是为了避免性能瓶颈。这种异步轮询模式试图处理负载激增的情况,而不降低应用程序的总体容量。很明显,"七次轮询"是一种矫枉过正的做法。但在理论上,假如负载变得非常重,对于保护应用程序来说,这并不算是一个非常糟糕的策略。可是,问题在于,对于一个事实上并不存在的负载问题来说,这种解决方案实在太复杂了。事实上,这种状况根本没有发生过,消息队列也从来没有被这种错误所充斥。即便这种情况发生了，它也不会把应用程序怎么样，除非应用程序过于频繁地请求这些消息。有人还在商业版的消息队列系统之前人为地构造了一个七层队列。

这种对于容量近乎偏执的关注常常导致过于复杂（也因此变得很差）的代码。设计高容量的系统的确很难，但是开发过程中在不适当的时候去担心容量问题，则会让它变得更难。

过早且过分地关注应用程序的容量优化是低效且昂贵的。而且，最终交付的应用系统也很少是高性能的。更糟糕的是，它甚至可能让项目无法交付。

事实上，根据需要，为高容量系统写的代码比日常系统的代码要更简单。复杂性增加了延迟，但大多数程序员并不能理解这一点，更不用说怎么做了。尽管本书不想讨论如何对待高性能系统的设计问题，但这里会列出所用方法的要点，只是为了简述在"交付流程"这个上下文中如何做容量测试。

对于任何系统的设计，系统性能受限的地方就是瓶颈所在。有时候，我们很容易想到瓶颈在哪里，但通常这些预料都是错的。在项目初始阶段（initiation）时，意识到容量问题最常见的原因，并且设法避免它是很容易的。现代软件系统中，最昂贵的是网络通信或磁盘存储。在性能和应用程序的稳定性方面，跨进程或网络边界的通信是昂贵的，所以这类通信应该尽量最小化。

与写其他类型的系统相比，写高容量系统需要有更严格的要求（discipline），也需要对底层软硬件如何对应用程序提供支持有一定程度的了解。高性能需求也带来了额外的成本，而我们必须理解和权衡这种附加成本所带来的业务价值。对容量的关注常常迎合了技术人员的心理，这对我们是不利的，很可能导致解决方案的过度设计，从而增加项目成本。因此，让业务干系人决定系统的容量特性是极其重要的。我们再次重申一个事实，即高性能的软件实际上比较简单，而不是更复杂。问题在于我们要做一些工作，为它找到一个更简单的解决方案。

这需要平衡。构建高容量系统是挺棘手的事情，正确的策略肯定不是天真地认为在后期能够解决所有的问题。一旦最初在架构层面上考虑了将跨进程和边界的通信最小化，以便处理应用程序的性能问题（可能比较宽泛），那么就应该避免在开发期间进行更复杂的"优化"，除非是修复那些被清晰识别并可度量的问题，这就是经验的用武之地。为了能够获得项目成功，必须避免两个极端：一是假设自己能在项目后期解决所有容量问题；二是因害怕未来可能出现的容量问题而写一些具有防范性的、过分复杂的代码。

为了解决容量问题，可采取的策略如下。

(1) 为应用程序决定一种架构。通常要特别注意进程、网络边界和I/O。

(2) 了解并使用正确的模式，避免使用那些影响系统容量和稳定性的反模式。Michael Nygard撰写的优秀著作*Release It!*一书中详细描述了这些模式。

(3) 除了采用适当模式以外，还要确保团队在已经明确的应用架构下进行开发，不要为容量做无谓的优化。鼓励写清晰且简单的代码，而不是深奥难以理解的代码。在没有明确测试结果表明有容量问题时，坚决不能在代码可读性上作出让步。

(4) 注意在数据结构和算法方面的选择，确保它们的属性与应用程序相吻合。比如，只需要O(1)的性能，就不要用一个O(n)的算法。

(5) 处理线程时要特别小心。Dave现在的项目就是一个高性能系统（这个交易系统每秒可以处理数以万计的交易）。要能达到这一点，关键之一就是保持应用程序的核心是单线程的。正如Nygard所说，"线程阻塞反模式是大多数失败最直接的（proximate）……会导致连锁反应和级联失败。"①

(6) 创建一些自动化测试来断言所期望的容量级别。当这些测试失败时，用它们作为向导来修复这些问题。

(7) 使用调测工具主要关注测试中发现的问题，并修复它，不要使用"让它越快越好"这类策略。

(8) 只要有可能，就使用真实的容量数据来做度量。生产环境是唯一真实度量的来源。使用这样的数据，并分析这些数据到底说明了什么。特别要注意系统的用户数，他们的行为模式以及生产环境中的数据量。

9.4　容量度量

容量度量要广泛研究应用程序的特征。比如，可以做如下的度量。

- 扩展性测试。随着服务器数、服务或线程的增加，单个请求的响应时间和并发用户数的支持会如何变化。
- 持久性测试。这是要长时间运行应用程序，通过一段时间的操作，看是否有性能上的变化。这类测试能捕获内存泄漏或稳定性问题。
- 吞吐量测试。系统每秒能处理多少事务、消息或页面点击。
- 负载测试。当系统负载增加到类似生产环境大小或超过它时，系统的容量如何？这也许是最典型的容量测试。

以上这些都可以作为系统的度量数据，但需要使用不同的方法。前两种测试与后两种测试有着根本性的不同，前者是相对度量，即当改变系统某些属性时，系统性能的变化是怎样的。而后者只有作为绝对度量才有用。

在我们看来，容量测试的一个重要方面是能够为给定的应用程序模拟真实的使用场景。另外一种方法是找出系统中具体操作的技术基准："数据库每秒做多少存储事务？""消息队列每秒传递多少消息？"等等。尽管在项目中这种基准度量数据是有价值的，但它与业务问题相比，显得有点儿太学术化，这些业务问题可能是："系统在正

---

① 参见Release It!: Design and Deploy Production-Ready Software一书2007年版第76页。

常的使用模式下，每秒可以处理多少笔生意？"或者"在负载到达峰值时，在预测的用户基数上，系统能够高效工作吗？"

目标明确的基准式（benchmark-style）容量测试对于代码中某个具体问题的防范或局部代码优化是非常有用的。有时候，它们能提供一些信息，帮助团队进行技术方案选择。然而，它们仅仅是整个视图的一部分。如果对于应用程序来说，性能或吞吐量是一个重要指标的话，我们就需要用一些测试来断言系统能够满足业务需求，而不是通过技术经验来猜测某个特定组件的吞吐量应该是多少。

因此，我们相信，在容量测试策略中还要包含基于场景的测试，这一点非常关键。我们把系统的一个具体使用场景作为一个测试，并且根据业务上对真实环境中的预测值对其进行评估。关于这一点，将在9.6节详细讨论。

然而，在现实世界中，大多数现代应用程序（至少我们遇到的这类应用程序）并非一次只做一件事情。当一个销售系统在处理销售业务时，它还会更新股票排名，处理服务订单，更新时间记录表，以及支持内部的审计功能，等等。如果容量测试没有测试这种多交互的复杂组合场景，就会有很多种问题无法被测试到。所以，每个基于场景的测试都应该能够与包含其他交互操作的容量测试同时进行。为了更加高效，可以将容量测试组成多个大范围的测试套件，然后并行执行。

正如Nygard所说，找出有多少种负载，以及每种负载有多大，并考虑覆盖不同路径的场景（比如未授权的索引服务遍历系统），"既是一门艺术，也是一门科学。完全复制真实生产环境的流量是不可能的，所以需要做流量分析，并结合经验和直觉来达到尽可能接近于真实环境的模拟。"[①]

如何定义容量测试的成功与失败

我们看到过很多所谓的容量测试，其实更多的是度量而非测试。成功与否常常取决于对收集到的度量数据做人工分析。与容量测试策略相比，这种容量度量策略的缺点是，对度量结果的分析很可能是一个较长的学习过程。然而，如果系统容量测试不但能够生成度量数据，产生一堆成功或失败报告，还能提供一些关于系统中所发生的信息的话，那么就更加有用了。谈到容量测试，一图胜千言，对于决策者来说，趋势图和绝对数值同样重要。因此，我们总是会把创建图表作为容量测试的一部分，并确保在部署流水线的显示板上能很容易看到。

然而，当使用容量环境做测试和度量时，对每个运行在其上的测试都要定义它的成功条件。设定容量测试成功的条件是比较棘手的问题。一方面，如果把条件定得太高，那么只有当环境中的所有设施都有利于应用程序时，该测试才能成功，很可能要经常面临间歇性失败。比如，当网络被其他任务占用或者其他任务同时在该容量测试环境上执行时，测试就可能失败。

---

① 参见*Release It!: Design and Deploy Production-Ready Software*一书2007年版第142页。

第9章 非功能需求的测试

相反，如果测试断言应用程序每秒必须处理100个事务，而实际上它可以处理200个，那么测试不会自己告诉你吞吐量还可以增加一倍。这就意味着，你会将潜在的难点推迟，从而不知道以后会在什么时候来解决。时间一长，自己也忘记某次非常邪恶的修改是出于什么原因了。后来很可能又做了一个与其完全不相干的修改，这可能是因某种正当理由而做的修改，但最终导致容量下降，即便只是很小比例的下降，测试也会失败。

这里可以使用两种策略。首先，把目标设定为得到稳定、可重现的结果。只要有可能的话，为容量测试专门准备一个环境，用于度量容量。这会将那些与测试不相关任务对结果的影响降到最低，从而使结果保持一致性。容量测试是少有的几个虚拟技术不太适用的地方之一，除非生产环境也是虚拟环境，因为虚拟环境在性能方面有额外的开销。然后，一旦某个测试通过了最低验收标准，就把验收标准提高一点儿，调整该测试的成功门槛。这能避免"假阳性"（false-positive）场景。如果提交后测试失败了，而验收门槛刚好高于需求中所定义的要求，那么只要降低容量是能被接受的，直接降低一点儿门槛就行了。当然，该测试仍旧是有价值的，因为它对那些不小心威胁到容量需求的修改起到了保护作用。

> **设置初始的容量标准**
>
> 拿假想的一个处理文档的系统作为例子。这个系统每天要接受100 000份文档。每个文档要在三天内经过五步检查。在本例中，假设这个应用程序只在一个时区内工作，所以在办公时间一定会有一个负载高峰期。
>
> 假设负载相当平衡，那么如果每天8小时需要处理100 000份文档的话，就相当于每小时处理12 500份。如果主要关心的是应用程序的吞吐量，那么并不需要运行这个应用程序一整天或一小时[把持久性测试（longevity testing）作为另外一个主题讨论]。因为每小时处理12 500份文档就相当于每分钟处理210份，或每秒3.5份。如果运行测试每30秒能接受105份的话，那么就根本不用为这个问题而担心了。
>
> 在现实世界里，尽管所有文档都接收了，但系统中可能还有其他程序运行。如果想让一个测试能够代表现实情况的话，那么就要在接收文档的同时，模拟系统所承载的其他工作。每个文档在系统中会流转三天，通过五步检查流程。所以，每天除了接收文档以外，系统还要处理这些检查流程，这也是一种负载。因此，对于任意一天，系统都要处理两天前收到的文档的检查流程的5/3，一天前的5/3以及当天的5/3。平均算来，对于每个系统接收的文档，我们同时还要模拟这五个检查步骤中的一个。
>
> 这样，三十秒测试的通过条件就变成了"在30秒内接收105份文档，同时执行每个检查步骤105次。"
>
> 这个例子来源于我们参与的一个真实项目的测试。对于这个项目来说，这种推演算法是准确的。然而，需要注意的是，很多系统都有一个更多变的负载曲线，而且负载变数很大，为测试所做的这类推演算法应该基于峰值负载的估计值。

为了使测试更好用，而不只是性能度量，每个测试都必须体现一个具体的场景，并且只有达到某个标准门槛时，才能认为该测试通过了。

9.5 容量测试环境

理想情况下，系统容量的绝对度量应该在一个尽可能与生产环境相似的环境上执行。

尽管能从不同配置的环境中得到一些有用的信息，但除非这些信息是基于度量的，否则用任何测试环境中的容量信息来推演生产环境中的容量指标都是高度投机行为。高性能计算系统的行为是一个特殊且复杂的领域。配置变更对于容量特性的影响往往是非线性的。像修改UI连接到应用服务器的会话数和数据库连接数这种简单的事儿，比率只要修改一点儿，就可能增加系统的吞吐量（所以这些都是非常重要的变量）。

假如对某应用程序来说，容量或性能是一个非常关键的问题，那么就一定要有所投入，为该系统的核心部分准备一个生产环境的副本。使用相同的软硬件规格要求，遵循我们关于如何管理配置信息的建议，以确保每个环境中都使用相同的配置文件，包括网络配置、中间件及操作系统的配置。在大多数情况下，如果你在构建一个高容量系统，除了生产环境是连接真正的外部系统并有真正的负载和生产数据进行测试之外，其他任何策略都是一种带有风险的妥协，因为应用程序很可能无法满足容量要求。

> **iPod集群上的容量测试**
>
> 我们的一个团队为某知名互联网公司做了一个项目。该公司已成立很长一段时间了，所以，它也有自己的遗留系统。我们为客户构建了一个完整的全新系统，但是为了省钱，客户用非常老的生产环境硬件作为性能测试环境。
>
> 毫无疑问，客户非常关注系统的容量，并为它花费了很多时间和金钱，试图让开发团队关注容量问题。在多次交流中，我们指出测试环境的硬件太老了，这对应用系统的容量测试结果影响非常大。
>
> 在得到了一个非常差的测试结果后，团队做了一些对比试验，对比结果证明，不应该用那些老旧的硬件设备来搭建容量测试环境，并进行容量测试。了解到这个结果后，客户买了更先进的测试硬件。

现实世界中，在生产环境的一个完整副本里进行容量测试并不总是可行的。有时候，甚至可以说是"不现实的"。比如项目规模太小，或者应用程序的性能问题不值得让客户购买与生产环境一模一样的硬件。

在另一种极端情况下，复制生产环境也是不可能的，比如那些较大的软件即服务（SaaS）提供商。它们的生产环境中常常有数十万台服务器在运行，复制生产环境的话，维护开销就已经很大了，更不用说硬件成本了。即使它们真的复制了生产环境，为这样的系统作负载压力和设计有代表性的数据所具有的复杂性也是一个巨大的工程。在这种情况下，可以把容量测试作为金丝雀发布策略（canary release strategy，详见10.4.4节）的一部分来执行。更频繁的发布可以减小影响应用程序容量的修改所带来的风险。

然而，大多数项目的情况应该在这两者之间，即在一个与生产环境尽可能相似的环境中运行容量测试。即便项目太小，无法承担复制生产环境的成本，你也应该记住，聊胜于无，虽然在低配置的硬件中进行的容量测试无法证明应用程序可以满足容量目标，但它会让那些严重的容量问题突显出来。对于项目来说，这是一种风险，需要对它进行评估，但在评估中一定不要将情况想得过于简单。

另外，也不要依据硬件的某种特定参数对应用程序的扩展性作出线性推论，这是在蒙蔽你自己。比如，仅凭测试环境中的处理器频率是生产服务器处理器的一半，就认为应用程序的性能在生产环境中就会快一倍。依据这种假设，不仅应用程序会和CPU绑定，而且其性能瓶颈也不会随着CPU速度的增加而有所改变。复杂系统的行为很少是这种线性相关的，即使被设计成这样也不行。

假如真的别无选择，那么，如果可能的话，你还可以尝试缩放范围进行测试，从而找到测试环境和生产环境之间的差异基准。

缩放因素的缺点

在我们的一个项目中，客户不想花两套标准生产环境硬件的钱，所以，提供了一些低配置的机器来运行容量测试。幸运的是，我们说服客户，只要他们能将对生产环境中的服务器进行升级的时间向后推迟一周的话，我们就能更好地缓解可能遇到的容量风险。在那个星期里，我们疯狂地在这些设备上运行容量测试，并收集了很多数据。然后又在低配置环境中运行了同样的测试，并建立了在这两个环境下的一系列对比基准，以便作为今后做容量测试的参考。

当然，这是个正面的例子。但事实上，在部署到生产环境后，我们还是发现了几个始料不及的容量问题。假如有标准的生产环境硬件的话，这几个问题是可以提前发现的。对于这个项目来说，没有复制一份生产环境做容量测试是一个失败的决定，由于构建的是一个高性能系统，而在低配置的测试环境中无法产生出让该问题出现所需要的负载。结果就要花更多的成本去修复它们。

如图9-1所示，对于那些需要部署到服务器集群中的应用程序来说，一个既可以降低环境成本又能提供适当准确度量的策略就是，仅复制一小部分的服务器（如图9-2所示），而不是整个集群。

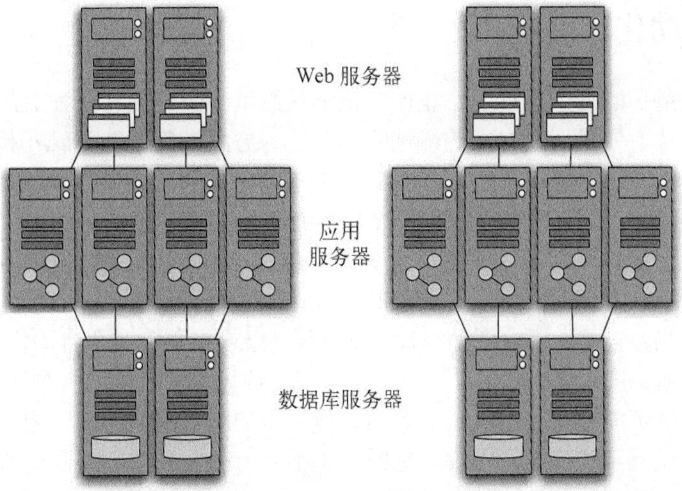

9.5 容量测试环境

图9-1 生产环境服务器集群示例

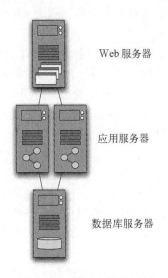

图9-2 容量测试环境的示例

比如，应用程序部署需要4台Web服务器、8台应用服务器和4台数据库服务器，那么在性能测试环境中，就应该有1台Web服务器、2台应用服务器和1台数据库服务器。生产环境的这个四分之一副本能给你带来相当准确的度量数据，它可能会展示出，两个或更多服务器争夺资源（比如数据库连接）时，可能出现的一些问题。

事实上，对于不同的项目，容量的推演方式也各不相同，包括如何做推演，以及如何判定它是成功的。所以我们只能建议你，要带一定的怀疑眼光来对待推演出来的容量结果。

9.6 自动化容量测试

在过去经历的一个项目中,我们曾把容量测试当做一项完全独立的工作:在整个交付流程中为它安排一个专门的测试阶段。这种方法在测试的开发和执行成本上有直接的反映。对于一个项目来说,当容量非常重要时,那么就请暂且忽视这些成本吧,因为更重要的是,要记住:代码的修改对系统容量的影响与其对功能的影响一样重要。当做了修改之后,要尽早掌握容量会下降多少,这样就能快速且有效地修复它。这就要在部署流水线中加入一个阶段,即容量测试阶段。

如果想在部署流水线中增加容量测试的话,就应该创建一个自动化容量测试套件,并且每次对系统进行修改之后,一旦通过了提交测试和验收测试(可选),就应该执行容量测试。这可能会比较困难,因为与其他类型的验收测试相比,容量测试更脆弱、更复杂。即使对系统仅做了很小的修改,也很容易令它失败,尽管这次修改可能与容量问题一点关系也没有,只影响了容量测试与应用程序之间的交互接口。

容量测试应该达到以下几点目标。

- 测试具体的现实场景,这样就不会因为测试太抽象而错过真实应用场景中那些重要的bug。
- 预先设定成功的门槛,这样就能判定容量测试是否通过了。
- 尽可能让测试运行时间短一些,从而保证容量测试在适当时间内完成。
- 在变更面前要更健壮一些,从而避免因对应用程序的频繁修改而不断返工。
- 组合成大规模的复杂场景,这样就可以模拟现实世界中的用户使用模式。
- 是可重复的,并且既能串行执行,也能并行执行,以便这些测试既可以做负载测试,也可以做持久性测试。

让容量测试既达到上述目标,又要保证不过分设计,这并不是一件容易的事儿。一个比较好的方法是能用已有的验收测试,做一定的调整,使它们变成容量测试。如果验收测试是有效的,它们就能代表与应用程序交互的真实场景,而且面对系统变更也具有很好的健壮性。它们所缺乏的只是那种承受较大负载的扩展能力,以及度量成功的规范而已。

在大多数方面,前面章节中有关如何创建和管理有效的验收测试的建议在很大程度上也同样适用于创建容量测试。我们的目标有两个:一是创建比较现实的类生产环境的负载,二是选择并实现那些具有实际代表性且现实生产中非正常负载状态的场景。后一点是至关重要的,在验收测试中我们不只是测试Happy Path,对于容量测试也一样。比如,对于系统的可扩展性测试来说,有一种有效的方法,如Nygard所述:"识别出系统中代价最高的事务,然后在系统中把它变成两三倍的数量"[1]。

如果能记录下这些测试与系统的交互,并将其复制多次,然后重新播放这些被复

---

[1] 参见 *Release It!: Design and Deploy Production-Ready Software* 一书2007年版第61页。

制的交互,那么就可以在系统上加载多种负载进行测试,同时也测试了多个场景。

我们曾看到这种策略在几个项目上获得了成功,而每个项目都使用了不同的技术,并且每个项目都有不同的容量测试需求。对于如何录制测试,如何扩展以及如何重放,这些项目之间也有很大不同。但有一点是相同的,即它们都是这么做的:先录制功能验收测试的输出,并对其进行处理使之能够扩大请求量,再为每个测试追加一些成功条件,然后对这些测试进行重放,与系统进行大量互操作。

第一个要作出的战略决定就是要对应用程序中的哪一点进行录制、回放。我们的目标是尽可能模拟现实中的系统使用场景,然而这是有成本的。对于某些系统来说,简单地把通过用户接口所执行的交互操作录制下来,然后再回放就足够了。可是,如果你正在开发的系统,其用户数是数万人,甚至更多的话,就不要试图通过与UI交互的方式来增加负载了。对于这种情况,为了使模拟更接近现实,你需要数千台客户终端机专门来做向系统施加负载的任务,有时还要做一些折中。

对于用现代SOA(Service-Oriented Architeoture,面向服务架构)构建的系统或者使用异步通信作为主要输入的系统来说,它们尤其适合使用这种"记录-回放"策略。

根据系统行为的多数变量及其基础架构,记录重放的切入点(如图9-3所示)可归结为以下三个。

- 通过UI(用户界面)。
- 通过某个服务或者公共API。比如,直接向Web服务器做HTTP请求。
- 通过底层API。比如,直接调用某个服务层,或者数据库。

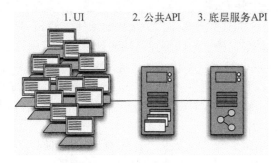

图9-3 容量测试中的潜在切入点

9.6.1 通过UI的容量测试

最明显的切入点就是通过UI对系统的交互操作进行记录和回放。这也是大多数商业负载测试产品的方式。这类工具要么是通过脚本,要么是通过UI直接记录交互,然后复制并扩大这些测试交互,以便每个测试用例都可以模拟成百上千的交互。

如前所述,对于高容量系统(high-volume system),虽然对系统进行全面检查的好处很多,但并不总是切实可行的方法。这种方法还有一个很大的缺点:在分布式架构中,服务器负责主要的业务逻辑(容量问题可能更集中),很可能无法加载足够的负载进行适当的测试。当客户端有很多业务逻辑,比较复杂,或者只有很薄的UI做集中服务时,情况也是这样的。在这些情况下,比较实际的做法就是衡量客户端与服务器之间的比例。

对于某些系统来说,基于UI进行测试是正确的事。然而,这种方法实际上只对那些处理交互量适中的系统有效。即便如此,对于管理和维护以UI为中心的测试来说,其成本可能也会非常高。

基于UI进行测试会遇到一个根本问题。任何设计良好的系统都是由负责不同领域的组件组成的。根据定义,在大多数应用中,UI的角色是为系统的用户提供一个适当的接口,供其与系统进行交互。这个接口通常是将一组互操作组织在一起,并更有针对性地与系统的其他组件进行交互:例如,一系列的文本输入、下拉列表选择以及按钮点击等操作之后通常会发送一个消息给另一个组件。而第二个组件有更加稳定的API,所以基于这些稳定API写的测试要比基于GUI写的测试更强壮。

对于某个分布式应用程序的容量测试,我们是否应该关注UI客户端的性能是由系统的特性决定的。对于简单的、基于Web的瘦客户端来说,我们更关注在服务器端核心资源的性能。如果验收测试是基于UI来写的,并且你能确保测试是以正确的方式通过UI进行交互操作的话,那么对于容量测试来说,也许在应用程序的后面几个环节中选择某一点开始进行录制,可能更为高效。然而,有些容量问题只是反映在服务器与客户端之间的交互上,尤其是对那种瘦客户端系统,更是如此。

对于那些需要较复杂的客户端,并且基于服务器集中式组件的分布式系统来说,通常应该将容量测试分成至少两部分。一是如前所述,找到一个中间记录和切入点来测试服务器端,二是定义独立的UI客户端测试,而这个UI只是与一个后台系统的桩替身版本(stubbed version)进行交互。你可能会发现,这里的说法与前面我们所建议的"容量测试应该做端到端的整体测试"的说法相矛盾。然而,在对分布式系统做容量测试时,我们认为UI测试是一个特例。在这种情况下,这么做是非常合适的。此时,它更依赖于被测试系统的特性。

总之,这是容量测试最常见的方法,在业内已有的容量测试产品中也都有体现。一般来说,我们不建议通过UI进行容量测试,但也有例外,比如当UI本身的验证非常重要时,或者客户端与服务器之间的交互没有性能瓶颈时。

9.6.2 基于服务或公共API来录制交互操作

这种策略可以用在那些提供公共API而不是图形用户界面的应用程序上,比如Web服务,消息队列或者其他事件驱动的通信机制。这对录制交互操作来说,是非常理想的录制点,这样可以避开那些扩大客户端数量、管理成百上千客户端进程以及通过用户界面进行交互的脆弱性等引发的问题。面向服务架构特别适合用这种方法。

图9-4是一个容量测试录制组件在发生交互操作时的录制示意图。

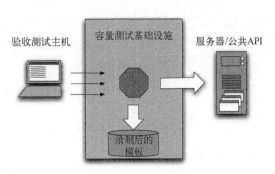

图9-4 基于公共API来录制互操作

9.6.3 使用录制的交互模板

对于交互操作的录制来说，我们的第一个目标是获得验收测试与系统进行交互操作时所用的一些模板。这些交互模板可以用来为后续的容量测试生成容量测试数据。

我们希望，执行可以代表容量测试场景的某个具体的验收测试或验收测试的一个子集。在这个特定的验收测试运行过程中，以某种方式注入一些用于录制交互操作的代码，这样就拦截了这些交互操作，并将其保存在磁盘中，然后再将其以正常的方式转发出去，让系统的其他组件根本感觉不到有什么不同。这种录制是透明的：我们只是把所有的输入和输出转移到了磁盘上。

图9-5给出了这一过程的简单示例。在这个示例中，为了将来的替换目的，为某些值打了标记，而另外一些则保持原样，因为它们并不影响测试的意图。显然，标记的多少取决于我们的需要。但总的来说，我们倾向于尽可能少一点儿，而不是更多。我们的目标是尽可能少地替换原有代码。这会降低测试与测试数据之间的耦合度，让我们的测试更加灵活和健壮。

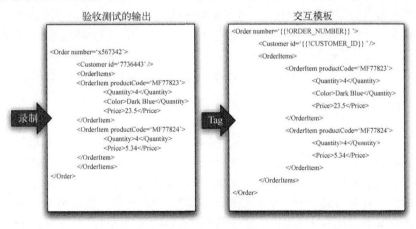

图9-5 创建交互模板

一旦录制好这些交互操作的模板后，就要为它们创建测试数据。这些数据用于补全这些交互操作模板。每个测试数据集与适当的模板相结合后，就形成了与被测试系统交互的有效实例。图9-6显示流程中的这一步骤。

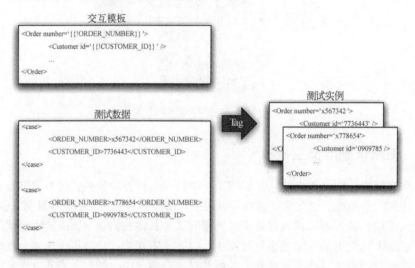

图9-6　通过交互模板创建测试用例

最后，当执行容量测试时，同时将这些独立的测试实例应用到该系统上。

交互模板和测试数据也可以作为开源性能测试工具的输入，比如Apache的JMeter、Marathon或者Bench。还可以用这种方式写一个简单的测试用具来管理和运行测试。构建自己的容量测试用具既不像听起来那么不靠谱，也不像听上去那么困难。并且可以对这种容量测试用具进行剪裁使其能准确度量项目所需要的东西。

在本节中提出的意见中，有一点需要注意。对于特别高容量和高性能的系统来说，对性能要求最高的部分是测试代码，而不是生产代码。测试一定要运行得足够快，以便能够加载负荷并验证结果。现在的硬件如此之快，以至于我们讨论的性能水平极不寻常，但是如果只关注计算时钟周期和优化编译器所生成的机器码这个级别，那么这些交互模板显然非常昂贵。至少，在这种级别上，我们还没找到足够有效的方法来测试应用程序。

9.6.4　使用容量测试桩开发测试

对高性能系统来说，写容量测试的复杂度往往超过为了通过这些测试而写出足够快的产品代码的复杂度。所以，要解决一个至关重要的问题，那就是确保每个测试的自身运行速度非常快，足以用来判定被测试的产品代码的性能是否达到要求。无论你在什么时候写容量测试，一定要先实现一个被测试应用程序、接口或技术的桩，而且这个桩一定要非常简单且无操作，这样你才能展示出该测试满足所需的运行速度，并且当另一端无操作时可以正确地断言，该测试可以通过。

这听上去有些矫枉过正的味道。但是，我们向你保证，我们看到过很多这样的容量测试，它们断言某个应用程序无法通过测试，但实际上是由于测试本身无法跟上应用程序的运行速度。在撰写本书时，Dave正在做一个高性能计算环境。在该项目里，我们在各个层次上都运行了一组容量和性能测试。你一定会猜到，这些测试是部署流水线中的一部分，它们中的大多数首先会基于一个测试桩来运行，从而定义一个测试通过的基准，以便在使用该测试结果之前，确保这个测试本身是有效的。这些运行基准也会和其他容量测试结果一起放在测试报告中，所以能清楚地知道测试在哪里失败了。

9.7 将容量测试加入到部署流水线中

一般来说，应用程序都要满足某个最低容量标准。而大多数现代商业应用程序都会有多个并发用户，所以在交付可接受的性能要求的同时，还会要求可扩展性，以便满足其峰值需求。在开发过程中，我们要能够断言，应用程序足以达到用户在容量方面的需求。

容量相关的非功能需求是项目开发中的一个重要方面，所以，用某种可量化的度量项把"足够好"具体化也是非常重要的。这些度量项应该由部署流水线中某类自动化测试提供。也就是说，每次通过提交阶段和验收测试阶段的代码都应该自动运行容量测试。这样，就能够及时识别那些严重影响应用程序容量的修改了。

当明确规定了成功条件的自动化容量测试成功通过以后，就证明已满足容量需求。通过这种方式，可以指导我们避免对容量问题的过分设计。我们要一直遵守这样的格言，即做最少的工作达到我们的目标，这也是YAGNI（"You Ain't Gonna Need It"）原则所暗示的。YAGNI提醒我们，增加防御性行为都有可能成为浪费。如果遵循高德纳的格言，应该直到明确需要优化而且到了最后时刻才做优化。另外，还要基于应用程序运行时分析结果，直接解决最重要的瓶颈问题。

和以前一样，我们测试的目标是：当某次代码修改破坏了原有假设后，应尽早失败。这样，一旦出现失败，很容易定位并快速修复。只是，容量测试通常相对复杂一些，并且运行时间稍长一些。

假如你很幸运，容量测试在几秒之内就能证明应用程序满足了性能目标，就请将它放在提交测试阶段，这样你就能得到即时反馈了。然而，在这种情况下，要当心那些依赖运行时优化编译器的技术。在.NET和Java中，这种运行时优化要花几个迭代才能稳定下来，而且只有花上几分钟"热身"后，才能收集到合理的结果。

为了防止已知的性能关键点随代码的开发而逐渐变差，可以使用另一种类似策略，即当识别出这种关键点后，创建一个运行得非常快的"防卫测试"（guard test），并把它放在提交测试阶段。这种测试扮演着性能冒烟测试的角色，它的目的并不是为了验证应用程序满足所有的性能要求，而是起到错误趋势上的警示作用，以便在性能出现问题之前就可以处理。然而，需要当心的是，使用这种策略时，一定不要引入那些常有间断性失败、无法信赖的测试。

第 9 章　非功能需求的测试

但是，大多数容量测试不适合放在部署流水线的提交测试阶段，因为它们通常需要的时间太长，资源占用太多。如果容量测试相当简单，并且花的时间不长，可以将其增加到验收测试阶段，尽管我们并不建议这么做。原因如下。

- 为了得到真正有效的结果，容量测试需要在它自己的环境上运行。如果其他自动化测试与容量测试同时运行在同一个环境上，那么要找到某版本不符合性能要求的原因，所需成本就太高了。有些持续集成系统让你能够为测试指定环境。你可以使用这种功能对容量测试进行分组，让它们与验收测试一起并行执行。
- 某些类型的容量测试可能要运行很长时间，这样可能会耽误验收测试结果的反馈时间。
- 在验收测试之后的很多质量保障活动可以和容量测试并行执行，比如演示最新版本的可工作软件、手工测试、集成测试、等等。对于很多项目来说，没有必要等到容量测试成功之后才做这些事情，那样的话，效率很低。
- 对于一些项目来说，也没有必要像验收测试那样，频繁运行容量测试。

通常，除了前面提到的性能冒烟测试以外，我们建议把自动化容量测试作为部署流水线中的一个完全独立的阶段。

由于项目的不同，对待部署流水线中容量测试阶段的方式也各不相同。对于某些项目来说，应该像对待验收测试那样，把容量测试也作为自动部署流水线上的一个关卡。除非容量测试成功，否则没有人为批准的话，绝对不能部署这个版本的应用程序。这种方式对于高性能或高扩展性的应用程序来说是最合适的，因为如果无法满足容量需求，软件就失去了存在的意义。这是一种最缜密的容量测试模式，从表面上看，似乎对大多数项目来说，这都是一种非常理想的状态。然而，事实并不总是这样的。

如果吞吐量或者延迟的确存在问题，或者信息只与具体的时间窗有关，那么，自动化测试可以作为可执行的规范，用于断言应用程序能够满足需求。

从更高的层面上看，部署流水线中的验收测试验收可以看作所有后续测试阶段（包括容量测试）的某种模板，如图9-7所示。和其他测试一样，容量测试阶段也要从部署准备开始，然后核实环境和应用程序都已被正确配置和部署。最后才是容量测试的执行。

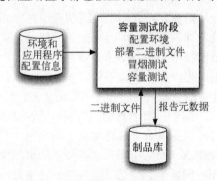

图9-7　部署流程线中的容量测试阶段

9.8 容量测试系统的附加价值

容量测试系统通常是与你所期望的生产系统最接近的。因此，它也是一个非常有价值的资源。并且，如果你遵循我们的建议，把容量测试设计成为一系列组合式的、基于场景的测试，那么实际上这已经是生产系统的一个精密模拟系统了。

从很多方面可以证明，这的确是一个无价资源。我们已经讨论过，为什么使用基于场景的容量测试是非常重要的。但是，假如有很多通用方法来标定具体且很技术性的交互的话，迭代地完成这件事也是值得的。基于场景的测试是对与系统的真实交互的模拟。可以将这些场景组合成更加复杂的场景，在类生产环境中高效执行你希望做的检查和验证。

我们曾用这种方法执行了各种各样的任务，如下所述。

- 重现生产环境中发现的复杂缺陷。
- 探测并调试内存泄漏。
- 持久性（longevity）测试。
- 评估垃圾回收（garbage collection）的影响。
- 垃圾回收的调优。
- 应用程序参数的调优。
- 第三方应用程序配置的调优，比如操作系统、应用程序服务器和数据库配置。
- 模拟非正常的、最糟糕情况的场景。
- 评估一些复杂问题的不同解决方案。
- 模拟集成失败的情况。
- 度量应用程序在不同硬件配置下的可扩展性。
- 与外部系统进行交互的负载测试，即使容量测试的初衷是与桩替身接口（stubbed interface）打交道。
- 复杂部署的回滚演练。
- 有选择地使系统的部分或全部瘫痪，从而评估服务的优雅降级（graceful degradation）。
- 在短期可用的生产硬件上执行真实世界的容量基准，以便能计算出长期且低配的容量测试环境中更准确的扩展因素。

这并不是一个完整的列表，但每项都来自真实的项目。

从根本上讲，容量测试系统就是一个试验场所。在这里，你可以根据需要有效地控制时间，加速或减速，都随你便。你能用它设计和执行所有的试验场景来帮助诊断问题，或者预测问题，并找到办法来解决问题。

9.9 小结

如何设计出满足非功能需求的系统是一个很复杂的问题。很多非功能需求的横切本质（crosscutting nature）意味着，很难管理它们给项目中带来的风险。结果，这也经常导致两种不适当的做法：从项目一开始就没有足够注意它们，或者是另一个极端，预防性架构和过分设计。

技术人员常常被其诱惑，倾向于完整、封闭的解决方案，即把自己能够想到的所有用例全部自动化。对他们来说，这通常是解决问题的默认方法。比如，运维人员希望不用关闭系统就可以重新部署或重新配置，而开发人员希望一劳永逸，无论是否有人提出过这样的需求，都要考虑应用程序在未来可能发生的任意一种演进。非功能需求是一个非常难的领域，因为与功能需求相比，为了分析非功能需求，要求技术人员能提供更多的信息，这可能会令他们从业务价值中分神。

非功能需求就好比是建造桥梁时对大梁的选择，它一定要足够强劲以支撑所期望的交通压力和各种天气。这些需求是现实的，必须要考虑这些需求，但这些需求并不是业务人员为大桥付钱的理由：业务人员只是想有某种东西可以让他们从河的一边到达另一边，并且这个东西看起来还不错。也就是说，作为技术人员，我们必须警惕自己更倾向于首先出现在脑海中的那种技术解决方案。我们必须和客户及用户紧密合作，共同确定应用程序中的敏感问题，并根据真实的业务价值定义详细的非功能需求。

这个工作一旦结束后，交付团队就可以决定使用哪种架构是正确的，然后像捕获功能需求那样，创建非功能需求及其验收条件。这些工作后就能评估，为了满足非功能需求可能需要花费的精力，并和功能需求一起进行优先级的划分。

当这件事也做完后，交付团队需要创建和维护自动化测试，以确保这些需求得到满足。每次对应用程序、基础设施或者配置信息进行修改后，只要提交测试阶段和验收测试阶段成功通过，这些容量测试就要作为部署流水线的一部分运行。利用验收测试作为更广泛的基于场景的非功能需求测试的起点。这是一种策略，使你能够得到一个好的、全面的、可维护的非功能测试。

第 *10* 章

应用程序的部署与发布

10.1 引言

将软件发布到生产环境和部署到测试环境是有差异的——绝对不仅仅是执行发布者的血液中肾上腺素水平高而已[①]。从理论上讲，这些差异应该被封装在一组配置文件中。当在生产环境部署时，应遵循与其他任何环境部署同样的过程。启动自动部署系统，将要部署的软件版本和目标环境的名称告诉它，并点击"开始"就行了。所有后续部署和发布都要使用同样的流程。

由于"部署软件"和"发布软件"这两个活动使用相同的流程，所以本章会一起讨论。本章将讲述如何为软件的发布（包括将其部署到测试环境上）创建并遵循一个策略。部署与发布之间的主要区别在于回滚的能力，本章也会详细讨论这部分内容。另外，本章还会介绍两种极有力的技术达到零停机发布和回滚，即使是大型生产环境也没有问题，它们就是蓝绿部署和金丝雀发布。

这些过程（测试环境及生产环境的部署与回滚）都应该是部署流水线具体实现中的组成部分。我们应该能有一个列表，其中包含能够部署到每个环境的所有构建，并且只要通过点击按钮或鼠标就可以选择一个软件版本向某个环境进行自动部署。事实上，这种方式应该是对环境进行修改的唯一途径（包括对操作系统和第三方软件配置的修改）。这样，就能看到每个环境中究竟运行的是哪个版本的应用程序，谁授权部署了这个版本，从上次部署之后应用程序到底有哪些修改。

本章将集中讨论在多用户共享的环境中部署应用程序软件所面临的问题，当然这些原则对那些需要用户自行安装的软件也是适用的。本章还会讨论一下发布产品以及如何确保客户自行安装类软件的持续交付。

[①] 当人紧张时血液中的肾上腺素升高。本文是指紧张程度不同。——译者注

10.2 创建发布策略

创建发布策略的最重要部分是在项目计划阶段就与应用程序的所有干系人会面。讨论的关键在于，要对整个应用程序的生命周期中的部署与维护达成共识。然后把这个共识作为发布策略写下来。在整个生命周期中，干系人应该对该文档进行更新和维护。

当在项目一开始创建发布策略的第一个版本时，应该考虑下列内容。

- 每个环境的部署和发布都是由谁负责的。
- 创建一个资产和配置管理策略。
- 部署时所用技术的描述。运维团队和开发团队应该对其达成共识。
- 实现部署流水线的计划。
- 枚举所有的环境，包括用于验收测试、容量测试、集成测试、用户验收测试的环境，以及每个构建在这些环境中的移动过程。
- 描述在测试和生产环境中部署时应该遵循的流程，比如提交一个变更申请，以及申请授权等。
- 对应用程序的监控需求，包括用于通知运维团队关于应用程序相关状态的API或服务。
- 讨论部署时和运行时的配置方法如何管理，以及它们与自动化部署流程是如何关联在一起的。
- 描述应用程序如何与所有外部系统集成。比如，在哪个阶段进行集成？作为发布过程里的一份子，如何对这种外部集成进行测试？一旦出现问题，运维人员如何与供应商进行沟通？
- 如何记录日志详情，以便运维人员能够确定应用程序的状态，识别出错原因。
- 制定灾难恢复计划，以便在灾难发生之后，可以恢复应用程序的状态。
- 对软件的服务级别达成一致，比如，应用程序是否有像故障转移以及其他高可用性策略等方面的需求。
- 生产环境的数量大小及容量计划：应用程序会创建多少数据？需要多少个日志文件或数据库？需要多少带宽或磁盘空间？客户对响应延迟的容忍度是什么？
- 制订一个归档策略，以便不必为了审计或技术支持而保留生产数据。
- 如何对生产环境进行首次部署。
- 如何修复生产环境中出现的缺陷，并为其打补丁。
- 如何升级生产环境中的应用程序以及迁移数据。
- 如何做应用程序的生产服务和技术支持。

"创建发布策略"这个活动非常有用。它通常会对软件开发以及硬件环境的设计、配置和托管提出一些功能需求和非功能需求。当发现这些需求时，也需要将它们加到开发计划中。

当然，创建这个策略只是一个开始而已。随着项目的进行，它也会改变。

发布策略的一个关键部分就是发布计划，它用来描述如何执行发布。

10.2.1 发布计划

通常来说，第一次发布风险最高，需要细致地做个计划。而这种计划活动的结果可能是产出一些文档、自动化脚本或其他形式的流程步骤（procedure），用来保证应用程序在生产环境上的部署过程具有可靠性和可重复性。除了在发布策略中的这些材料以外，还要包括以下内容。

- 第一次部署应用程序时所需的步骤。
- 作为部署过程的一部分，如何对应用程序以及它所使用的服务进行冒烟测试。
- 如果部署出现问题，需要哪些步骤来撤销部署。
- 对应用程序的状态进行备份和恢复的步骤是什么。
- 在不破坏应用程序状态的前提下，升级应用程序所需要的步骤是什么。
- 如果发布失败，重新启动或重新部署应用程序的步骤是什么。
- 日志文件放在哪里，以及它包括什么样的信息描述。
- 如何对应用程序进行监控。
- 作为发布的一部分，对必要的数据进行迁移的步骤有哪些。
- 前一次部署中存在问题的记录以及它们的解决方案是什么。

有时候，还要考虑一些其他方面的事情。例如，如果新系统是某个遗留系统的替代品，应该把向新系统迁移用户的步骤写下来，另外还有如何停止旧系统，特别是不要忘记制订一个回滚流程，以应对突发问题。

再次强调，在项目执行过程中，还需要对这个计划进行维护，不断重新审视。

10.2.2 发布产品

前面所说的策略和计划都是通用的。在所有的项目中都值得考虑，即便经过考虑，最后可能也只使用了其中的几条。

另外，对于商业产品软件来说，还有如下一些事情需要考虑。

- 收费模式。
- 使用许可策略。
- 所用第三方技术的版权问题。
- 打包。
- 市场活动所需要的材料（印刷材料、网站、播客、博客、新闻发布会等）。
- 产品文档。
- 安装包。
- 销售和售后支持团队的准备。

10.3 应用程序的部署和晋级

要让软件的部署活动能以一种可靠且一致的方式进行,其关键在于每次部署时都使用同样的实践方法,即使用相同的流程向每个环境进行部署,包括生产环境在内。在首次向测试环境部署时就应该使用自动化部署。写个简单的脚本来做这件事,而不是手工将软件部署到环境中。

10.3.1 首次部署

对于任何一个应用程序,首次部署发生在第一个迭代结束时,即当向客户演示第一个开发完的用户故事或需求的时候。在第一个迭代里,选择一至两个具有高优先级但非常简单的用户故事或需求(这么做的前提条件是迭代长度只有一个或两个星期,并且团队规模不大。如果不符合这些条件的话,就要多选择一些来做)。把这个演示活动作为一个借口或理由,以便在类生产环境(UAT)部署应用程序。我们认为,项目首个迭代的主要目标之一就是在迭代结束时,让部署流水线的前几个阶段可以运行,且能够部署并展示一些成果,即使可展示的东西非常少。尽管我们不建议让技术价值的优先级高于业务价值的优先级,但此时是个例外。你可以把这一策略看做实现部署流水线的"抽水泵"。

当这个启动迭代结束时,你应该已经有了以下内容。

- 部署流水线的提交阶段。
- 一个用于部署的类生产环境。
- 通过一个自动化过程获取在提交阶段中生成的二进制包,并将其部署到这个类生产环境中。
- 一个简单的冒烟测试,用于验证本次部署是正确的,并且应用程序正在运行。

对于一个刚刚开发几天的应用程序来说,这些应该不会有太多的麻烦。其中比较复杂的一点就是如何定义类生产环境。目标部署环境不必是最终生产环境的副本,但是,在生产环境中,某些因素一定要比其他因素更重要一些。

有一个问题提得非常好,那就是"生产环境与开发环境到底有多大的不同?"如果生产环境要运行在不同的操作系统上,那么UAT环境应该使用与生产环境一样的操作系统。如果生产环境是一个集群环境,那么应该搭建一个有限的小集群作为试运行环境。如果生产环境是一个分布式且多节点的环境,那么就要确保类生产环境至少用一个独立的进程来代表每类进程边界。

虚拟化和chicken-counting (0, 1, many)是你的好朋友。利用虚拟化技术在一个物理机器上创建一个环境来模拟生产环境的某些重要特征,还是非常容易的。chicken-counting意味着,假如生产环境里有250个Web服务器的话,用两个服务器就足以代表进程边界了。随着开发工作的进行,可在以后适当的时间再根据需要不断完善它。

一般来说,类生产环境具有如下特点。

- 它的操作系统应该与生产环境一致。
- 其中安装的软件应该与生产环境一致，尤其不能在其上安装开发工具（比如编译器或IDE）。
- 使用第11章所描述的技术，用与管理生产环境相同的方式对这种环境进行管理。
- 对于客户自行安装的软件，UAT环境应该基于客户硬件环境的统计结果，具有一定的代表性，至少要基于别人做过的真实统计[①]。

10.3.2 对发布过程进行建模并让构建晋级

随着应用程序变得越来越复杂，部署流水线的实现也会越来越复杂。由于部署流水线应该是对测试和发布流程的建模，所以首先要知道这个流程是什么。尽管，一般来说就是构建版本在各种不同环境之间的晋级，然而我们还要考虑更多的细节。尤其重要的是注意以下内容。

- 为了达到发布质量，一个构建版本要通过哪些测试阶段（例如，集成测试、QA验收测试、用户验收测试、试运行以及生产环境）。
- 每个阶段需要设置什么样的晋级门槛或需要什么样的签字许可。
- 对于每个晋级门槛来说，谁有权批准认某个构建通过该阶段。

分析完这些以后，你可能会得到一张图，类似于图10-1。当然，流程可能比这复杂，也可能比这简单。实际上，创建这样一张图，第一步就是为发布流程创建一个价值流图。在第5章中，曾讨论过价值流映射是对发布流程进行优化的一种方法。

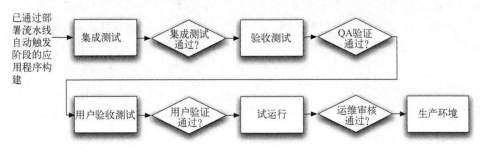

图10-1　测试与发布流程的图例

一旦创建了这个价值流图，就可以在所用的管理部署工具上为发布流程中的每个部分创建占位符。Go和AntHill Pro都具有这样的功能。另外，大多数持续集成工具可能需要通过一定的定制工作，也可以对这种发布部署过程进行建模和管理。做完这些以后，负责对某个阶段进行审核的人就可以使用这个工具对某个构建版本进行审批了。

部署流水线的管理工具还必须提供另一个关键功能，即在每个阶段都能够看到流水线里的哪些构建已经成功通过前面的所有阶段，并已准备好进入下一阶段了。然后，

---

① Unity 3D web player在其网站上发布了这些统计。

还应该可以选择这些构建版本中的某个版本,并通过单击一下按钮来部署它。这个过程就是"晋级(promoting)"。通过点击按钮的方式让构建版本晋级使部署流水线变成了一个"拉动"系统,让所有参与到交付过程的人都能够安排他们自己的工作。分析人员和测试人员可以通过自服务方式部署某个构建版本,做探索性测试、演示或可用性测试。运维人员可以自己选择某个构建版本,点一下按钮就将其部署到试运行环境或生产环境上。

自动化部署机制使构建版本的晋级变成了一件非常简单的事,只需要选择某个发布候选版本并把它部署到正确的环境中即可。每个需要部署应用程序的人都能用这种自动化部署机制,而不需要了解部署本身相关的任何技术知识。最后,一旦部署完成后,自动运行一个冒烟测试来验证部署成功与否也很有用。这样,做应用程序部署操作的人(包括分析人员、测试人员或运维人员)就可以确认该系统运行正常,即使不能正常运行,也很容易找到原因。

> **为了产品开发,请做持续演示**
>
> 我们曾为一个创业公司做过一个项目,它是在某个全新业务领域下的软件开发项目。因此,向潜在的客户、合作伙伴和投资商做演示非常重要,让他们知道该软件到底是什么样的。项目初期,所能展示的都是一些模型(mock-up)、幻灯片和简单的原型。
>
> 然而应用程序很快就超过了那个原型系统,所以,我们就开始从多套手工测试环境中拿出来一套,专门用来做演示。另外,经常是得到通知后不久就要演示。我们的部署流水线做得很好,所以我们可以很有信心地说,任何一个成功通过验收测试的构建版本都可以用于演示。而且我们可以很轻松且快速地部署任何一个候选版本。
>
> 我们的业务分析师掌握了在测试环境上的部署工作。他们可以自己选择要用哪个发布候选版本做演示,并与测试团队协调一下,确定使用哪个测试环境就行了(以便不打扰正常的测试活动)。

在测试与发布流程中的每个阶段都基本包含相同的工作内容:根据一套验收条件对应用程序某个特定的构建版本进行测试,确定它是否可以发布。为了执行这个测试,就要把选中的构建版本部署到某个环境中。如果该应用程序是用户自行安装的软件,且又需要手工测试的话,那么该环境可能就是测试人员的台式机。对于嵌入式软件来说,这可能需要一个专用的硬件环境。如果是托管软件服务的话,可能是由一组机器组成的生产环境。当然,也许是上述情况的组合。

无论是哪种情况,对于流程中的每个测试阶段来说,其工作过程都是相似的。

(1) 做测试的人(或团队)通过某种方式在一个列表中选出他们要部署到测试环境中的应用程序版本,该列表中包括所有已通过部署流水线前面各阶段的构建版本。选择某个特定版本之后就会自动执行后续的步骤,直至真正的测试活动。

(2) 准备环境和相关的基础设施（包括中间件），以便能在一个干净的状态下进行应用程序的部署。这应该是以完全自动化的方式进行的，如第11章所描述的那样。

(3) 部署应用程序的二进制包。这些二进制包应该是从制品库中拿到的，而不是每次部署时重新构建出来的。

(4) 对应用程序进行配置。在应用程序中，配置信息应该以某种统一的方式来管理，并在部署和运行时使用，比如使用像Escape这样的工具[apvrEr]。更多的信息请参见第2章。

(5) 准备或迁移该应用程序所管理的数据，如第12章所述。

(6) 对部署进行冒烟测试。

(7) 执行测试（可能是手工的，也可能是自动化的）。

(8) 如果应用程序的这个构建版本通过了这些测试，允许其晋级到下一个环境中。

(9) 如果应用程序的这个构建版本没能通过这些测试，记录一下是什么原因。

10.3.3　配置的晋级

需要晋级的并不仅仅是二进制包。与其同时得到晋级的还包括环境及应用程序的配置信息。然而，你并不想让所有的配置信息都晋级，这让事情变得复杂了一些。例如，你要确保任何新增的配置信息都得到晋级，但是绝不能把那些指向SIT[①]数据库的应用程序或某个外部服务的测试替身对象的配置信息也晋级到生产环境中。先不用说与环境相关的配置信息，就是那些与应用程序本身相关的配置信息的晋级管理就很复杂。

对于这个问题，一种解决办法是用冒烟测试来验证配置信息的指向是正确的。比如，可以用一个字符串返回值来代表测试替身对象的服务所在的环境。然后，让冒烟测试检查应用程序从外部服务得到的返回值与其想要部署环境的预期返回字符串是否一致。对于中间件的配置，比如线程池，你可以利用像Nagios这样的工具来监控这些设置。你还可以写一些对基础设施的测试，用于检查关键设置，并将其返回给监控软件。11.9.4节提供了更多的细节。

在面向服务架构和组件化应用程序中，所有的服务或者构成应用程序的组件都需要一同晋级。正如在前一节中所讨论的，在系统集成测试环境中通常是由服务和组件的各自不同版本共同组成一个组合版本（good combination）。部署系统要强制把这种组合当做一个整体进行晋级，以避免有人部署了某服务或组件的错误版本而导致应用程序失败，或者更糟糕的后果，比如引入那些时有发生却很难追查的缺陷。

10.3.4　联合环境

几个应用程序常常会共享同一个环境。此时，有两种途径引入复杂性。首先，当为某个应用程序的新版本准备部署环境时，需要花额外的精力，来保证不会破坏同一

---

① 系统集成测试。——译者注

第 10 章 应用程序的部署与发布

环境中正在运行的其他应用程序。这通常意味着，你要确保对操作系统或其他中间件配置信息的修改不会引起其他应用程序出现问题。如果该生产环境由同一个应用程序的不同版本共享，那么要确保该应用程序的各版本之间没有冲突。如果事实证明这的确是非常复杂的话，可能就要考虑使用某种形式的虚拟化技术将这些应用程序隔离开来。

其次，共享环境中的这些应用程序之间可能互相依赖。这在使用面向服务架构时是很常见的。这种情况下，集成测试（也叫系统集成测试，或SIT）环境是这些应用程序第一次真正彼此互通的环境，而不是与测试替身对象打交道。因此，在SIT环境中更多的工作是部署每个应用程序的新版本，直至所有应用程序可以互相联通。在这种情况下，冒烟测试套件通常是运行在所有应用程序之上的一个已完全成熟的验收测试集合。

10.3.5 部署到试运行环境

在用户使用应用程序之前，应该在试运行环境（与生产环境非常相似）上执行一些最终测试。如果能想办法得到一个容量测试环境（它几乎是生产环境的复制品），有时也可以跳过试运行这一步骤：可以用这个容量测试环境同时做容量测试和试运行。总之，建议使用这种相对复杂的环境而不是一个简单的系统。如果应用程序需要与外部系统集成，试运行就是最后一个验证各系统生产版本之间所有集成工作的时机了。

在项目一开始，就应该准备好试运行环境。如果你已经为生产环境准备好了硬件，而这些硬件尚没有其他用途的话，那么在第一次发布之前就可以把它作为试运行环境。以下是项目开始时就需要计划的一些事。

- 确保生产环境、容量测试环境和试运行环境已准备好。尤其是在一个全新的项目上，在发布前的一段时间就准备好生产环境，并把它作为部署流水线的一部分向其进行部署。
- 准备好一个自动化过程，对环境进行配置，包括网络配置、外部服务和基础设施。
- 确保部署流程是经过充分冒烟测试的。
- 度量应用程序的"预热"时长。如果应用程序使用了缓存，这一点就尤其重要了。将这也纳入到部署计划中。
- 与外部系统进行测试集成。你肯定不想在第一次发布时才让应用程序与真实的外部系统集成。
- 如果可能的话，在发布之前就把应用程序放在生产环境上部署好。如果"发布"能像重新配置一下路由器那样简单，让它直接指向生产环境，那就更好了。这种被称作蓝绿部署（blue-green deployment）的技术会在本章后面详细描述。
- 如果可能的话，在把应用程序发布给所有人之前，先试着把它发布给一小撮用户群。这种技术叫做金丝雀发布，也会在本章后续部分描述。
- 将每次已通过验收测试的变更版本部署在试运行环境中（尽管不必部署到生产环境）。

10.4 部署回滚和零停机发布

万一部署失败,回滚部署是至关重要的。在运行的生产环境中通过调试直接查找问题的这种做法几乎总会导致晚上加班、具有严重后果的错误和用户的不满。当出现问题时,你应该有某种方法恢复服务,以便自己能在正常的工作时间内调试所发现的错误。接下来将讨论执行回滚的几种方法。更先进的技术(蓝绿部署和金丝雀发布)也可以用于零停机发布和回滚。

在开始讨论之前,先要声明两个重要的约束。首先是数据。如果发布流程会修改数据,回滚操作就比较困难。另一个是需要与其他系统集成。如果发布中涉及两个以上的系统(也称联合环境的发布,orchestrated releases),回滚流程也会变得比较复杂。

当制定发布回滚计划时,需要遵循两个通用原则。首先,在发布之前,确保生产系统的状态(包括数据库和保存在文件系统中的状态)已备份。其次,在每次发布之前都练习一下回滚计划,包括从备份中恢复或把数据库备份迁移回来,确保这个回滚计划可以正常工作。

10.4.1 通过重新部署原有的正常版本来进行回滚

这通常是最简单的回滚方法。如果你有自动化部署应用程序的流程,让应用程序恢复到良好状态的最简单方法就是从头开始把前一个没有问题的版本重新部署一遍。这包括重新配置运行环境,让它能够完全和从前一样。这也是能够从头开始重建环境如此重要的原因之一。

为什么创建环境和部署要从头开始呢?有以下几个理由。

- ❏ 如果还没有自动回滚流程,但是已有自动部署流程了,那么重新部署前一版本是一种可预知时长的操作,而且风险较低(因为重新部署相对更不容易出错)。
- ❏ 在此之前,已经对这个操作做过数百次测试(希望如此)。另外,执行回滚的频率相对比较低,所以包含bug的可能性要大一些。

我们没有想到在哪些什么情况下,这种方式会不适用。然而,它也有如下一些缺点。

- ❏ 尽管重新部署旧版本所需的时间固定,但并不是不需要时间。所以一定会有一段停机时间。
- ❏ 更难做调试,找到问题原因。重新部署旧版本通常是覆盖那个新版本,所以也失去了找到问题原因的最佳机会。如果生产环境使用的是虚拟化技术,那么还有办法来弥补这个缺点,后续部分会讲到。对于那些相对简单的应用程序来说,把新版本安装到一个新目录中,改一下符号链接(Unix系统中的目录链接方式),让它指向这个新目录,就可以把旧版本保留下来,非常容易。
- ❏ 如果你在部署新版本前已经备份了数据库,那么在重新安装旧版本时把数据库备份文件恢复回来的话,那些在新版本运行时产生的数据就丢失了。如果问题发现及时且回滚速度足够快的话,这也没什么大不了的,但有些时候这却可能是个严重问题。

10.4.2 零停机发布

零停机发布（也称为热部署），是一种将用户从一个版本几乎瞬间转移到另一个版本上的方法。更重要的是，如果出了什么问题，它还要能在瞬间把用户从这个版本转回到原先的版本上。

零停机发布的关键在于将发布流程中的不同部分解耦，尽量使它们能独立发生。尤其是，在升级应用程序之前，就应该能将应用程序所依赖的共享资源（比如数据库、服务和一些静态资源）的新版本放在适当的位置。

对于静态资源和基于Web的服务来说，这相对容易一些。你只要在URI中包含这些资源或服务的版本就可以了，而且它们的很多版本可以同时并存。比如，Amazon的Web服务有一个基于日期的版本标识系统。当然，他们还会保持旧版本的API按原有的URI工作。对于资源来说，当发布网站的一个新版本时，你可以将这些静态资源（比如图片、JavaScript、HTML和CSS）放在一个新目录中，比如，可以将应用程序版本2.6.5的图片放在目录/static/2.6.5/images之下。

对于数据库而言，事情就有点儿难办了。在第12章有专门的小节描述在零停机情况下如何管理数据库。

10.4.3 蓝绿部署

对于发布管理来说，蓝绿部署是我们所知道的最强大的技术之一。做法是有两个相同的生产环境版本，一个叫做"蓝环境"，一个叫做"绿环境"。

在图10-2的例子中，系统的用户被引导到当前正在作为生产环境的绿环境中。现在我们要发布一个新版本，所以先把这个新版本发布到蓝环境中，然后让应用程序先热身一下（你想多长时间都行），这根本不会影响绿环境。我们可以在蓝环境上运行冒烟测试，来检查它是否可以正常工作。当一切准备就绪以后，向新版本迁移就非常简单了，只要修改一下路由配置，将用户从绿环境导向蓝环境即可。这样，蓝环境就成了生产环境。这种切换通常在一秒钟之内就能搞定。

图10-2 蓝绿部署

如果出了问题，把路由器切回到绿环境上即可。然后在蓝环境中调试，找到问题的原因。

这种方式比重新部署要有一些改进。然而，在做这种蓝绿部署时，要小心管理数据库。通常来说，直接从绿数据库切换到蓝数据库是不可能的，因为如果数据库结构有变化的话，数据迁移要花一定的时间。

解决这个问题的一种方法是在切换之前暂时将应用程序变成只读状态一小段时间。然后把绿数据库复制一份，并恢复到蓝数据库中，执行迁移操作，再把用户切换到蓝系统。如果一切正常，再把应用程序切换到读写方式。如果出了什么问题，只要把它再切回绿数据库就可以了。如果这发生在切成读写方式之前，那么什么额外工作也不需要做。如果应用程序中已经写入了一些你想保留的数据，那么，当再次切换回去之前，你就要找到一种方法可以拿到新记录并把它们迁回到绿数据库中。另外，你还可以找个办法让应用程序的新版本把数据库事务同时发向新旧两个数据库。

另一种方法是对应用程序进行一下重新设计，以便能够让迁移数据库与升级流程独立，第12章会详细描述。

如果只有一个生产环境，也可以使用蓝绿部署。只要让应用程序的两份副本一起运行在同一个环境中，每个副本都有自己的资源（自己的端口、在文件系统中有自己的根目录，等等）。这样它们就可以同时运行且互不干扰了。你也可以分别对每个环境进行部署。还有一种方法就是使用虚拟化技术，但是要先测试一下这种虚拟化对应用程序在容量方面的影响有多大。

如果有足够预算的话，蓝绿环境应该是相互完全分离的环境副本。这需要的配置较少，但需要的成本较高。该方法的一种变形[也叫做影子域发布（shadow domain releasing）、影子环境发布（shadow environment releasing）或者双热发布（live-live releasing）]是使用试运行环境和生产环境作为蓝绿环境。将应用程序的新版本部署到试运行环境上，然后把用户从生产环境引导至试运行环境中，让用户开始使用这个新版本。此时，试运行环境就变成了生产环境，生产环境就变成了试运行环境。

 我们曾为一个大型组织工作，该组织有五个并行的生产环境。他们利用这种技术保持生产系统的多个版本并行运行，这种方式使他们能够以不同的速度来迁移业务中的不同领域。这种方法也具有金丝雀发布的某些特征。

10.4.4 金丝雀发布

通常来说，"在任意时刻，生产环境中只有应用程序的一个版本正在运行"这个假设都是正确的。这会让缺陷补丁以及基础设施的管理更容易一些。然而，这同时也是对软件测试的一种阻碍。即便有稳固且全面的测试策略，还是会在生产环境上发现缺陷。而且即便周期时间（cycle time）很长，开发团队仍可以从新特性或其他工作的快速反馈中得到收益，作出适当调整，让软件更有价值。

而且，如果生产环境极其庞大的话，创建出一个有意义的容量测试环境也是不可能的——除非应用程序的架构是那种端到端共享（end-to-end sharing）方式。那么，你

第 10 章　应用程序的部署与发布

又如何确保应用程序新版本的性能不差呢？

金丝雀发布就是用来应对这些问题的。如图10-3所示，金丝雀发布就是把应用程序的某个新版本部署到生产环境中的部分服务器中，从而快速得到反馈。就像发现一只煤矿坑道里的金丝雀那样，很快就会发现新版本中存在的问题，而不会影响大多数用户。这是一个能大大减少新版本发布风险的方法。

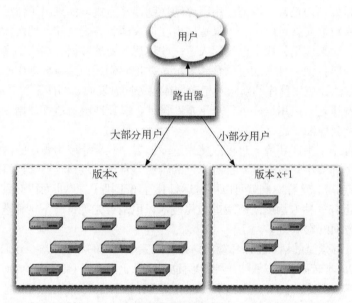

图10-3　金丝雀发布

像蓝绿部署一样，你要先部署新版本到一部分服务器上，而此时用户不会用到这些服务器。然后就在这个新版本上做冒烟测试，如果必要，还可以做一些容量测试。最后，你再选择一部分用户，把他们引导到这个新版本上。有些公司会首先选择一些"超级用户"来使用这个新版本。甚至可以在生产环境中部署多个版本，根据需要将不同组的用户引导到不同的版本上。

金丝雀发布有以下几个好处。

- 非常容易回滚。只要不把用户引到这个有问题的版本上就行了。此时就可以来分析日志，查找问题。
- 还可以将同一批用户引至新版本和旧版本上，从而作A/B测试。某些公司会度量新特性的使用率，如果用的人不多，就会废弃它。另外一些公司会度量该版本产生的收入，如果收入较低，就把该版本回滚[1]。如果软件产生了研究结果，那么可以对新旧版本之间从真正用户那儿得到的结果质量进行对比。你不必使用大量用户对新版本做A/B测试，只要有代表性的样本就足够了。

---

[1] 对于亚马逊购物车演化的大量分析，请参见[blrMWp]。

❏ 可以通过逐渐增加负载，慢慢地把更多的用户引到新版本，记录并衡量应用程序的响应时间、CPU使用率、I/O、内存使用率以及日志中是否有异常报告这种方式，来检查一下应用程序是否满足容量需求。如果生产环境太大，无法创建一个与实际情况相差不多的容量测试环境，那么这对于容量测试来说，是一个风险相对比较低的办法。

当然，做A/B测试还有一些其他方法。金丝雀发布并不是做A/B测试的唯一方法。比如，也可以在应用程序中利用开关方式让不同的用户使用不同的行为。另外，还可以使用运行时配置设置来改变系统行为。然而，这些变体都无法提供金丝雀发布带来的其他一些好处。

可是，金丝雀发布也并不适用于所有情况。对于那些需要用户安装到其自己环境中的软件来说，这么做就比较困难了。对于这个问题，有另一个解决方案（使用网格计算），那就是让客户软件或桌面应用程序自动从设置的服务器上拿到新版本并自动升级。

金丝雀发布在对数据库升级以及其他共享资源方面引入了更进一步的约束，即任何共享资源（如共享的会话缓存或外部服务等）要能在生产环境中的所有版本中相兼容。另一种方法是使用非共享架构（shared-nothing architecture），即每个结点与其他结点绝对独立，不共享数据库或外部服务①，也可以将两种方法结合使用。

零售点销售管理系统的金丝雀发布

金丝雀发布听上去可能有点儿太理论化了，但我们可以向你保证，在这里提到它是因为现实项目中的确见到过（要比Google、NetFlix和IMVU早得多）。在开发一个高容量的零售点销售系统项目中，正是由于前面提到的这些理由，我们使用了这种策略。我们的应用程序是高度分布的富客户端系统。而且客户端的数量有数万个。当需要将新特性部署到客户系统上时，由于带宽不足，我们根本无法在所有商店闭店这段时间里完成所有客户端的更新。取而代之的是，我们会在几天或几个星期内将新特性分批次推出。

也就是说，多组零售店会使用不同版本的客户端系统，与不同版本的服务器进行交互，但它们完全共享相同的后台数据库。

使用我们这个系统的商店被分成几个不同的组。我们的增量式发行策略意味着每组商店可以决定什么时间升级他们的客户端。如果某个发布中的某个特性对于他们的运维来说非常关键的话，他们可能就会想早点进行升级。但是，如果该版本的特性与其他兄弟组关系更紧密的话，他们就会直到这些特性被验证是好的，才会升级。

最后，在生产环境中保留尽可能少的版本也是非常重要的，最好限制在两个版本之内。支持多个版本是非常痛苦的，所以要将金丝雀的数目减少到最低限度。

---

① Google为它内部的所有服务创建了一个叫做Protocol Buffers的框架，用于处理版本管理[beffuK]。

10.5 紧急修复

在每个系统中,总会遇到这种情况:发现了一个严重的缺陷,必须尽快修复。此时,需要牢记在心的最重要的事情是:任何情况下,都不能破坏流程。紧急修复版本也要走同样的构建、部署、测试和发布流程,与其他代码变更没什么区别。为什么这么说呢?因为我们看到过很多场合,修复版本直接被放到生产环境中,而产生一个未受控版本。

这会导致两个不幸的后果。首先是这种紧急修改没有做适当的测试,可能引发回归问题,或者该补丁不但没有修复问题,反而引起了更严重的问题。其次,这种修改常常没有被记录在案(或者即使第一次记录了,接下来为了修复由第一次修改引入的问题而做的第二和第三次修改却没有记录)。此时,该环境会陷入某种未知状态,使团队很难重现问题,而且以一种不可管理的方式破坏或影响后续的部署流程。

这个故事的寓意是:让每个紧急修复都走完标准的部署流水线。这是另一个应该保持更短周期的原因。

有时候并不真正需要紧急修复一个缺陷。你需要考虑多少人会受到缺陷的影响,这个缺陷是否经常发生,发生后对用户有多大的影响。如果缺陷只影响少数人,而且发生频率不高,影响较低,而部署一个新版本的风险相对较高的话,可能就没有必要做紧急修复了。当然,通过有效的配置管理和自动部署过程来减少部署风险还有一些争议。

紧急修复的另一种做法是回滚到以前使用的好版本上,如前所述。

下面是处理生产环境中的缺陷时应该考虑的一些因素。

- 别自己加班到深夜来做这事儿,应该与别人一起结对做这事儿。
- 确保有一个已经测试过的紧急修复流程。
- 对于应用程序的变更,避免绕过标准的流程,除非在极端情况下。
- 确保在试运行环境上对紧急修复版本做过测试。
- 有时候回滚比部署新的修复版本更划算。做一些分析工作,找到最好的解决方案。想一想,假如数据丢失了,或者面对集成或联合环境时,会发生什么事?

10.6 持续部署

遵循极限编程的座右铭:如果它令你很受伤,那么就做更多的练习(If it hurts, do it more often)。合乎逻辑的极限就是每当有版本通过自动化测试之后,就将其部署到生产环境中。这种技术叫做"持续部署",Timothy Fitz发明的一个术语[aJA8lN]。当然它不只是持续部署(你可能会说:只要我愿意,我就可以不断地向UAT环境上部署:没什么大不了的)。关键点在于它是持续部署到生产环境中。

指导思想非常简单:使用部署流水线,并让最后一步(部署到生产环境)也自动化。这样,如果某次提交的代码通过了所有的自动化测试,就直接部署到生产环境中。

如果想让这种做法不引发问题，自动化测试（应该包括自动化的单元测试、组件测试、功能性和非功能性验收测试）就必须异乎寻常的强大，覆盖整个应用程序。必须先写所有的测试（包括验收测试），然后再写代码。这样你才能做到，只有用户故事完成的最后那次代码提交才能使验收测试通过。

持续部署可以与金丝雀发布结合使用。首先通过一个自动化过程将一个新版本发布给一小撮用户使用。一旦确认（可能是人为决策）新版本没有问题，就把它发布给所有的用户。由良好的金丝雀发布系统提供的这层安全网让持续部署的风险甚至更小。

持续部署并不是适合所有人。有时候，你并不想立即将最新版本发布到生产环境中。在某些公司，由于制度的约束，产品上线需要审批。产品公司通常还要对已发布出去的每个版本做技术支持。然而，在很多情况下，这种方式还是可行的。

有些人反对持续部署，因为在直觉上，这么做的风险太高。但是，如前所述，越频繁的发布会让发布风险越低。这是非常明显的，因为发布越频繁，两次发布版本之间的差异就会越少。因此，如果你每次修改都会被发布，那么风险仅仅局限于这一次变更。持续部署是一个可以减少发布风险的好办法。

也许最重要的是，持续部署迫使你做正确的事儿（正如Fitz在他的博客中所说的那样）。没有完整的自动化构建、部署、测试和发布流程，你无法做到持续部署。没有全面且可靠的自动化测试集合，你也无法做到持续部署。没有在类生产环境中运行的系统测试，你同样做不到持续部署。这就是为什么尽管你无法真正地做到每次的修改通过测试后就发布，也应该创建一个自动化流程——当你想这么做时，你就有能力这么做了。

作者真的高兴看到，持续部署的文章在整个软件开发社区如此轰动。它强化了我们讲了多年的发布过程。部署流水线就是为了创建一个可重复的、可靠的自动化系统，把修改的代码尽快放到生产环境中。这就是用最高质量的流程创建最高质量的软件。顺着这个思路和方向，可以大大地减少发布流程中的风险。持续部署把这种方法作为它的必然结论。一定要认真对待这件事，因为它代表了软件的方式交付模式的转变。尽管你有很好的理由说："我不需要每次修改都要发布一个版本"，但其实这样的理由要比你想象的少得多，而且你也应该像真的每次都要发布版本那样要求自己。

持续发布用户自行安装的软件

将一个应用程序的新版本发布到由你控制的生产环境中是一回事，发布用户自行安装到其自己环境中的软件（客户安装的软件）的一个新版本就是另一回事了。此时需要考虑下列事情。

- 管理升级的历程。
- 迁移二进制包、数据和配置信息。
- 测试升级流程。
- 从用户那里收集问题报告。

第10章 应用程序的部署与发布

对于客户自行安装的软件来说,一个重要问题是:随着时间的推移,如何管理已经发布的众多版本。它很可能引发技术支持的恶梦:为了调试某个问题,你要将版本回滚到相应的版本上,努力回忆当时开发与这个问题相关的某个特性的情形。理想情况下,希望大家都用同一个版本,即最新的稳定版本。为了达到这一点,就要尽可能做到无痛苦的版本升级。

客户端处理升级有如下几种方式。

(1) 让软件自己检查是否有新版本,并提示用户下载并升级到最新版本。这是最容易实现的,但用起来也是最痛苦的。没人想看着一个下载进度条一点一点地向前走。

(2) 在后台下载,并提醒用户安装。在这种模式中,软件需要周期性地检查更新,在运行的同时悄悄地下载。当下载成功后,不断地提醒用户升级到最新版本。

(3) 在后台下载并在应用程序下次启动时悄悄升级。应用程序可能也会提示你立即重新启动(Firefox就是这么做的)。

如果你比较保守的话,选项(1)和(2)可能看起来更有吸引力。然而,在大多数情况下,这是一个错误的选择。作为应该程序的开发人员,你希望让用户有更多的选择。可是,对于升级这件事而言,用户可能并不了解为什么他需要推迟升级。如果你没有提供什么有意义的信息,还让他们考虑是否需要升级的话,其结果通常是用户选择不升级,仅仅因为升级可能会引起问题。

实际上,同样的思考方式也会呈现在开发团队的头脑中。升级可能会引起问题,既然开发团队自己也这么想,那么我们就应该给用户这样的选项。但是,如果升级过程的确很不稳定,那么用户选择不升级是正确的。而如果升级过程非常稳定,那么就没有必要给用户这样的选择:升级就应该是自动发生的。所以,实际上给用户选择就是告诉他们开发团队对升级过程没有信心。

正确的解决方案是升级过程已通过"防弹测试"(bullet proof)了,而且静默升级。特别是,当升级过程失败时,应用程序应该能够自动回滚到原来的版本并把失败报告给开发团队。开发团队就能修复这个问题,然后再次发布一个新版本(并希望)正确升级。所有这些都应该悄悄发生,无须用户知道。需要提示用户的唯一理由就是需要用户采取一些纠正措施。

当然,你可能还会有其他一些理由不想让软件悄悄升级。也许你不希望有人向你家里打电话,或者你只是某个企业中运维团队中的一员,而该企业规定应用程序的新版本只能在彻底测试且经过批准后,才允许部署,以确保万无一失。这两个情况都是合理的,可以用一个配置选项关闭自动升级。

为了提供一个坚如磐石的升级体验,你需要处理二进制包、数据和配置信息的迁移工作。无论哪种情况,升级过程应该保留一份旧版本的副本,直至完全确信升级已经成功。如果升级失败,应该悄悄地恢复二进制包、数据和配置信息。一种比较容易的方法是在安装目录中让一个文件夹包含当前版本的所有信息,并创建一个新文件夹用于保存新版本的所有信息。然后只要通过重命名目录或创建新版本的一个引用就可以了(在UNIX系统中，通常是使用符号链接做到这一点)。

应用程序应该能够从任意一个版本升级到另外一个版本。为了做到这一点，要对数据存储和配置文件都进行版本管理。每次改变数据库存储的模式或配置信息时，就要创建一个脚本将它们从一个版本升级到下一个版本。如果你想支持降级的话，还要有一个脚本让这些内容从高版本恢复到低版本。当升级脚本运行时，由它自动检查并识别数据存储和配置信息的当前版本，并利用相应的脚本把它们迁移到最新版本上。这种技术在第12章有更加详细的描述。

应该把对升级过程的测试也作为部署流水线的一部分。可以在部署流水线为这个目的专门设置一个阶段。在该阶段中，脚本选择基于真实数据和配置信息的初始状态（这些真实数据和配置信息来自于那些非常友好的用户），运行升级过程达到最新版本。这些活动应该在具有代表性的目标环境中自动完成。

最后，对于客户自行安装的软件来说，关键是能够把错误报告发回给开发团队。在Timothy Fitz关于客户自行安装软件的持续部署的博文中[amYycv]，它描述了用户软件遇到的很多不友好的事件，比如"硬件坏掉了、内存溢出条件、其他语言的操作系统、随机的DLL、别的进程向你的进程中插入了代码、在系统崩溃事件中打头阵的驱动器，以及其他更诡异和无法预期的集成问题。"

因此，一个崩溃报告框架是非常必要的。Google把一个Windows平台上的C++框架开源了，当需要时，.Net从其内部就可以调用该框架。关于如何更好地做崩溃报告以及什么样的度量项有利于报告结果依赖于你所使用的技术栈，这些问题超出了本书的讨论范围。作为起点，Fitz的博客中有一些非常有用的讨论。

10.7　小贴士和窍门

10.7.1　真正执行部署操作的人应该参与部署过程的创建

我们常常要求部署团队去部署那些他们从未接触过的系统。他们拿到一个CD和一些含糊的指南，比如"安装SQL Sever"。

这是运维与开发团队之间关系很差的一种信号，而且可以肯定的是，当真要部署到生产环境时，这个过程会非常痛苦，而且会出现很多指责和坏脾气。

在一个项目启动时，开发人员首先要做的一件事情就是非正式地找到运维人员，让他们也参与到开发过程中。这样，运维人员从项目一开始就已经参与了软件开发，双方都知道在发布之前发生了什么，因此，这就会像新生儿的屁屁一样光滑。

当开发人员和运维人员成为朋友时，事情会变得更美好

我们打算在时间安排比较紧的情况下部署一个系统。在运维和开发团队参加的讨论会议上，运维团队强烈反对这种紧凑的时间安排。会议之后，一些技术人员留

第 10 章 应用程序的部署与发布

> 下来继续聊天，还交换了电话号码。在接下来的几个星期里，他们之间的沟通没有中断。一个月后，系统还被部署到了只有一小撮用户的生产环境上。
>
> 　　部署团队的一个成员过来与开发团队一起工作，创建了一些部署脚本，同时在Wiki上写了安装文档。这意味着部署时不会有什么令人吃惊的事情发生。在运维团队会议中，对系统的部署时间表讨论了很多，唯独没有对系统的讨论，因为运维团队对于它的部署以及软件本身的质量非常有信心。

10.7.2　记录部署活动

　　如果部署过程没有完全自动化（包括环境的准备工作），记录哪些文件在自动化部署过程中复制和创建，这是非常重要的。这样做之后，很容易对发生的问题进行跟踪调试，因为很清楚在哪里能找到配置信息、日志和二进制包。

　　同样重要的是，在每个环境的部署过程中，记录每个改动过的硬件清单和实际部署的日志。

10.7.3　不要删除旧文件，而是移动到别的位置

　　当做部署操作时，确保已保留了旧版本的一份副本。然后，在部署新版本之前清除旧版本的所有文件。如果旧版本的某个文件被遗忘在了最新部署版本的环境当中，出现问题后就很难追查了。更糟糕的是，如果旧版本的管理接口页面还留在那儿，那么很可能引起错误数据。

　　在UNIX环境中，一个最佳实践是：把应用程序的每个版本部署在一个单独目录中，用一个符号链接指向当前版本。版本的部署和回滚就只是改一下符号链接这么简单。对于网络版，可以把不同的版本放在不同的服务器上，或者在同一服务器上使用不同的端口。如10.4.3节中所说的，通过代理切换的方式在它们之间切换。

10.7.4　部署是整个团队的责任

　　"构建和部署专家"的存在是一种反模式。团队中的每个成员都应该知道如何部署，如何维护部署脚本。通过每次部署软件（即使是在开发机器上）都使用真正的部署脚本，就可以达到这一点。

　　如果部署脚本有问题，构建就应该失败。

10.7.5　服务器应用程序不应该有 GUI

　　在过去，有GUI的服务器应用程序是很常见的。尤其是PowerBuilder和Visual Basic构建的应用程序更常见。这类应用程序经常存在之前提到过的问题，比如配置信息没有脚本化、应用程序对安装在什么位置非常敏感，等等。然而，最主要问题是：为了能够正常工作，该机器必须有一个用户登录并显示一个界面。也就是说，系统重启（比

如由于突发事件或正常升级）都会令该用户登出，而服务器也就停止了。之后，维护工程师就不得不登录到那台机器上，手工启动这个服务了。

> **Chris Stevenson的PowerBuilder瓶颈**
>
> 在某个客户那里，有个PowerBuilder的应用程序，为某主要的商品代理商处理所有收到的交易。该应用程序有一个GUI，并且每天需要手工启动一次。它还是一个单线程应用程序。如果在处理交易时发生错误，应用程序就抛出个消息对话框"错误。继续吗？"和一个"确定"按钮。
>
> 当此对话框出现在屏幕上时，所有的交易处理工作将停止。沮丧的经销商就要打电话给运维支持人员，让他去看看那台机器，按一下"确定"按钮，好让程序继续进行。后来，有人写了个VB应用程序，它的工作就是监视那个对话框，以编程方式单击"确定"按钮。
>
> 多年以后，当系统的其他部分已经有所改善，我们发现了另一个特性。此时，应用程序已被部署到Windows 3.x的老版本上，而该版本无法可靠地关闭已保存过的文件。因此，不得不通过硬编码方式在每次交易时都暂停五秒钟，以便绕过这个问题。由于单线程的约束，这意味着如果很多交易在同一时刻到达，系统就需要较长时间来处理它们。挫败感会升级，而交易商还要把那些交易重新输入到系统中，可能会引起重复的数据，从而使系统的可靠性降低了。
>
> 这发生在2003年。不要低估应用程序会被使用的时间。

10.7.6 为新部署留预热期

不要在预热时激活eBay-killer网站。当这样的网站在官方发布时，它应该已经运行了一段时间，足以让应用服务器和数据库建立好它们的缓存，准备好所有的连接，并完成了"预热"。

对于网站来说，可以通过金丝雀发布达到这个目标。新服务器和新的发布在开始时可以服务于一小部分请求。然后，当环境无异常并被证明行之有效后，你就可以将更多的负载切换到这个新系统上。

许多应用程序在部署时都会急于建立内部缓存。在缓存完成之前，应用程序的响应时间往往较长，甚至可能会失败。如果应用程序行为的确如此的话，请确保在部署计划中考虑到了这件事，包括重建缓存所需的时间（当然是在一个类生产环境中测试）。

10.7.7 快速失败

部署脚本也应该被纳入测试之中，以确保部署成功。这些测试也应该作为部署的一部分来运行。然而它们不应该是全面的单元测试，而是简单的冒烟测试，确保被部署的内容可以工作。

理想情况下，系统在启动初始化时也应该执行这些检查，一旦遇到了问题，就应该让系统无法启动。

10.7.8　不要直接对生产环境进行修改

大多数生产环境的停机是由于那些未受控的修改。生产环境应该是被完全锁定的，这样只有部署流水线可以对其进行改变，包括从环境配置信息到部署在其中的应用程序和相关数据。很多组织有严格的访问管理流程。我们曾看到过，某个组织管理生产环境访问方式是使用由审批流程和两阶段验证系统生成的有限有效期的密码，在使用这个验证系统时需要输入一个由RSA fob产生的代码。在某个组织中，对生产系统的变更可能只能在一个带有闭路电视监控摄像机的房间的某个终端进行操作。

这类授权过程也应该放在部署流水线中。这样做会得到相当大的好处，它意味着有一个系统来记录对生产环境的每一次变更。没有比确切记录谁、什么时候对生产环境做了哪些修改更好的审计跟踪方式了。而部署流水线正好提供了这种便利。

10.8　小结

部署流水线中比较靠后的几个阶段都是关注于测试环境和生产环境的部署。这些阶段与前几个阶段的区别在于它们并没有运行自动化测试作为后面几个阶段的一部分。也就是说，这些阶段很难说是"成功"还是"失败"。只要权限正确的话，部署流水线应该能够通过"单击按钮"就能将任意一个已通过前面几个阶段的构建版本部署到任意一种环境中。还应该让团队中的每个人都明确地看到哪个构建版本被部署到了哪个环境中，该构建版本包含哪些修改。

当然，降低发布风险的最佳方法是真正地做发布演练。越频繁地将应用程序发布到不同的测试环境中越好。尤其是，你越频繁地将应用程序发布到新的测试环境上，这个过程就越可靠，从而在生产环境上发布时遇到问题的可能性就越小。自动化部署系统应该既能够从无到有建立一个新的运行环境，也可以升级已有环境。

然而，无论系统的大小和复杂性，生产环境中的首次发布一定是个重要时刻。至关重要的是，要仔细考虑整个过程，做好充分地计划，使它尽可能地简单直接。然而，为了让团队敏捷起来，发布策略并不是在软件项目发布前的最后一刻（几天或几个迭代）才制定的。这应该是计划活动里的一部分，至少其中一部分会在项目早期就影响到开发决策。该发布策略将会（而且应该）随着时间的推移而变化，当到首次发布时，它会变成更准确、更加详细的方法。

发布计划最关键的部分是将来自组织各部门参与交付的代表组织起来：构建、基础设施、运维团队、开发团队、测试团队、DBA和技术支持团队。在整个项目周期中，这些人应该不断地交流，持续合作，从而使交付过程更加高效。

Part 3 第三部分

交付生态圈

本部分内容

- 第 11 章　基础设施和环境管理
- 第 12 章　数据管理
- 第 13 章　组件和依赖管理
- 第 14 章　版本控制进阶
- 第 15 章　持续交付管理

第 11 章

基础设施和环境管理

11.1 引言

正如第1章所述,部署软件有如下3个步骤。
- 创建并管理应用程序运行所需的基础设施(硬件、网络、中间件和外部服务)。
- 在其上安装应用程序的正确版本。
- 配置应用程序,包括它所需要的任何数据和状态。

本章将讨论第一步。因为,我们的目标是让所有测试环境(包括持续集成环境)都要与生产环境相似,特别是它们的管理方式。本章还会讨论测试环境的管理。

先说一下本章所说的环境指的是什么。环境是指应用程序运行所需的所有资源和它们的配置信息。用如下这些属性来描述环境。
- 组成运行环境的服务器的硬件配置信息——比如CPU的类型与数量、内存大小、硬盘和网络接口卡等,以及这些服务器互联所需的网络基础设施。
- 应用程序运行所需要的操作系统和中间件(如消息系统、应用服务器和Web服务器,以及数据库服务器等)的配置信息。

通用术语基础设施(infrastructure)代表了你所在组织中的所有环境,以及支持其运行的所有服务,如DNS服务器、防火墙、路由器、版本控制库、存储、监控应用、邮件服务器,等等。事实上,应用程序环境和所在组织的其他基础设施之间的分界限可能非常明确(比如,对于嵌入式软件),也可能极其模糊(比如,在面向服务架构的情况下,很多基础设施是在各应用程序之间共享和依赖的)。

准备部署环境的过程以及部署之后对环境的管理是本章的主要内容。然而为了能够做到这一点,就要基于下面这些原则,用一个整体方法来管理所有基础设施。[1]
- 使用保存于版本控制库中的配置信息来指定基础设施所处的状态。
- 基础设施应该具有自治特性,即它应该自动地将自己设定为所需状态。
- 通过测试设备和监控手段,应该每时每刻都能掌握基础设施的实时状况。

---

[1] 其中有些受到James White的启发[9QRI77]。

基础设施不但应该具有自治特性，而且应该是非常容易重新搭建的。这样的话，当有硬件问题时，就能迅速重建一个全新的已知状态的环境配置。所以，基础设施的准备工作也应该是一个自动化过程。自动化的准备工作与自治性的维护相结合，可保证一旦出现问题就能在可预见的时间内重建基础设施。

为了减少在类生产环境（production-like environment）中的部署风险，需要精心管理如下内容。

- 操作系统及其配置信息，包括测试环境和生产环境。
- 中间件软件栈及其配置信息，包括应用服务器、消息系统和数据库。
- 基础设施软件，比如版本控制代码库、目录服务以及监控系统。
- 外部集成点，比如外部系统和服务。
- 网络基础设施，包括路由器、防火墙、交换机、DNS和DHCP等。
- 应用程序开发团队与基础设施管理团队之间的关系。

先从列表中的最后一项开始，因为它与其他那些技术条目不同。如果两个团队能够紧密合作解决问题的话，其他事情就会变得很容易。他们应该从项目一开始就在环境管理和部署方面进行全面合作。

强调合作是DevOps运动的核心原则之一。DevOps运动的目标是将敏捷方法引入到系统管理和IT运营世界中。这场运动的另一个核心原则是，利用敏捷技术对基础设施进行有效管理。本章所讨论的很多技术（如自治性的基础设施和行为驱动的监控，即behavior-driven monitoring）都是由这项运动的发起人研究开发出来的。

当阅读本章时，请记住指导原则：测试环境应该是与生产环境相似的。也就是说，对于上面列出的所有条目，绝大多数应该是相似的（尽管不必完全相同）。其目的是为了尽早发现环境方面的问题，以及在向生产环境部署之前对关键活动（比如部署和配置）进行操作演练，从而减少发布风险。测试环境需要与生产环境足够相似，以达到这一目标。更重要的是，管理这些环境所用的技术应该是相同的。

这么做有一定的难度，而且很可能成本也较高，但有些工具和技术可以提供帮助，比如虚拟化技术和自动化数据中心管理系统。对于能够在开发早期就捕获那些令人费解、难以重现的配置和集成问题来说，这种方法的收益会很大，甚至在后期能得到数倍于这些成本的回报。

最后一点是，虽然本章假设应用程序所部署的生产环境由运维团队管理，但对于软件产品来说，原则和问题都是一样的。比如，虽然某个软件产品不必对其数据进行定期备份，但对于任意一个用户来说，数据恢复都是非常重要的。而对其他非功能需求来说也是一样，比如可恢复性（recoverability）、可支持性（supportability）和可审计性（auditability）。

11.2 理解运维团队的需要

无需证明，大多数项目的失败原因在于人，而不是技术本身。对于"将代码部署到测试和生产环境中"这事来说，更是如此。几乎所有大中型公司都会将开发活动和

第 11 章　基础设施和环境管理

基础设施管理活动（也就是常说的运维活动）分交给两个独立的部门完成①。常常能看到这两拨人的关系并不是很好。这是因为往往鼓励开发团队尽可能快地交付软件，而运维团队的目标则是稳定。

需要谨记的最重要的事情是：所有的项目干系人都能达成一个共识，即让发布有价值的软件成为一件低风险的事情。根据我们的经验，做这件事的最佳方法就是尽可能频繁地发布（即持续交付）。这就能保证在两次发布之间的变更很小。如果你所在的组织中，发布总是需要花上几天的时间，还要熬夜加班的话，你肯定会强烈反对这种想法。而我们的回答是：发布可以并且应该成为一种能在几分钟内执行完的活动。这听上去好像不太现实，但是，我们曾看到过在一些大公司中，很多大型项目从最初由甘特图驱动的整夜无眠的发布变为一天做几次分钟级别的低风险发布活动。

在小公司里，开发团队常常也要负责运维。而大多数大中型公司会有多个独立的部门。每个部门都有其独立向上汇报的途径：运维会有运维的领导，开发团队有开发团队的领导。当每次在生产环境上进行部署时，这些团队及其领导都会极力证明问题不是他们部门的错。很明显，这是两个部门关系紧张的潜在原因。每个部门都想将部署风险降到最低，但他们都有自己的手段。

运维团队依据一些关键的服务质量指标来衡量他们的效率，比如MTBF（Mean Time Between Failure，平均无故障时间）和MTTR（Mean Time To Repair Failure，平均修复时间）。运维团队常常还必须满足某些SLA（Service-Level Agreement，服务级别的条款）。对运维团队来说，任何变更都可能是风险（包括那些可能影响到运维团队达成这些目标或其他要求的流程的变更）。既然这样，运维团队就有几个最为重要的关注点。

11.2.1　文档与审计

运维主管希望确保其所管任意环境中的任意变更都要被记录在案并被审计。这样一旦出了问题，他们可以查到是由哪些修改引起的。

运维主管很关注他们追溯变更的能力，还有另外的原因。比如，拿萨班斯-奥克斯利法案来说，这个美国法案的目的是鼓励良好的企业审计和责任，希望确保环境的一致性。这么做大体上能够找出最后那个运行状态良好的环境和出问题的环境之间到底有哪些不同。

变更管理流程肯定是任何组织中最重要的流程之一，它用于管理受控环境的每一次变更。通常，运维团队会掌管生产环境，以及与生产环境近似的测试环境。这就意味着，任何人在任何时候想修改一下测试环境或生产环境，都必须提出申请，并被审批。很多低风险的配置变更可以由运维团队来执行。在ITIL中，这些变更叫做"标准"变更（standard change）。

---

① 为了本章的讨论，我们把支持工作看成了运维工作的一部分，尽管现实中并不完全是这样的。

然而，部署应用程序的新版本常常是一个需要由CAB（Change Advisory Board，变更提议委员会）提出申请，并由变更管理者审批的"常规"变更（normal change）。在变更申请中，需要包括详细的风险与影响分析，以及出错时的应对方案。这个申请应该在新版本的部署流程启动之前提交，而且不能是在业务人员期望上线前的几个小时才提交。当第一次执行这个流程时，可能要回答很多问题。

软件开发团队的成员也需要熟悉运维团队掌控的这些系统和流程，并遵守它们。制定软件发布时所需遵循的流程也是开发团队发布计划的一部分。

11.2.2 异常事件的告警

运维团队会有自己的系统来监控基础设施和正在运行的应用程序，并希望当系统出现异常状况时收到警报，以便将停机时间最小化。

每个运维团队都会用某种方法来监控他们的生产环境。它们可能用OpenNMS，也可能用Nagios或者是惠普的Operations Manager。他们很可能已经为自己定制了一个监控系统。无论他们用什么系统，他们都希望应用程序也能够挂到该系统中，以便一旦出错就能得到通知，并知道到哪儿查找详情，找到出错原因。

重要的是，要在项目一开始就了解运维团队希望怎样来监控应用程序，并将其列在发布计划之中，比如，他们想要如何监控？希望把日志放在什么位置？当系统出错时，应用程序要使用怎样的方式通知运维人员？

缺乏经验的开发人员最常犯的一个编码错误就是吞噬错误信息（swallow error）。与运维团队聊一下，你就会发现，应该把每个错误状态都记录下来，并放到某个已知的位置上，同时记录相应的严重程度，以便他们能确切知道发生了什么问题。这么做以后，若应用程序由于某种原因出问题了，运维人员能够很容易地重启或重新部署它。

再强调一次，了解并满足运维团队的监控需求，并把这些需求放到发布计划中是开发团队的责任。处理这些需求的最佳办法就是像对待其他需求那样对待它们。主动从运维人员的角度思考，想一下他们会如何应对应用程序——他们是应用程序用户中非常重要的一部分用户。当第一次发布临近时，要将重启或重新部署应用程序的流程放到你的发布计划当中。

首次发布仅仅是所有应用程序生命周期的一个开始。应用程序的每个新版本都会有所不同，比如错误的类型以及其生成的日志信息，可能被监控的方法也不同。它还可能以某种新的形式发生错误。因此，当要开发新版本时，让运维人员也参与其中是非常重要的，这样他们就可以为这些变更做一些准备工作。

11.2.3 保障 IT 服务持续性的计划

运维经理要参与组织的IT服务连续性计划的创建、实现、测试和维护。运维团队掌管的每个服务都会设定一个RPO（Recovery Point Objective，恢复点目标，即灾难之

第 11 章 基础设施和环境管理

前丢失多长时间内的数据是可接受的）以及一个RTO（Recovery Time Objective，恢复时间目标，即服务恢复之前允许的最长停机时间）。

RPO控制了数据备份和恢复策略，因为数据备份必须足够频繁，才能达到这个RPO。当然，如果没有应用程序以及其依赖的环境和基础设施，这些数据也就没有什么用，所以还要能重新部署应用程序的正确版本，以及它的运行环境和基础设施。也就是说，必须小心管理这些配置信息。只有这样，运维团队才能重建它们。

为了满足业务方面所需的RTO，可能要额外建立一个生产环境和基础设施的副本，以便当主系统出错时，可以启用这个后备系统。应用程序应该能应对这类突发事件。对于高可用性应用程序，这意味着当应用程序正在运行时，就要进行数据和配置信息的复制工作。

有个与之相关的需求，那就是归档问题：生产系统中应用程序所生成的数据量可能很快就变得非常大。为了审计或支持工作，应该用某种简便方法对生产数据进行归档，使磁盘空间不被占满，也不会降低应用程序的运行速度。

作为业务持续性测试的一部分，应该对应用程序数据的备份、恢复以及归档工作进行测试，还要获取并部署任意指定版本的应用程序。另外，作为发布计划的一部分，还要将如何执行这些活动的流程提供给运维团队。

11.2.4 使用运维团队熟悉的技术

运维主管希望用运维团队自身熟悉的技术对其管理的环境进行变更操作，这样他们就能真正掌控和维护这些环境了。

对运维团队来说，熟练使用Bash或PowerShell是很平常的事情，但成为Java或C#专家的可能性却不大。可是，我们几乎可以肯定的是，他们还是希望能够检验对环境和基础设施的配置所要作出的变动。如果由于应用程序用了运维团队不熟悉的技术和语言，使他们无法理解它的部署过程的话，这无疑会增加这些修改的风险。运维团队可能抵触他们无法维护的部署系统。

在每个项目开始时，开发团队和运维团队就应该坐下来，讨论并决定应用程序的部署应该如何执行。一旦所用技术达成一致，双方可能都需要学习一下这些技术（可能是某种脚本语言，比如Perl、Ruby或Python，或者某种打包技术，比如Debian打包系统或者WiX）。

关键在于两个团队都要理解这个部署系统，因为我们必须使用相同的部署过程对每个环境的修改进行部署，这些环境包括开发环境、持续集成环境、测试环境和生产环境。而开发人员是最早负责创建这一过程的人。它们会在某个时间点被移交给运维团队，运维团队是负责维护这些脚本的人。因此，这就需要运维团队从开始写脚本时就参与其中。用于部署或修改环境和基础设施的技术也应该是发布计划中的一个组成部分。

部署系统是应用程序的一个部分。与应用程序的其他部分一样，它也应该被测试和重构，并放在版本控制库中。如果不这么做（我们曾看到过这种事情发生），其结果总是留下一堆疏于测试、易出问题且不易理解的脚本，让变更管理充满风险和痛苦。

11.3 基础设施的建模和管理

除了项目干系人管理之外，从广义上讲，本章的其他内容都可以算做是配置管理的一个分支。然而，对测试和生产环境实现全面的配置管理并不是一件小事，所以它占用了本章的很大篇幅。即便这样，本章也只讨论了环境和基础设施管理的高层次原则。

每种环境中都有很多种配置信息，所有这些配置信息都应该以自动化方式进行准备和管理。图11-1展示了一些根据抽象层次的不同，对各种服务器进行分类以后的例子。

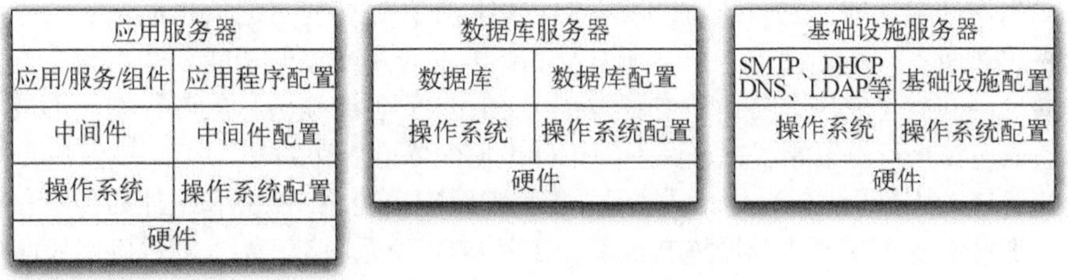

应用服务器		数据库服务器		基础设施服务器	
应用/服务/组件	应用程序配置	数据库	数据库配置	SMTP、DHCP DNS、LDAP等	基础设施配置
中间件	中间件配置	操作系统	操作系统配置	操作系统	操作系统配置
操作系统	操作系统配置	硬件		硬件	
硬件					

图11-1 服务器的类型及其配置

如果你对将要开发的系统所用技术有最终决定权的话，那么在项目的启动阶段（inception），你应该回答一个问题：用这种技术做自动化部署和配置软硬件基础设置容易吗？对于系统的集成、测试和部署的自动化来说，使用能够以自动化方式进行配置和部署的技术是一个必要条件。

假如你无权控制基础设施的选择，但还想全面自动化构建、集成、测试和部署的话，你必须解决下述问题。

- 如何准备基础设施？
- 如何部署和配置应用程序所依赖的各种软件，并作为基础设施的一部分？
- 一旦准备并配置好基础设施后，如何来管理它？

现代操作系统有数千种安装方式：不同的设备驱动器、不同的系统配置信息设置，以及一大堆会影响到应用程序运行的参数。某些软件系统比其他的软件更能容忍这种层次的差异。大多数COTS软件会运行在很多不同的软硬件配置中，所以它们不应该在这个层面上过多地考虑不同点，虽然作为安装和升级过程的一部分，应该总是检查商业套装软件对系统的要求。然而，一个高性能Web应用可能会对一个微小的变化也非常敏感，比如数据包大小或文件系统配置项的变化。

对于运行于服务器上的多用户应用程序来说，直接使用操作系统和中间件的默认设置通常并不合适。操作系统需要有访问控制、防火墙配置以及其他强化措施（比如

第 11 章 基础设施和环境管理

禁用不必要的服务）等。数据库也需要配置，给用户设置正确的权限，应用服务器需要部署多个组件，消息代理服务器需要定义消息以及订阅注册，等等。

与交付流程的其他方面一样，你应该把创建和维护基础设施需要的所有内容都进行版本控制。至少对下述内容应该这么做。

- 操作系统的安装定义项（比如使用的Debian Preseed、RedHat Kickstart和Solaris Jumpstart）。
- 数据中心自动化工具的配置信息，比如Puppet或CfEngine。
- 通用基础设施配置信息，比如DNS区域文件（zone file）、DHCP和SMTP服务器配置文件、防火墙配置文件等。
- 用于管理基础设施的所有脚本。

与源代码一样，版本控制库中的这些文件也是部署流水线输入的一部分。对于基础设施的变更来讲，部署流水线的工作包括三部分。首先，在对任何基础设施的变更部署到生产环境之前，它应该验证所有的应用程序在这些变更之后也能正常工作，并确保在该新版本的基础设施之上，所有受到影响的应用程序的功能和非功能测试都能成功通过。其次，它应该将这些变更放到运维团队管理的测试和生产环境上。最后，流水线还应该执行部署测试，确保新的基础设施配置已成功部署。

在图11-1中值得注意的是，那些用于部署配置应用程序、服务和组件的脚本和工具通常与那些准备和管理基础设施其他部分工具有所不同。有时候，部署应用程序的流程也要执行部署和配置中间件的任务。通常，这些部署流程由当前正在负责应用程序开发的开发团队来创建，但执行这些部署流程的前提条件是基础设施的其他部分已经准备好并且处于正确的状态。

当处理基础设施时，需要重点考虑的一个因素是共享到什么程度。如果某些基础设施的配置信息只与某个特定的应用程序相关，那么它就应该是那个特定应用程序的部署流水线的一部分，而不需要它自己的一个独立生命周期管理。然而，如果某些基础设施是多个应用程序共享的，那么你就面临这样一个问题：管理应用程序和应用程序所依赖的基础设施之间的版本依赖。也就是说，为了能够正常工作，就要记录每个应用程序需要哪个版本的基础设施。这样就要再建立另一个流水线，用于推送对基础设施的变更，确保那些影响多个应用程序的变更能以某种遵守依赖规则的方式完成其交付流程。

11.3.1 基础设施的访问控制

如果组织很小或者刚成立，那么这是一个制定所有基础设施的配置管理策略的大好机会。如果面对的是一个没有良好控制的遗留系统的话，那么就要找出让它处于受控状态的方法。控制包括以下三方面。

- 在没有批准的情况下，不允许他人修改基础设施。
- 制定一个对基础设施进行变更的自动化过程。

- 对基础设施进行监控，一旦发生问题，能尽早发现。

尽管我们并不是限定行为、建立审批流程的狂热者，但对生产基础设施进行修改是一个严肃的问题。因为我们相信，应该像对待生产环境一样对待测试环境，在这两种环境上要使用同样的流程。

锁定生产环境以避免非授权访问是非常必要的，其对象既包括组织之外的人，也包括组织之内的人，甚至是运维团队的员工。否则，当出问题时，直接登录到出问题的环境上去尝试解决问题的做法是非常有诱惑力的[这种做法有时候被礼貌地称为"试探式的问题解决方法" (problem-solving heuristic)]。这是个可怕的想法，原因有二。首先，它通常导致服务中断（人们倾向于尝试重启或临时打服务补丁）。其次，如果在事后出现某些问题，那么根本没有记录表示谁在什么时间做了这件事，也就是说，无法找到当前遇到问题的原因。在这种情况下，你可能就需要从无到有重新创建一个环境，以便确信它处于一个已知良好的状态上。

如果无法通过一个自动化过程从头重新创建基础设施的话，首先要做的事情就是实现访问控制。这样，如果没有通过审批，就无法对任何基础设施作出修改。*The Visible Ops Handbook*把这叫做"稳住病人"（stabilizing the patient）。这无疑会带来很多不必要的麻烦，但它是下一步的前提条件，而下一步就是指在不关闭访问控制的情况下，创建自动化过程来管理基础设施。运维团队也不必再把所有时间花在"救火"上，因为计划外的变更经常会导致破坏。指定工作在什么时候完成以及强制性访问控制有一种好办法，那就是创建维护时间窗。

对生产环境和测试环境的变更请求应该执行一个变更管理流程。这并不意味着需要官僚作风：正如*The Visible Ops Handbook*所指出的，在MTBF（平均无故障时间）和MTTR（平均修复时间）这两方面做得好的公司能够做到"每星期变更1000到1500次，变更成功率超过99%。"

对测试环境的变更审核当然要比生产环境的变更审核容易一些。对生产环境的变更常常要部门经理或CTO审核（到底谁来审核，取决于组织的大小以及它的监管环境）。然而，如果对UAT环境上的部署也要CTO来审核的话，就显得没那个必要了。最重要的是：对测试环境的变更要与生产环境使用相同的流程。

11.3.2 对基础设施进行修改

当然，有时还是需要对基础设施进行修改的。高效的变更管理流程有如下几个关键特征。

- 无论是更新防火墙规则，还是部署flagship服务的新版本，每个变更都应该走同样的变更管理流程。
- 这个流程应该使用一个所有人都需要登录的ticketing系统来管理。这样就可以得到有用的度量数据，比如每个变化的平均周期时间。
- 做过的变更应该详细清楚地记录到日志中，这样便于以后做审计。

第 11 章　基础设施和环境管理

- 能够看到对每个环境进行变更的历史，包括部署活动。
- 想做修改的话，首先必须在一个类生产环境中测试通过，而且自动化测试也已经运行完成，以确保这次变更不会破坏该环境中的所有应用程序。
- 对每次修改都应该进行版本控制，并通过自动化流程对基础设施进行变更。
- 需要有一个测试来验证这次变更已经起作用了。

良好的变更管理的关键在于创建一个自动化流程，从版本控制库中取出基础设施的变更项进行部署。如果想做到这一点，最有效的方法是要求所有对环境的修改都要通过一个集中式系统。在测试环境中不断尝试，最终确定要做哪些变更，然后在一个全新的类生产试运行环境上对它进行测试，再把它放在配置管理库中，以便后续的构建中包含这一变更，得到批准后，用自动化系统对生产环境进行变更。很多组织已经自行开发了这样一个系统来对这一问题进行管理。如果你还没有的话，可以使用数据中心自动化工具（比如Puppet、CfEngine、BladeLogic、Tivoli或HP Operations Center）。

加强可审计性的最佳方法是用自动化脚本来完成所有变更。这样，万一后来有人想知道到底做了哪些修改的话，就很容易找到了。因此，通常情况下，我们认为使用自动化方式要优于手工文档。手工文档无法保证所记录的变更是完全正确的，比如"某人说他做过了什么事情"与"他实际上做了什么"，这之间的差异足以让你花上几小时甚至几天的时间去查找问题根源。

11.4　服务器的准备及其配置的管理

在中小型企业中，服务器的准备及其配置管理常常被忽视，因为它看上去太复杂了。几乎对每个人来说，搭建服务器并让它运行起来的初次经历都是先找到安装盘，把它放在计算机中，遵循非受控的配置管理流程，以人机交互的方式进行安装。然而，这很快就会使服务器的安装工作变成一种"艺术工作"[①]。这会导致服务器和出错后就很难重建的系统之间行为的不一致。而且，服务器准备工作是一个手工的、重复性的、资源密集且易出错的过程，而这种问题恰恰可以用自动化来解决。

从较高的抽象层次上来说，服务器的准备工作（不管是为测试环境还是生产环境）最开始都要把一台机器放到数据中心，把它连接好。完成之后，后续的所有活动（包括首次加电）都可以用完全自动化的方式通过远程控制来完成。可以使用带外（out-of-band）远程管理系统（比如IPMI或LOM）启动那台机器，通过网络启动并使用PXE（描述如下）安装一个基本的操作系统，该基本操作系统中应安装数据中心管理工具（如图11-2中的Puppet）的一个代理器。然后，这个数据中心管理工具（图11-2中的Puppet）就会管理这台机器的配置。整个自动化过程如图11-2所示。

---

① 一种手工的，只有专家才能做的工作。——译者注

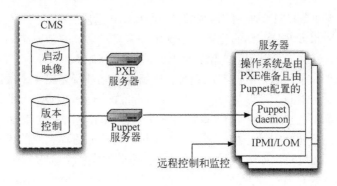

图11-2 服务器准备与配置的自动化

11.4.1 服务器的准备

创建操作系统基线有如下几种方法。
- 完全手工过程。
- 自动化的远程安装。
- 虚拟化。

我们不会考虑完全手工过程，因为它不具有可靠的重复性，所以也没办法扩展。然而，开发团队经常用这种方法来管理他们的环境。这也是为什么开发人员的机器或由他们管理的持续集成环境常常变成了因长时间积累而成的不整齐的"艺术品"。而这些环境中的很多东西与应用程序将要真正运行其上的那个环境完全没有必然的关系。而这本身可能就是一个低效率的重大根源。事实上，这些环境也应该像测试环境和生产环境那样，被管理起来。

作为一种创建操作系统基线和管理环境的方法，虚拟化技术也是可以考虑的，参见11.7节。

对于拿到一台物理机，把它安装好并启动起来这个工作来说，自动化远程安装是一个不错的选择，即使打算以后把它作为虚拟机的宿主机来使用也是一样。最佳入手点就是PXE（Preboot eXecution Environment）或Windows Deployment Services。

PXE是通过以太网启动机器的一个标准。当在机器的BIOS中选择通过网络启动的话，那实际上就是PXE。这个协议使用DHCP的修订版来寻找那些提供启动映像的服务器。当用户选择了从哪个映像启动后，客户端就会通过TFTP加载相应的映像到RAM中。可以通过配置的标准Internet Service Consortium DHCP服务器——dhcpd（所有Linux发行版都有提供）使其提供PXE服务，然后再配置一个TFTP服务器，提供那个真正的映像。如果使用的是RedHat，那么就有个叫做Cobbler的应用程序可能通过PXE来选择Linux操作系统映像。如果在用RedHat机器的话，它还支持用操作系统映像生成一个新的虚拟机。Hudson也有一个插件提供这种PXE服务。BMC的BladeLogic中也包含一个PXE服务器。

几乎每个常见的UNIX风格的系统都提供与PXE相适应的映像。当然，也可以自己定制映像——RedHat和Debian的包管理系统允许你将一个已安装系统的当前状态保存到一个文件中，这样就可以用它来做其他系统的初始化工作。

一旦拿到了一个已准备好的基础系统，你就能对它进行配置了。做这件事的一种方式是用操作系统中的无人参与安装过程：RedHat的Kickstart、Debian的Preseed，或者Solaris的Jumpstart。这些都可以用来执行系统安装之后的一些活动，比如安装操作系统补丁，并决定运行哪个守护进程。下一步就是把基础设施管理系统的代理客户端安装到这台机器上，然后就让那些基础设施管理工具来管理操作系统的配置。

PXE在Windows平台上的对应软件是WDS（Windows Deployment Services，事实上，它的底层也是PXE）。WDS包含在Windows Server 2008企业版中，也可以安装在Windows Server 2003上。虽然这些在Vista之后才成为主流，但它还是可以启动Windows 2000及之上的版本（不包含ME）。为了使用WDS，你需要有ActiveDirectory域、一个DHCP服务器和一个DNS服务器。然后再安装（如果需要的话）并启用WDS。为了配置一下后从WDS启动，需要准备两个映像：一个启动映像和一个安装映像。启动映像是由PXE加载到RAM的[在Windows上，有个软件叫作WinPE（Windows Preinstallation Environment）]，这个软件是当你启动Vista安装光盘时使用的。这个安装光盘是一个自启动的完整安装盘，它会把映像加载到机器上。从Vista以后，这两个映像都在DVD安装盘的源目录下，叫做BOOT.WIM和INSTALL.WIM。有了这两个文件，WDS就可以通过网络启动并进行所有必要的配置。

也可以为WDS创建自己的安装映像。使用微软的Hyper-V（如Ben Armstrong [9EQDL4]所述）非常容易做。只要启动一个你想要的操作系统的虚拟机来创建一个映像即可。按你想要的方式把它配置一下，并在之上运行Sysprep，然后使用ImageX把这个驱动映像转成可以注册到WDS的一个WIM文件即可。

11.4.2 服务器的持续管理

一旦安装好操作系统后，就要保证任何配置的修改都是以受控方式进行的。也就是说，首先确保除运维团队之外，没有人能登录到这些服务器上，其次使用某种自动化系统来执行所有修改。这些修改包括应用操作系统的服务包（service pack）、升级、安装新软件、修改配置项，以及执行部署。

配置管理过程的目标是，保证配置管理是声明式且幂等的（idempotent），即无论基础设施的初始状态是什么样，一旦执行了配置操作后，基础设施或系统所处的状态就一定是你所期望的状态，即使某个配置项进行了重复设置对配置结果也没有影响。这在Window平台和UNIX平台都是可行的。

一旦这个系统准备好之后，就能用一个被集中版本控制的配置管理系统对基础设施中的所有测试环境和生产环境进行管理了。之后，就可得到如下收益。

❏ 确保所有环境的一致性。

- 很容易准备一个与当前环境配置相同的新环境，比如创建一个与生产环境相同的试运行环境。
- 如果某个机器出现硬件故障，可以用一个全自动化过程配置一个与旧机器完全相同的新机器。

> **配置管理不好，就意味着在发布当天会有大量调试工作**
>
> 在我们的一个项目中，曾遇到过一次生产部署神秘失败了。部署脚本挂起了。我们跟踪这个问题，发现在生产服务器中的登录Shell被设置为sh，而试运行服务器中的则是bash。这也意味着，我们想在生产服务器中侦测一个过程时，就无法做到了。这是一个非常容易修复的问题，但一个想当然的猜测令我们无法进行部署回滚。这类微小的差异可能导致更难发现的问题。因此，全面的配置管理是必要的。

在Windows上，除了WDS，微软还为管理微软基础设施提供了另一个解决方案：SCCM（System Center Configuration Manager，系统中心配置管理器）。SCCM使用ActiveDirectory和Windows Software Update Services来管理操作系统的配置，包括组织中每台机器的更新和设置。也可以使用SCCM部署应用程序。SCCM还能与微软的虚拟技术方案相连通，使你能像管理物理机一样来管理虚拟服务器。使用与ActiveDirectory集成的Group Policy来管理访问控制，自Windows 2000以后，它就被打包在所有的微软服务器上了。

而在UNIX世界里，LDAP通常是UNIX进行访问控制的工具，用于控制谁在哪台机器上能做什么。对于当前操作系统配置（比如安装了哪种软件和版本更新）的管理来说，有很多解决方案。也许最流行的工具就是CfEngine、Puppet和Chef，但还有几个类似的工具，比如Bcfg2和LCFG [9bhX9H]。在撰写本书时，唯一支持Windows平台的这类工具只有WPKG，但它不支持UNIX平台。然而，Puppet和Chef正在开发对Windows平台的支持。另外，值得一提的是难以置信的Marionette Collective（简称mcollective），它是使用某种消息总线（message bus）来查找和管理大量服务器的一种工具。它有一些插件可以远程控制其他服务，并能与Puppet和Facter通信。

另外，如你所愿，还有一些强大且昂贵的商业工具来管理服务器基础设施。除了微软，还有BMC的BladeLogic套件、IBM的Tivoli，以及惠普的Operations Center套件。

无论是开源的还是商业的，这些工具的操作模式都是相似的。只要设定好期望的机器状态，该工具就会确保基础设施处于指定的状态。这是通过在每台机器上安装该工具的代理客户端办到的，它会获取配置信息，并修改机器到指定的状态，执行一些任务，比如安装软件、修改配置信息。这类系统的关键特性是它加强了幂等性。也就是说，无论这台机器处于什么状态，也无论这个客户端在这台机器上做过多少次同样的配置，这台机器最终都会被设置成指定的状态。简而言之，只要设定所期望的最终状态，启动这个工具，它就会不断地做适当调整。这让基础设施自动化达到了更高的

第 11 章 基础设施和环境管理

目标，即自我恢复性。

> 你应该能够做到：拿到一些服务器后，就可以从头至尾将它们部署好。在构建、部署、测试或发布策略中引入自动化或虚拟化的一个好办法就是将它看做对环境准备工作的一个测试。检验这一结果的最佳问题是：如果生产环境出了灾难性问题，准备一个全新的生产环境需要多长时间？

对大多数开源工具来说，环境配置信息都保存在一系列的文本文件中，而这些文本文件都保存在版本控制库中。也就是说，基础设施的配置信息是自我描述的（self-documenting），即想看配置信息的话，直接到版本控制库中就可以查到。而商业工具通常都会使用数据库来管理配置信息，并且需要通过UI来编辑它。

我们将重点介绍一下Puppet，因为它是目前最流行的开源工具（当然CfEngine和Chef也很流行）。对于其他工具来说，基本原则是相同的。Puppet通过一种声明式的外部配置信息领域专属语言来管理配置。对于那些复杂的企业级配置信息来说，可以通过常见模式将它们抽取成可以共享的模块。这样就可以避免大量的重复配置信息了。

Puppet的配置由一个集中式主服务器（central master server）来管理。这个服务器运行Puppet后台主服务进程（puppetmasterd），它有一个列表，所有需要管理的机器都在该列表当中。每台受控机器都运行了一个Puppet代理客户端（puppetd）。它与主服务器通信，确保Puppet管理的那些机器与最新的配置信息保持同步。

对环境进行测试驱动的变更

Matthias Marschall描述了如何使用测试驱动方法对环境进行变更。[9e23My]。思路如下。

(1) 在监控系统里，写一个服务程序，用于监控你正在解决的问题，保证在显示面板上，这个服务的结果是红色的（红色代表失败）。

(2) 实现配置信息的修改，并让Puppet把它应用在测试环境上。

(3) 当该服务在显示面板上为绿色（绿色表示成功）时，就让Puppet把这次修改更新到生产环境上。

当一个配置发生变化时，后台主服务器进程将会通知所有的客户端有新的变更了，客户端就会更新、安装并配置新软件。如果需要的话，它还会重启某些服务器。配置信息是声明式的，描述了每台服务器最终需要达到的状态。也就是说，这些服务器的初始状态可以是不同的，比如它可能是一个虚拟机的新副本，或是一个刚刚准备好的机器。

11.4 服务器的准备及其配置的管理

> **自动化准备技术**
>
> 这种技术的威力可以从下面的例子中看出来。
>
> Ajey目前的工作是为某全球IT咨询公司维护很多台服务器。这些服务器分别放在班加罗尔、北京、悉尼、芝加哥和伦敦的机房中。
>
> 他登录到变更管理请求处理系统，看到一个申请单，是某团队需要一个新的UAT环境，因为他们要进入一个最新发布版本的UAT过程了，与此同时，该团队仍旧要在主干上继续开发新功能。这个新环境需要三台机器，Ajey迅速地找到了符合规格的三台服务器。由于这个项目已经有一个测试环境了，因此，他只要重用这个测试环境的配置就可以了。
>
> 他在Puppet主服务器的配置定义文件中增加了三行代码，并把它提交到了版本控制库中。Puppet服务器检测到了这次变更，于是就开始配置这些机器。当这个任务完成后，还给Ajey发送了一封邮件。Ajey在请求处理系统中关闭了这个请求，并在注释中写上了机器名和IP地址。这个请求处理系统给该项目团队发了一封邮件，告诉他们，所要的环境已经准备好，可以使用了。

以安装Postfix为例，看看如何使用Puppet。我们会写个模块来定义我们想如何在邮件服务器上配置Postfix。这些模块由manifest，可能还有模板和其他文件组成。这个新模块叫做postfix，其中包括新的manifest，用于指定如何安装Postfix。也就是说，要在模块根目录（/etc/puppet/modules）之下创建一个叫做postfix/manifests的目录，然后在该目录中创建一个包括manifest的文档，叫做init.pp：

```
# /etc/puppet/modules/postfix/manifests/init.pp
class postfix {

  package { postfix: ensure => installed }
  service { postfix: ensure => running, enable => true }

  file { "/etc/postfix/main.cf":
    content => template("postfix/main.cf.erb"),
    mode => 755,
  }
}
```

这个文件中定义了一个类，用于描述如何安装Postfix。package语句确保postfix包会被安装。Puppet可以与所有流行的包管理系统通信，包括Yum、Aptitude、RPM、Dpkg、Sun的包管理器、Ruby Gems、以及BSD和Darwin ports。service语句确保Postfix服务被启用并运行。file语句会用一个erb模板在机器上创建一个文件/etc/postfix/main.cf。这个erb模板是从Puppet主服务器中文件系统的/etc/puppet/modules/[模块名]/templates目录中获取的，所以要在该目录中创建名为main.cf.erb的文件。

哪个manifest会被应用到哪个宿主机上是在Puppet的主site.pp文件中定义的：

第 11 章　基础设施和环境管理

```
# /etc/puppet/manifests/site.pp
  node default {
    package { tzdata: ensure => installed }
    file { "/etc/localtime":
      ensure => "file:///usr/share/zoneinfo/US/Pacific"
    }
  }

  node 'smtp.thoughtworks.com' {
    include postfix
  }
```

在这个文件中，我们告诉Puppet把这个Postfix的manifest应用在smtp.thoughtworks.com这台机器上。对于默认节点来说，还有一个定义，就是将其安装在有Puppet客户端的每个机器上。我们使用这种方式来确保所有的机器时区都被设置为太平洋时区（Pacific timezone），即这种语法会创建一个符号链接。

下面是一个更高级的例子。在很多组织中，将应用程序打包并放在一个组织级的包服务器上是非常必要的。然而，不必非要在配置每台服务器时通过手工方式到组织级包服务器中去找。在本例中，我们让Puppet告诉这些机器我们定制的Apt库在哪里，添加正确的AptGPG键到这些机器上，并添加一条crontab条目，在每天午夜运行Apt的更新操作。

```
# /etc/puppet/modules/apt/manifests/init.pp
class apt {
  if ($operatingsystem == "Debian") {
    file { "/etc/apt/sources.list.d/custom-repository":
      source => "puppet:///apt/custom-repository",
      ensure => present,
    }
    cron { apt-update:
      command => "/usr/bin/apt-get update",
      user => root,
      hour => 0,
      minute => 0,
    }
  }
}

define apt::key(keyid) {
  file { "/root/$name-gpgkey":
    source => "puppet:///apt/$name-gpgkey"
  }

  exec { "Import $keyid to apt keystore":
    path => "/bin:/usr/bin",
    environment => "HOME=/root",
    command => "apt-key add /root/$name-gpgkey",
    user => "root",
     group => "root",
    unless => "apt-key list | grep $keyid",
```

        }
    }

首先，主类apt检查将要应用该manifest的节点是否正在运行Debian操作系统。这是一个使用有关客户端的fact[①]的例子。其中，变量$operatingsystem是自动预定义的，由Puppet自动检查结果后对其赋值。在命令行中运行命令facter，会列出Puppet知道的所有fact。然后从Puppet的内部文件服务器中复制文件custom-repository到该机器的正确位置上，并在root用户的crontab中增加一条，让它每晚运行apt-get update。这个增加crontab条目的动作是幂等的，即如果这个条目已经存在，就不必重新创建了。apt::key定义从Puppet的文件服务器中复制GPG键，并运行命令apt-key add。如果Apt已经得到这个键了，这个命令就不会被执行，这样就做到了幂等（也就是unless这一行的作用）。

需要确保文件custom-repository定义了自定义Apt库，并且custom-repository-gpgkey包含相应的GPG 键，而该文件被放在了Puppet主服务器的/etc/puppet/modules/apt/files目录中。然后，包括下列定义在内的信息被正确的键 ID所代替：

```
# /etc/puppet/manifests/site.pp

node default {
    apt::key { custom-repository: keyid => "<KEY_ID>" }
    include apt
}
```

注意，Puppet被设计成可以与版本控制系统协同工作，即在/etc/puppet下的所有内容都应该进行版本控制，也应该通过版本控制进行修改。

11.5 中间件的配置管理

在操作系统的配置项被恰当地管理起来后，就需要考虑在其之上的中间件的配置管理了。无论是Web服务器、消息系统，还是商业套装软件，这些中间件都可以被分成三部分内容：二进制安装包、配置项以及数据。这三部分有不同的生命周期，所以分别对待是非常重要的。

11.5.1 管理配置项

数据库模式（schema）、Web服务器的配置文件、应用服务器的配置信息、消息队列的配置，以及为了系统能正常工作需要修改的其他方面都应该进行版本控制。

对于大多数系统来说，操作系统和中间件之间的差异是相当模糊的。例如，如果使用的是Linux上的开源软件，那么几乎所有中间件的管理都可以与操作系统管理的方式相同，即使用Puppet或其他相似的工具。在这种情况下，就不必特意花精力做中间件

[①] fact是Puppet领域模型中的一个术语。——译者注

的管理了。只要遵循前面讲过的关于Postfix那个例子的模式来管理其他中间件就可以了。让Puppet确保正确的安装包已经被安装好，并从Puppet主服务器中受版本管理的模板中获取并更新相应的配置信息即可。像添加新网站或新组件这类操作也可以用同样的方式进行管理。在微软的世界中，可以用System Center Configuration Manager或其他商业工具，比如BladeLogic或者Operations Center。

如果中间件不是操作系统标准安装的一部分，最好是用操作系统的包管理系统将其打包，并把它放在组织级的包管理服务器上。然后就能通过所用的服务器管理系统以相同的方式对其进行管理了。

然而，有些中间件无法使用这种方式，通常来说，是那些设计时就没有考虑脚本化或后台安装方式的产品。下节讨论这种中间件的管理。

对蹩脚的中间件进行配置管理

在我们的一个大型项目中，有很多不同的测试和生产环境。我们的应用程序跑在一个著名的Java商业应用服务器上。每台服务器都是通过它的管理控制台进行手工配置的，而且每个都有所不同。

我们有一个团队专门负责维护这些配置。当需要将应用程序部署到一个新环境时，需要做个计划，确保硬件准备好了，然后是操作系统配置完成，接着部署应用服务器并配置好它，最后部署应用程序。部署完以后还要手工测试一下，确保它可以正常工作。对于一个新环境来说，整个过程可能会花上几天时间，而且部署应用程序的一个新版本至少需要一天时间。

我们曾试着将每个手工步骤记录在文档中，花了很多精力来收集并记录理想的配置方式，但是仍旧存在着细微的差异。我们常常遇到在一个环境中的bug，在另一个环境中却无法重现的情况。有时候，我们根本不知道为什么。

为了解决这个问题，我们把应用服务器的安装目录放到了版本控制之下。然后写了一个脚本把它从版本控制库中签出，远程将其复制到所选的某个环境的正确位置上。

我们还记录了它的配置信息存放的位置。然后，我们在另一个版本控制库中为每个需要部署的环境都创建了一个目录。在每个环境的目录中，把与该环境有关的应用服务器的配置文件也放在里面。

我们的自动化部署流程会运行这个脚本，来部署应用程序的二进制安装包，签出与该部署环境相关的配置文件，并把它们复制到文件系统相应的位置上。事实证明，这种为部署做应用服务器准备的做法是非常强壮、可靠且可重复的。

上面讲述的这个项目在几年前就结束了。如果这个项目现在才开始，那么我们在与不同测试和生产环境相关的配置信息管理方面会小心得多。我们还会在项目早期就做一些必要工作来尽可能地消除这个过程中的手工步骤，以节省每个人的精力和时间。

11.5 中间件的配置管理

与用你所喜欢的编程语言写的程序一样，与中间件相关联的配置信息也是系统的一部分。很多现代中间件支持配置脚本化方式：XML的配置方式比较常见，并且还提供一些简单的命令行工具来做脚本化。学习并使用这些工具，像管理系统中的其他代码一样，将这些文件进行版本管理。

如果你有选择权的话，选择那些支持这类特性的中间件。根据我们的经验，这些工具的重要性要比华丽的管理工具高得多，甚至高于对最新标准的兼容性。

可惜的是，虽然商业产品的目标是提供"企业级的服务"，但现在市面上很多（通常也很昂贵）的中间件产品在部署和配置管理的方便性面前败下阵来。根据我们的经验，那些成功的项目通常都具有这种能力做到干脆利落且可靠的部署。

我们认为，除非能以自动化方式进行部署和配置，否则它就不适合企业级应用。如果不能把重要的配置信息保存在版本控制中，并以可控的方式来管理变更的话，那么这种技术会成为高质量交付的障碍。过去我们被这样的事情折磨过很多次。

现在是半夜两点，有个关键的缺陷修复版本要放到生产环境中，如果是通过基于GUI的配置工具来输入数据的话，很容易出错。此时，自动部署过程将拯救你。

通常，在脚本化配置这方面，走在前面的往往是开源的系统和组件。因此，对于基础设施的问题来说，开源解决方案通常更容易管理和集成。遗憾的是，并不是整个软件行业对这件事都达成了共识，有些人有不同的观点。在我们做过的项目中，对于这件事，我们经常没有自由的选择权。那么，当优雅的、模块化的、可配置的、版本控制的且自动化的构建和部署流程遇到了如铁板一块的系统时，又要采取什么样的策略呢？

11.5.2 产品研究

在寻找低成本、低消耗的解决方案时，最好的着手点是绝对确保该中间件产品具有自动配置的选项。细心地读一下说明文档，找到这类选项，在互联网上搜索一些建议，与产品的技术支持人员聊一下，并在论坛或群组中征求一下意见。简而言之，一定要确保在使用下面描述的策略之前，再也找不到更好的选择了。

奇怪的是，我们发现，产品的技术支持根本没有什么帮助。毕竟，我们所要的功能是能够让我们对在他们的产品上所做的配置工作进行版本控制。我们从较大的供应商那里得到的答复通常是这样的："啊，是的，我们会在系统的下一个版本中嵌入自己的版本控制组件。"但对我们当前正要用的这个项目来说，即使现在的版本中有这个组件，或者是一两年之后才有没有什么区别，因为与一个粗糙的专有版本控制系统进行集成不利于我们对配置信息集管理的一致性。

11.5.3 考查中间件是如何处理状态的

如果已经确定所用中间件的确不支持任何形式的自动化配置，接下来就要看看是否能够通过对该产品后台的存储方式做版本控制了。现在，很多产品使用XML文件来存储它们的配置信息。这种文件很适合使用现代版本控制系统，很少会出现问题。如果第三方系统把它的状态保存在二进制文件中，那么可以考虑对这些二进制文件进行版本控制。随着项目开发的进展，它们通常也会频繁变更。

大多数产品会用某种形式的文本文件来为其存储配置信息，那么你将面对的主要问题是该产品如何以及何时读取相关的配置信息。在那些对自动化提供友好支持的情况下，只要复制这些文件的最新版本到正确的位置就够了。如果这样可行的话，就能够进行下一步工作，将该产品的二进制包与它的配置相分离。此时，对安装过程进行反向工程是必要的，而且关键是要写一个你自己的安装程序。你要找到该产品把它的二进制包和库文件安装到了哪里。

在这之后，你有两种选择。最简单的选择就是将相关的二进制文件与安装它们到相关环境的自动化脚本一起放到版本控制库中。第二种选择是再向前一步，自己写一个安装器（或者某种安装包，比如当你用衍生自RedHat系统的Linux系统时，就是RPM）。创建RPM安装包（或其他安装程序）并不是那么难，对问题的解决有多大帮助，就取决于你的环境了。这样，你就能使用自己的安装包将这个产品部署到一个新环境中，并从版本控制库到获取配置信息，应用到其上。

有些产品使用数据库来保存它们的配置信息。这种产品通常会有一个高级的管理控制台，将它所存信息的复杂性隐藏了起来。对于自动化环境管理来说，这些产品将是很大的困难。基本上你不得不把数据库看做一个整体。可是，产品供应商至少应该提供对这个数据库进行备份和恢复的指南。如果情况的确是这样的，你应该毫不犹豫地创建一个自动化过程来做这件事。幸运的话，我们也许会拿着这个备份，分析出如何修改其中的数据，从而把修改放到其中后再恢复到数据库里。

11.5.4 查找用于配置的API

很多产品会提供某种可编程接口。有些产品会提供一些API足以让你对系统进行配置，满足你的需求。一种策略是自己为系统定义一个简单的配置文件。创建自定义的构建任务来解释这些脚本，并使用API对系统进行配置。这种"创造自己的"配置文件的方式让配置管理权回到了你的手中（你可以对配置文件进行版本控制，并以自动化的方式来使用它们）。根据以往的经验，对于微软的IIS，我们就是用这种方法通过它自己的XML元数据库（metabase）进行自动化配置管理的。现在，IIS的新版本已经可以通过PowerShell进行脚本化了。

11.5.5 使用更好的技术

理论上，你可以尝试一些其他方法。例如，自行创建有利于版本控制的配置信息，然后写一些代码，通过产品自身的使用方式把它们映射到你所选产品的配置上——如通过管理控制台的用户交互回放方式或对数据库结构进行反向工程。现实中，我们还没有真正这么做过。虽然曾经遇到过这种情况，但通常都找到了一些API，让我们能完成我们想做的事。

尽管对基础设施产品的二进制文件格式或数据库结构进行反向工程是可能的，但你应该检查一下这么做是否违反了许可协议。如果真是这样的话，就要问一下供应商，看他们是否能帮帮忙，提供一些技术支持，之后可以和供应商分享一下你在这个过程中得到的经验。某些供应商（特别是小供应商）会在不同程度上欢迎此类事情，所以值得一试。然而，很多供应商也可能不感兴趣，因为这种方案做技术支持比较难。如果这样的话，我们强烈推荐采纳另一种更易处理的技术。

对于改变组件目前所用的软件平台来说，很多组织是非常谨慎的，因为它们已经在该平台上花了不少钱。然而，这种说法，被称为沉没成本谬误，它并没有考虑转移到新技术上失去的机会成本。邀请一些足够资深的人或者友好的核审员来评估你所面临的效率损失的财务后果，然后让他们找到更好的代替品。在我们的一个项目中，我们维护了一个"痛苦注册表"（pain-register），即每天因低效技术而损失的时间。一个月后就很容易展示出该技术对快速交付产生的影响。

11.6 基础设施服务的管理

经常看到一些已经成功通过部署流水线并正在生产环境中运行的软件因为基础设施服务的问题（比如路由、DNS和目录服务）而不能正常工作的情况。Michael Nygard 为InfoQ写了一篇文章，其中有个故事，说某个系统在每天的同一时间都会神秘死机[bhc2vR]。最后证明，问题出在某个防火墙每运行一个小时后会扔掉不活跃的TCP连接。由于系统在夜间处于空闲状态，当早上开始有活动时，数据库连接的TCP包就会被悄悄扔掉。

这样的问题总是会在你身边发生，而且一旦发生，常常很难诊断。虽然网络技术的历史已经很长了，但真正理解整个TCP/IP栈（和一些像防火墙这样的基础设施如何破坏规则）的人很少，尤其是当几个不同的实现并存于同一网络时，更是如此。可是，这种情况在生产环境中比比皆是。

我们有如下几个建议。

- 网络基础设施配置的每个部分[从DNS区域文件（zone file）到DHCP、防火墙、路由配置，到SMTP以及应用程序所依赖的其他服务]都应该进行版本控制。使用像Puppet这样的工具把配置文件从版本控制库中取出放到运行系统上，以便能将它们自动化。这种方式还确保了只有通过修改版本控制库中的配置文件才能对环境进行修改。

第 11 章　基础设施和环境管理

- 安装一个好用的网络监控系统，比如Nagios、OpenNMS、HP Operations Manager 或者它们的同类产品。保证当网络连接被破坏时你就会得到通知，而且监控应用程序所使用的每个路由的每个端口。关于这个问题的细节会在11.9节讨论。
- 日志是你的好伙伴。每次网络连接超或者连接异常关闭时，应用程序都应该在"警告"（warning）这一级别进行记录；每次关闭连接时，应该使用INFO级别进行记录，如果日志显得太冗长，也可以使用DEBUG级别。每次打开连接时，应该使用DEBUG级别记录，并且尽可能多地包含所连终端的相关信息。
- 确保冒烟测试在部署时检查所有的连接，找出潜在的路由或连接问题。
- 确保集成测试环境的网络拓扑结构尽可能与生产环境相似，包括使用同样的硬件和物理连接（甚至使用相同的socket和同样的缆线）。以这种方式构建出来的环境甚至可以作为硬件故障时的一个备用环境。事实上，很多企业都有这种双重身份的试运行环境，既承担生产环境部署的测试目的，也作为故障备份。10.4.3节中提到的蓝-绿部署模式让你能够做到这一点，即使你只有一个物理环境。

最后，当出现问题时，使用一些辅助工具。Wireshark和Tcpdump都是相当有用的工具，用它很容易查看和过滤包，从而完全隔离你想要找的包。UNIX的工具Lsof以及在Windows上类似的工具Handle和TCPView（是Sysinternals套件的一部分）也很容易用来查看机器上被打开的文件或套接字。

多宿主系统

生产系统的一个重要的增强部分是为不同类型的流量使用多个隔离网络，并与多宿主服务器结合使用。多宿主服务器有多个网络接口，每个接口对应一个不同的网络。至少，有一个网络用来监控和管理生产服务器，一个用于运行备份，一个用于在服务器间做生产数据的传输。这种拓扑结构如图11-3所示。

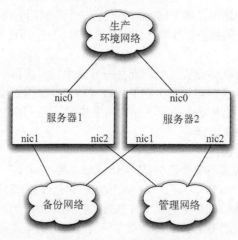

图11-3　多宿主服务器

安全起见，管理网络与生产环境网络是物理隔离的。通常，要求控制监管生产服务器的任何服务（如ssh或SNMP）都会被配置成只绑定nic2，这样就不可能从生产环境网络中访问到这些服务。备份网络与生产环境网络也是物理隔离的，以便当备份时大量数据的移动不会影响性能或管理网络。高可用性高性能系统有时会为了生产数据而使用多个NIC，也许是为了故障转移，也许是为了专属服务，比如可能有一个隔离的专属网络作为组织的消息总线或数据库。

首先，重要的是确保运行于多宿主机器上的每个服务和应用只绑定相关的NIC。尤其是，应用程序开发人员需要让应用程序在部署时可以配置它所使用的IP地址。

其次，对一个多宿主网络配置的所有配置信息（包括路由）都应该进行集中管理和监控。在需要访问数据中心时很容易出错，比如Jez在其职业生涯早期，就曾经在生产环境上降低了管理用NIC，并且忘记了他是通过SSH登录到机器上而不是物理的TTY。正如Nygard指出的[①]，很可能还会引起更严重的路由错误，比如在一个多宿主机器（multihomed box）将流量从一个NIC导向另一个，潜在地创建了安全漏洞，比如导出客户数据。

11.7 虚拟化

我们讨论过因服务器管理成为"艺术工作"令环境产生差异而导致问题的情况。本章前面已经讨论过，通过虚拟化这一技术来自动化服务器和环境的准备。

什么是虚拟化

一般来说，我们可以认为虚拟化是一种在一个或多个计算机资源上增加了一个抽象层的技术。然而，本章中，我们主要考虑的是平台虚拟化。

平台虚拟化是指模拟一个完整的计算机系统，从而在单个物理机上同时运行多个操作系统的实例。在这种配置中，有某种VMM（Virtual Machine Monitor，虚拟机监控器）或hypervisor，完全控制物理机的硬件资源。运行在虚拟机之上的Guest操作系统由VMM管理。环境虚拟化包括模拟一台或多台虚拟机以及它们之间的网络连接。

虚拟化最早由IBM在20世纪60年代开发，用于创建多任务分时操作系统。虚拟化技术的主要应用是强化服务器的稳固性。在一段时期里，IBM不想将它的虚拟化产品推荐给客户，因为它会导致硬件销售额的下降。然而，这一强大的技术还有很多其他方面的应用。它的使用范围很广，比如在现代硬件上模拟非常古老的计算机系统（在回顾游戏社区是一个常见的实践），或者作为支持灾难恢复的一种机制，或者作为配置管理系统的一部分来支撑软件部署。

这里将描述一个在环境虚拟化的帮助下提供一个受控且完全可重复的部署和发布

---

① 参见 *Release It!: Design and Deploy Production-Ready Softuare* 一书2007年版第222页。

流程。虚拟化有助于减少部署软件所花费的时间，并用一种不同的方式来降低与部署相关的风险。就在系统的宽度与深度两方面达到高效配置管理来说，部署领域中虚拟机的使用帮了很大的忙。

尤其是，虚拟化还提供了下列收益。

- 对需求的变化作出快速响应。需要一个新的测试环境？准备一个新的虚拟机在几秒钟内就能完成，而无需几天甚至几星期内申请一个新的物理环境。当然，无法在一台机器上运行无限多个虚拟机。但在某些情况下，用虚拟化技术可以把买硬件的需求与它们运行所需要的环境的生命周期这两者之间进行解耦。
- 固化。当组织相对不成熟时，每个团队常常有其自己的持续集成服务器和位于他们的物理机上的测试环境。虚拟化让持续集成和测试基础设施的固化变得非常容易，因此可以将它作为一种服务提供给交付团队。对于硬件的使用而言，它也更加高效。
- 硬件标准化。组件和应用程序的子系统之间的功能差异不再迫使你来维护不同的硬件配置，它们都有自己的规范。虚拟化让你能够为物理环境进行单一的硬件配置标准化，却可以虚拟运行多种混合环境和平台。
- 基线维护更容易。你能维护一簇基线映像（包括操作系统和应用程序栈）甚至环境，并且通过一键式方式将其放到一个集群中。

当将其应用到部署流水线中时，它可以算是简化环境维护和准备工作最有用的技术了。

- 虚拟化技术提供了一个简单的机制来创建系统所需的环境基线。可以创建并调整那些虚拟服务器，与应用程序相匹配。一旦调整好以后，就可以保存这些映像及配置，然后就能随时创建任意多个所需要的环境。要知道，拿到的是和原始环境一模一样的副本。
- 因为所保存的服务器映像在一个库中，并且能够与应用程序的某个特定版本进行关联，所以这就很容易将任何环境恢复到原有状态，不仅仅是恢复应用程序本身，还包括该软件版本的其他方面。
- 通过使用虚拟服务器来做主机环境的基线使创建生产环境的副本变得更容易，即使一个生产环境中包含多台服务器也无所谓。当创建测试环境时，也很容易重现生产环境的配置。现代虚拟软件都提供了一定程度的灵活性，对于系统某些方面（比如网络拓扑）可以通过编程的方式进行控制。
- 它是实现真正的一键部署应用程序任意版本的最后一部分。如果需要一个新环境向潜在的客户演示应用程序的最新特性，你能做到早上创建环境，中午做演示，下午就把环境删除掉。

虚拟化也有助于提高对功能需求和非功能需求的测试能力。

- VMM提供了对系统某些方面的编程控制方式，比如网络连接。这让非功能需求的测试（比如可用性）更容易，且可以自动化。例如，可以直接通过编程方式从一个服务器集群中分离出一台或多台服务器，从而测试集群的行为，观察对系统的影响。
- 虚拟化还提供了显著加快运行时间较长的那些测试。因为可以将这些测试放在多台虚拟机上并行运行，而不是放在一台机器上串行运行。我们在自己的项目上经常这么做。在我们的一个大项目中，通过这种方式，测试运行时间从13小时降到45分钟。

11.7.1 虚拟环境的管理

虚拟机技术的最重要特性之一就是一个虚拟机映像只是一个文件。这个文件叫做"磁盘映像"。磁盘映像的好处在于可以复制它们，并对它们进行版本控制（当然不一定要在文件版本控制系统中，除非版本控制系统可以处理大量的大二进制文件）。这样，就能把它们作为模板或者基线（这是配置管理术语）。有些VMM认为"模板"和"磁盘映像"是不同的，但实质上它们是一回事儿。很多VMM甚至允许用正在运行的虚拟机创建模板。这样，就可以用这个模板随时创建任意多个运行实例了。

有些VMM供应商提供了另一个有用的工具，用于抓取物理机的快照，然后将其转成磁盘映像。这是极其有用的，因为这意味着，可以拿到生产环境的一份副本，将它们保存为模板，然后用其创建生产环境的多个副本来做持续集成，并在其上进行各类测试。

在本章开头，我们讨论过如何使用完全自动化的过程来准备新环境。如果有虚拟化基础设施，那么就可以创建一个已准备好的服务器的磁盘映像，把它作为所有具有相同配置的服务器的模板。或者，可以使用类似rPath的rBuilder这样的工具来创建并管理基线。一旦准备好了运行环境中所有机器的模板以后，就可以根据需要，使用VMM软件在这些模板中启动新环境了。如图11-4所示。

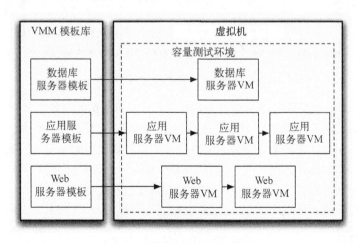

图11-4　通过模板创建虚拟环境

第 11 章　基础设施和环境管理

这些模板组成了基线,一个已知处于良好状态的环境版本。在这个版本上,其他所有配置和部署都可以正常运行。相对于调试并修改那些因不受控的修改而导致系统进入不确定状态的环境来说,我们认为用这种方式准备好一个新环境更快捷,因为你只要把有问题的虚拟机停掉,再用基线模板启动一个新的虚拟机就可以了。

现在,我们就能以增量的方式来实现一个自动化的环境准备过程了。为了避免每次都要从头做起,可以用一个已处于良好状态的基线映像(仅包含一个安装好的全新操作系统也行)作为基线来开始实现这个自动化的准备过程。要在每个模板中都安装有数据中心自动化工具的一个代理器(如图11-5中的Puppet),以便实现虚拟机的全自动管理,一旦做到这种全自动化,向整个系统推送变更信息时就可以保持一致性了。

现在,就能用自动化过程来配置操作系统,并安装和配置应用程序所需要的软件。与此同时,再次将环境中每种类型的机器保存一份副本,作为基线。这个流程如图11-5所示。

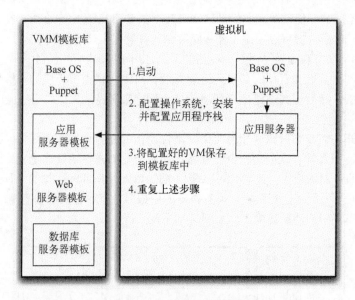

图11-5　创建VM模板

虚拟化还能让另外两种(本章前面提到过的)不可追踪的场景更容易管理:(1) 已经用非受控方式修改过的环境,(2) 无法以自动化方式来管理栈中的软件。

在每个组织中,那些未记录或未完整记录的手工修改后的环境(包括遗留系统)都说明一个问题。如果这些"艺术工作"出现故障,很难对它们进行调试,实际上也就根本不可能在这种环境的副本上做测试。如果建立并管理这些环境的人离开了或去度假了,恰在此时该环境出了点儿问题,就会非常麻烦。在这种系统上做变更也是非常有风险的。

虚拟化技术为我们提供了一种方式来缓解这种风险。使用虚拟化软件为生产环境中所有正在运行的机器抓个快照,并把它们转换成虚拟机。然后,就可以很容易地为测试活动创建该运行环境的副本了。

这个技术为将环境管理从手工方式转换到一种自动化方式上提供了一个宝贵的方法。对环境准备流程进行自动化无须从头开始,只要基于当前已知处于良好状态的运行系统来创建模板就行了。另外,可以用虚拟机组成的那个环境副本来替代真实环境,以验证模板是完好的。

最后,虚拟化技术还提供了另一种方式来处理那些无法用自动化方式安装或配置但却被应用程序所依赖的软件,包括COTS。只要在虚拟机上手工安装并配置好这种软件,然后创建模板就行了。可以把这个模板当做一个基线,当需要时,直接使用它就行了。

如果以这种方式管理环境的话,那么追踪基线版本就十分重要了。每当对基线作出修改后,就要将它保存为一个新版本,并如前所述,用最新的发布候选版本在这个基线环境上,再次运行部署流水线中的所有阶段。还要能将某个特定的基线版本与运行其上的应用程序的某个特定版本关联在一起,这也是下面要讲述的。

11.7.2 虚拟环境和部署流水线

部署流水线的目的是,对应用程序做的每个修改都能通过自动化构建、部署和测试过程来验证它是否满足发布要求。一个简单的流水线如图11-6所示。

图11-6 一个简单的流水线

部署流水线的一些特性值得我们再重新想一想,看一看如何在虚拟化技术中使用这些特性。

- 流水线的每个实例都与版本控制库中触发它的那个修改相关联。
- 流水线中提交阶段之后的每个阶段都应该运行在类生产环境上。
- 使用相同二进制包的同一个部署流程应该可以运行在每个环境上,而这些环境之间的不同之处应该作为配置信息来对待。

从中可以看出,在部署流水线中所测试的内容不仅仅是应用程序本身。的确,当在流水线中发生测试失败时,第一件事就是确定失败的原因。如下是五个最可能的原因。

- 应用程序代码中的bug。
- 某个测试中的bug或不正确的期望值。
- 应用程序的配置问题。

第 11 章 基础设施和环境管理

- 部署流程中的问题。
- 环境问题。

所以，环境的配置信息也是配置信息中的一个维度。也就是说，应用程序的某个好版本不仅仅与版本控制系统中的某个版本号相关联（因为这个版本号是该版本所对应的二进制包、自动化测试、部署脚本和配置信息的源头）。而且它还要和该版本成功通过部署流水线时的那个运行环境配置信息相关联。即使它在多种环境中运行，它们也应该有相同的类生产环境配置。

当将软件发布到生产环境时，你所用的生产环境应该与运行测试所用的环境一致。所有这一切的必然结果是：与其他内容（源代码、测试、脚本等）的变更一样，对环境配置的任何更改都应触发一个新的流水线实例，参见图11-7。构建和发布管理系统应该能记住用来运行部署流水线的虚拟机模板，当部署到生产环境时，也应该能够启动同一套虚拟机模板。

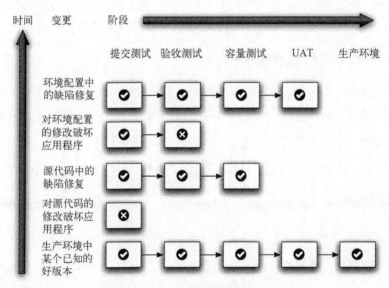

图11-7 通过部署流水线的变更

在本例中可以看到，触发一个新的发布候选版本的变更集，以及该候选版本在部署流水线中的进展情况。首先，源代码做了一些变更（也许一个开发人员修复了一个缺陷或实现了一个新特性），而这次修改破坏了应用程序，所以提交阶段的一个测试失败了，就通知开发人员出问题了。于是，开发人员修复了这个缺陷，并再次提交了代码。这会触发一次新的构建，并成功通过了自动化测试（提交测试阶段、验收测试阶段和容量测试阶段）。接着，一个运维人员想在生产环境上测试一下软件的升级操作。她创建了一个包含已升级过的软件的新VM模板。这就触发了一个新的流水线实例，结果导致验收测试阶段失败。运维人员和开发人员一起找到了问题的根源（也许是因为某些配置设置），并且修复了它。这次，应用程序在新环境中运行得不错，所有的自动化测试和手工测试都通过了，可以将它与这个新的环境基线一起放在生产环境中了。

当然，将应用程序部署到UAT和生产环境时，所用的虚拟机模板正是原来运行验收和容量测试的那个模板。这也证明该版本的应用程序和与之匹配的环境配置有可接受的容量且是无缺陷的。希望这个例子已经展示了虚拟化技术的力量。

然而，每次都利用虚拟机基线的副本重新创建一个新的基线，让每个变更都部署到试运行环境和生产环境，这绝对不是一个好主意。如果这么做，不但磁盘空间很快就被占满，而且还会失去通过被版本控制的声明式配置信息进行基础设施自动化式管理所带来的好处。最好还是保持相对稳定的VM映像，即一个最基本的操作系统，并安装有最新的服务包，必需的中间件或者它所依赖的其他软件，还有负责和数据中心管理服务器进行交互的客户端软件。然后，用这个工具来完成准备过程，并将基线配置成所需的正确配置。

11.7.3 用虚拟环境做高度的并行测试

对于需要用户自行安装的软件来说，事情就有些不同了，尤其是在企业环境以外时。在这种情况下，你对生产环境的控制能力并不强，因为那是用户自己的计算机。此时，在各种可能的"类生产环境"中对软件进行测试就非常重要了。例如，桌面应用通常都是支持多平台的，可以运行在Linux、Mac OS和Windows之上，而且每个平台通常包含不同的版本和配置。

虚拟化提供了一种绝好的方法来处理多平台测试。只要为应用程序可能运行的每种平台创建虚拟机，并在其上创建VM模板。然后在所有这些平台上并行运行部署流水线中的所有阶段（验收、容量和UAT）就行了。现代持续集成工具对这种方法都提供直接支持。

可以使用同样的技术让测试并行化，从而缩短代价高昂的验收测试及容量测试的反馈周期。假设所有的测试都是独立的（参见8.7节中我们的建议），那么就可以在多台虚拟机上并行执行它们。当然，也可以通过不同的线程来并行运行它们，但线程方式有一定的局限性。为构建版本创建一个专门的计算网格能大大地加速运行自动化测试。最终，测试的性能仅仅受限于那个运行得最慢的测试用例的时间和硬件预算问题了。现代持续集成工具和像Selenium Grid这样的软件都让这件事变得非常简单。

> **虚拟网络**
>
> 现代虚拟化工具都具有强大的网络配置功能，可以直接设置私有虚拟网络。使用这样的工具，通过复制生产环境中网络拓扑结构（甚至生产环境的IP和MAC地址），让虚拟环境更接近于生产环境。我们曾见过使用这一技术来创建大型复杂环境的多种版本。在该项目上，生产环境有五台服务器，分别是Web服务器、应用服务器、数据库服务器、运行微软BizTalk的服务器和运行遗留系统的服务器。

第 11 章　基础设施和环境管理

　　交付团队为每种服务器创建了基线模板，并用他们的虚拟化工具创建了该环境的多个副本，用来做UAT、容量测试，并同时运行这些自动化测试。如图11-8所示。

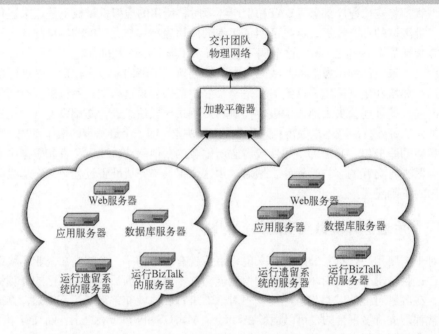

图11-8　使用虚拟化网络

　　环境中的每台机器都通过虚拟LAN与外界联通。我们完全可以使用虚拟化API来做自动化非功能测试，通过编程方式来模拟应用程序与数据库服务之间的连接中断。毫无疑问，如果没有虚拟化技术，这件事情是非常困难的。

11.8　云计算

　　云计算的概念很久之前就出现了，但直到最近几年它才变得无所不在。在云计算中，信息存储在因特网中，并通过因特网上的软件服务进行读取和使用。云计算的特征是：通过扩展所使用的计算资源（比如CPU、内存、存储等）来满足需求，而只需要为自己所使用的这些资源付费就行了。云计算既包括它所提供的软件服务本身，也包括这些软件所用到的软硬件环境。

> **效用计算**
>
> 　　与云计算相关联的一个概念就是效用计算（utility computing）。它是指像家中的电力和燃气一样，把计算资源（如CPU、内存、存储和带宽）也作为一种计量服务方式来提供。这一概念由John McCarthy在1961年首次提出，但计算基础设施花了几

十年的时间才足够成熟，才让这种基于云的服务可靠地为广大用户来使用。事实上，惠普、Sun®和英特尔提供云解决方案已经有一段时间了，但只有在2006年8月Amazon推出了EC2服务后，才让这个概念真正具有实用性。Amazon的Web服务广受欢迎的原因之一就是Amazon已经在内部使用一段时间了，也就是说他们自己已经验证这个服务非常有用。从那时起，云计算经济蓬勃发展，出现了很多提供云服务和工具来管理它们的供应商。

效用计算的主要收益在于它在基础设施方面不需要资金投入。很多刚起步的公司开始使用AWS（Amazon Web Services）来部署它们的服务。因为它不需要预付费，所以，刚起步的公司可以用信用卡来支付AWS费用。当他们从他们自己的用户身上收到钱之后再偿还就行了。效用计算对大公司也很有吸引力，因为它是一种续生成本（recurring cost），而不是资本开支的资产负债表。由于成本相对较低，所以采购也不需要高级管理层审批。另外，它使你能非常容易地进行扩展。假设软件可以运行在由多台机器组成的集群上，再增加一台新机器（或1000台）都只是一个简单的API调用就完成了。如果你想到一个新点子，可以只用一台机器资源（费用也不高），那么，即使没有成功，损失也不多。

所以云计算鼓励创业。在大多数组织中，采纳云计算的主要障碍之一就是对"将公司信息放在第三方的手中"感到紧张，担心安全问题。然而，随着像Eucalyptus这样的技术出现，在公司内做自己的云计算也变成了可能。

云计算的大体上分为三类[9i7RMz]：云中的应用、云中的平台和云中的基础设施。云中的应用指像WordPress、SalesForce、Gmail和Wikipedia这样的软件服务，即将传统的基于Web的服务放到云基础设施上。SETI@Home可能是云中应用的最早的主流例子。

11.8.1 云中基础设施

云中基础设施是最高层次的可配置性，比如AWS。AWS提供了很多基础设施服务，除了著名的名为EC2的虚拟机托管服务以外，还包括消息队列、静态内容托管，流媒体托管，负载均衡和存储。利用这些服务，几乎可以对系统进行完全控制，但也要做一些工作把这些东西绑定在一起[2]。

很多项目正在使用AWS作为它们的生产环境。如果应用程序架构合理（最理想的情况是那种无共享架构），那么在这种基础设施上对它进行扩展是相当直接的。现在有很多这种服务的供应商，可以利用它们来简化资源管理，并且一些特定的服务和应用已

---

① 现在已成为Oracle的一部分。——译者注
② Microsoft的Azure提供的一些服务也可以算做是云中的基础设施。然而，他们的虚拟机提供了云中平台的一些特征，因为在本书写作时，你还无法直接管理虚拟机，所以不能修改它们的配置或安装那些需要高权限的软件。

经部署在AWS之上了。然而，这种服务用得越多，应用程序与它们的架构绑定得越深。

即使不用AWS作为生产环境基础设施，对于软件交付流程来说，它仍旧是一个极其有用的工具。EC2使我们很容易根据需要在其中建立一个新的测试环境。可以在其上并行执行测试以加快它的反馈周期。正如本章前面提到过的，还可以做容量测试、多平台验收测试。

打算迁移到云基础设施的人会提出两个非常重要的问题：安全问题和服务级别问题。

安全常常是大中型企业提到的第一个障碍。当生产环境基础设施放在别人手上时，如何防止别人危害你的服务，偷取你的数据呢？云计算的供应商已经意识到这个问题，并建立了多种机制来解决它，比如高度可配置的防火墙，以及连接用户公司VPN的私有网络。最终，尽管使用基于云的基础设施的风险有所不同，而且还需要筹备推入基于云的计划，但"基于云的服务的安全性比部署到公司自己的基础设施上的对外开发服务低"这种说法是缺少基本理由支持的。

在使用云计算时，常常提到"遵从性"（compliance），并把它看为一种约束条件。然而，问题通常不是说：因为没有遵守各种规定，所以限制使用太多的云计算。由于很多规定（regulation）没有考虑到云计算的问题，所以在云计算这个上下文中，这些规定的含义没有被很好地诠释，或者没有被充分地解释清楚。如果能细心地进行计划和风险管理，这两种情况都是可以解决的。为了能够将服务放在AWS中，医疗公司TC3对它的数据进行了加密，所以也能遵守HIPAA。有些云供应商提供了符合某一个级别的支付卡行业数据安全标准，而有些则提供已通过支付卡行业数据安全标准认证的付款服务，因此你不必自己处理信用卡付款问题。即使是那些需要一级规定的大型组织也可以使用一种混合方法，即付费系统放在公司内部，而其他系统放在云中。

当整个基础设施都外包以后，服务级别就特别重要了。比如，在安全性方面，需要做一些调研以确保供应商能满足你的需求。当遇到性能问题时，这尤其重要。根据你的需求，Amazon提供了不同层次的性能参考，但即使它们提供的最高级的性能也无法与真实的高性能服务器相比。如果你的关系型数据库上有大量数据集且高负载的话，也许就不适合放在虚拟环境上。

11.8.2 云中平台

云中平台的例子包括一些服务，比如Google App Engine和Force.com，服务供应商给你提供了一个标准的应用栈来使用。作为你使用它们提供的应用栈的回报，它们会帮你解决应用程序和基础设施的扩展问题。关键是，你牺牲了灵活性，所以供应商可以很容易地应对非功能需求，比如容量和可用性。云中平台的优点如下。

❑ 就成本结构和准备工作的灵活性而言，它与云中基础设施的收益是一样的。

❑ 服务供应商会处理非功能需求，比如可扩展性、可用性和某种程度的安全性。

❑ 将应用部署到完全标准化的应用栈上，就意味着不需要担心测试环境、试运行环境和生产环境的配置和维护，也不需要担心虚拟机映像的管理。

最后一点尤其是革命性的。在本书中，用了大量的篇幅来讨论如何自动化你的部署、测试和发布流程，以及如何搭建和管理测试和部署环境。使用云中平台几乎完全不需要考虑这些方面。通常，可能只运行一条命令就可以将应用程序部署到因特网上。甚至能够在几分钟内就能从什么都没有的状态到完成一个应用程序发布。从自身的角度来说，一键部署也可以说是零投资的。

云中平台的特点是对应用程序总会有些约束。这也是这些服务能够提供部署简单化和高可扩展性和性能的根源。例如，Google App Engine只提供BigTable的实现方式，而不是标准的关系型数据库系统。不能启动新线程和调用SMTP服务器等。

和云中基础设施一样，云中平台也面临着同样的不适用性。特别值得指出的是，在便携性和供应商绑定方面要比云中平台更严重。

无论如何，我们都希望，对于更多应用程序来说，这种云计算都是向前迈了一大步。的确，我们希望这类服务的可用性会改变人们进行应用程序架构设计的方法。

11.8.3 没有普适存在

当然，可以混合和匹配使用不同的服务来实现系统。例如，可以把静态内容和流媒体放在AWS上，把应用程序放在Google App Engine，把专有服务放在自己的基础设施上。

为了实现这种方式，应用程序就要被设计成可以在这种混合环境中工作。这种部署方式也要求实现一种松耦合的架构。就成本和满足非功能需求而言，松耦合架构让这种混合解决方案带来引人瞩目的业务价值。当然，如何设计出这种架构是比较难的问题，也超出了本书的范围。

云计算仍处于其发展历程的早期阶段。我们认为，它并不是一个过分炒作、言过其实的最新技术，而是一个真正的进步，其重要性将在未来几年内快速增长。

云计算DIY

云计算不必非要包含时髦的新技术。据我们所知，有些组织充分利用了台式机的空闲能力。当这些机器没有太多工作时，就用来执行一些系统任务。

我们曾经与一个银行合作项目。该银行就利用这种方法使资金成本降低了一半。他们在员工晚上回家后，利用这些空闲的台式机的计算能力执行整夜的批处理操作。这样就不再需要原来做这些批处理操作的硬件了，而且当把这些工作分割成可以在云中运行的小块任务时，计算速度也更快了。

由于这是一个大型跨国组织，所以任何时段都有数千人在睡觉，而他们的计算机正忙着将其计算能力贡献到云中。总之，该云的计算能力在任何时刻都是不可忽视的，而所需要做的工作就是能够将问题分解成足够小且不相关的部分来执行。

11.8.4 对云计算的批评

虽然我们确信云计算将会持续发展,但值得注意的是,并不是每个人都像我们那样,在Amazon、IBM或微软等公司兜售云计算时对其令人难以置信的潜能感到喜出望外。

Larry Ellison特别指出:"关于云计算,一个有趣的现象是,我们对云计算进行了重新定义,把所有我们已经做了的事情包含在其中……我不明白的是,除了改一下广告词以外,在云计算的光环下,我们还会做哪些不一样的事情呢。"(Wall Street Journal, September 26, 2008)。他还找到了一个看似不可能的盟友Richard Stallman,他的言词甚至更加犀利:"简直是愚蠢。比愚蠢更糟:它就是个市场炒作运动。有人说这是不可阻挡的。当你听到有人这么说时,很可能就是一些商业活动让它成为了事实"(The Guardian, September 29, 2008)。

首先,"云"当然不是因特网——为互操作性和弹性而设计的一个开放的架构体系。每个供应商都提供一种不同的服务,而你在某种程度上被绑定在所选择的平台上。在一段时间里,对等服务(peer-to-peer service)似乎是最有可能构建大型分布式可扩展系统的技术。然而,对等服务的愿景并不清晰,因为对于供应商来说,很难从对等服务中赚到钱,而云计算仍旧遵循那个很容易理解的如何赚钱的效用计算模型。本质上来说,这也意味着你的应用和你的数据最终都在供应商的掌握中。这可能比你当前的基础设施要好,也可能不好。

现在,即使效用计算服务所用的那个最基本的虚拟化平台也没有共同的标准。在API层面上的标准化似乎也是不可能的。项目Eucalyptus实现了AWS的部分API,让大家创建私有云,而为Azure或Google App Engine的API重新写一个实现就相当困难了。这很难让应用程序变得更具有可移值性(portable)。和其他方式一样,在云端,应用程序与供应商的绑定很多,甚至可以说比其他方式绑定的多得多。

最后,根据应用程序的不同,从经济学的角度就可以判定有些不适合使用云计算。把利用效用计算和拥有自己的基础设施之间做一下的成本和收益的对比,验证一下你的假设。考虑一下这两种模型的盈亏平衡点,再考虑一下折旧、维护、灾难恢复、售后支持以及无需提前支出现金的好处。对你来说,云计算是否是正确的模式取决于业务模式和组织的约束,以及在技术方面的考虑。

在Armbrust等人的文章"Above the Clouds: A Berkeley View of Cloud Computing"[bTAJ0B]中,详细讨论了云计算的优缺点,其中还包括一些有趣的经济学模型。

11.9 基础设施和应用程序的监控

确切了解生产环境中正在发生什么事情是非常关键的,原因有三。首先,如果有实时的商业智能(BI),业务人员可以更快地从他们的策略得到反馈,比如产生了多少收入,这些收入来自哪里。其次,当出了问题时,需要立即通知运维团队有事情发生,并利用必要的工具追溯事件的根因并修复它。最后，出于计划目的，历史数据也非常重要。假如当未预见的事情发生时或者新增服务器时，你却拿不出来与系统如何运行相关的详细数据，就无法制订计划对基础设施进行改造，以满足业务需求。

当创建监控策略时，需要考虑以下四个方面。

- 对应用程序和基础设施进行监测，以便可以收集必要的数据。
- 存储数据，以便可以很容易拿来分析。
- 创建一个信息展示板（dashboard），将数据聚合在一起，并以一种适合运维团队和业务团队使用的形式展现出来。
- 建立通知机制，以便大家能找出他们关心的事件。

11.9.1 收集数据

首先，最重要的是决定你想收集什么样的数据。监控数据的来源可能有以下几个。

- 硬件，通过带外管理[out-of-band management，也被称为LOM（Lights-Out Management，远端控制管理）。几乎所有的现代服务器硬件都实现了IPMI (Intelligent Platform Management Interface，智能平台管理接口)，让你可以监控电压、温度、系统风扇速度、peripheral health，等等，还要执行一些活动，比如反复开关电源或点亮前面板的指示灯，即使机器已经关机了。
- 构成基础设施的那些服务器上的操作系统。所有操作系统都提供接口以得到性能信息，比如内存使用、交换空间（SWAP）的使用、磁盘空间、I/O带宽（每个磁盘和NIC）、CPU使用情况，等等。通过监控进程表来了解每个进程所用的资源也是非常有用的。在UNIX上，"收集"（Collectd）是一个标准方法来收集这些数据。在Windows平台上，利用一个叫做性能计数器的系统来做这件事，它也可以被其他供应商的性能数据所使用。
- 中间件。它可以提供资源的使用信息，如内存、数据库连接池、线程池，以及连接数、响应时间等信息。
- 应用程序。应用程序应该设计实现一些数据监控的钩子（hook）功能，这些数据应是运维人员和业务人员比较关心的，比如业务交易数量、它们的价值、转换率，等等。应用程序应该使对用户分布以及行为的分析变得很容易。它应该记录其所依赖的外部系统的连接状态。最后，如果适当的话，它还应该能报告它自己的版本号及其内部组件的版本。

有很多种方法收集数据。首先，业界有很多种工具，既有商业产品，也有开源项目。它们会在整个数据中心里收集前面提到的所有数据，存储它，生成报告、图表和信息展示板，还会提供通知机制。领先的开源工具包括Nagios、OpenNMS、Flapjack和Zenoss，当然还有很多[dcgsxa]。领先的商业产品是IBM的Tivoli，惠普的Operations Manager、BMC和CA。这一领域中，还有一个新进入的商业产品，那就是Splunk。

第 11 章　基础设施和环境管理

> **Splunk**
>
> 近几年里IT运维领域的杀手级工具之一就是Splunk。Splunk会对整个数据中心中的日志文件和其他包含时间戳的文本文件（前面提及的那些数据源都可以通过配置提供时间戳）进行索引。这样，就可以进行实时搜索，精确找到非正常事件，进行根因分析。Splunk甚至可以作为运维信息展示板来使用，并可以通过配置来发送通知。

实际上，为了监控，这些产品使用了各种开放技术。最主要的是SNMP，以及它的后继者CIM和JMX（用于Java系统）。

SNMP是监控领域最可敬且最常见的标准。SNMP有三个主要组成部分：受管理的物理设备（如服务器、交换机、防火墙等物理系统），代理器（通过SNMP与那些你想监控和管理的应用或设备进行联系的代理），以及监控被管理设备的网络管理系统。网络管理系统和代理通过SNMP协议进行通信，它是标准TCP/IP栈最顶层的一个应用层协议（application-layer protocol）。SNMP的架构如图11-9所示。

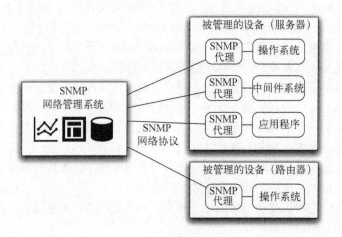

图11-9　SNMP架构

在SNMP中，所有的都是变量。通过查看这些变量来监控系统，通过修改变量来控制它们。而某种类型的SNMP代理使用哪些变量，以及这些变量的描述、类型、是否可写还是只读等这些信息都在一个MIB（Management Information Base，一种可扩展的数据库格式）中描述。每个供应商都为其所提供的SNMP代理器系统定义了MIB，并且IANA维护了一个中央注册表 [aMiYLA]。与很多设备一样，几乎每个操作系统和大多数常见的中间件（比如Apache、WebLogic和Oracle）及很多设备都自带SNMP。当然，尽管这是一个很平常的事儿，但通过开发和运维团队之间的密切合作，也能为自己的应用程序创建SNMP代理和MIB。

11.9.2 记录日志

日志也是监控策略的一个必要组成部分。操作系统和中间件都会有日志，对于了解用户的行为和追踪问题根源非常有用。

应用程序也应该产生高质量的日志。尤其重要的是注重日志级别。大多数日志系统有几个级别，比如DEBUG、INFO、WARNING、ERROR和FATAL。默认情况下，应用程序应该只显示WARNING、ERROR和FATAL级别的消息，但当需要做跟踪调试时，可以在运行时或部署时配置成其他级别。由于日志只对运维团队可见，所以在日志信息中打印潜在的异常是可接受的。这对调试工作非常有帮助。

需要记住的是，运维团队是日志文件的主要用户群。对于开发人员来说，当与技术支持团队一起解决用户报告的问题，以及与运维团队解决生产环境的问题时，日志文件是很有启发作用的。开发人员会很快意识到，那些可恢复的应用程序错误（比如某个用户不能登录）不应该属于DEBUG之上的级别，而应用程序所依赖的外部系统的超时就应该是ERROR和FATAL级别（取决于应用程序没有这个外部服务是否还可以处理事务）。

像其他的非功能需求一样，应该把属于审计中的部分日志也作为第一级的需求来对待。与运维团队沟通，找出他们需要什么，并从一开始就把这些需求纳入计划。尤其要考虑日志的全面性与可读性之间的权衡。对于人来说，能够一页一页地翻看日志文件或从中很容易地找出他们想要的数据是非常关键的。也就是说，每一项都应以表格或使用基于列的格式在一行中给出，使时间戳、日志级别，以及错误来自应用程序的什么地方、错误代码和描述能够一目了然。

11.9.3 建立信息展示板

就像使用持续集成的开发团队那样，运维团队也应该有一个大且易见的显示器。如果有任何突发事件，都可以在上面高亮显示。当出问题时，就可以查看细节找到问题原因。所有开源工具和商业工具都提供这种功能，包括能够看到历史趋势，并生成某种报告。Nagios的一个截屏如图11-10所示。能够知道每个应用程序的哪个版本运行在哪个环境中也是极其有用的，而这也需要一些工具和集成工作。

你能监控的信息有数千种之多，所以提前规划一下，让运维信息展示板不要太杂乱还是非常必要的。整理出一个风险列表，并依据可能性和影响进行分类。这个列表可能包括一般风险，比如没有磁盘空间或非法访问环境，还包括一些业务的特别风险，比如事务无法完成等。这样，你就要找出什么东西是真正需要监控的，如何显示这些信息。

对于聚合的数据来说，红黄绿交通灯的聚合显示方式很容易理解，并且经常使用。首先，要找出哪些信息需要提取出来。可以为环境、应用程序或业务功能使用交通信号灯方式。不同的内容适应于不同的目标群体。一旦做完这些，就要为交通信号灯设置阈值。Nygard提供了以下指导意见（Nygard, 2007, p. 273）。

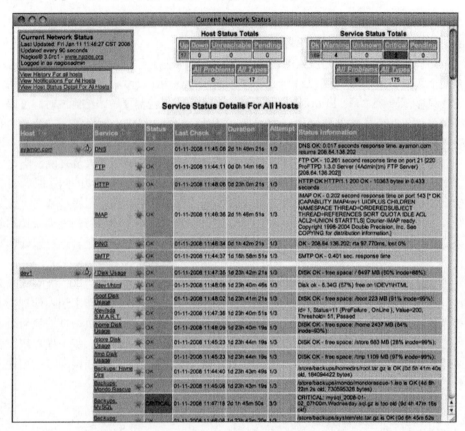

图11-10　Nagios的截屏

绿灯代表以下条目都已成事实。
❑ 所有预期的事件都发生了。
❑ 没有异常事件发生。
❑ 所有度量项都是正常的（在这段时间中都在两个标准差之内）。
❑ 所有状态都充分运作。

黄灯代表以下条目至少有一项是事实。
❑ 某个预期的事件没有发生。
❑ 至少有一个中等严重程度的异常事件发生了。
❑ 一个或多个参数高于或低于阈值。
❑ 一个非关键状态没有充分运作（比如，一个断路器关闭了一个非关键功能）。

红灯代表以下条目中至少有一项是事实。
❑ 一个必定发生的事件没有发生。

- 至少有一个严重程度为高的异常事件发生了。
- 一个或多个参数远远高于或低于阈值。
- 一个关键状态没有充分运作（比如，"接受请求"在应该为"成功"时，结果却是"失败"）。

11.9.4 行为驱动的监控

就像开发人员通过写自动化测试做行为驱动开发来验证应用程序的行为那样，运维人员也能写自动化测试来验证基础设施的行为。可以先写个测试，验证它是失败的，然后定义一个Puppet manifest（或者任何所用的配置管理工具）让基础设施达到所期望的状态。接下来运行这个测试来验证这种配置可以正确工作，且基础设置的行为与期望的行为一致。

Martin Englund想到一个办法，他用Cucumber来写测试。下面是他博文中的一个例子[cs9LsY]：

```
Feature: sendmail configure
  Systems should be able to send mail

  Scenario:should be able to send mail # features/weblogs.sfbay.sun.com/mail.feature:5
  When connecting to weblogs.sfbay.sun.com using ssh # features/steps/ssh_steps.rb:12
  Then I want to send mail to "martin.englund@sun.com" # features/steps/mail_steps.rb:1
```

Lindsay Holmwood写了一个程序叫做Cucumber-Nagios [anKH1W]，可以用它写Cucumber测试，该测试输出Nagios Plugins所期望的格式，这样就可以用Cucumber写BDD风格的测试来监控Nagios中的结果了。

也可以使用这种方法将对应用程序的冒烟测试插入到监控系统中。只要选择应用程序的一组冒烟测试，用Cucumber-Nagios将它们放到Nagios中，就不但可以验证Web服务器是否启动了，还可以验证应用程序是否按所期望的方式工作。

11.10 小结

读过本章之后，如果你感到我们讲的离你太远，这是可以理解的。我们真的是要让你把基础设施完全自动化吗？我们真的是在建议你放弃使用那些由昂贵的企业软件提供的管理工具了吗？嗯，是的，的确是这样的。在我们认为的合理范围内，我们的确是这么建议的。

正如我们说过的，基础设施的配置管理需要做到什么程度，这依赖于它的特性。一个简单的命令行工具对其运行环境的要求不会太高，而一个网站就需要考虑很多基础设施问题。根据我们的经验，对于大多数企业应用来说，当前做的一些配置管理工作是远远不够的，这还会导致开发进度的推迟，以及效率损失，并且会持续增加拥有成本。

第 11 章　基础设施和环境管理

我们在本章中提出的建议以及描述的那些策略肯定会增加创建部署流水线的复杂性。它们可能会迫使你找出一些具有创造性的方法来解决第三方产品对配置管理的局限性问题。但是，如果你正在创建一个大而复杂的系统，并有很多配置点，还可能会使用了很多种技术，那么这个方法就可以拯救你的项目。

假如比较容易做到基础设施的自动化，而且成本很低，那么谁都会想这么做，最好能直接创建一个生产环境的副本。答案显然就不必说了。可是，假如它是免费的，那么谁都会这么做。因此，对于在任何时刻都能完美重建任何环境的能力，我们唯一在意的问题就是它的成本。因此，在免费和非常高的成本之间的平衡点在哪儿才是值得我们考虑的。

我们相信，使用本章所描述的技术，并选择更广泛的部署流水线策略，你在某种程度上可以承受这些成本。尽管这会增加创建版本控制、构建和部署系统的成本，然而，这部分支出不但会在应用程序的整个生命周期中大大抵消手工环境管理带来的成本，而且在最初的开发阶段也会有所体现。

如果你正在对企业系统中的第三方产品进行可用性评估，那么请确保"是否满足自动化配置管理策略"在评估标准列表中占有较高的优先级。哦，请帮个忙，如果供应商的产品在这方面表现较差的话，给他们一个硬性时间作出响应。在严格的配置管理支持方面，很多供应商都马马虎虎，并不上心。

最后，确保从项目一开始就有基础设施管理策略，并让开发团队和运维团队的干系人参与其中。

第 12 章

数 据 管 理

12.1 引言

对于测试和部署过程来说，数据及其管理与组织会带来一些特定的问题，原因有两个。首先，一般来说，测试中会涉及庞大的数据量。分配给应用程序本身（它的源代码和配置信息）的空间通常远远比不上记录其状态的数据量。其次，应用程序数据的生命周期与系统其他组成部分的生命周期是不同的。应用程序数据需要保存起来。事实上，数据通常要比创建和访问这些数据的应用程序的寿命长。而重点则在于，当系统升级或回滚时，需要保存并迁移数据。

大多数情况下，当部署新代码时，可以删除前一个版本，并用新版本完全代替旧版本。这样可以确定部署的初始状态。尽管在某些情况（很少）下，对数据这么做也是可行的，但在现实中，大多数系统无法使用这种方式。一旦将某个系统发布到了生产环境中，与其相关联的数据就会不断增加，并以其自己特定的形式提供着巨大的价值。甚至可以说，它是系统中最有价值的一部分。当我们需要修改结构或内容时，问题就来了。

随着系统的发展和演进，这类修改是不可避免的。因此，我们必须找到某种机制，既允许变更，同时又能使损失最小化，让应用和部署流程的可靠性更高。这其中的关键就是将数据库迁移过程自动化。现在有一些工具对数据迁移的自动化提供了较多的支持，可以将这部分工作当做自动化部署过程的一部分进行脚本化。这些工具还允许你对数据库进行版本化管理，从一个版本迁移到另一个版本。这对开发过程与部署过程之间的解耦有促进作用。尽管你不会每次修改数据库模式之后都进行部署，但每次需要修改数据库时就应该创建一个迁移脚本。它也意味着，数据库管理员（DBA）不需要做很多的预先计划，而是与应用程序的演进一样，也可以进行增量式的工作。

本章中讨论的另一个重要部分是测试数据的管理。当执行验收测试或容量测试（有时甚至是单元测试）时，很多团队默认使用生产环境数据的副本。这种做法是有问题的，原因有很多（不仅仅是数据库大小的问题）。我们在这里会提供另外一种替代策略。

第 12 章 数据管理

在本章内容开始之前需要说明的是：绝大多数应用程序依赖关系型数据库管理它们的数据，但这并不是存储数据的唯一方法。对于所有应用场景来说，这也不一定是最佳选择，NoSQL运动的崛起说明了这一点。本章所提供的建议与数据存储系统本身无关，但当讨论到细节时，我们会谈到关系型数据库系统，因为对于应用程序来说，它毕竟还是数据存储系统的绝对主力军。

12.2 数据库脚本化

与系统中其他变更一样，作为构建、部署、测试和发布过程的一部分，任何对数据库的修改都应该通过自动化过程来管理。也就是说，数据库的初始化和所有的迁移都需要脚本化，并提交到版本控制库中。无论是为开发人员创建一个新的本地数据库，还是为测试人员升级系统集成测试（Systems Integration Testing，SIT）环境，或者作为发布过程的一部分迁移生产环境中的数据库，都应该能够使用这些脚本来管理交付流程中的每个数据库。

当然，数据库的模式会随着应用程序不断演变。这就引出了一个要求，即某个版本的数据库模式应该与该应用程序的某个具体版本相对应。例如，当做试运行环境的部署时，就要能够把试运行环境的数据迁移到适当的数据库模式上，以便与正在部署的新版本应用程序相匹配。通过对脚本的细心管理可以让这项工作成为可能，参见12.3节。

最后，数据库脚本也应该作为持续集成过程的一部分来使用。尽管根据定义，单元测试的运行不需要数据库，但对使用数据库的那些应用程序进行的验收测试都要求数据库能够被正确地初始化。因此，在验收测试中，环境准备（setup）过程中应该包括创建与应用程序的最新版本相匹配的正确的数据库模式，并加载必要的测试数据，以便运行验收测试。在部署流水线的后续阶段中也可以使用类似的过程。

初始化数据库

在这种交付方式中，一个极其重要的方面就是：能够以自动化方式重新建立一个应用程序的运行环境。如果做不到这一点，就无法断定系统的确是以期望的方式运行的。

在整个开发过程中，应用程序不断变化，而数据库部署这方面是最容易做对，也是最容易维护的。几乎所有的数据管理系统都支持通过自动化脚本进行数据存储的初始化工作，包括数据模式和用户认证。所以，创建和维护一个数据库初始化脚本只是起点。脚本应该首先创建数据库结构、数据库实例和模式，等等，然后再向数据库上添加数据表及应用程序启动时所需的数据。

当然，和代码一样，这个脚本以及与维护数据库相关的其他脚本都要保存到版本控制库中。

对于一些简单的项目，这些就足够了。比如，对于那些操作数据集只是某种暂存方式（transient）的项目，或者数据是预定义好的那些项目（比如，某个系统在运行时把数据库仅作为只读的数据源），只要清除前一个版本，并用一份新的副本代替它，或者从已存储的版本中重新创建一份新的数据就行了。这是一种简单有效的策略。如果有条件这么做的话，就没什么可犹豫的了。

简而言之，部署一份新数据库的过程如下。

- 清除原有的数据库。
- 创建数据库结构、数据库实例以及模式等。
- 向数据库加载数据。

但在大多数项目中，数据库的使用比这复杂得多。我们要考虑一下更复杂也更常见的情况，即当使用一段时间后，需要对数据库进行修改。在这种情况下，现存的数据的迁移必须作为部署过程的一部分。

12.3 增量式修改

持续集成要求在每次修改应用程序后，它都能够正常运行。这也包括对数据结构和数据内容的修改。持续交付要求我们必须能够部署应用程序的任意一个已通过验证的版本（包括对数据库变更的版本）到生产环境（对于用户自行安装且包含数据库的软件也是一样的）。除了那种最简单的系统，对数据库进行更新的同时，还要保留它们的数据。最后，由于在部署时需要保留数据库中的已有数据，所以需要有回滚策略，以便当部署失败时使用。

12.3.1 对数据库进行版本控制

以自动化方式迁移数据最有效的机制是对数据库进行版本控制。首先，要在数据库中创建一个，用来保存含它的版本号。然后每次对数据库进行修改时，你需要创建两个脚本：一个是将数据库从版本x升级到版本$x+1$（升级脚本），一个是将数据库版本$x+1$降级到版本x（回滚脚本）。还需要有一个配置项来设置应用程序使用数据库的哪个具体版本（它也可以作为一个常量放在版本控制库中，每次有数据修改时更新一下）。

在部署时，可以用某种工具来查看当前部署的数据库版本以及将要部署的应用程序所需要的版本。然后再找到需要运行哪个脚本将数据库从当前版本迁移到目标版本，并依据顺序在数据库上执行它。对于升级来说，它会按正确的顺序执行所有的升级脚本，从最老的到最新的；对于降级来说，它会以相反的顺序执行对应的降级脚本。Ruby On Rails本身就以ActiveRecord迁移这种方式提供了这种技术。如果用Java或.NET，我们的同事开发了一个简单的开源应用叫做DbDeploy（对应的.NET版本是DbDeploy.NET）可以为你管理这一过程。还有其他几种解决方案也能做类似的事情，包括Tarantino、微软的DbDiff和IBatis的Dbmigrate。

下面是一个简单的例子。当开始写应用程序时,就写下第一个SQL文件,文件名为1_create_initial_tables.sql:

```
CREATE TABLE customer (
    id        BIGINT GENERATED BY DEFAULT AS IDENTITY (START WITH 1) PRIMARY KEY,
    firstname VARCHAR(255)
    lastname  VARCHAR(255)
);
```

在代码的后续版本中,发现需要向表中增加客户的生日,因此,创建了另一个脚本,名为2_add_customer_date_of_birth.sql,其中描述了如何增加这一列,以及如何回滚:

```
ALTER TABLE customer ADD COLUMN dateofbirth DATETIME;

--//@UNDO

ALTER TABLE customer DROP COLUMN dateofbirth;
```

在//@UNDO这个提示之前的代码代表如何把数据库从版本1升级到版本2。该提示之后的代码表示如何把数据库从版本2回滚到版本1。这是DbDeploy和DbDeploy.NET所用的语法。

如果升级脚本是向数据库中增加新结构的话,写回滚脚本并不难。回滚脚本只要先删除引用约束,再删除它们就行了。通常,也有可能为修改已有结构的那些变更创建一个相应的回滚脚本。然而,在某些情况下,必须删除数据。但我们仍旧有办法写出无损的升级脚本。在从主表中删除它们之前,让脚本创建一个临时表,把数据复制到其中。当你这么做时,还必须复制该表的主键,以便数据能够复制回来,并由回滚脚本重建约束。

有时会有一些特别的限制,使你无法很容易地对数据库进行升降级。根据我们的经验,导致困难的最常见问题是修改数据库模式。如果这种修改是增加东西,并创建新的关联,那么问题不大,除非是已存在的数据违反了将要增加的某个约束,或者增加了新对象,但没有默认值。如果模式的修改是减东西,问题就出来了,因为一旦弄丢了某条记录与其他记录之前的关联关系,就很难重建这种关系了。

管理数据库变更的技术需要达到以下两个目标:首先,要能够持续部署应用程序而不用担心当前部署环境中所用的数据库版本。其次,部署脚本只要将数据库向前或向后更新到与应用程序相匹配的版本即可。

另外,这在某种程度上也使得数据库的修改和应用程序之间解耦了。DBA可以写数据库迁移脚本,并把它提交到版本库中,而不必担心会破坏应用程序。为了做到这一点,DBA只要保证把这些脚本作为向新版本数据库迁移工作的一部分就可以了。这样,直到有产品代码需要用到这个数据库新版本时,才会用到这些数据库升级脚本。而此时,开发人员只要确定需要将数据库升级到哪个版本就行了。

我们推荐通过阅读Scott Ambler和Pramod Sadalage写的书*Refactoring Database*,以及迷你书*Recipes for Continuous Database Integration*来了解更多关于如何管理数据库的增量修改的内容。

12.3.2 联合环境中的变更管理

在很多组织中，所有应用程序常常通过一个数据库互相集成。我们并不推荐这么做，最好是让这些应用程序直接交互，并找出在什么地方需要公共的服务（就像面向服务架构里的做法那样）。然而，有些情况下直接通过数据库集成也是合理的，或者因为架构改造工作太多，所以无法修改应用程序的架构。

在这种情况下，对数据库的一次修改可能会对使用该数据库的其他应用程序引起连锁反应。首先，在一个联合环境（orchestrated environment）中对这种变更进行测试是非常重要的。换句话说，这个环境中的数据库应该近似于生产环境，并且使用该数据库的其他应用程序也应该在该环境中运行。这种环境通常被叫做系统集成测试环境，或试运行环境。利用这种方法，如果这些测试在这种有其他应用程序的环境中频繁运行，你很快就能发现，是否对其他应用程序有影响。

> **管理技术债**
>
> 值得考虑的是，如何把Ward Cunningham提出的概念"技术债"应用在数据库设计上。任何一个设计决定都会有一定的成本。有些成本是显而易见的，比如开发一个新功能所花的时间。有些成本却不是，比如对该功能进行维护的成本。用较差的设计方案进行系统交付，其成本通常是以系统中的bug数量来体现的。这一定会影响设计的质量，而且更重要的是增加系统维护的成本。所以"债"这种比喻十分适当。
>
> 如果我们做的设计决定是次优的，相当于我们在贷款。因为有了债，所以就会有利息。对于技术债来说，利息是以维护的成本来体现的。和金融上的债一样，当技术债积累到一定程度时，这些项目就只能偿还利息，根本无能力还本金了。这种项目只能维持它的运行，无法新增功能为所有者带来价值。
>
> 一般来说，使用敏捷方法进行开发的一个原则是：通过每次修改后进行重构以便使技术债最小化，从而得以优化设计。在现实中会有一些权衡，"未来的钱"有时候也是可用的。重要的是一直保持在有能力偿还的限度内。而我们经常看到的是，大多数项目积累技术债的速度很快，但还债的速度很慢，所以最好谨慎些，每次修改后就重构。为了达到短期目标而需要留下一些技术债时，重要的是先要计划好什么时候还债①。
>
> 当管理数据时，技术债是需要重点考虑的，因为在一个系统中数据库经常被当做一个集成点（这并不是我们推荐的架构模式，但常常是事实）。结果，当对设计进行修改时，数据库经常会受到很大的影响。

在这种环境下，对"哪个应用使用了哪个数据库对象"进行登记是个很有效的方法，这样你就知道哪次修改会影响哪些应用程序了。

---

① 然而，现实中经常听到的是"下一次再还"。——译者注

> 我们曾经看到过这样一种做法。通过对代码库进行静态分析自动生成各应用程序相关的数据库对象列表。这个列表的生成是每个应用程序构建过程的一部分，其结果对其他应用程序是公开的，这样，就很容易知道修改是否会影响其他的应用程序。

最后，要确保在修改时已与维护其他应用程序的团队达成一致。管理增量修改的一种方法是让应用程序与数据库的多个版本兼容，以便数据库的迁移与依赖于它的那些应用程序相对独立。对于那种无停机发布（Zero-Downtime Release）来说，这种技术也很有用。下面将讨论一下无停机的发布。

12.4 数据库回滚和无停机发布

一旦应用程序的每个版本有了前面几节所说的升级和回滚脚本，使用DbDeploy这类工具在部署时将已有数据库迁移到与应用程序版本相对应的状态就比较容易了。

然而，有一个特例，那就是生产环境的部署。生产环境的部署有两个常见的需求会成为额外的约束。一是当回滚时需要保留本次升级后产生的数据，二是根据签订的SLA，要保持应用程序的可用状态，也叫做热部署或无停机发布。

12.4.1 保留数据的回滚

在回滚时，回滚脚本（如前所述）通常被设计成可以保留执行升级后产生的数据。如果回滚脚本满足下面的条件，就应该没有什么问题。

- 它应该包括模式修改，即不丢失任何数据（比如范式化或非范式化，或者在表间移动列）。在这种情况下，只要运行回滚脚本就行了。
- 它只删除新版本使用的那些数据，假如这些数据丢失了也没什么大问题。在这种情况下，只要运行回滚脚本就行了。

然而，有些时候简单地运行这些回滚脚本是不行的，如下所述。

- 回滚涉及从临时表中将数据导回来。此时，由升级而新增的数据记录会破坏集成约束。
- 回滚要删除那些旧版本系统无法接受的数据。

在这种情况下，有几种方法可以将应用程序回滚。

一种方法是将那些不想丢失的数据库事务（transaction）缓存一下，并提供某种方法重新执行它们。当升级数据库和应用程序到新版本时，确保记录了每次在新版本上发生的事务。可以通过记录来自UI的所有事件，比如通过拦截系统各组件间传递的较粗粒度的消息（如果应用程序使用了事件驱动范式，就会相对容易一些），或真实地复制事务日志中发生的每个数据库事务。一旦应用程序被成功地重新部署，这些事件就可以被重新播放一遍。当然，这种方法需要细心地设计和测试以确保它可以发挥作用。如果真的需要确保回滚时不丢失数据，这也是一种可接受的做法（tradeoff）。

如果使用蓝-绿部署（参见第10章）的话，可以考虑第二种方法。提示一下，在蓝-绿部署环境中，应用程序会同时有新旧两个版本同时运行，一个运行于蓝环境，另一个在绿环境。"发布"只是将用户请求从旧版本转到新版本上，而"回滚"只是再把用户请求转到旧版本上而已。

如果使用蓝-绿部署方法，在发布时就要为生产数据库（假设它是蓝数据库）做一个备份。如果数据库不允许热备份，或者有其他原因无法这么做的话，就要将应用程序切换到只读状态，以便能够执行备份。然后，这个备份被放在绿环境中，并在其上执行迁移操作。然后，再把用户切换到绿环境上。

如果要执行一次回滚，那么只要将用户切换回蓝环境即可。之后，可以把在绿环境的数据库上发生的新事务收回，要么在下一次更新之前重新应用这些新事务到蓝数据库上，要么再次升级之后马上应用这些事务。

有些系统的数据太多，如果没有较长的停机时间，几乎无法执行这类备份和恢复操作。此时就不能用这种方法了。尽管使用蓝-绿环境仍旧可行，但需要在发布时切换到共同的数据库上，而不是使用自己的独立数据库。

12.4.2 将应用程序部署与数据库迁移解耦

还有第三种方法可用于管理热部署，那就是将应用程序部署过程与数据库迁移过程解耦，分别执行它们，如图12-1所示。

这种方法也适用于联合环境的变更管理，以及第10章提到的蓝-绿部署和金丝雀发布模式上。

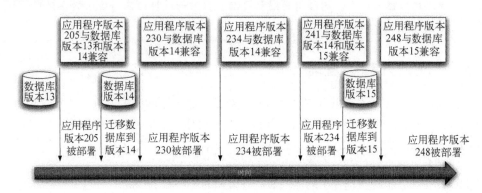

图12-1　将应用程序部署与数据库迁移解耦

如果能频繁发布，那么就不需要每次发布应用程序时都迁移数据库。当真的需要迁移数据库时，不能只让应用程序仅仅和新版本的数据库相匹配，还要确保应用程序既适应于该新版本，也适合于当前运行的版本。在图12-1中，版本241既能与当前部署的数据库版本14相匹配，也能在数据库的新版本15上运行。

先部署应用程序的一个过渡版本，让它可以与当前版本的数据库一起工作。然后，当确信新版本的应用程序非常稳定且不必回滚时，就可以将数据库升级到新的版本（如图12-1中的版本15）。当然，在这么做之前，要对其进行备份。之后，当应用程序的下一个版本准备好部署时（图12-1中的版本248），就可以直接部署，而不必迁移数据库了。这个版本的应用程序只要与数据库的版本15相匹配就行。

当很难将数据库回滚到某个较早的版本时，这种方法也很管用。有一次，我们在对数据库的新版本做很大修改时（包括修改了数据库模式，丢失了一些数据），就曾用过这种方法。当发生问题后，通过再次升级操作回滚到早期版本的效果。我们部署了应用程序的一个新版本（它是向后兼容的，可以运行在早期版本的数据库上），但没有部署新的数据库变更。我们观察了一下这个新版本，确认它没有引入问题。最后，当我们有把握后，就部署了数据库的变更。

虽然对于那些常见的修改来说，向前兼容性是一个可采纳的有效策略，但它不是一种通用的解决方案。在这里，"向前兼容性"是指应用程序的早期版本仍旧可以工作在后续版本的数据库上的一种能力。当然，如果在新的模式中有新增的字段或表，那么它们会被该版本的应用程序忽略。只不过，两个数据库版本的共同部分还是一样的。

对于大多数变更来说，最好将下面这种方法作为默认方法，即大多数修改应该是增加操作（比如向数据库中增加新表或字段），尽可能不修改已存在的结构。

另一种管理数据库变更和重构的方法是以存储过程和视图的形式来使用抽象层[cVVuV0]。如果应用程序是通过这种抽象层来访问数据库的，就可以修改底层的数据库对象，同时用视图和存储过程的一致性为应用程序提供接口。这也是13.2.3节的一个例子。

12.5　测试数据的管理

测试数据对于所有测试（无论是自动化测试还是手工测试）来说，都非常重要。什么样的数据能让我们模拟与系统的互操作呢？用什么数据表示边界用例，来证明应用程序在非正常输入时仍旧可以工作呢？什么样的数据会让应用程序进入到错误状态，以便我们可以评估在这种条件下它的响应呢？这些问题与我们对系统进行各层次的测试都相关，也对数据库中的测试数据有依赖的那些测试造成了一些特定的问题。

在本节中将重点讨论两点。首先是测试性能。我们想确保测试尽可能快地完成。就单元测试而言，要么根本不要依赖数据库来运行，要么运行在一个内存数据库上。对于其他类型的测试，就要细心管理测试数据了，一定不要使用生产数据库的一个dump，除非有特殊情况。

其次就是测试的独立性。理想的测试应运行在已定义好的环境中，其输入应该是受控的，这样我们才能很容易地评估它的输出。另一方面，数据库是信息的持久存储，每次测试可能会修改其持久化内容，除非采取某些措施，阻止这样的事情发生。否则的话，这会导致起始条件不清晰，尤其是当无法直接控制测试的执行顺序时。可遗憾的是，事实往往就是这样的。

12.5.1 为单元测试进行数据库模拟

单元测试不使用真正的数据库是非常重要的。通常单元测试会使用测试替身对象来取代与数据库打交道的服务。如果做不到这一点（比如你想测试这些服务）的话，你可以用另外两种策略。

一是用测试替身对象来替代那些访问数据库的代码。在应用程序中将这些代码封装起来是个最佳实践。为了做到这一点，常用的模式是repository模式[blIgdc]。在这种模式中，你在数据访问代码之上创建一个抽象层，将所用的数据库与应用程序解耦（这实际上就是13.2.3节"通过抽象来模拟分支"的一种实际应用场景）。这么做之后，就可以用测试替身对象替换出数据访问代码，如图12-2所示。

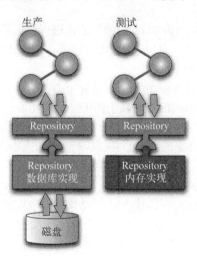

图12-2 对数据库访问的抽象

如前所述，这种策略不但提供了一种机制来支持测试，而且鼓励将系统的业务行为与它的数据存储分开。这也确保所有的数据访问代码聚合在一起，让代码库的维护更容易。这些方面带来的收益通常大于因使用一个单独的抽象层所带来的维护成本。

如果不使用这种方法，也可以使用假的数据库。有几个开源项目提供了内存关系型数据库（比如H2、SQLite或JavaDB）。当能够通过配置来指定程序使用哪个数据库实例时，就能让单元测试运行在一个内存数据库之上，而让验收测试运行在平时使用的那个基于磁盘的数据库之上。另外，这种方法还有一些额外收益：它促使开发人员以更加解耦的方式来编写代码，至少代码可以运行在两种数据库实现上。反过来，这也确保未来的数据库修改（数据库新版本或甚至可能是不同的关系型数据库供应商）更容易。

12.5.2 管理测试与数据之间的耦合

当涉及测试数据的时候，测试套件中的每个测试都有其依赖的某个状态，这一点非常重要。当用"given, when, then"的格式写验收条件时，"when"就是测试开始时的所处的状态。只有当开始状态为已知状态时，你才能将它与测试运行结束后的状态相对比，来验证该测试用例所测试的行为。

就单独一个测试而言，做到这一点非常简单。然而，对于整个测试套件来说，就要思考一下如何才能做到这一点了，尤其是对数据库有依赖的那些测试。

总的来讲，有以下三种方法可以用来做测试设计，以便管理好数据的状态。

- **测试的独立性**（test isolation）：合理地组织测试，以便每个测试的数据只对该测试可见。
- **适应性测试**（adaptive tests）：按如下方式进行测试设计——每次运行时先对数据环境进行检查，然后使用这些检查中得到的数据作为数据基础，对系统行为进行测试。
- **测试的顺序性**（test sequencing）：按如下方式进行测试设计——按某种已知的序列运行，每个测试的输入依赖于前一个的输出。

通常，我们强烈推荐使用第一种方法。测试之间彼此独立不但带来了更高的灵活性，而且更重要的是，能够通过测试的并行执行来优化测试套件的性能。

虽然另外两种方法也是可行的，但根据我们的经验，它们的扩展性不佳。随着测试套件不断变大，其中的交互越来越复杂，这两种方法都有可能导致一些很难发现和修复的失败。测试之间的交互变得让人越来越费解，而维护这种测试套件的成本也会不断增加。

12.5.3 测试独立性

测试独立性是指确保每个测试都具有原子性。也就是说，每个测试不应该用其他测试的结果建立它的初始状态，并且其他测试也不应该以任何形式影响该测试的成功或失败。对于提交测试（甚至那些将测试数据持久化到数据库中的测试）来说，达到这种独立性是相对容易的。

最简单的方法是确保在测试结束时，总是将数据库中的数据状态恢复到该测试运行之前的状态。可以用手工方法来做，但最简单的方法是依靠大多数RDMS提供的事务特性。

对于那些与数据库相关的测试来说，在测试刚开始时先创建一个事务，在这个事务内，执行所有我们所需的数据库操作与交互，然后在测试结束（无论该测试是成功还是失败）时，将该事务回滚。这是利用数据库系统的事务独立特性确保其他测试或数据库的其他用户看不到该测试对数据库做的这些修改。

测试独立性的第二种做法是执行某种数据的功能性分隔。对于提交测试和验收测试来说，它都是有效策略。对于那些需要修改系统状态作为其结果的测试来说，让其中创建的主要实体（the principal entities）遵循特定测试使用特定命名规则，这样，每个测试都只能查找并看到为它自己创建的那些数据。8.5.1节详细讨论了这种方法。

是否能很容易地通过数据分类找到某个适当的测试独立层次，这在很大程度上依赖于问题域（problem domain）。如果问题域合适的话，那么保持测试之间的独立性是一个非常优秀且简单的策略。

12.5.4 建立和销毁

无论选择的策略是什么，在测试运行之前建立一个已知的状态良好的起始点，并且在其运行结束时再重建这个起始点是至关重要的，可以避免测试间依赖（cross-test dependency）。

对于具有良好独立性的测试，在测试准备阶段通常会用相关的测试来填充数据库。这可能包括创建一个新的数据库事务（以便在测试结束后执行回滚），或者只是插入几条特定测试的信息。

为了在测试开始时建立一个已知状态良好的起点，适应性测试（adaptive test）会检查并评估一下数据环境。

12.5.5 连贯的测试场景

常常有这样一种倾向，即创建一个连贯的"故事"（将多个测试场景串在一起），让一些测试顺序执行。这种方法的出发点是已创建的数据是有连续性的，这样可以将测试用例的建立和销毁工作最小化。而且，每个测试本身也会简单一点儿，因为它不再负责管理自己的测试数据了。另外，作为一个整体，测试套件运行得更快，因为它不用花太多时间创建和销毁测试数据了。

有时候，这种做法很诱人，但在我们看来，这是应该予以抵制的一种诱惑。这种策略的问题在于我们正在努力把一个连贯的故事与测试紧紧耦合在一起。这种紧耦合有几个非常大的缺点。随着测试套件的增长，测试的设计越来越难。当一个测试失败以后，会对后续依赖于它的一系列测试造成影响，让它们也失败。业务场景或技术实现的变更可能导致重写测试套件，非常痛苦。

最根本的问题是，这个有顺序的视图无法真正地代表测试的目的和内容。在大多数情况下，即使是在应用程序中有一系列非常清晰的步骤，我们也要在每一步判断怎

第 12 章　数据管理

么算成功，怎么算失败，边界条件是什么，等等。有些测试需要在非常相似的启动条件下运行。一旦我们支持这种视图，就不得不每次都要建立和重建测试数据环境。所以，我们还不如回到起点：要么写适应性测试，要么写相互独立的测试。

12.6　数据管理和部署流水线

对于自动化测试来说，创建和管理数据的开销可能非常大。让我们退一步，看看测试应该关注哪些点？

我们通过测试来断言我们所开发的应用程序的行为符合我们期望的结果。我们运行单元测试来避免刚做的修改破坏已有的应用程序。我们运行验收测试来断言应用程序交付了用户所期望的价值。我们执行容量测试来断言应用程序满足我们的容量需求。可能，我们还会通过运行一套集成测试来确认应用程序与其依赖的第三方服务可以正常通信。

那么，对于部署流水线的每个测试阶段，我们需要哪些测试数据，并应该如何管理它呢？

12.6.1　提交阶段的测试数据

提交测试是部署流水线的第一步。提交测试的快速运行对这个流程来说是非常关键的。提交阶段的运行时间就是开发人员在进行下一步工作之前需要等待的时间。这一阶段每增加30秒都会产生很多成本。

除了要立即执行以外，提交测试还是防止因疏忽大意而修改了系统的主要防御手段。这些测试对实现细节的依赖越严重，它们达到这一目的就越难。原因是，当需要重构系统某些方面的实现细节时，你希望这些测试能提供一些保护。如果这些测试与具体实现牢牢地绑定在一起，那么具体实现上的一点点改动都不得不修改与它相关的很多测试。那些与具体实现紧耦合的测试将阻碍修改，而不是防护系统的行为，从而便于必要的修改。如果在具体实现上仅做了一个小的改动就被迫对测试进行大量的修改，那么，作为一种系统行为的可执行规范，这些测试就没有有效地完成它应该做的工作。

在本章中讲这些，听上去多多少少有点抽象。但事实上，测试中的紧耦合常常是过分考虑测试数据的结果。

这也是持续集成过程发布一些看似不相关的积极行为的一个关键点。好的提交测试会避免复杂的数据准备。如果你发现自己很难为某个测试准备数据的话，这是一个明显的信号，表示你的设计需要更好地解耦。要将设计分成多个互相独立的组件和测试，使用测试替身对象来模拟依赖，参见7.4.5节所述。

最有效的测试不是真正的数据驱动的，它们应用使用最少的测试数据来断言被测试的单元正确完成了所期望的功能。创建那些的确需要复杂数据来展现期望行为的测试时应该尽可能小心一些，通过重用测试辅助类或夹具来创建它，以防止系统中数据结构设计的变化对系统的可测性带来灾难性的影响。

在项目中，我们常常将用于创建通用数据结构测试实例的代码隔离开，并在不同的测试用例之间共享它们。可以用名为`CustomerHelper`或`CustomerFixture`的辅助类用于在测试用例中简化`Customer`对象的创建，这样就可以使用统一的方式为每个`Customer`创建一套标准的默认数据。然后每个测试再根据它自己的需要对数据进行裁剪。这样，测试起始点，就是一致且已知的状态了。

实质上，我们的目标是希望尽量减少每个测试中直接影响行为的特定数据。这是写每个测试时的目标。

12.6.2 验收测试中的数据

与提交测试不同，验收测试是系统测试。这意味着，它们的测试数据必然会更复杂，如果你想避免测试变得非常笨重，需要更细心地管理这些测试数据。也就是说，其目标是尽可能减少测试对大型复杂数据结构的依赖。方法基本上与提交阶段的测试一样：我们希望在测试用例的创建方面做到一些重用，并将每个测试对测试数据的依赖最小化。我们应该创建恰好够用的数据，用来验证我们对系统的期望行为。

当考虑如何为某个验收测试准备应用程序的某个状态时，区分以下三类数据是非常有用的。

- **测试的专属数据**（test-specific data）：那些在测试中用于驱动应用程序行为的数据。它代表了测试中这个用例的细节。
- **测试的引用数据**（test reference data）：这类数据通常是附加的，与某个测试相关，但是并不真正与被测试的行为相关。测试中需要它，但只是对该测试的一个支持，而不是主角。
- **应用程序的引用数据**（application reference data）：经常有一类数据，它们与被测试的行为无关，但是是应用程序运行所必需的。

测试专属数据应该是唯一的，而且要使用测试独立策略，以确保测试能够在已知状态（不受其他测试结果影响）的环境上开始执行。

测试引用数据可以通过使用预填充种子数据的方式来管理。这些种子数据在不同的测试中被重用，用来建立某种测试所使用的通用环境，但通用环境应保持不受测试操作的影响。

应用程序引用数据可以是任何值，甚至可以是Null，它对测试的输出没有任何影响。

应用程序引用数据可以使用数据库转储这种形式来提供，如果适当的话，测试引用数据（应用程序启动所必需的）也可以这么做。当然，要对这些数据进行版本控制，并确保它们作为应用程序准备过程的一部分进行数据迁移。这对测试自动化数据库迁移策略也是很有效的方式。

这种测试数据分类方式并不是非常严格。在某个具体测试中，数据类型之间的边界常常会有些模糊。然而,我们发现,这种方式能让我们更加关注那些需要我们主动管理的数据,以保证测试是可靠的,而不是只要有数据在那里就行。

从根本上讲,让测试过分依赖于整个应用的数据全集的做法是错误的。考虑让每个测试在一定程度上具有独立性是非常重要的。否则的话,整个测试套件会变得非常脆弱,甚至每次对数据做很小的改动,都会导致测试失败。

然而,与提交测试不同,在测试准备时,我们不推荐使用应用程序代码或数据库转储(dump)的方式来为应用程序准备正确的初始状态。取而代之的是,为了保持测试的系统级本质,我们推荐利用应用程序提供的API将应用程序设定到一个正确的状态。

利用应用程序API有如下几个优点。

- 使用应用程序代码或其他绕过应用程序业务逻辑的机制可能会让系统处于某种不一致的状态。在验收测试阶段,利用应用程序的API可以确保应用程序绝对不会处于某种不一致状态。
- 根据重构的定义,对数据库或应用程序的重构不会影响验收测试,因为重构不改变应用程序公共API的行为。这使验收测试的脆弱性显著下降。
- 验收测试也相当于对应用程序的API做了测试。

> **测试数据的类型:一个例子**
>
> 设想一下,我们正在测试一个金融交易应用。如果某个测试是用于确认当一个交易发生时,一个用户的状态被正确更新了,那么对于这个测试来说,起始状态和最终状态是最主要的测试点。
>
> 对于一套有状态(stateful)验收测试,如果需要在真实数据库(live database)的环境中运行的话,那么该测试可能就需要一个全新的用户账号和一个已知的起始状态。而这个账号和它的状态就是该测试的专属数据。如此一来,为了做这个验收测试,作为测试运行前的准备工作,可能就要注册一个新账号,并为它提供一些现金用于交易。
>
> 在测试过程中,为了使系统达到期望状态所用的这个金融辅助工具是该测试的一个重要参与者,但也可以把它看做测试引用数据。在测试引用数据中可能包含这样一组工具,它们在一系列的测试中被重用,但它们并不算"状态测试"(position test)的产出。这些数据也属于被预填充的测试引用数据。
>
> 最后,与创建新账号相关的内容与该状态测试无关,除非它们对起始状态或对用户状态的计算有直接影响。因此,所有这类默认值都算是应用程序引用数据。

12.6.3 容量测试的数据

容量测试用来指出应用程序所需的数据规模问题。该问题在两方面体现:(1)为测试提供足够的输入数据;(2)准备适当的引用数据来支撑测试中的多个用例。

正如第9章所描述的，我们把容量测试看做验收测试的重复利用，只是同时运行很多用例而已。如果应用程序有"发订单"（placing an order）这一操作的话，那么在做容量测试时，我们就希望能同时模拟发很多订单。

我们倾向于使用像交互模板（详见9.6.3节）这样的机制自动生成大量数据，包括输入数据和引用数据。

事实上，为了做验收测试，我们需要创建并管理一批数据。通过上述方法，我们能够对这些数据进行扩容。而且也应该尽量使用这种数据重用策略。我们的理论依据是，验收测试套件中的这类交互以及与这些交互相关的数据就是系统行为的可执行规范。如果验收测试的确履行了这种职责，那么它们就覆盖了应用程序所支持的重要交互行为。假如作为容量测试的一部分，它无法代表我们想要度量的系统主要行为的话，那这里就有问题了。

另外，如果我们已经有了某种机制和流程，使得在应用程序演进的过程中，这些测试能够与应用程序保持同步，那么在做容量测试，或者某种验收测试阶段之后的任何阶段测试时，为什么还要重新转储所有数据，从头再来一次呢？

所以，我们的策略是把验收测试当做与系统交互的记录，把这些记录作为后续测试阶段的起点。

对于容量测试，我们利用一些工具，将所选定的验收测试与相关数据关联在一起，再将它扩展成很多不同的"用例"，这样，我们就可以利用一个测试就模拟出与系统的很多交互了。

这种生成测试数据的方法，让我们可以将原本要花在容量测试数据管理方面的精力集中在各个交互中心而且唯一的核心数据上。

12.6.4 其他测试阶段的数据

抛开具体的实现技术，至少从设计理念上来讲，在验收测试阶段之后的所有自动化测试阶段中，我们都可以使用同样的方法。我们的目标是重用那些自动化验收测试所用的"行为规范"作为其他测试（不仅限于功能性测试）的起点。

> 当创建Web应用时，我们利用验收测试套件不但可以衍生出容量测试，而且可以衍生出兼容性测试。对于兼容性测试来说，我们在所有流行的Web浏览器上重新运行了所有的验收测试套件。这并不是一个详尽的测试，比如它无法测试可用性，但是如果某个修改在某个浏览器上破坏了用户交互的话，它就会给我们一个报警。由于我们重用了部署机制和验收测试套件，并且使用虚拟机来运行测试，所以，除了运行测试时使用的CPU时间和磁盘空间之外，兼容性测试几乎是免费的。

对于手工测试阶段（比如探索性测试或者用户验收测试），也有两种方法来测试数据。一种方法是拿一个测试和应用程序引用数据的最小集让应用程序从最原始的初始状态启动。然后，测试人员就可以体验用户刚开始使用应用程序时的场景了。另一种方法是加载大量的数据，以便让测试人员可以测试该应用程序已运行一段时间后的情景。对于集成测试来说，使用这种大数据集是非常有用的。

尽管使用生产数据集的副本进行这些场景的测试也是可行的，但大多数情况下，我们并不推荐这么做。主要是因为数据集太大常常显得很笨重。迁移一个生产数据集有时可能会花数小时。当然，有些情况下利用生产数据库的副本进行测试也非常重要，比如当测试生产数据集的迁移时，或者决定什么时候需要对生产数据进行压缩归档，以便不影响应用程序的运行速度等。

相反，我们推荐利用生产数据的一个子集或者运行一些自动化验收测试或容量测试之后产生的数据库，为手工测试创建一个定制数据集。甚至可以定制一个容量测试框架来产生一个数据库，用来模拟一些用户连续使用后产生的应用程序真实状态。然后把这个数据集保存好，作为手工测试环境部署流程的一部分被重用。当然，此时也需要做迁移工作。有时，测试人员会保留几个数据库转储，作为不同种类测试的起始点。

应该让开发人员在开发环境中也使用这些数据集（包括启动应用程序所需的最小数据集）。不应该让他们在自己的开发环境中使用生产环境数据集。

12.7 小结

由于生命周期不同，数据管理也面临一些待解决的问题。尽管这些问题与部署流水线上下文中的问题有所不同，但管理数据所用的基本原则是一样的。关键是要把创建和迁移数据库全部变成自动化过程。这个过程是部署流程的一个组成部分，确保它的可重复性和可靠性。无论是将应用程序部署到开发环境或包含最小数据集的验收测试环境，还是作为部署的一部分将生产数据集迁移到生产环境中都要使用相同的过程。

即使有自动化的数据库迁移过程，细心地管理测试数据仍旧是非常必要的。尽管直接使用生产数据库的副本是一个充满诱惑力的选择，但通常会因为数据太大而不易使用。相反，应该让测试自己创建它们所需的状态，并确保每个测试都独立于其他测试。甚至做手工测试时，也很少使用生产环境中数据库副本，它不是最佳起点。测试人员应该根据测试目的创建并管理自己的最小数据集。

本章中提到了如下一些重要原则与实践。

- 对数据库进行版本管理，使用DbDeploy这样的工具管理数据迁移过程的自动化。
- 努力保持数据库模式修改的向前和向后兼容性，以便把数据的部署和迁移问题与应用程序的部署问题分开。
- 确保在准备过程中，测试可以创建它们所依赖的数据，并确保数据是分开的，以保证不会影响那些同时运行的其他测试。

- 只保存不同测试之前应用程序启动所需要的测试数据，以及一些非常通用的引用数据。
- 尽可能使用应用程序的公共API为测试创建正确的初始状态。
- 在大多数据情况下，不要在测试中使用生产数据集的副本。创建自定义数据集既可以通过细心选择生产数据集的最小子集来实现，也可以通过运行验收测试和容量测试来实现。

当然，这些原则需要适应实际状况。然而，如果把它们作为默认方法来使用，它们会帮助任何软件项目把花在自动化测试和生产环境的数据管理相关的这些常见问题上的精力最小化。

第 13 章

组件和依赖管理

13.1 引言

持续交付让我们每天都能发布软件的几个新的可工作版本。也就是说，保持应用程序处于随时可发布的状态。然而，在大型重构或添加复杂新功能时又怎么办呢？从版本控制库上拉一个新的分支看上去好像是解决这个问题的一个方案。但我们强烈感觉到这是错误的做法[①]。本章将描述如何在不断变化的同时保持应用程序随时可发布。要解决这个问题，一项关键的技术就是大型应用程序的组件化。所以，本章会详细讨论组件化，包括使用多组件来创建并管理大型项目。

组件是什么？在软件领域，这个术语的使用呈现一种泛滥状态，所以在使用这个术语前，我们试着对其进行一个清晰的定义。当我们说起组件时，是指应用程序中的一个规模相当大的代码结构，它具有一套定义良好的API，而且可以被另一种实现方式代替。对于一个基于组件的软件系统来说，通常其代码库被分成多个相互分离的部分，每个部分通过个数有限的定义良好的接口提供一些服务行为，与其他组件进行有限的交互。

与基于组件的系统相对应的是那些如"铁板一块"那样的系统，其内部没有清晰的边界，或者说负责不同任务的元素之间也没有做到关注点分离。"铁板"系统典型的问题是没有良好的封装，逻辑上原本应该独立的结构却是紧耦合的，破坏了迪米特法则（Law of Demeter）。其所用的语言和技术不是关键问题（这件事跟究竟是用VB写的图形界面，还是用Java写的没有什么关系）。有些人把组件叫做"模块"（module）。在Windows平台上，一个组件通常是以DLL形式打包的。在UNIX平台上，它可能就被打包成SO文件了。而在Java世界中，它可能就是一个Jar文件。

基于组件的设计通常被认为是一种良好的架构，具有松耦合性，是一种鼓励重用的设计。事实也确实如此。但它还有另外一个重要的好处：对于大型软件开发团队的

[①] 我们会在第14章中讨论分支策略。

协作来说，它是最有效的方法之一。本章也会描述如何为这种基于组件的应用程序创建和管理构建系统（build system）。

假如你是在做一个小项目，那么在读了下面这段文字后，你可能就想跳过本章（其实无论项目大小，你都应该读完）。尽管很多项目其实只用一个版本控制代码库和一个简单的部署流水线就足够了，但最终还是陷入了无法维护的代码泥潭，因为在很容易做组件分离的阶段，却没人打算创建分离式的组件。然而小项目会逐渐变成大项目。项目一旦大到某种程度，以原来那种开发小项目的方式来修改代码，其成本就相当高了。但很少有项目经理会有胆量要求他的团队长时间停下来，将一个大应用程序重新架构成组件方式。而"如何创建并管理组件"就是本章所要讨论的主题。

本章的内容依赖于对部署流水线有很好的理解。如果需要回顾一下，请参见第5章。本章中还会描述组件与分支的关系。在本章结尾，我们会讨论构建系统的三个维度：部署流水线、分支和组件。

在开发一个大型软件系统时，常常能看到这三个维度同时出现。在这样的系统中，组件间会形成一种依赖关系，而且也会依赖于外部库（external library）。每个组件可能会有几个发布分支。在这些组件中找到各组件的某个好用的版本进行编译，并组成一个完整的系统是一个极具难度的过程，有点类似于一个叫做"打地鼠"的游戏——我们曾听说有个项目曾花了几个月来做这件事。只要你遇到过类似的情况，就应该开始通过部署流水线来完成这样的事情了。

事实上，这正是持续集成想要解决的最根本问题。我们将要提出的这些解决方案依赖于目前为止你从本书中获得的那些最佳实践。

13.2 保持应用程序可发布

对于"应用程序功能的可用性"这个问题，持续集成可以给你某种程度上的自信。而部署流水线（持续集成的扩展）用于确保软件一直处于可发布状态。但是，这两个实践都依赖于一件事，即主干开发模式[①]。

在开发过程中，团队会不断地增加新特性，有时候还要做较大的架构改变。在这些活动期间，应用程序是不能发布的，尽管它能够成功通过持续集成的提交测试阶段。通常，在发布之前，团队会停止开发新功能，并进入一个只做缺陷修复的稳定期。当应用程序发布后，就会在版本控制中拉出一个发布分支，而新功能的开发仍会在主干上进行。可是，这个流程常常会导致两次发布的时间间隔是几个星期或几个月。而持续交付的目标是让应用程序总是保持在可发布状态。那么如何做到这一点呢？

一种方法是在版本控制库中创建分支，当工作完成后再合并，以便主干一直是可发布的（下一章将会详细讨论这种方法）。然而，我们认为这种方法只是一种次优选择，

[①] 本章只是简单提及分布式版本控制系统的使用，下一章中将会详细讲述。

因为如果工作成果是在分支上，那么应用程序就不是**持续**集成的。相反，我们提倡每个人都应该提交到主干。可是，怎么既能让每个人都在主干上开发，又让应用程序一直保持在可发布状态呢？

为了在变更的同时还能保持应用程序的可发布，有如下四种应对策略。

- 将新功能隐蔽起来，直到它完成为止。
- 将所有的变更都变成一系列的增量式小修改，而且每次小的修改都是可发布的。
- 使用通过抽象来模拟分支（branch by abstraction）的方式对代码库进行大范围的变更。
- 使用组件，根据不同部分修改的频率对应用程序进行解耦。

我们先讨论前三个策略。对于小项目来说，这三个策略应该就足够了。在较大项目中，就要考虑使用组件了，这是本章后半部分讨论的重点。

13.2.1 将新功能隐蔽起来，直到它完成为止

持续开发应用程序的一个常见问题是：开发一个特性或一组特性需要的时间太长。假如没有增量式发布一组特性的诉求，我们常常会忍不住想在版本控制库的一个分支上做新功能的开发，当功能做完了再集成，以便不破坏已完成的系统的其他部分，阻碍它们的发布。

有一种解决方案，就是把新功能直接放进主干，但对用户不可见。例如，某网站提供了旅行服务。运维这个网站的公司想提供一种新的服务：酒店预订。为了做到这一点，先把它作为一个单独的组件来开发，通过一个单独的URI "/hotel" 来访问。如果愿意的话，这个组件就可以与系统的其他部分一起部署，但不允许访问其入口就行了（在Web服务器软件中，可以通过一个配置项来控制）。

增量替换整个UI

在Jez做过的一个项目中，开发人员曾经使用这种方法做新UI。尽管这个新UI仍在开发中，但已被放在URI "/new" 之下，且没有链接可以链到它。当开始使用新UI的一部分时，从已有的导航上链接到它。这使团队能够以一种增量方式来取代整个UI，同时保持整个应用程序仍旧可以正常工作。虽然新旧UI使用完全不同的技术来实现了，但它们共享样式表（stylesheet），所以看上去没有什么区别。用户无法知道到底哪个页面使用了新技术，除非他注意到了URI的变化。

另一种让半成品组件可以发布而不让用户访问的方法是通过配置项开关来管理。比如，在一个富客户端应用中，可能有两个菜单，一个包含新功能，另一个不包含新功能。可以用一个配置项在两个菜单之间进行切换。这既可以通过命令行选项做，也可以通过在部署时或运行时的其他配置完成（参见第2章中关于软件配置的部分）。在运行自动化测试时，这种通过运行时配置项做到功能切换（或替换具体实现方式）的

能力也是非常有用的。

实际上大型组织也是用这种方式来开发软件的。我们有个同事曾在某个世界领先的搜索引擎公司中做项目，该项目不得不为Linux内核打补丁，以便让它能接受更多的命令行参数，使他们的软件可以打开或关闭各种各样的功能。这是一个极端的例子，我们并不推荐使用太多的选项，所以一旦达到目的，就应该把它们小心地移除掉。为了能够做到这一点，我们可以在代码库中标记配置选项，然后在提交阶段进行静态分析，找出所有配置选项列表。

把功能半成品与系统其他部分一同发布是一个好实践，因为它表明你一直在集成并测试整个系统。这让计划和交付整个应用程序变得更容易，因为这样做的话，在项目计划中就不需要依赖和集成阶段了。它能确保从一开始，被开发的组件就可以与系统的其他部分一起部署。这也意味着，你一直在对整个应用程序做回归测试，包括这个新组件所需的新服务或被修改的服务。

虽然以这种方式开发软件需要一定量的计划工作、细心地架构和严格的开发纪律，但是考虑到它能够在增加新关键功能集的同时还能允许发布新版本，这种优点值得我们花费一些额外的精力。这种方式也优于为了新功能开发而使用版本分支的策略。

13.2.2 所有修改都是增量式的

上面提到的故事（以增量方式完全替换应用程序UI）只是某个通用策略的具体例子。而这个通用策略就是：让所有修改都是增量式完成的。当需要做较大改动时，拉分支并在分支上做修改的方式非常有诱惑力。其理论是：如果变动较大，则会破坏应用程序，那么，拉分支并完成修改后再把代码合并回去能够提高效率。然而事实上，最后阶段才将所有东西合并在一起往往是最困难的部分。假如其他团队同时也在主干上开发，最后的合并可能会更困难。而且，改动越大，合并的难度就越大。分支的理由越明显，就越不应该分支。

虽然将大的改动变成一系列小步增量修改是一个很困难的工作，但你坚持这么做的话，就意味着你正在解决一个问题：保持应用程序一直可工作，避免后期的痛苦。这也意味着，如果必要的话，可以随时停下当前的工作，从而避免"大修改刚做到一半，就不得不放弃它"而产生的巨大成本浪费。

为了能够将大块变更分解成一系列的小修改，分析工作就要扮演非常重要的角色了。首先需要用各种各样的方式将一个需求分解成较小的任务。然后将这些任务再划分成更小的增量修改。这种额外的分析工作常常会使修改的错误更少、目的性更强。当然如果修改是增量式的，也就可以"边走边评估"（take stock as you go along），并决定是否需要继续做和如何继续。

然而，有时候某些修改太难做增量式开发了。此时，应该考虑"通过抽象来模拟分支"（branching by abstraction）的方法。

13.2.3 通过抽象来模拟分支

对应用程序做大修改时，可以采用另一种替代分支方法的策略，即在要修改的那部分代码上创建一个抽象层。然后在当前实现方法存在的同时，开发一种新的实现方式。当完成时，再把原始的实现和抽象层（它是可选的）删除。

> **创建抽象层**
>
> 创建抽象层常常比较困难。比如，在Windows平台上，我们常常看到VB开发的桌面应用程序中，所有的逻辑都被放在了事件处理函数中。为这样的应用程序创建一个抽象层就要对其中的逻辑进行面向对象的设计，然后通过对事件处理函数中的现有代码进行重构，把逻辑放到一系列VB（也许是C#）类中，从而实现这种设计。新的界面（也许是一个Web界面）就可以重用这些新的逻辑了。值得注意的是，并不需要为这个新的逻辑实现再创建接口。如果你想通过在逻辑层的抽象来达到分支效果的话，那么只做这些就够了。
>
> 还有一种情况在最后不会移除这个抽象层，即你希望该系统的使用者自己来实现这个抽象层下面的内容。在这种情况下，你实际上要设计一个插件API。对于使用Java的团队来说，像Eclipse使用的OSGi这类工具可以让这个过程变得简单。根据我们的经验，在项目开始时，最好不要马上创建插件API。相反，先创建一种实现方式，然后再创建第二种，之后从这些实现方式中抽取总结出API。随着不断增加实现方式，并在这些实现方式中增加更多的功能，你会发现，API变化得非常快。假如你打算向外界公布这些API，让其他人用这些API来开发插件的话，最好还是等它们稳定下来再这么做。

尽管这种模式被我们的同事Paul Hammant [aE2eP9]称为"通过抽象来模拟分支"，但实际上它只是一个利用分支对应用程序进行大范围修改的替代方法。当应用程序的某个部分需要做改进，但却无法使用一系列小步增量开发时，就要按如下步骤这么做。

(1) 在需要修改的那部分系统代码上创建一个抽象层。
(2) 重构系统的其他部分，让它使用这个抽象层。
(3) 创建一种新的实现代码，在它完成之前不要将其作为产品代码的一部分。
(4) 更新抽象层，让它使用这个新的实现代码。
(5) 移除原来的实现代码。
(6) 如果不再需要抽象层了，就移除它。

"通过抽象来模拟分支"是一次性实现复杂修改或分支开发的替代方法。它让团队在持续集成的支撑下持续开发应用程序的同时替换其中的一大块代码，而且这一切都是在主干上完成的。如果代码库的某一部分需要修改，首先要找到这部分代码的入口（一个缝隙），然后放入一个抽象层，让这个抽象层代理对当前实现方式的调用。然后，开发新的实现方式。到底使用哪种实现方式由一个配置选项来决定,可以在部署时或者运行时对这个选项进行修改。

你既可以在较高的层次上使用"通过抽象来模拟分支"(比如替换整个持久层),也可以在很低的层次上使用它,比如使用策略模式把一个类替换成另一个。依赖注入是另一种能够做到"通过抽象来模拟分支"的机制。棘手的事情是找到或创建那个让你插入抽象层的裂缝。

将乱作一团的"铁板"代码库转化为更具有模块化特性、结构更好的形式,这一策略也可以派上用场。把代码库中的某一部分分离出来作为一个组件或者对它重写。只要能掌握这部分代码库的入口点,使用门面模式(façade pattern)就能将这堆代码限制住,然后使用"通过抽象来模拟分支"方法让应用程序仍旧可以使用旧代码运行,同时开发一个新的模块化代码完成同样的功能。这种策略有时被称作"地毯下的清扫"(sweeping it under the rug)或"门面工程"(Potemkin village)[ayTS3]。

这种方法中最困难的两部分是:(1)将涉及修改的这部分代码库的入口点隔离;(2)管理这部分还在开发当中的功能的所有修改,比如需要修改这部分代码中的缺陷。然而,与使用分支方法相比,这些问题更容易管理。可是,有时候很难在应用程序代码库中找到一个合适的缝隙,那么就只能拉分支了,之后再在这个分支上使用"通过抽象来模拟分支"。

假如是对某应用程序进行大范围的修改,那么,无论是使用"通过抽象来模拟分支"还是其他方法,若有全面的自动化验收测试套件,一定会取得巨大的收益。因为当应用程序的一大块代码要被修改时,由于单元测试和组件测试的粒度太小,所以它们不足以对业务功能形成保护。

13.3 依赖

在构建或运行软件时,软件的一部分要依赖于另一部分,就产生了依赖关系。在任何应用程序(甚至是最小的应用程序)中也会有一些依赖关系。至少,大多数软件应用都对其运行的操作系统环境有依赖。Java应用程序依赖于JVM,它提供了JavaSE API的一个实现,而.NET应用程序依赖于CLR,Rails应用程序依赖于Ruby on Rails框架,用C编写的应用程序依赖于C语言标准库,等等。

我们将谈到组件(component)和库(library)之间的差异,以及构建时依赖与运行时依赖之间的差异,而这两种差异对本章的内容非常有用。

我们是这样来区分组件和库的。库是指团队除了选择权以外,没有控制权的那些软件包,它们通常很少更新。相反,组件是指应用程序所依赖的部分软件块,但它通常是由你自己的团队或你公司中的其他团队开发的。组件通常更新频繁。这种区别非常重要,因为当设计构建流程时,处理组件要比处理库所需考虑的事情多一些。比如,

第 13 章　组件和依赖管理

你要一次性编译整个应用程序吗？还是当某个组件被修改时，只独立编译它就可以了？如何管理组件之间的依赖，才能避免循环依赖呢？

构建时依赖与运行时依赖之间的区别如下：构建时依赖会出现在应用程序编译和链接时（如果需要编译和链接的话）；而运行时依赖会出现在应用程序运行并完成它的某些操作时。这种区别很重要，原因如下。首先，在部署流水线中，会使用一些与所部署的应用程序无关的一些软件，比如单元测试框架、验收测试框架、构建脚本化框架，等等。其次，应用程序在运行时所用的库版本可能与构建时所用的不同。当然，在C和C++中，构建时依赖只是头文件，而运行时就需要有动态链接库（DLL）或共享库（SO）形式的二进制文件。在其他需要编译的语言中也一样，例如，Java程序在编译时，只需要拿到包含它所需要的接口信息的JAR文件就行了，但在运行时就需要再拿到包括已实现全部功能的JAR文件（比如，使用J2EE应用服务器时）。在构建系统中，也需要考虑这些因素。

管理依赖有可能会很困难。我们先看一下最常见的在运行时对库文件依赖的问题。

13.3.1　依赖地狱

依赖管理最常见的问题可能就是所谓的"依赖地狱"（dependency hell），有时被称为"DLL地狱"（DLL hell）。当一个应用程序依赖于某个库的特定版本，但实际部署的是另一个版本，或者根本没有部署时，依赖地狱就产生了。

在微软的Windows早期版本中，DLL地狱是很常见的问题。所有以DLL方式存在的共享库（shared library）都保存在系统目录中（windows\system32），但是没有版本标识，新版本只是把旧版本覆盖掉了。除此之外，在XP之前的Windows版本中，COM类表（class table）是一个单体，所以那些需要某个特定COM对象的应用程序只能找到该COM对象被最先加载的那个版本。①所有这些都意味着，在这种情况下，即使你明知不同的应用程序使用某个DLL的不同版本，甚至知道在运行时需要该DLL的哪个版本，你也无法办到。

.NET框架通过引入"程序集"（assembly）的概念解决了DLL地狱这个问题。加密标识的程序集包含版本信息，所以同一个库的不同版本可以区别开来，而Windows将它们存储在一个全局程序集缓存中（即GAC）。因此，即使文件名相同，同一个库的不同版本也能够区分开。这样，你就能拿到同一个库的几个不同版本了。使用GAC的好处在于：如果某个严重的bug或安全隐患被修复并需要上线，那么你能一下子更新所有的应用程序，让它们使用这个新的DLL。不过，.NET也支持DLL的XCOPY部署，凭借的就是它们被放在了与应用程序相同的目录中，而不是GAC中。

Linux通过使用简单的命名规则来避免依赖地狱：在全局库目录（/usr/lib）中，每个.so文件的文件名后都会有一个整数，并用一个软链接来决定在系统范围内所使用的

---

① 在Window XP中，引入了免注册的COM，让应用程序可以将其需要的DLL文件放在它自己的目录下。

标准版本。对于管理员来说，他们很容易对应用程序所使用的版本进行修改。如果某个应用程序依赖于某个特定的版本，它就会请求对应的那个具体版本的文件。当然，如果某个库文件在整个系统范围内只有一个标准的指定版本，就可以确保安装的每个应用程序都能使用它。这个问题有两种答案：像Gentoo那样，从源文件开始编译每个应用程序，或者对每个应用程序的二进制包进行全面的回归测试——大多数Linux发布包的创建者喜欢这种方法。这就意味着，如果没有非常好的依赖管理工具的支持，你就无法随意安装一个依赖于系统库新版本的应用程序的二进制发布包。幸运的是，Debian包管理系统就是这类包管理工具（可能是现存最好的依赖管理工具）。这也是为什么Debian平台如此平稳，而Ubuntu每年能发布两个稳定版本的原因。

对于整个系统范围内的依赖问题，一个简单的解决方案就是审慎地使用静态编译。也就是说，应用程序中的那些关键依赖在编译时就放到一个程序集中，以便减少运行时依赖。然而，尽管这使部署更简单了，但它也有一些缺点。除了会创建较大的二进制包以外，它还和那些与操作系统特定版本中的特定二进制包耦合在一起，这样就不可能通过升级操作系统的方式来修复相关的缺陷或安全漏洞了。因此，通常不推荐使用静态编译。

对于动态语言来说，对等的方法就是将应用程序所依赖的框架或者库打包并一起发布。Rails使用这种方法，让整个框架和使用该框架的应用程序一起发布。也就是说，同时可能会有多个Rails应用程序运行，而每个应用程序都使用不同版本的框架。

由于类加载器的设计原因，Java的运行时依赖面临的问题尤其严重。最初的设计使得在同一个JVM上每个类只能有一个版本生效。OSGi框架解决了这种严格限制，它提供了多版本的类加载，以及热部署和自动升级。如果不使用OSGi的话，这种约束就会一直存在，也就是说，在构建时就要小心地管理依赖。一个常见却令人不爽的场景是：一个应用程序依赖于两个库文件（比如两个JAR包），而这两个库文件又都依赖于另外一个库（比如一个日志包），但它们所依赖的版本各不相同。此时，虽然这个应用程序可能在编译时没出问题，但运行时肯定会出问题，比如可能会抛出一个`ClassNotFound`异常（如果所需的方法或类不存在的话），或者出现一点儿小缺陷。这个问题被称作"菱形依赖问题"。

本章后面部分将讨论菱形依赖问题和另一个问题（循环依赖）的解决方案。

13.3.2 库管理

在软件项目中，有两种适当的方法来管理库文件。一种是将它们提交到版本控制库中，另一种是显式地声明它们，并使用像Maven或Ivy这样的工具从因特网上或者（最好）从你所在组织的公共库中下载。你所要强化的关键约束就是让构建具有可重复性，即每个人从版本库中签出项目代码，然后运行自动化构建，得到的二进制包一定是完全相同的；而且三个月后，当某个用户发现了旧版本中的一个缺陷时，为了修复它，我能够从版本库中签出那个版本，并重新创建一个与之完全相同的二进制包。

将库文件提交到版本控制库是最简单的解决办法，对于小项目来说足够用了。习惯上，在项目的根目录上会创建一个lib目录，所有的库文件都会放在这个目录中。我们建议添加三个子目录：build、test和run，分别对应构建时、测试时和运行时的依赖。我们也建议在库文件名后加上版本号，作为库文件的命名规则。因此，不要只把nunit.dll签入到库目录，而应该签入nunit-2.5.5.dll。这样，你就能确切地知道你在使用哪个版本，并且很容易知道每个库文件是否为最新最好的版本。这种方法的好处在于：构建应用程序所需的内容都在版本控制库中。只要你从项目代码库中签出代码到本地，你的构建结果就与其他人的一样。

将整个工具链全部签入是个好主意，因为它是项目的构建时依赖。然而，应该将它放到一个单独的代码库中，而不是放在项目源代码库中，因为工具链代码库很容易变得很大。应该避免让项目源代码库变得太大，因为那会导致常用的版本操作（例如，查看本地变更历史、做了较小的修改后就提交到中央代码库）变得太慢。另一种方法是将工具链放在一个网络共享存储中。

将库文件提交到版本控制库中也带来几个问题。首先，随着时间的推移，保存库文件的版本库可能变得很大且比较杂乱，而且可能最后很难确切了解哪个库文件仍在被使用中，哪个库文件已经过期了。假如应用程序必须要与其他程序运行在同一个平台上，可能就会出现另一个问题。某些系统或平台能够管理依赖同一库文件不同版本的情况，而某些（比如没用OSGi的JVM或Ruby Gems）则不支持。如果不支持的话，你就要自己小心处理，让其使用与其他项目相同的版本。假如你用手工方式来管理项目之间的这种库依赖，这件事很快就会变得非常痛苦。

Maven和Ivy都提供了自动管理依赖的方法。这两个工具让你显式声明项目中所需库文件的确切版本，然后自动为你下载适当版本的库文件，解决对其他项目的依赖（如果可用的话），并确保在项目依赖图中没有不一致现象，比如两个组件依赖同一公共库的不兼容版本。这些工具会将项目所需的库文件缓存在本地，尽管在一台机器上第一次进行项目构建时，可能会花较长的时间，但如果所需的库文件已经在本地的话，以后的构建就不比将库文件放在版本库中的情况慢了。Maven存在的一个问题是：为了能够做到可重复构建，必须使用其插件的具体版本对其进行配置，并指定项目所依赖库文件的每个具体版本。本章后面还会更详细地介绍Maven的依赖管理。

当使用依赖管理工具时，另一个重要的实践是管理自己的制品库。开源的制品库管理工具包括Artifactory和Nexus。它们可以确保构建是可重复的，通过在整个组织范围内控制库的哪个版本对应用程序可用来避免依赖地狱。这个实践让库文件的审计更容易，并且避免法律方面的冲突，比如在BSD-授权的软件中使用了GPL-授权的库。

如果Maven和Ivy不适用，还可以利用一个属性文件来记录项目中所依赖的库文件以及这些库文件的版本，从而打造一个属于自己的声明式依赖管理系统。然后再写一个脚本，从组织级的制品库中下载这些库文件的正确版本，只要在备份的文件系统前端架一个简单的Web服务就行了。当然如果你要处理更复杂的问题，比如解决传递依赖（transitive dependency）问题，那么就需要一个更强有力的解决方案了。

13.4 组件

几乎所有的现代软件系统都是由组件组成的。这些组件可能是DLL、JAR文件、OSGi bundle、Perl模块或其他形式。在软件行业中，组件已经有相当长的历史了。然而，将它们组装成可部署的产物，并实现一个考虑了组件间互动的部署流水线却并不简单。这种复杂性的结果经常表现为一次构建需要花数小时才能组装成一个可部署可测试的应用程序。

大多数应用程序开始时就是一个组件。也有一些应用程序在开始时是两三个组件（比如，一个客户端/服务器应用程序）。那么，为什么要把代码库分成多个组件呢？如何管理它们之间的关系？除非有效地管理好这些关系，否则可能就无法把它们放到持续集成系统中。

13.4.1 如何将代码库分成多个组件

软件中"组件"这个概念，大多数人一看到它就能理解，但是它也有很多不同且纷乱的定义。为了清楚讲述本章的内容，在13.1节中已经定义了这里所说的组件是什么，但它还有另外一些特性也是很多人都认同的。一个相当有争议的陈述是这样的："组件是可重用的代码，它可以被实现了同样API的其他代码所代替，同时可独立部署，并封装了一些相关的行为和系统的部分职能。"

显然，一个类大体上也具备这些特征，但通常它不能算做组件。因为对组件的一个要求就是它应该可独立部署，所以类通常不能算做组件。虽然我们可以把一个类进行单独打包，并对其进行部署，但是大多数情况下，做如此细粒度的打包并不值得。另外，通常只有一小簇类聚在一起工作，才能交付有用的价值。而且，相对来说，它们会与其关系密切的协作者紧密地耦合。

从这一点上来看，我们可以看出，组件的构成会有一个底限。只有当其具有一定的复杂度之后才应该考虑将这部分代码作为应用程序的独立部分。那么，它的上界是什么？我们将一个系统分成多个组件的目标是提高整个团队的效率。那么，为什么说组件开发方式让软件开发流程更高效呢？原因如下。

(1) 它将问题分成更小且更达意的代码块。
(2) 组件常常表示出系统不同部分代码的变化率不同，并且有不同的生命周期。

(3) 它鼓励我们使用清晰的职责描述来设计并维护软件，反过来也限制了因修改产生的影响，并使理解和修改代码库变得更容易。

(4) 它给我们提供了额外的自由度来优化构建和部署过程。

大多数组件的一个显著特征是，它们会以某种方式公开其API。这些API的技术形式可能不同：动态链接、静态链接、Web服务、文件交换（file exchange）和消息交换（message exchange），等等。这些API可能有不同的特征，但重要的是，它与外部合作者交换信息，所以这些组件与外部合作者的耦合度是至关重要的。即使当组件的接口是一种文件格式或一个消息模式时，它仍旧代表了某种信息上的耦合，这种耦合也需要作为组件之间的依赖来考虑。

当在构建与部署流程中将这些组件分离并作为独立单位对待时，正是组件之间的接口和行为的耦合度增加了复杂性。

将组件从代码库中分离出来的理由如下。

(1) 代码库的一部分需要独立部署（比如一个服务器或富客户端）。

(2) 你打算将一个"铁板"系统分成一个内核和一系列的组件，以便用另一种实现代替当前系统中的某个部分，或者支持用户自扩展。

(3) 组件为其他系统提供一个接口（比如提供某个API的框架或服务）。

(4) 代码的编译和链接时间太长。

(5) 在开发环境中打开项目的时间太长。

(6) 对于一个团队来说，代码库太大了。

尽管上面列出的最后三条看上去非常主观，但的确是组件分离的正当理由。最后一点尤其关键。当团队人数在十个人左右，并且都能够从内到外了解代码库的某个特定部分（无论是功能组件还是其他某种边界）时，团队是处于最佳状态的。如果你希望一个超过十人的团队以你期望的速度开发的话，一个最有效的方法是将系统分成多个松耦合的组件，而且也把团队分开。

我们并不建议让每个团队各自负责一个独立的组件。因为在大多数情况下，需求不会按组件的边界来分。根据我们的经验，那些有能力开发端到端功能的跨功能团队更加高效。尽管一个团队负责一个组件看上去好像更高效，但事实并非如此。

首先，常常很难只修改一个单独的组件就能实现和测试某个需求，因为通常实现一个功能需要修改多个组件。如果你按组件划分团队的话，就需要两个或以上的团队合作才能完成一个功能，自然会增加更多且非必要的沟通成本。而且，在围绕组件组成的团队中，大家倾向于形成"筒仓"（silo），并进行局部优化，从而失去从全局观点出发来评判项目的最佳利益的能力。

最好划分多个团队，以便每个团队都可以拿到一系列的用户故事（这些故事可能属于同一主题）。为了完成这些需求，每个团队都可以修改任何组件的代码。一个团队为了实现某个业务特性可以自由修改任何组件是一种更高效的工作方式。依据功能领域而不是组件来组建团队确保了每个人都有权力修改代码库的任何部分，同时在团队之间定期交换人员，确保团队之间有良好的沟通。

　　这种方法还有一个好处，即确保所有的组件能组合在一起正常工作是所有人的责任，而不只是最后负责集成的那个团队的责任。"每个团队负责一个组件"这种工作方式有一个非常严重的风险，那就是整个应用程序到项目后期才能工作，因为没人愿意去集成这些组件。

　　上面列表中的第(4)和第(5)条理由常常是因无法满足模块化的拙劣设计而表现出来的症状。一个设计良好的代码库应该遵守DRY原则，并由遵从迪米特法则且具有良好封装性的对象组成，通常会使开发更高效、更容易。而且，当需要把系统划分成多个组件时也更容易。然而，过分组件化也可能使一个构建流程的构建速度变得很慢。这似乎在.NET的世界中特别常见。比如有些人喜欢在一个解决方案中创建很多项目，但实际上并没有什么充分的理由。这么做总会导致编译慢得像蜗牛爬。

　　关于"如何将应用程序以多个组件的方式组织在一起"这个问题，除了考虑上面提到的良好设计原则以外，并没有什么硬性且快速的规则可循。但有两种常见的错误："组件无处不在"和"一个组件搞定所有的事儿"。经验表明，两个极端都是不恰当的，而如何权衡其中的界限仍旧全凭那些具有不同经验的架构师和开发人员的主观判断。所以说，软件开发既是一门工程学，也是一门艺术、手艺或社会学。这就是其中的原因之一。

使用组件并不暗示要使用N层架构

　　当Sun推出J2EE框架后，让N层架构的思想得到广泛传播。微软也把它当成.NET框架上的一个最佳实践。可以说Ruby on Rails也鼓励类似架构方法，同时，它让这种方法更容易上手，还为系统引入了更多的约束。对于某些问题来说，N层架构常常是一种好的解决方法，但并不是对所有的问题都是必须的。

　　我们认为，N层架构通常是防御性设计的一种形式。它有助于防止一个大型且缺乏经验的团队开发出一个紧耦合的泥团[aHiFnc]。它还具有良好理解的容量和可扩展性特点。然而，对于很多问题来说，它并不总是最佳方案（当然，对于任何技术和模式来说，这都是事实）。特别值得注意的是，让不同的层次运行于物理分离的环境中会对某些特定请求的响应带来高延迟性。这常常还会导致某种复杂且难以维护和调试的缓存策略。在高性能环境中，事件驱动的或分布式代理模式（distributed actor model）架构可以带来优越性能。

　　我们曾经碰到过一个大项目，它的架构师设计了一个七层架构。大部分时候，某一层或更多层都是冗余的。然而，还是不得不引入一些类，并对每个方法的每次调用都进行调用日志记录。显而易见，由于大量无意义的日志记录，这个应用程序很难调试。因为有很多的冗余代码，也令人难懂。由于层间的依赖关系，修改起来也很难。

第 13 章 组件和依赖管理

> 使用组件开发并不一定非要使用N层架构。也就是说，可以通过寻找合理抽象把逻辑放到具有良好封装性的模块中。分层架构是有用的方法（即使N层），但它不是组件开发的同意词。
>
> 另一方面，如果组件并没有自然而然地显示出分层的特点，就不应该用分层来定义组件。如果你在使用分层架构，那么就不要为每层创建一个组件。每层都应该由几个组件组成，而且某个组件有可能会被多层所用。基于组件的设计与分层是正交关系。

最后，值得注意的是康威法则（Conway's Law），即"设计系统的组织不可避免地要产生与其组织的沟通结构一样的设计"。[①]例如，开源项目的开发人员只通过电子邮件来交流，所以，项目代码更趋向于较少接口的模块化特点。由都坐在一起的小团队开发出来的产品更趋向于紧耦合、非模块化特点[②]。请细心地考虑如何组建开发团队，因为它会影响应用程序的架构。

如果代码库很大且是铁板一块，那么，能将其解耦成组件的一种方法是使用本章前面提到的"通过抽象来模拟分支"技术。

13.4.2 将组件流水线化

即使应用程序是由多个组件构成的，也并不是说一定要为每个组件实现各自的构建。最简单而且是很令人吃惊的方法就是整个应用程序只有一个构建流水线。每次提交修改时，就应该构建并测试整个应用。在大多数情况下，我们建议将整个软件系统作为一个整体来构建，除非是反馈过程太长。如前所述，假如你遵守了我们在本书中的建议，你会发现自己完全有能力用这种方法构建一个超大且复杂的系统。这种方法的优点是，很容易追踪到底是哪一行代码破坏了构建。

然而，在很多现实场景下，系统会受益于将其分成多个不同的构建流水线。下面是几个使用多构建流水线的情况。

- 应用程序的某些组成部分有不同的生命周期（比如作为应用程序的一部分，你构建自己的操作系统内核版本，但是几个星期才需要做一次）。
- 应用程序的几个功能领域由不同的（很可能是分布式的）团队负责，那么这些团队可能会有自己的组件。
- 某些组件使用不同的技术或构建流程。
- 某些共享组件被不同的几个项目所用。
- 组件相对稳定，不需要频繁修改。

[①] Melvin E. Conway, *How Do Committees Invent*, Datamation 14:5:28-31。

[②] MacCormack, Rusnak, Baldwin, *Exploring the Duality between Product and Organizational Architectures: A Test of the Mirroring Hypothesis*, Harvard Business School。[8XYofQ]

❏ 全面构建整个应用程序所花时间太长,但为每个组件创建一个构建会更快(需要注意的是,有必要这么做的时间点要比大多数人想的晚得多)。

从构建和部署流程的角度来说,一件重要的事情是,管理基于组件的构建总要有一些额外的开销。为了将单一构建分成几个构建,你要为每个组件创建一个构建系统。也就是说,每个部署流水线都可能需要新的目录结构和构建文件,而且它们要遵循整个系统的同一模式。这意味着,每个构建的目录结构都应该包含单元测试、验收测试及它们所依赖的库文件、构建脚本、配置信息和其他需要放到版本库中的东西。每个组件或者组件集合的构建都应该有自己的构建流水线来证明它满足发布条件。这个流水线会执行下列步骤。

❏ 编译代码(如果需要的话)。
❏ 组装一个或多个二进制文件,它们能够部署到任意环境[①]中。
❏ 运行单元测试。
❏ 运行验收测试。
❏ 如果合适的话,还要进行手工测试。

对于一个完整的系统,这个流程确保你尽早得到关于"每次变更的可行性"的反馈。

一旦二进制包成功通过它自身的迷你发布流程,就可以晋升到集成构建了(详细内容请参见下一节)。你需要将这个二进制包(以及能标识该二进制包来源的版本信息元数据)放在到一个制品库中。尽管你可以自己做这事儿,只需将产生该二进制包的流水线标识作为目录名就能办到了,但是,现在的CI服务器可以替你完成这种事。另一种方式是使用Artifactory、Nexus或其他的制品库管理工具。

请注意,我们并没有强调要为每个DLL或JAR创建一个流水线。这也是为什么我们在前面反复说"组件或组件集合"的原因。一个组件可能由几个二进制包组成。一般的指导原则是:应该尽量将需要管理的构建数量最少化。一个优于两个,两个优于三个,以此类推。持续优化构建,让它更高效,尽可能保持单一流水线,只有当效率太低而无法忍受时,才使用并行流水线方式。

13.4.3 集成流水线

集成流水线的起点是:从所有组件流水线中得到组成该应用系统的二进制包。集成流水线的第一个阶段应该是将这些二进制文件组装在一起,创建一个(也许是多个[②])部署安装包。第二个阶段应该将其部署到一个类生产环境中,并在其上运行冒烟测试,快速验证是否有最基本的集成问题。如果这个阶段成功了,那么流水线就应该进入到常规的验收测试阶段,以通常的方式来运行整个应用的验收测试,图13-1是一个常见的

---
① 比如开发环境、测试环境、试运行环境和生产环境等。——译者注
② 比如,针对不同的操作系统,生成不同的安装包。——译者注

流水线阶段图。

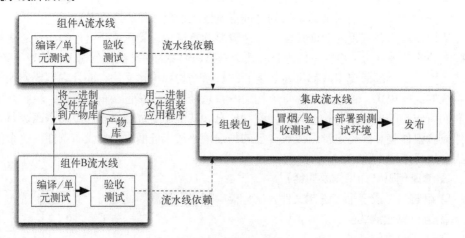

图13-1 集成流水线

当创建集成流水线时，需要牢记部署流水线的两个通用原则：快速反馈和为所有相关角色提供构建状态可视化。如果流水线或流水线链太长的话，会让反馈时间变长。如果你恰好遇到了这种情况，并且你有足够多的硬件环境的话，一种解决方案是，在生成了二进制文件并通过单元测试之后就立即触发下游的流水线。

对于可视化而言，如果集成流水线的任何一个阶段失败了，都应该能够明确地看到它为什么失败。也就是说，能够从集成构建反向追踪到组成该构建的每个组件的具体版本，这是非常关键的。对于"能否发现到底是哪些源代码变更令某次构建失败"而言，维护这种关系就显得非常重要了。现代CI工具应该为你提供这种功能。如果它不能的话，你就应该再找一个可以做到这一点的CI工具。它应该在几分钟内就能追溯到集成流水线失败的原因。

当然，在与其他组件组成一个完整的应用程序时，并不是每个"独自构建成功的个体组件"都是好的。因此，开发某个组件的团队应该可以看到他们的组件到底哪个版本成功通过了集成流水线（此时才可以说这个集成是好的）。事实上，也只有这样版本的组件才能被认为是"好的"。集成流水线是每个个体组件流水线的扩展。所以双方向的可视化是非常重要的。

如果在集成流水线的两次构建之间，有多个组件发生了变化，该构建很可能就会失败。此时，问题就复杂了，因为很难发现到底是哪个组件的变更让构建失败了，自上次成功的构建后很可能做过很多修改。

有几种不同的技术来解决这个问题，接下来我们就来讨论一下。最简单的方法是每当任何一个组件构建成功后就触发集成流水线的构建。如果组件变化的频率不高，或者在构建集群中你有足够多的计算能力，你就可以这么做。这也是最佳方法，因为它不需要人工干预或聪明的算法，而且相对于人力资源的话，计算资源更便宜。所以，如果条件允许,你就这么做好了。

第二个最佳方法是对尽可能多的应用程序版本进行构建。你可以使用相对简单的算法,比如拿到每个组件的最近一个版本,尽可能频繁地将它们组装在一起。如果这种做法足够快的话,在每次组装后都能运行并完成一个较短的冒烟测试套件。假如冒烟测试套件的时间稍长,有可能就会跳过一个版本,在第三个版本上运行测试了。

之后,可以通过某种手工方式来选择这些组件的特定版本,然后通知CI服务器:"将这些版本的组件放在一起,运行一下集成流水线。"有些CI工具支持这种做法。

13.5 管理依赖关系图

对依赖进行版本管理是至关重要的,包括库和组件的依赖。如果没做版本依赖管理,你就无法重现构建。也就是说,当应用程序因为某个依赖的变更而导致问题时,你无法追溯并发现是哪个变更令其失败,或者无法找到库文件的最后一个"好"版本。

在前一节中,我们讨论了一个组件集(每个组件有其自己的部署流水线)汇集到一个集成流水线,这个集成流水线对应用程序进行组装,并在其上运行自动化和手工测试。然而,事情并不总是这么简单:组件本身对其他组件也可能有依赖,比如第三方库文件。如果在组件之间画一个依赖关系图的话,它应该是一个DAG(Directed Acyclic Graph,有向无环图)。如果不是的话(尤其是图中有循环的),你就遇上了病态依赖关系了,后面会简单讨论一下。

13.5.1 构建依赖图

首先,考虑如何构建依赖图是很重要的。比如,图13-2中的一套组件。

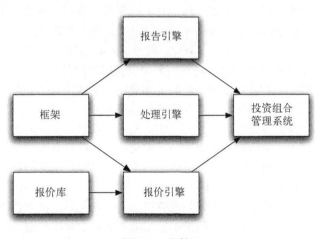

图13-2 依赖图

第13章　组件和依赖管理

投资组合管理系统依赖于报价引擎、处理引擎和报告引擎。而这些都依赖于框架。报价引擎依赖于CDS（Credit Default Swap）库，它是第三方提供的。图13-2中，我们将在左侧的组件称为"上游"依赖，而在右侧的组件称为"下游"依赖。所以，报价引擎有两个上游依赖，即CDS报价库和框架，以及一个下游依赖，即投资组合管理系统。

每个组件都应该有自己的构建流水线，当其源代码被修改时或者上游依赖有变化时都应该触发它的构建流水线。当该组件成功通过它自己的所有自动化测试时，就应该触发下游依赖。在为这种状况下的组件构建依赖图时，需要考虑以下几种可能的场景。

(1) 对投资组合管理系统做修改。此时，只有投资组合管理系统需要重新构建。

(2) 对报告引擎做修改。此时，报告引擎必须重新构建，并通过它自己的所有自动化测试。然后，需要使用报告引擎的最新版本与报价及处理引擎的当前版本重新构建投资组合管理系统。

(3) 对报价库做修改。CDS报价库是第三方的二进制依赖。所以，如果使用的CDS更新后，报价引擎需要使用这个新版本和框架的当前版本重新构建。然后再触发投资组合管理系统的重新构建。

(4) 对框架做修改。如果对框架进行了成功修改，即框架流水线通过了所有测试，那么它的下游依赖应该立即进行重新构建：报告引擎、报价引擎和处理引擎。如果这三个依赖的构建都成功了，那么就要用这三个上游依赖的新版本对投资组合管理系统进行重新构建。如果这三个组件中的任何一个构建失败，投资组合管理系统就不应该重新构建，而且应该把这次框架的构建结果视为失败，并对框架进行修复，以便这三个下游组件能够通过它们各自的测试，最终让投资组合管理系统的流水线成功通过。

在这个例子中，有一个非常重要的点，那就是场景(4)。看上去，在投资组合管理系统的三个上游组件之间好像需要一种"与"的关系。然而，事实并不是这样的。如果报告引擎的源代码被修改了，就应该触发对投资组合管理系统的重新构建，无论报价引擎或处理引擎是否重新构建了。另外，考虑下面的场景。

(5) 对框架和报价引擎做修改。此时，整个关系图都需要重新构建。但是可能会有多个产出，每个产出物都有其动因。顺利的构建路径是使用这个新版本的框架和CDS报价库的三个中间组件都顺利通过了各自的构建流水线。但是，如果处理引擎失败了怎么办？很明显，投资组合管理系统就不应该使用框架的这个新的但有问题版本来构建。然而，你也许很想使用报价引擎的新版本来构建投资组合管理系统，而报价引擎的新版本应该是使用新版本的CDS报价库和旧版本（好的）框架构建的。现在你遇到问题了，因为这个新版本的报价库根本没有生成。

在这些情况下，最重要的约束就是投资组合管理系统只应该依赖框架的一个版本进行构建。我们最不想看到的是：报价引擎用框架的某个版本构建，而处理引擎却用框架的另一个版本构建。这是一个典型的"菱形依赖"问题。这与本章前面提到的运行时"依赖地狱"问题相似，是构建时的"依赖地狱"。

13.5.2 为依赖图建立流水线

那么，基于上述的项目结构，如何组建部署流水线呢？这个部署流水线的关键元素是：若有任何问题，团队必须尽快得到反馈，同时，我们还要遵从上面描述的构建依赖规则。我们的方法如图13-3所示。

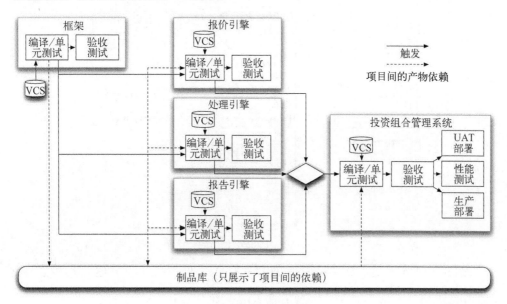

图13-3 组件流水线

有几个非常重要的特性。首先，为了增加反馈的速度，一旦任何一个项目部署流水线的提交阶段完成了，就要触发下游的项目，并不需要等待验收测试全部通过，只要下游项目所需的二进制文件已经产生就行了。这些二进制文件产生之后就被放到了制品库中。当然，后续的验收测试和各种部署阶段会重用这些二进制文件（为了避免太过零乱，图13-3中并没有画出来）。

除了向手工测试环境和生产环境部署以外，其他的触发都是自动的，因为这两个环境通常需要手工授权操作。这些自动化触发使任何变更（比如对框架）都会触发报价引擎、处理引擎和报告引擎的构建。如果这三个组件都使用新版本的框架构建成功了，投资组合管理系统就会用上游所有组件的新版本进行重新构建。

团队要能够追踪在应用程序的某个具体版本中每个组件的源是什么，这一点是非常关键的。一个好的持续集成工具不仅可以做到这一点，还应该能够展示它是由哪些组件的哪个版本集成在一起的。比如在图13-4中，可以看到投资组合管理系统的V2.0.63是由报价引擎的V1.0.217和处理引擎的V2.0.11，以及报告引擎的V1.5.5和框架的V1.3.2396组成的。

第 13 章 组件和依赖管理

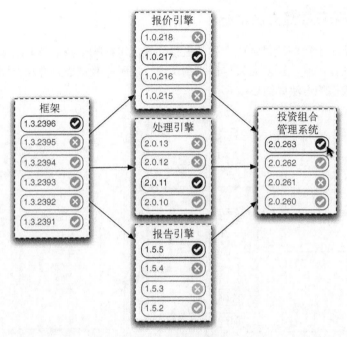

图13-4 上游依赖图例

图13-5中展示了到底哪些下游组件使用框架的V1.3.2394进行了构建。

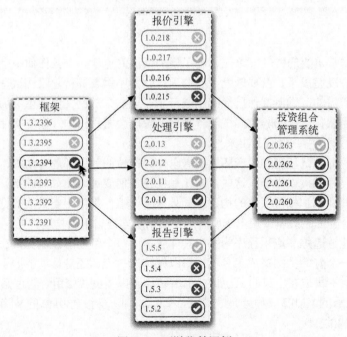

图13-5 下游依赖图例

持续集成工具还要确保在每个流水线实例中，从前到后每个组件所有的版本都是一致的。它应该防止"依赖地狱"这样的事，并确保当版本控制库中的某次变更影响到多个组件时，它只能通过流水线传播（propatage）一次。

在本章开始时给出的关于增量式开发的建议对组件也同样适用。要以增量方式进行修改，且不要破坏依赖。当增加新功能时，在被修改的组件中为它提供一个新的API入口。如果不想支持旧的功能，就把静态分析放在部署流水线中，用来检查哪些组件还在使用旧的API。流水线应该很快就会告诉你，某次修改是否不小心破坏了某个依赖。

如果你要对某个组件做一个深远的变更，那么可以为它创建一个新的发布版本。在图13-6中，我们假设开发报告引擎的团队需要创建一个新版本，会破坏一些API。为了做到这一点，他们为其创建了一个分支V1.0，并在主干上开发V1.1。

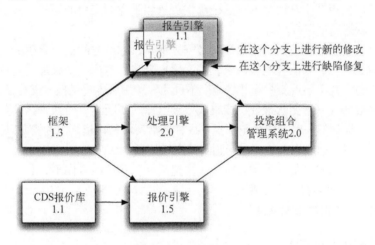

图13-6　组件的分支

报价引擎团队会在主干上不断增加新功能。与此同时，报价引擎的下游用户仍旧可以用1.0分支上创建的二进制文件。如果需要修复缺陷，可以提交到1.0分支上，再合并回主干。一旦下游用户准备好使用新版本了，就可以切换过来。需要澄清的是，"按发布创建分支"模式仍旧需要承担推迟集成的后果。因此，就持续集成而言，它是次优选择。然而，如果组件（至少应该）是松耦合的，那么延迟集成的痛苦会更加可控一些。所以，当管理组件出现更复杂的变化时，这是一个非常有用的策略。

13.5.3　什么时候要触发构建

上面的所有讨论都有一个假设，即只要上游依赖发生变更就触发一次新的构建。这是正确的做法，但在很多团队中这并不是标准做法。相反，他们更倾向于在代码库稳定后（比如集成阶段或开发到达某个里程碑时），才更新它们的依赖。这种行为强调稳定，但潜在风险成本是在集成时花更多的时间。

由此可以看出，在开发过程中涉及依赖的地方都会存在一种张力。一方面，最好是保持与上游依赖最新的版本一致，以确保得到最新的功能和已修复的缺陷。而另一方面，集成每个依赖的最新版本会有一定的成本，因为要花时间来修复这些新版本带来的破坏。大多数团队会妥协，当更新的风险比较低时，在每次发布之后才更新所有依赖。

当决定更新依赖的频率时，一个关键的考虑是：对这些依赖的新版本的信任度有多高。如果你所依赖的组件也是你的团队自己开发的，通常你能快速且简单地修复由于API变更引起的问题，这样，频繁集成是最好的。如果组件足够小，最好就让整个应用只有一个构建——这样才反馈最快。

假如上游依赖组件是由你所在公司的其他团队开发的，那么最好这些组件有它们各自的流水线。然后，你可以再判断并决定是使用上游依赖组件每次变更后的最新版本，还是仍旧使用某个具体版本。这个决定既依赖于它们变化的频率，又依赖于上游团队解决问题的速度。

你对组件变更的掌控性、可视性和影响力越少，你对它的信任就越少，你接受新版本时就越保守。如果没有明显需求，就不要更新第三方库。如果那些变更并没解决你遇到的问题，就不要更新，除非供应商不再为你所用版本提供技术支持了。

在大多数情况下，团队最好持续集成依赖组件的新版本。当然，持续更新所有依赖组件，成本会更高一些，比如花费到集成（包括硬件和构建）上的资源以及修复bug或集成"未完成"版本引入的一些问题所带来的消耗。

你要在"应用程序集成时是否得到了快速反馈"和"很多你不关心的失败构建不断地打扰你"之间寻找一个平衡点。一个可能的解决方案是Alex Chaffee的一篇文章[d6tguh]提到的"谨慎乐观主义"。

13.5.4 谨慎乐观主义

Chaffee的建议是，在依赖图中引入一些新的触发类型，即某个上游依赖的触发类型包括"静止"（static）、"慎用"（guarded）和"活跃"（fluid）。"静止类型"的上游依赖发生变化后，不会触发新的构建。"活跃类型"的上游依赖发生变化后就一定会触发新的构建。如果某个"活跃类型"的上游依赖发生变更后触发了构建，并且这次构建失败了，那么就把上游依赖标记为"慎用类型"，并且将这个上游依赖的上一次成功的组件版本被标记为"好版本"。"慎用类型"的上游依赖可以按"静态类型"那样来使用，即它不会再拿上游依赖的最新修改①，而这个状态的目的是提醒开发团队，这个上游依赖需要解决某个问题。

这样，我们既有效表明了不想对哪个依赖做持续更新，也确保了应用程序一直是"成功的"（green），即构建系统会自动去除因上游依赖有问题的新版本导致的失败。

让我们来看看图13-7中的依赖关系吧。我们将CDS报价库和报价引擎之间的依赖设

---

① 而是使用那个标记为"好版本"。——译者注

置为"活跃类型"触发,而将框架和报价引擎之间的依赖设置为"静止类型"触发。

想象一下下面这种场景,CDS报价库和框架都更新了。新版本的框架被忽略,因为报价引擎和框架之间的触发器类型是"静止类型"。然而,新版本的CDS报价库会触发报价引擎的构建,因为它的触发器类型是"活跃类型"。假如报价引擎的新版本失败了,触发类型就变为"慎用类型",后续CDS报价库的变更也不会触发它的新构建。假如报价引擎的这次构建是成功了,这个触发就仍旧是"活跃类型"。

然而,"谨慎乐观主义"可能导致复杂的行为。比如,将框架和报价引擎之间的触发类型设置为"活跃类型",与CDS报价库一样。当CDS报价库和框架都更新以后,报价引擎就会有一次构建。如果报价引擎失败了,你就不知道到底是哪个依赖使这次构建失败了。是新版本的CDS报价库呢?还是框架的新版本呢?你就需要不断试验,找出到底是哪个。与此同时,这两个触发类型都变成了"慎用类型"。Chaffee提到,可以使用一种称作"告知悲观主义"(informed pessimism)的策略作为实现依赖追溯算法的起点。在这种策略中,每个触发都被设为"静止"的,但当上游依赖的某个新版本有效时,下游组件的开发团队会得到相应的通知。

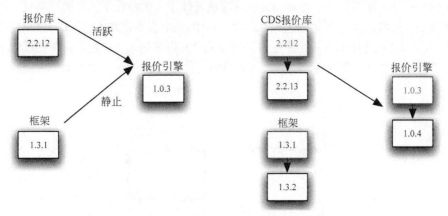

图13-7 谨慎乐观主义的触发方式

用Apache Gump管理依赖

在Java世界中,Apache Gump可以说是第一个依赖管理工具。它在Apache的Java项目早期被创建,当时很多工具(Xerces、Xalan、Ant、Avalon、Cocoon,等等)都相互依赖于彼此的不同版本。使用这些工具的开发人员需要找到一种方法来确定到底使用这些工具的哪个版本,以便让他们的应用程序可以运行起来,而这个方法通常就是使用类路径的巧妙设置来完成的。Gump的目标就是在构建时自动生成脚本来控制类路径,以便开发人员可以试着用这些依赖包的不同版本找到一个可用的构建。它为这些项目的构建稳定性作出了巨大贡献,尽管实际上它需要花很多时间为构建设定参数。可以在[9CpgMi]里了解Gump的更多历史,虽然不长,但很有意思。

当Java项目中的很多组件成为标准的Java API时，Gump就过时了，而其他工具，比如Ant和Commons，都是向后兼容的，因此通常不再需要安装多个不同的版本。这本身就是非常有意义的一课：保持较浅的依赖关系图，尽最大努力确保向后兼容（backwards compatibility），用在本节所述的方法——以某种方式对构建时的组件关系图进行强力的回归测试——来帮助你达成这一目标。

13.5.5 循环依赖

最糟糕的依赖问题可能就是循环依赖了，即依赖图中包含循环。最简单的例子就是你有一个组件A，它依赖于另一个组件B。不幸的是，组件B反过来也依赖于组件A。

这可能会导致致命的引导问题。为了构建组件A，就需要构建组件B，同时为了构建组件B，也需要组件A，等等。

令人惊奇的是，我们的确看到过这么做而且成功了的项目，在它的构建系统中的确存在循环依赖。你可能会对我们这里所说的"成功"提出质疑，但这些代码的确可以在生产环境中正常工作，对我们来说，这就足够了。关键在于，不要在项目一开始时就有循环依赖，这会导致蔓延。要是用组件A的某个版本来构建组件B，再用这个组件B再反过来构建组件A的一个新版本，这是完全可以做到的。但是，如果能够避免的话，我们还是建议不要这么做。因为这会导致一种"构建阶梯"，如图13-8所示。

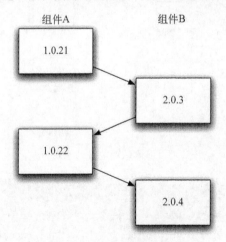

图13-8　循环依赖构建阶梯

只要A和B两个组件同时存在的话，运行时就不会出问题。

如前所述，我们不建议使用循环依赖。但是，如果你已经陷入其中，并且无法避免的话，那么上面所说的策略还是可行的。目前还没有哪种构建系统直接支持这种配置方式，所以你要自己打造一个工具来支持这种情况。另外，你还要非常小心地处理构建过程中各部分的交互关系：如果每个组件都自动触发依赖于它的组件的构建，由于是个死循环，所以这两个组件就会一直不断地做构建，不会停下来。一定要尽量避免循环依赖，但假如你发现你正在使用的代码库中有循环依赖，也别气馁，在完全解决这个问题之前，可以把"构建阶梯"作为一个临时解决方案。

13.6 管理二进制包

我们花了相当多的笔墨讨论如何为组件化应用程序组织构建系统，还描述了如何为每个组件创建部署流水线，以及当一个组件变更时，触发下游组件流水线的策略有哪些，如何做组件分支。但是，我们还没有讨论基于组件的构建如何管理二进制包。这是非常重要的，因为在大多数情况下，每个组件都应该生成二进制包，而不是在源代码级的组件依赖。接下来，我们就讨论这个问题。

首先，我们会讨论制品库背后所反映的通用原则。然后描述如何使用文件系统来管理二进制包。接下来描述如何使用Maven管理依赖。

你不必自己管理制品库。目前市场上有几种相关的产品，包括开源项目Artifactory和Nexus。另外还有几种工具，比如AntHill Pro和Go就有它们自己的制品库。

13.6.1 制品库是如何运作的

制品库的最重要特性就是，它不应该包含那些无法重现的产物。你应该能删除制品库，却不必担心无法找回有价值的内容。为了达到这一点，版本控制系统就要包含重建这些二进制包所需的所有内容，包括自动化构建脚本。

为什么要删除二进制产物呢？因为这些产物很大（即使现在不大，将来也会变得很大）。考虑到存储空间，你最终也需要删除它们。因此，我们不建议将产物提交到版本控制库中。如果能重新生成它们，就不需要它们。当然，将已通过所有测试的这些产物和待发布的候选版本保存下来是非常值得的。已经发布过的东西也值得保存，因为可能会回滚到前面的版本，或都需要对使旧版本的用户提供一些技术支持。

无论这些产物能保存多长时间，都应该一直保存每个产物的散列值，以便可以验证生成二进制包的源代码是否正确。对于审计来说，这是非常重要的。比如，当你不确定某个具体环境中到底部署了哪个版本的应用程序时，可以使用该版本的MD5码找出版本库中对应的版本。你既可以使用构建系统来保存数据（一些持续集成服务器提供了这个功能），也可以使用版本控制系统。但无论怎样，管理散列码是配置管理策略的一部分。

最简单的制品库是磁盘上的一个目录结构。一般来说，这个目录结构会放在RAID或SAN上，因为什么时候丢弃产物，应该由你来决定，而不是由于某人对硬件误操作的结果。

在这个目录结构中，最重要的约束就是它应该能将一个二进制文件关联到版本控制库中生成该文件的某个源代码版本上。一般来说，构建系统会为每个构建生成一个

第 13 章 组件和依赖管理

标识，通常是个序号。这个标识应该比较短，这样在与他人沟通时就很容易记住。它可能还要包含版本控制库中该版本的唯一标识（假设你没用像Git或Mercurile这样的工具，这些工具使用散列值作为标识）。这个标识就可以放在该二进制产物（例如JAR文件或.NET程序集）的描述文件manifest中。

为每个流水线创建一个目录。在该目录中，为每个构建号创建一个与之对应的子目录。从该构建中产生的所有产物都放在该子目录中。

为了更全面，可以再多做一点儿工作，即增加一个索引文件，将状态与该构建相关联。这样当每次代码变更在该流水线上进行构建时，你就可以记录它所处的阶段和状态了。

如果不想用共享目录这种方式来管理制品库，那么也可以使用一个Web服务来存取这些产物。然而，如果这么做，建议考虑使用某种开源或商业化产品，市面上这种产品很多。

13.6.2 部署流水线如何与制品库相结合

实现部署流水线需要做两件事：一是将构建过程中的产物放到制品库里；二是以后需要时把它取出来。

设想一下，某个流水线包括以下阶段：编译、单元测试、自动化验收测试、手工验收测试和生产环境部署。

- 编译阶段会创建需要放到制品库的二进制文件。
- 单元测试和验收测试阶段会取出这些二进制文件，并在其上运行单元测试和验收测试[①]，将生成的测试报告放到制品库中，以便开发人员查看结果。
- 用户验收测试阶段是将二进制文件部署到 UAT 环境中，用于手工测试。
- 发布阶段是取出二进制文件，将其发布给用户或部署到生产环境中。

随着候选发布版本在流水线中的进展，每个阶段的成功或失败都记录到索引文件中。流水线的后续阶段依赖于该文件中的状态记录，即只有已经通过验收测试的二进制文件才能用于手工测试和后续阶段。

从制品库中存取产物有几种选择。可以把它们放在一个共享文件系统中，使每个环境（构建或部署）都可以访问它。这样，部署脚本中就可引用该文件系统中的路径。另外，也可以使用如Nexus或Artifactory这样的管理工具。

13.7 用 Maven 管理依赖

Maven是Java项目使用的一种可扩展的构建管理工具。尤其是，它为依赖管理提供了一个全面机制。即使不喜欢Maven的其他功能，也可以单独使用它强大的依赖管理功能。另外，还可以使用Ivy，它只做依赖管理，没有像Maven那样的构建管理功能。如

[①] 原文遗漏了验收测试。——译者注

13.7 用 Maven 管理依赖

果不使用Java，那么可以跳过这一节，除非你想知道Maven是如何解决依赖管理问题的。

如前所述，项目中有两种依赖：外部库依赖（参见13.3.2节），以及应用程序的组件间依赖。Maven提供一种抽象，可以用同一种方式处理这两种依赖。所有的Maven领域对象，比如项目、依赖和插件，都能由一组元素来标识，它们是`groupId`、`artifactId`和`version`（有时这个三元组简称为GAV）。这三个元素唯一标识一个对象，还有`packaging`。一般以下面的格式书写，在Buildr中也是这么声明的：

```
groupId:artifactId:packaging:version
```

比如，当项目依赖于Commons Collections 3.2时，可以按如下格式描述依赖：

```
commons-collections:commons-collections:jar:3.2
```

Maven社区维护了一个镜像库，包含了大量常见的开源库及其相关的元数据（包括传递依赖）。这些库几乎涵盖了任何项目中可能用到的开源库。如果声明依赖于Maven库中的一个库文件，那么当构建项目时，Maven就会自动下载它。

使用一个名为pom.xml的文件在Maven中声明一个项目，如下所示：

```xml
<project>
  <modelVersion>4.0.0</modelVersion>
  <groupId>com.continuousdelivery</groupId>
  <artifactId>parent</artifactId>
  <packaging>jar</packaging>
  <version>1.0.0</version>
  <name>demo</name>
  <url>http://maven.apache.org</url>
  <dependencies>
    <dependency>
      <groupId>junit</groupId>
      <artifactId>junit</artifactId>
      <version>3.8.1</version>
      <scope>test</scope>
    </dependency>
    <dependency>
      <groupId>commons-collections</groupId>
      <artifactId>commons-collections</artifactId>
      <version>3.2</version>
    </dependency>
  </dependencies>
</project>
```

当构建此项目时，JUnit的V3.8.1和Commons Collections的V3.2就会被下载到本地的Maven库中，位置在~/.m2/repository/<groupId>/<artifactId>/<version>/。本地Maven库服务有两个用途：它是项目依赖的一个缓存，也是Maven存储项目构建产物的地点（稍后会有详细的讲述）。注意，也可以指定依赖的范围：`test`是指依赖只在测试编译和组装时有效。其他可以使用的范围选项还包括：`runtime`是指编译时不需要的依赖，`provided`是指编译时需要用到且在运行时才提供的库，`compile`（默认值）是编译时和运行时都需要的依赖。

也可以指定版本范围，比如[1.0,2.0)，它表示1.x的任意版本。圆括号表示不包含边界值，方括号表示包含边界值。左右都可以使用，如[2.0,)表示任意一个高于V2.0的版本。然而，当选择版本时，即使想给Maven一点自由，也最好指定上边界，避免项目因取到最新的版本，而破坏了应用程序。

该项目也会创建自己的产物（一个JAR文件），并被保存到你在pom.xml中指定的本地库中。在上面的例子中，运行命令mvn install会在本地Maven制品库中生成一个目录：~/.m2/repository/com/continuousdelivery/parent/1.0.0/。由于我们已经选择了打包类型JAR，Maven会将代码打包成一个名为parent-1.0.0.jar的文件，并将其安放到这个目录中。我们本地运行的其他项目就都能通过指定它的标识组作为一个依赖来访问这个JAR文件。Maven也会安装一个修改过的pom放到同一个目录中，它包含依赖信息，以便Maven能正确处理传递依赖。

有时你并不想每次运行mvn install后都覆盖上次运行的产物。为了做到这一点，Maven提供了快照构建（snapshot build）的概念。只要在版本后面增加了-SNAPSHOT的后缀（在上面的例子中，它就是1.0.0-SNAPSHOT）。当运行mvn install时，在该版本号的目录中，Maven会创建名为version-yyyymmdd-hhmmss-n的目录。需要这个快照的项目就可以仅指定1.0.0-SNAPSHOT（而不是完整的时间戳）取到本地库中的最新版本。①

然而，使用快照时，你要当心点儿，因为这种方式让重现构建（reproducing build）更难了。较好的办法是让持续集成服务器生成一个权威版本，并把构建号作为该产物版本号的一部分，然后把它放到组织级的中央制品库里。然后，你就可以使用pom文件中Maven的版本设定方式来指定可使用的版本范围。如果的确需要在本地机器上做一些探索性的工作，那么可以临时修改一下本地的pom文件来使用快照方式。

本节只能讲解一下Maven的基本用法。特别要指出的是，我们并没讨论关于本地代码库的相关事宜。如果想在组织级做依赖管理，或者用Maven的方式做组件化构建的多模块项目的话，本地代码库管理这件事非常重要。然而，尽管非常重要，但这并不是本章的重点。如果你对Maven感兴趣的话，建议你看Sonatype写的*Maven: The Definitive Guide*，由O'Reilly出版社出版。在这里，我们想讨论一下在Maven中你可以做的一些基本依赖重构。

Maven 依赖重构

比如，很多项目使用了同一组依赖。如果你只想一次定义好产物的版本，你可以定义一个父项目（parent project），它包含所有需要使用的产物版本。利用上面提到的POM定义，把<dependency Management>包在<dependencies>里面就可以了。之

---

① 本地代码库会周期性地从远程代码库中更新。虽然可以将快照（snapshot）保存在远程代码库中，但这不是个好主意。

后，可以定义一个子项目，如下所示：

```xml
<project>
  <modelVersion>4.0.0</modelVersion>
  <parent>
    <groupId>com.continuousdelivery</groupId>
    <artifactId>parent</artifactId>
    <version>1.0.0</version>
  </parent>
  <artifactId>simple</artifactId>
  <packaging>jar</packaging>
  <version>1.0-SNAPSHOT</version>
  <name>demo</name>
  <url>http://maven.apache.org</url>
  <dependencies>
    <dependency>
      <groupId>junit</groupId>
      <artifactId>junit</artifactId>
      <scope>test</scope>
    </dependency>
    <dependency>
      <groupId>commons-collections</groupId>
      <artifactId>commons-collections</artifactId>
    </dependency>
  </dependencies>
</project>
```

这样就可以使用父项目中所定义的那些依赖了。注意，这里的 `junit` 和 `commons-collections` 都没有指定具体的版本。

也可以重构 Maven 的构建，移除重复的公共依赖。不必创建一个 JAR 作为它的最终产品，可以让 Maven 项目创建一个 pom，供其他项目引用。在第一个代码列表（有 `artifactId` 父结点）中，你可以将 `<packaging>` 的值修改为 pom，而不是 jar。你可以在任意一个想使用这个依赖的项目中声明关于这个 pom 的依赖，如下所示：

```xml
<project>
  ...
  <dependencies>
    ...
    <dependency>
      <groupId>com.thoughtworks.golive</groupId>
      <artifactId>parent</artifactId>
      <version>1.0</version>
      <type>pom</type>
    </dependency>
  </dependencies>
</project>
```

Maven 有一个非常有用的特性，就是它能分析项目中的依赖，并告诉你哪些是未清晰定义的依赖，哪些是没有用的依赖。只要运行命令 `mvn dependency:analyze` 即可得到这个报告。更多的 Maven 依赖管理请见[cxy9dm]。

13.8 小结

本章讨论了既能让应用程序一直处于可发布状态，又能尽可能让团队高效开发的技术。原则就是确保团队尽快得到代码修改后所产生的影响。达到这一目标的一种策略就是确保将每次修改都分解成小且增量式的步骤，并小步提交。还有一种策略是将应用程序分解成多个组件。

将应用程序分解成一组松耦合且具有良好封闭性的协作组件不只是一种好的设计。而且，对于一个大系统的开发来说，还可以提高工作效率，得到更快的反馈。直到应用程序变得足够大时，才需要对组件进行分别构建。最简单的做法是在部署流水线的第一个阶段就构建整个系统。如果你的精力集中在高效的提交构建和快速的单元测试，以及为验收测试提供了一个构建网格之上的话，你的项目就可能变得比你想象的还要大。对于一个由20个人组成且大家一起工作了几年的团队来说，虽然在开发的应用程序应该分成几个组件，但应该不需要创建多个构建流水线。

一旦你超过这一限制，组件化、基于依赖的构建流水线和有效的产物管理就是高效交付和快速反馈的关键了。本章所述方法的优越性就在于它是建立在组件化设计这个最佳实践基础之上的。这种方法避免了复杂分支策略的使用，因为复杂分支策略通常会导致在应用程序集成时出现严重问题。当然，这依赖于应用程序要有良好设计，只有这样才能使用组件化构建方式。不幸的是，我们看到很多大型应用程序无法按这种方式很容易地进行组件化。也很难将它改造成一种既容易修改又容易集成的状态。因此，你一定要使用一系列有效的技术手段写出好的代码，以便使它在变得很大时能够被构建成一组相对独立的组件。

第 14 章

版本控制进阶

14.1 引言

版本控制系统（也叫源文件控制或修订控制系统）用于维护应用程序每次修改的完整历史，包括源代码、文档、数据库定义、构建脚本和测试，等等。然而，它也有另一个重要的用途，让团队一起开发应用程序的不同部分，同时维护系统记录，即应用程序的权威代码基。

一旦团队人数超过一定数量，就很难让所有人全职工作在同一个版本控制代码库上了。大家会因失误破坏彼此的功能，还通常会有一些小冲突。所以，本章的主要内容是考查团队如何使用版本控制更加高效地工作。

我们先讲一点儿历史，然后再讨论版本控制中最有争议的主题：分支与合并。之后会讨论一些现代经典范例，使用它们可以避免传统工具的一些问题：基于流的版本控制和分布式版本控制。最后，讲述正确使用分支的一组模式，以及在哪些情况下避免这些模式。

本章会花很多笔墨讨论分支与合并。我们需要好好想想，这与我们讨论了很久的部署流水线有什么关系。部署流水线是一种经典解决方案，它以一种可控的方式使代码从签入环节一直走到生产环境。然而，在大型软件系统中，你会遇到三个自由度，它只是其中之一。本章和前一章则解决了另外两个维度：分支和依赖。

分支的理由有三种。第一，为了发布应用程序的一个新版本，需要创建一个分支。这使开发人员能够不断开发新功能，而不会影响稳定地对外发布版本。当发现bug时，首先在相应的对外发布分支上修复，然后再把补丁合并到主干上。而该发布分支从来不会合并回主干。第二，当需要调研一个新功能或做一次重构时——调研分支最终会被丢弃并且从来不会被合并回主干。第三，当需要对应用程序做比较大的修改，但又无法使用上一章所描述的办法来避免分支时，也可以使用生命周期较短的分支（其实，如果代码基结构良好的话，这种情况也很少见）。分支的唯一目的就是可以对代码进行增量式或"通过抽象来模拟分支"方式的修改。

14.2 版本控制的历史

所有版本控制系统的鼻祖都是SCCS，是由贝尔实验室的Marc J. Rochkind在1972年写的。目前在用的大多数知名开源版本控制系统都是从它演化而来，比如RCS、CVS和Subversion[①]。当然，市场上有很多种商业工具，每个工具都用各自的方法帮助软件开发者管理协作。其中最流行的工具是Perforce、StarTeam、ClearCase、AccuRev和微软的Team Foundation System。

版本控制系统的演变速度并没有减慢，现在的趋势是DVCS（Distributed Version Control System，分布式版本控制系统）。DVCS是为支持大型开源团队（比如Linux内核开发团队）的开发方式而创建的。14.4节将讨论DVCS[②]。

由于SCCS和RCS现在很少有人用，所以这里也不讨论了，版本控制系统的爱好者可在网上找到大量相关资料。

14.2.1 CVS

CVS是Concurrent Versions System（并发版本控制）的缩写。在这里，"并发"是指多个开发人员同时在同一个代码库上工作。CVS是一个开源工具，它把RCS包装了一下[③]，并提供了一些额外的特性，比如它的架构变成了客户端/服务器模式，而且支持更强大的分支和打标签方法。最初，它是由Dick Grune在1984~1985年编写的，1986年作为一组shell脚本发布，1988年被Brian Berliner移植到了C语言上。CVS作为最著名的版本控制工具流行了很多年，主要因为它是过去唯一免费的VCS。

CVS为版本控制和软件开发过程带来了很多创新。其中最重要的是，CVS默认不锁文件（即"并发"）。事实上，这也是开发CVS的主要动机。

虽然CVS有创新，但它也有很多问题（如下所述），其中有一些问题是由它从RCS中继承过来的单个文件变更追踪系统造成的。

- CVS的分支操作是将每个文件复制到该代码库的一个新副本里。如果代码库比较大的话，这可能会花较长时间，而且占用很多磁盘空间。
- 由于所有分支实际上都是通过复制方式得到的，所以做分支合并时，会引起很多奇怪的冲突，而且在一个分支上，刚刚新增的文件是无法自动合并到另一个分支上的。虽然有一些解决方法，但很耗时且易出错，总之非常不爽。
- 在CVS中打标签时，需要修改代码库中的每个文件，因此对于较大的代码库来说，这是另一个比较耗时的过程。

[①] 尽管开源与商业软件之间的不同对于一个消费者的自由度来说非常重要，但值得注意的是Subversion是由商业组织Collabnet维护的，它会提供收费支持。

[②] 对于主要开源版本控制系统的介绍，请参见[bnb6MF]。

[③] RCS像SCCS一样只在本地文件系统上可以工作。

- CVS的提交操作并不是原子操作。也就是说，如果提交过程因故被打断的话，代码库将处于一种不确定状态。同样，如果两个人同时提交代码，两个人的提交可能是交错进行的。这让人很难看到谁到底做了哪些改动，回滚操作也很难做。
- 文件重命名不是一级操作：不得不先删除旧文件，然后再增加一个新的，这样就失去了该文件的版本历史。
- 建立和维护一个代码库是一项很艰难的工作。
- CVS的二进制文件是一个整块，所以无法对二进制文件做变更管理，因此，磁盘利用方式非常低效。

14.2.2　SVN

SVN（Subversion）就是为了克服CVS的缺点而设计的。因此，它修复了CVS的很多问题。而且可以说在任何情况下，它都比CVS更好用。它是为熟悉CVS的用户而设计的，特别保留了同样的命令格式。在应用软件开发中，这种熟悉使SVN迅速地代替了CVS。

SVN中很多好用的特性就是因为放弃了SCCS、RCS及其衍生物的常见形式才带来的。SCCS和RCS都把文件作为版本控制的基本单元：每个提交到代码库中的文件都对应一个文件。而在SVN中，版本控制的单元是修订（revision）①，它由多个目录内文件的一组变更构成。可以把每个修订看成当时代码库中所有文件的一个快照。除了对文件进行修改的相关描述信息以外，delta还包含复制和删除文件的相关指令。在SVN中，每次提交都会应用所有变更，这一过程是原子式的，并且创建一个新的修订版本。

SVN还提供了一个"externals"功能，让你能将某个远程库挂载到另一个代码库的某个指定目录上。如果代码依赖于其他代码基的话，这个功能是非常有用的。Git提供了一个类似的功能，叫做"submodules"。它提供了一个简单便捷的方式来管理系统中的组件间依赖，而每个组件仍旧持有自己的代码库。也可以用这种办法将源代码和较大的二进制包（编译器、其他工具和外部依赖等）放在各自的代码库中，而用户还能看到它们之间的关联。

SVN代码库模型最重要的特性之一就是，版本号是针对整个代码库的，而不是每个文件对应一个版本号。不必再说"某个文件从修订版本1变化到修订版本2"。相反，当代码库从修订版本1改变到修订版本2时，你可能想知道的是某个文件到底做了哪些修改。SVN用对待文件的方式对待目录、文件属性和元数据。也就是说，对这些内容的修改，其版本控制方式与对文件修改的版本控制方式相同。

---

① 我们认为"变更集"（change set）比"修订"（revision）更好，但SVN特意用了"修订"（revision）。

在SVN里，分支和打标签也改进了很多。它不再是更新每个个体文件，SVN在其写时复制（copy-on-write）库的简单性和速度之间做了平衡。根据惯例，每个SVN代码库有三个子目录，它们是trunk、tags和branches。为了创建一个分支，只要在branches目录中用分支名创建一个目录，并将trunk上你想创建分支的那个修订版本的内容复制到你刚创建的分支目录中就行了。

其实，你刚刚创建的分支和主干都指向同一组对象集，直到分支和主干开始不一致为止。所以，SVN中的分支操作几乎可以说是瞬间完成的。标签也是按同样的方式来处理的，只是被保存在一个名为tags的目录中。SVN并不区分标签和分支，因此它们只是约定不同而已。如果愿意的话，可以把打标签的版本看作SVN的一个分支。

另外，SVN还有一点比CVS高明，它会在本地保存一份与你刚刚从中央代码库签出代码一模一样的版本。也就是说，很多操作（比如，检查一下已经修改了哪些内容）就可以在本地执行了，这就比在CVS中执行快得多了。即使中央代码库停止服务了，照样可以执行这种操作，所以未连接网络时，可以继续工作。

然而，它的客户端/服务器模式仍会令一些事情比较难，如下所述。

❑ 只能在线提交变更。这看似简单，但是分布式版本控制工作的主要优点之一就是对修改进行提交操作与将修改送到另一个代码库的操作分开。

❑ SVN在本地客户端用于跟踪变更的数据被保存在代码库每个文件夹的.svn目录中。可以将本地的不同目录更新到不同的修订版本上，甚至可以更新到不同的标签版本或分支版本上。尽管有时我们希望这么做，但是它很容易导致混乱，甚至错误。

❑ 尽管服务器端的操作是原子操作，但客户端的操作却不是。如果客户端的更新被打断，工作目录可能就会处于一种不确定状态。通常情况下，这很容易修复，但有时就不得不删除整个子目录，再重新签出一次。

❑ 修订号（revision number）在指定的代码库中是唯一的，但不同的代码库之间，这个修订号不是唯一的。比如，由于某种原则，一个代码库被分成了几个较小的代码库，新代码库中的修订号就与原代码库的修订号一点儿关系都没有。尽管这听起来是个小事情，但也意味着SVN的代码库无法支持那些DVCS的某些特性。

SVN当然比CVS好得多。最近，Subversion的新版本中出现了合并追溯的特性，如果先不提性能和可扩展性的话，它与Perforce这类商业工具在特性方面更加接近了。然而，当它与DVCS（比如Git和Mercurial）相比，就显现出"更好用的CVS"的局限性了。正如Linus Torvalds所说："根本没办法正确地使用CVS" [9yLX5I]。

不过，如果你满足于中央版本控制系统的话，SVN就足够好了。

14.2.3 商业版本控制系统

软件工具的世界发展很快，所以本节的内容可能已经过时了。请访问http://continuousdelivery.com获得最新信息。在撰写本书时，仅有的几种值得推荐的商业版本控制系统如下。

- Perforce。超好的性能、可扩展性和完美的工具支持。一些真正的大型软件开发组织都在使用Perforce。
- AccuRev。它提供了像ClearCase那样进行基于流的开发能力，却没有ClearCase那么大的管理开销和那么差的性能。
- BitKeeper。第一个真正的DVCS，也是唯一的一个商业工具。

如果你使用Visual Studio，那么微软的TFS（Team Foundation Server）是你的默认选择，它与IDE的紧耦合可能是它唯一的特点。否则，没有什么理由需要用它做源代码控制，因为它根本就是Perforce的一个劣等复制品。SVN胜过TFS。只要有可能，我们强烈建议不要使用ClearCase、StarTeam和PVCS。Visual SourceSafe的数据库常常会被破坏，而这是版本控制系统的一大禁忌。所以那些仍在使用Visual SourceSafe的团队应该马上迁移到一个没有这个问题的工具上[1] [c5uyOn]。为了使迁移更容易，我们建议使用SourceGear的优秀产品Vault（TFS也提供了一个方便的迁移方式，但我们不推荐它）。

14.2.4 放弃悲观锁

如果版本控制系统支持乐观锁（即编辑本地工作副本的一个文件时，不会阻止别人在他们自己的工作区对其进行修改），那么就应该使用它。悲观锁是指，为了编辑某个文件，必须申请一个额外的锁，这看上去是阻止合并冲突的好方法。然而，事实上，它降低了开发流程的效率，尤其是在大型团队中。

支持悲观锁机制的版本控制系统是考虑到了代码所有权问题。悲观锁策略可以确保，在任意时刻只有一个人工作在一个对象上。如果Tom打算申请一个组件A的锁，而Amrita已经把它从版本控制库中签出了，Tom就会被告知，他需要等待。如果他想提交某个修改，但没有先申请锁的话，提交操作就会失败。

乐观锁以一种完全不同的方式来工作。它不使用访问控制方式，而是依赖于一个假设，即大多数时间里，大家不会同时工作在同一个文件上，并且允许系统相关的所有人修改他们能控制的所有对象。这种版本控制系统会追踪在其控制之下的所有对象的修改，并且在提交修改时，它会使用一些算法来合并这些修改。通常，合并是完全自动化的，但是如果版本控制系统发现了一个无法自动合并的修改，它会突出显示这个修改，并要求提交修改的人来解决这个冲突。

根据其所管内容的特性，乐观锁系统的工作方式也会相应变化。对于二进制文件，它会忽略那些delta，而只保留最后一次提交的修改。然而，它们的强大体现于处理源代码的方式。对于每个对象来说，乐观锁通常假设某个文件中的某一行是一个可变的最小单位。所以，如果Ben正在开发组件A，并修改了第5行，而与此同时Tom也在开发组件A，并修改了第6行，当他们俩都提交之后，版本控制系统既会保留Ben的第5行，

---

[1] 的确，VSS官方建议，在使用VSS时，至少每周做一次数据库完整性检查 [c2M8mf]。

也会保留Tom的第6行。如果两个人都决定修改第7行，并且Tom先提交了，当Ben提交时，版本控制系统会提示他解决这个合并冲突。他有三种选择，保持Tom的修改，保持他自己的修改，或者手工编辑这个冲突的代码把重要的部分都保留下来。

对于已经习惯于悲观锁修订控制系统的人来说，乐观锁系统有时候看上去并不乐观。"这种方式怎么可能工作呢？"事实上，这种方式工作得非常好，在很多方面显著优于悲观锁方式。

我们听到一些使用悲观锁的用户很担心使用乐观锁会花很多时间来解决合并冲突问题，或者担心自动合并会导致代码不能正常工作，甚至都不能编译。这些担心事实上完全没有必要。合并冲突当然存在，尤其是在大型团队中会相当频繁地发生；但通常情况下，这些冲突几秒钟内就解决了，而不是几分钟。只有当你忽略了我们在前面的建议，而且提交不够频繁的话，才会花费较长的时间来解决合并冲突问题。

使用悲观锁的唯一机会就是对二进制文件的处理，比如图片或文档。此时，合并两个二进制文件并没有什么意义，此时悲观锁就发挥作用了。SVN可以根据你的需要来锁定文件，并对这些文件使用属性`svn:needs-lock`，以强制使用悲观锁。

悲观锁常常迫使开发团队根据组件来指派工作，从而避免因要修改同一处代码而长时间等待。而且，开发者发挥创造力的思路（开发过程中的一个自然且关键的部分）经常被打断，因为他没有意识到，还有其他人员同时也要签出相同的文件进行修改。在不打扰其他人的情况下对很多文件进行修改也几乎是不可能的事情。另外，在使用主干开发方式的大型团队中，如果使用悲观锁，重构基本是不可能的事情。

乐观锁对开发流程仅有很少的约束。版本控制系统不会将任何策略强加于你。总之，在使用乐观锁时会感到没有很多干扰并且很轻便，且不会丧失任何灵活性和可靠性，尤其是对大型分布式团队来说，还有很好的扩展性。如果版本控制系统有这个选项的话，就请选择乐观锁吧。如果没有的话，请考虑切换到支持这一选项的版本控制系统上。

14.3 分支与合并

在一个代码基上创建分支（或流）的能力是版本控制系统最重要的特性。这个操作是在版本控制系统中对选定的基线创建一个副本。然后这个副本就可以像它的源一样（但它们之间是相互独立的）进行操作，并和源分道扬镳。分支的主要目的是帮助并行开发，即在同一时刻能够同时在两个或更多的工作流上面开发，而不会互相影响。比如，常常见到在需要发布时进行分支操作，这样在主干上可以开发，而在发布分支上修复缺陷。团队使用分支有如下几种原因。①

- 物理上：因系统物理配置而分支，即为了文件、组件和子系统而分支。
- 功能上：因系统功能配置而分支，即为特性、逻辑修改、缺陷修复和功能增加，以及其他可交付的功能（比如补丁、发布或产品等）而分支。
- 环境上：因系统运行环境而分支，即由于构建和运行时平台[编译器、开窗口系统（windowing system）、库、硬件或操作系统等]的不同而分支或为整个平台而分支。
- 组织上：因团队的工作量而分支，即为活动/任务、子项目、角色和群组而分支。
- 流程上：因团队的工作行为而分支，即为支持不同的规章政策、流程和状态而分支。

这些分类并不互相排斥，但它们很好地解释了为什么要分支。当然，可以同时在几个维度上创建分支。如果各分支间不需要交互，这样做也没什么问题。然而，事实往往不是这样的；通常我们必须把分支上的一些修改复制到另一个分支上，这个过程叫做合并。

在讨论合并之前，值得考虑一下由分支带来的问题。在大多数情况下，在创建分支后，整个代码基会在每个分支上各自向前演变，包括测试用例、配置、数据库脚本等。首先，必须对所有内容进行版本控制。在开始为代码基创建分支之前，确保你已做好准备，即确保构建软件所需要的所有东西都在版本控制之下。

可怕的版本控制故事（一）

迄今为止，分支最常见的原因是功能。然而，为某次发布创建分支只是个起点。我们的一个客户是一个大型网络基础设施供应商，它为其产品的每个重要客户都创建一个分支。当然也会为缺陷修复和新特性创建子分支。这些软件的版本号的格式是 w.x.y.z，其中 w 是主版本，x 是一个发布，y 是某个客户的标识，而 z 是一个构建。该公司找到我们寻求帮助，因为他们每个重要发布都要花12到24个月。我们发现的第一个问题是他们的测试代码放在另一个版本控制库中，并没有和产品代码放在一个版本库中。因此，他需要花很长时间找到哪些测试对应哪些构建。反过来，这对向代码基中添加更多的测试带来了阻碍。

分支和分流（streaming）可能看起来是解决影响大型团队中软件开发流程很多问题的一个很不错的方法。然而，合并分支的需求意味着，在创建分支之前仔细考虑，并确保有一个合理的流程来支持这种合并，这一点非常重要。特别是要为每个分支定义一个规则，来描述该分支在交付流程里所扮演的角色，并指定谁、符合什么样的条件，才能提交代码。比如，一个小的团队可能有一个主干，所有开发人员都可以向这

---

① 摘自 Appleton 等，1998 [dAI5I4]。

个主干提交,而在一个发布分支上只有测试团队能审批修改。然后测试团队负责将修复缺陷的代码合并回主干。

在更大且更严格的组织中,每个组件或产品可能都有一个主干,开发人员向该主干提交,而集成分支、发布分支和维护分支(maintenance branch)只有运维人员才能修改。当需要对这些分支进行修改时,可能要先提交一个变更请求,并且还要经过一些测试(手工测试或自动化测试)。另外再定义一个晋级流程,比如只有将变更从主干上合并到集成分支之后,才能再将其晋级到发布分支上。有关代码开发线规则的详细讨论参见(Berczuk (2003), pp. 117-127)。

14.3.1 合并

分支就像是由量子力学的多世界来解释推测宇宙无限性[①]。每个分支都是完全独立的,且完全忽视其他分支的存在。然而,在现实中,除非是那些为了发布或技术预研而创建的分支,否则总会遇到要将某个分支上的某次变更合并到另一个分支上的情况。尽管市场上现有的每个版本控制系统都会让这事儿变得容易些,而且DVCS可以使无冲突的合并相对更直接,但这件事儿仍旧可能很耗时。

当你想将两个分支上有差异且存在冲突的变更合并在一起时,问题才真正出现。此时,这些变更会按字面方式相互覆盖,而修订控制系统会检测到这些冲突,并提醒你。然而,这些代码间的冲突可能是因为代码意图不同,但修订控制系统并不知道这些,所以将它们自动"合并"了。当两次合并之间的间隔时间较长时,合并的冲突通常是功能实现上有差异的症兆。为了让两个分支上所做的修改能够协调一致,可能会导致大段大段的代码重写。不知道原代码作者的意图而合并这样的修改是不可能的,所以必须进行沟通,而此时可能这段需要合并的代码已经是几个星期前写的了。

另外,版本控制系统无法发现语义上的冲突,而这样的冲突有时可能是最致命的。例如,Kate做了一个重构,并对某个类进行了重命名,而Dave在他自己本地的修改中用原名引用了该类。此时的合并不会有冲突。静态类型的语言中,在代码编译时会发现这个问题。而在动态语言中,这个问题直到运行时才能发现。更多细小的语义冲突会在合并时被引入,如果没有全面的自动化测试,可能直到缺陷发生时才能发现。

两次合并之间的间隔时间越长,在每个分支上工作的人越多,那么合并时的麻烦就越多。主要有如下两种办法可将这种痛苦最小化。

- ❏ 创建更多的分支来减少在每个分支上的修改。例如,可以每次开发新功能时就创建一个分支,这是"早分支"(early branching)的一个例子。然而,这也意味着需要更多的工作来跟踪所有的分支,更多合并的痛苦只是被向后推迟了而已。

---

① 1957年,普林斯顿大学的研究生艾弗雷特三世公布了一个令所有人为之震惊的新理论,它就是量子力学的多世界解释。——译者注

□ 很谨慎地创建分支，可能是每个发布才创建一个分支。这是"推迟分支"(deferred branching) 的又一个例子。为了尽量减少合并的痛苦，就要经常做合并，这样在合并时就没有那么麻烦了。但你要有规律地进行，比如每天都做。

实际上，有很多分支模式，每一个模式都有它的规则、优点和缺点。本章后面会探索一些可能的分支方式。

14.3.2 分支、流和持续集成

热心的读者可能会注意到，使用分支和持续集成之间会有某种相互制约的关系。如果一个团队的不同成员在不同分支或流上工作的话，那么根据定义，他们就不是在做持续集成。让持续集成成为可能的一个最重要实践就是每个人每天至少向主干提交一次。因此，如果你每天将分支合并到主线一次（而不只是拉分支出去），那就没什么。如果你没这么做，你就没有做持续集成。的确，有一种思想流派认为，从精益的角度来讲，分支上的工作就是浪费，即它们是库存，因为它们没有被放到最终的产品里。

持续集成基本上被忽略，人们胡乱地创建分支，从而导致发布过程涉及很多分支，这种情况并不少见。我们的同事Paul Hammant 提供了一个其曾经工作过的项目使用的分支图，如图14-1所示。

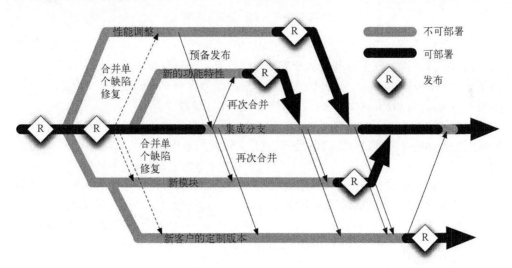

图14-1 一个很差的分支管理的例子

在这个例子中，是为同一个应用程序创建了多个项目，并且每个项目对应一个分支。向主干（或者图14-1中所指的"集成分支"）合并活动相当不规律，而且当合并时，很容易对主干的应用程序造成破坏。因此，主干上的应用程序可能总是处于无法工作的状态，直到进入发布前的"集成阶段"，它才会被修复。

不幸的是，这种现象相当典型。这种策略的问题在于：这些分支会在很长时间内

第 14 章 版本控制进阶

一直处于不可发布的状态。而且，这些分支通常对其他分支都有一些软依赖（soft dependency）。在上面的例子中，每个分支都要从集成分支上将修复缺陷的代码拿过去，而且每个分支还要从性能调优的分支上将性能调优的代码拿过去。而应用程序的一个定制版本（custom version）还在开发中，且长时间处于不可部署的状态。

在这种情况下，要持续地跟踪分支，找出哪些需要合并，以及在什么时间合并。然而，即便利用像Perforce和SVN这样的工具来合并，真正执行这些合并时仍要耗费很多资源。而且，即使合并完成了，团队还要继续做一些代码调整，使代码基恢复至可部署状态，而这正是持续集成应该解决的问题。

一个更可控的分支策略（我们强烈推荐的，可以说是业界标准）是：只为发布创建长周期的分支，如图14-2所示。

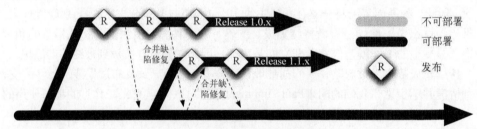

图14-2　按发布创建分支的策略

在这种模式下，新开发的代码总是被提交到主干上。只有在发布分支上修改缺陷时才需要合并，而且这个合并是从分支合并回主干。而只有非常严重的缺陷修复才会从主干合并到发布分支上。这种模式要好一些，因为代码一直处于可发布状态，所以也就更容易发布。分支越少，合并和跟踪分支的工作就越少。

你可能会担心，假如不使用分支的话，怎么可能在创建新功能的同时，还不会影响别人呢？如何在不创建分支的前提下，进行大规模的重构呢？在13.2节中已经详细地讨论过了。

与通过创建分支的方式把重构任务和开发新功能分开相比，这种增量方式当然需要更多的纪律和细心（也需要更多的创造性）。但这能显著地减少因变更导致应用程序无法工作的风险，并会节省很多合并、修复问题使应用程序达到可部署状态所需的时间。因为这类活动很难被计划、管理和跟踪，所以它最终的消费会远远多于有纪律性的主干开发实践。

如果你在中型或大型团队工作，可能会对这个观点直摇头，表示怀疑。在一个大项目上工作，却不让创建分支，这怎么可能呢？如果200人每天都提交代码，那就是200次合并和200次构建。这种情况下，没人能真正做什么工作，因为他们会花上所有的时间进行合并！

然而，事实上，所有人都工作在一个很大的代码基的大型团队也可以这么做。假设每个人都修改不同的功能领域，并且每次修改都很小的话，200次的合并也没什么问题。在大项目中，如果几个开发人员常常要修改同一部分代码，这表明代码基的结构很差，缺乏良好的封闭性，耦合度很高。

如果在每个发布的最后阶段再进行合并的话，事情会更糟糕。到了那时候，毫无疑问，每个分支都会和其他分支有冲突。我们看到过很多项目在集成阶段会花几星期来解决合并的冲突问题，让应用程序可以运行起来。只有应用程序能够运行起来之后，项目的测试阶段才真正开始。

对于大中型团队来说，正确的解决方案是将应用程序分解成多个组件，并确保组件之间是松耦合的。这些原则是设计良好的系统应该具备的属性。通过增量合并使主干上的代码一直保持可工作状态的方法仅会对项目施加一些徐缓而微小的压力，这会让软件的设计更为良好。而"如何将所有组件集成到一起，形成可工作的应用程序"就成了一个复杂而有意思的事情了。我们在前一章讨论过这个问题，这正是解决大型应用程序的开发问题的一种无比优雅的方式。

值得再次强调的是，你根本不应该使用长生命周期且不频繁合并的分支作为管理大项目复杂度的首选方式。因为这么做就是在为部署或发布软件时积攒麻烦。集成过程会变成一个极高风险的活动，无法预测将消耗多少时间和金钱。所有的版本控制系统供应商都会告诉你："用我们提供的合并工具来解决问题吧！"其实，这只是商业化的推销行为而已。

14.4 DVCS

在过去的几年里，DVCS（Distributed Version Control System，分布式版本控制系统）已经变得非常流行。甚至还有几个很强大的开源DVCS，比如Git [9Xc3HA]和Mercurial。在本节中，我们会解释DVCS的特殊性，以及如何使用它们。

14.4.1 什么是DVCS

DVCS背后的根本性设计原则是，每个使用者在自己的计算机上都有一个自包含的一等（first-class）代码库，不需要一个专属的"主"代码库，尽管根据惯例，大多数团队都会指定一个（否则的话，持续集成就做不了了）。从这一设计原则出发，引入了很多有意思的特性，如下所述。

- ❑ 在几秒钟内就能开始使用DVCS了，即只要安装一下，并将修改提交到本地代码库就行了。
- ❑ 可以单独从别人那里拿到他们的最新更新，却不需要他们将其修改提交到中央代码库。
- ❑ 可以将自己的修改推送到一组人的代码库中，而不需要他们每个人自己来拿你的修改。
- ❑ 补丁可以通过网络用户更高效地传播，这让接受或拒绝个别补丁变得很容易，即被叫做"摘樱桃"（cherry-picking）的实践。

第14章 版本控制进阶

- 当没有联网的时候，也可以对修改的代码进行版本控制。
- 可以频繁地提交未完成的功能到本地代码库作为阶段检查点，而不会影响到其他人。
- 在将修改发送给其他人之前，可以很容易地在本地对这些提交进行修改，重排它们的顺序或将多次提交打包成一个，这种操作叫做"rebasing"。
- 很容易用本地代码库来尝试各种各样的解决方案或想法，而不需要在中央代码库创建一个分支。
- 由于能在本地把多次提交打包，所以就不需要经常修改中央代码库，这让DVCS具有更好的扩展性。
- 在本地建立和同步多个代理库很容易，因此可以提供更高的可用性。
- 因为全量代码库有很多份副本，所以DVCS有更好的容错性，尽管主代码库仍旧应该做备份。

你可能认为，使用DVCS不是相当于每个人都有自己的SCCS和RCS嘛？的确，你是对的。DVCS与前面几节中介绍的方法之间的不同之处在于，它可以处理多用户，或者说并发。与"通过中央服务器来保证几个人可以在同一时间在代码基的同一分支上工作"不同，DVCS使用了相反的方法：每个本地代码库本身就是一个分支，而且也没有"主干"，如图14-3所示。

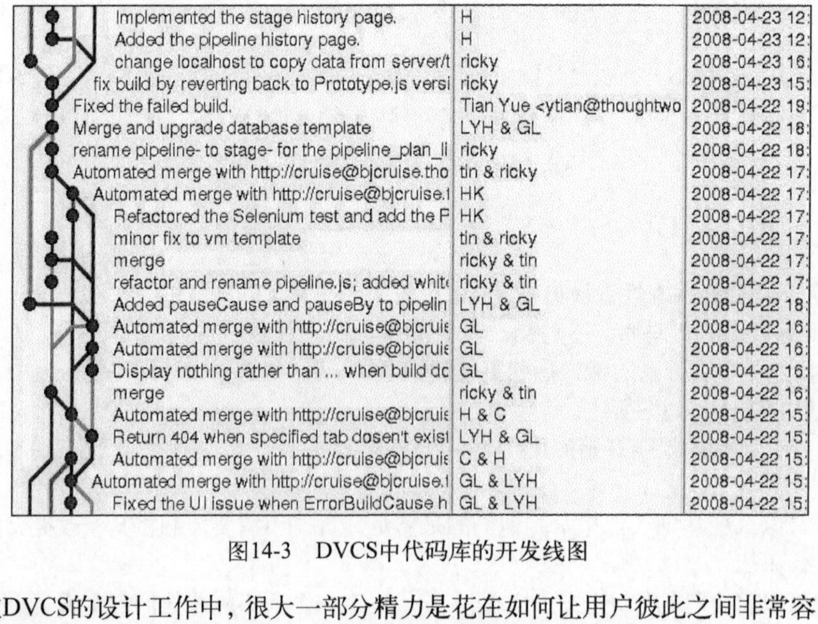

图14-3 DVCS中代码库的开发线图

在DVCS的设计工作中，很大一部分精力是花在如何让用户彼此之间非常容易地共享他们的修改。正如Mark Shuttleworth（创造了Ubuntu的Canonical公司的创始人）所说："分布式版本控制的美丽来自于'自发地组成团队'这一形式。当对同一个bug或特性感兴趣的人们开始工作后，他们通过公开分支并相互合并的方式来交流代码。当分支和合并的成本下降后，这种团队更容易形成，而且对于开发人员来说，非常值得在合并体验上投入工作量。"

这种方式的代表作就是GitHub、BitBucket和Google Code。使用这些网站，开发人员很容易复制一个已有项目的代码库，修改一些代码，然后将这些修改很容易地让那些对它感兴趣的其他开发人员拿到。而该原始项目的维护者也能够看到这些修改。如果维护者喜欢这些修改，就可以将它们拿到其项目的主代码库中。

这代表了协作方式的一种转变。之前，代码贡献者要将补丁发送给项目拥有人，由项目拥有人将补丁放在项目代码库中。而使用新的方式以后，大家可以公开自己的版本，让其他人自己来体验。这使项目演进得更快，有更多的试验，以及更快地特性开发和缺陷修复。如果某人做了一些非常好的特性，那么其他人就可以使用它。这就意味着"提交入口"不再是开发新功能和修复缺陷的瓶颈了。

14.4.2 DVCS 简史

很多年前，Linux内核的开发是没有使用源代码控制的。Linus Torvalds在他自己的机器上开发，并将源代码打包成tar文件，它就会被迅速地复制到全球范围的大量系统中。所有的修改作为补丁反馈给他，而他可以很容易地应用和取出这些补丁。因此，他不需要源代码控制，既不需要备份源代码，也不允许多人同时工作在这个代码库上。

然而，在1999年12月，Linux PowerPC项目开始使用BitKeeper，它是在1998年出现的一种私有DVCS。Linus开始考虑采用BitKeeper来维护内核。接下来的几年里，有一部分维护内核部分代码的开发者开始使用它。最终在2002年2月Linus采纳了BitKeeper，并认为它是"完成这个工作最好的工具"，尽管它不是一个开源产品。

BitKeeper是第一个被广泛应用的DVCS，它是在SCCS之上开发出来的。实际上，一个BitKeeper代码库就是由一套SCCS文件组成的。与DVCS的原则一致，每个用户的SCCS代码库本身都是一个一等代码库。BitKeeper是在SCCS之上的一层，让用户把某个指定版本之上的deltas或变更作为一级领域对象来对待。

在BitKeeper之后，出现了一批DVCS的开源项目。其中出现最早的是Arch，由Tom Lord在2001年开始开发。Arch已经无人维护，并且被Bazaar所取代了。现在，已经有很多有竞争力的开源DVCS了。其中，最流行且功能丰富的产品是Git（由维护Linux内核的Linus Torvalds创建，并被很多其他项目所用）、Mercurial（Mozilla Foundation、OpenSolaris和OpenJDK都在使用）和Bazaar(Ubuntu在使用)。其他开发活跃的开源DVCS包括Darcs和Monotone。

14.4.3 企业环境中的 DVCS

在撰写本书时，已有商业组织开始逐步采纳DVCS。对于"在公司中使用DVCS"这件事来说，除了通常的"保守"原因以外，还有以下三个明显的反对意见。

- 集中式版本控制系统在用户的计算机中只保存唯一的一个版本，而DVCS则不同，只要有本地代码库的副本，就可以得到它的完整历史。
- 在DVCS的王国中，审核与工作流是更加不可靠的概念。集中式版本控制系统要求使用者将其所有的变更都提交到一个中央代码库，DVCS允许用户彼此交换变更集，甚至允许修改本地代码库中的历史，而不必让中央系统来跟踪这些修改。
- Git的确允许修改历史。而这在受制度监管的企业环境中可能就触及了"警戒底线"，而为了记录所有的内容，就要定期地对代码库进行备份。

实际上，在很多情况下，这些因素不应该成为企业采纳DVCS的障碍。虽然理论上用户可以不提交到指定的中央代码库，但这么做根本毫无意义，因为对于持续集成系统来说，不提交代码就不可能做构建。如果将修改的代码推送给同事而不是推送到中央代码库的话，这种做法带来的麻烦要比带来的价值多得多。当然除非在某种情况下，你真的需要这么做，此时使用DVCS就非常有用了。只要指定一个中央代码库，集中式版本控制系统所具有的特点就都有了。

需要记住的是，使用DVCS后，许多工作流可能就很少需要开发人员和管理员的工作量。相反，为了支持非集中模式（比如分布式团队、共享工作区的能力以及审批工作流等），集中式版本控制系统就只能通过开发一些复杂特性的方式，而这些特性可能会破坏原本的集中式模型。

14.4.4 使用DVCS

DVCS与集中式版本控制系统的主要区别在于，代码提交到本地的代码库中，相当于你自己的分支，而不是中央服务器中。为了与别人共享你的修改，需要执行一些额外的步骤。DVCS有两种新的操作：(1) 从远程代码库把代码取回到本地库；(2) 将本地修改推送到远程代码库。

比如，使用SVN时的一个典型工作流程如下。

(1) `svn up`——得到最新修订版本。
(2) 写一些代码。
(3) `svn up`——将本地修改与中央代码库中的任何新更新进行合并，并修复冲突。
(4) 在本地运行提交构建。
(5) `svn ci`——提交修改（包括合并的代码）到版本控制系统中。

而在DVCS中，工作流程如下。

(1) `hg pull`——从远程代码库中取回最新版本，放到本地代码库中。
(2) `hg co`——用本地代码库的内容对本地工作副本进行更新。
(3) 写一些代码。
(4) `hg ci`——将本地修改保存到本地代码库中。
(5) `hg pull`——从远程代码库中获取新的更新。
(6) `hg merge`——用合并的结果更新本地工作副本，但不会签入这些合并。
(7) 在本地运行提交构建。

(8) `hg ci`——将合并后的代码签入本地代码库。

(9) `hg push`——将更新后的代码推送到远程代码库。

 这里以Mercurial为例,因为它的命令语法与SVN相似,但其原则与其他DVCS完全一致。

看上去有点像图14-4(每个框代表一个修订版本,箭头指向它的父版本)。

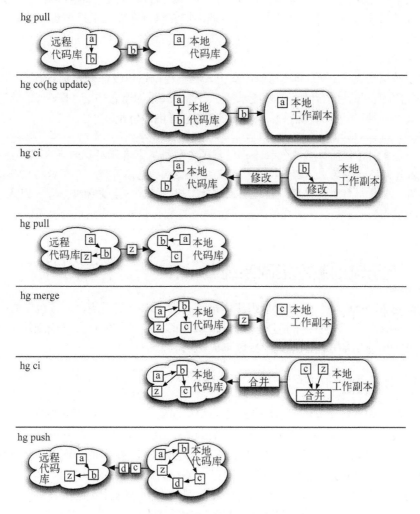

图14-4　DVCS工作流(由Chris Turner[①]绘制)

[①] Chris Turner是ThoughtWorks持续集成与发布管理工具Cruise(现在叫做Go)的核心开发人员。自从2007年底开始,Cruise团队就把Mercurial作为该产品的版本管理工具。——译者注

第 14 章　版本控制进阶

因为有了步骤(4)，这个合并流程比SVN的合并要更安全一些。这个额外的签入步骤确保：即使合并错了，也可以退回到合并之前的版本，重新再做一次。也就是说，本地记录了合并的那次修改，这样就可以准确地知道合并了哪些内容。而且，假如后来认为合并不正确（同时，还没有推送这些修改的话），就可以直接回退操作。

在执行第(9)步，将你的修改发送到持续集成构建之前，可以多次重复前八步。甚至可以用Mercurial和Git中非常强大的功能——rebasing——来修改本地代码库的历史，比如，可以将几次修改合并成单次提交。这样，就可以不断地签入代码，保存修改，与其他人的修改进行合并，当然要运行本地的提交测试套件，但这些都不会影响到别人。当要开发的功能全部完成后，就可以做rebasing操作，并把这些修改作为一次修改提交到主代码库里。

对于持续集成，使用DVCS与使用集中式版本控制系统没什么差别。仍旧可以有一个中央代码库，并且它会触发部署流水线。当然，如果你愿意的话，DVCS还能让你尝试一下其他几种可能的工作流程。在3.8节中做过详细地讨论。

直到将代码从本地代码库推送到那个能触发部署流水线的中央代码库之后，才算做了代码集成。频繁提交修改是持续集成的基本实践。为了做持续集成，必须至少每天向中央代码库推送一次修改，理想情况下要更频繁一些。因此，如果DVCS使用方法不当，其带来的一些好处可能会损害持续集成的效果。

14.5　基于流的版本控制系统

IBM的ClearCase不但是在大型组织中最流行的版本控制系统，而且也向版本控制系统这一领域引入了一种新的形式——流（stream）。在本节中将会讨论流是如何工作的，以及如何使用基于流的系统做持续集成。

14.5.1　什么是基于流的版本控制系统

基于流的版本控制系统（比如ClearCase和AccuRev）可以把一系列修改一次性应用到多个分支上，从而减少合并时的麻烦。在这种"流"方式上，分支被更强大的概念"流"所代替。其中，最大的区别在于，流之间是可以相互继承的。所以，如果你把某次修改应用到一个指定的流上，它的所有子孙流都会继承那些修改。

想想这种方式对下面两种状况有什么样的帮助：(1) 将某个缺陷的修复补丁应用到软件的多个版本上，(2) 向代码基中添加第三方库的新版本。

当发布中有长生命周期分支时，第一种情况就很常见。假如在某个发布分支上做了一次缺陷修复，如何将这次修复同时应用到其他所有代码分支上呢？没有基于流的工具，答案是手工合并它。这是一个令人厌烦且易出错的工作，尤其是当有多个分支

14.5 基于流的版本控制系统

需要合并这次修改时。在使用基于流的版本控制后，只要将这次修改补丁合并到需要它的所有分支的共同祖先分支上即可。这些分支就会得到该补丁并更新，再触发一次包含该补丁的新构建。

当管理第三方库或共享代码时，可以用同样方式来操作。比如你想将一个图片处理的库升级到某个新版本上，那么，对该库有依赖的每个组件都需要升级一下。当使用基于流的版本控制系统后，可以将其提交至某个祖先分支上，那么所有继承自该祖先分支的所有分支都会更新这个库到新版本上。

可以把基于流的版本控制系统看作一个联合文件系统，但是这个文件系统是一个树形结构（一个相互连接的有向无环图，即DAG）。因此，每个代码库都有一个根流，其他的流都继承自这个根流。可以基于任意一个已存在的流来创建一个新流，如图14-5所示。

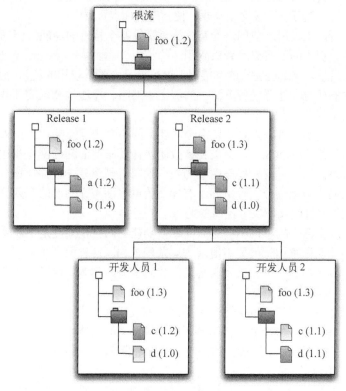

图14-5　基于流的开发

在图14-5的例子中，根流包含一个文件foo（修订版本是1.2）和一个空目录。流Release 1和Release 2都继承自它。在Release 1上，可以看到基本流中的两个文件，以及两个新文件：a和b。在Release 2上，有两个不同的文件：c和d。而foo已经被修改过，现在的修订版本是1.3。

两个开发人员各自在自己的工作区上对流Release 2进行开发。开发人员1正在修改文件c，开发人员2正在修改文件d。当开发人员1提交他的修改时，在Release 2上工作的每个人都可以看到这些修改。如果文件c是一个缺陷修复，也需要放到Release 1中，那么开发人员1可以将文件c晋级至根流上，此时，所有的流上就都能够看到这个修改了。

所以，除非修改被晋级到上级，否则一个流上的修改不会影响到其他的流。一旦晋级之后，继承了初始流的其他流都能看到这次修改。必须记住的是，这种修改的晋级方式并不会对历史进行修改，而是将新的修改覆盖在原有内容之上。

14.5.2 使用流的开发模型

基于流的版本控制系统鼓励开发人员在自己的工作区中进行开发。这样，开发人员可以在不影响其他人的情况下执行重构，试验不同的解决方案，并且开发新功能。当做好以后，他们就可以晋级这些修改，使其对其他人可见。

比如，你可能正在用之前创建的某个流来开发某个特定的功能。当功能开发完成后，可以将这个流中的所有修改晋级到团队的流中，而团队的流是可以进行持续集成的。当测试人员想要测试已完成的功能时（他们自己有测试使用的流），他们就可以将需要手工测试的所有功能晋级到测试用的流上。然后，已通过测试的那些功能就能被晋级到某个发布流上了。

所以，大中型团队可以同时开发多个功能，而不会相互影响，测试人员和项目经理可以挑选他们想要的功能。与之前大多数团队在发布前面临的困境相比，这的确是一个真正的改进。通常，发布操作需要为整个代码基创建分支，并让该分支上的代码稳定下来。然而，当创建分支时，并没有什么简单方法将你想要的东西分捡出来（关于这个问题的更多详情和解决方式请参见14.7节）。

当然，现实生活中的事情不会这么简单。功能之间完全独立是不现实的，尤其是在团队遵循"需要做重构时就要不遗余力地做好重构"这种原则下，当把一大堆重构后的代码晋级到其他流上时，就时常会发生代码合并的问题。因此，当下列情况发生时，遇上集成问题是不足为奇的。

❑ 复杂的合并，由于不同的团队用不同的方式修改了共享代码。
❑ 依赖管理问题，某个新功能依赖于尚未被晋级的其他功能代码。
❑ 集成问题，比如，因为代码使用了一种新的配置，所以令集成和回归测试在发布流上失败了。

当有更多的团队或分更多的层级时，这些问题会更严重。这种影响常常会产生乘积效果，因为应对更多团队最常见反应就是创建更多的层级。其目的是隔离各团队互相之间的影响。某个大公司有五个层级的流：团队级、领域级、架构级、系统级和最后的产品级。在到达生产环境之前，每个修改后的代码都要依次通过每个层级。不用说，他们在发布问题上面临着很大的问题，因为每次晋级到上一层级时，都会遇到这些问题。

> **ClearCase以及从源代码重新构建的反模式**
>
> 这种流模式开发的问题之一就是晋升是在源代码级别完成的，而不是二进制级别。因此，每次将一个修改晋升到更高层级的流上时，都必须签出代码并重新构建二进制包。在很多使用ClearCase的组织里，下面这种事情在运维团队很常见，他们只会部署那些自己亲自从发布分支上签出源代码并重新编译出来的二进制包。其他问题不说，仅这件事也会导致一种巨大的浪费。
>
> 而且，它破坏了我们建议的一个关键实践：发布时所用的二进制包就应该是那个已经顺利通过部署流水线的原始的二进制包，这样才能确保发布的东西就是测试过的东西。除了没有人测试过这个来自于发布流重新编译的二进制包以外，在构建流程中，还有一处可能会引入差异，那就是当运维团队使用编译器的某个小版本或者某个依赖的不同版本进行构建时。这种差异可能会导致需要花几天的时间来追踪生产环境中的bug。

需要记住的是，不能每天向共享主干提交代码是不符合持续集成实践要求的。有很多办法来解决这一问题，但这需要很强的纪律性，而且仍旧不能完全解决大中型团队所遇到的窘境。最佳规则是尽可能频繁地晋升修改，并在开发人员所共享的流上尽可能频繁且尽可能多地运行自动化测试。在这方面，该模式与后面将要描述的"按团队分支"模式非常相似。

这不完全是坏事儿。Linux内核开发团队使用的开发流程与上面描述的非常相似，但是每个分支都有一个特定的所有者，他的责任是维护该流的稳定性，当然"发布流"（release stream）由Linus Torvalds维护，他对哪些内容可以放到他的流中有非常严格的要求。对于Linux内核团队的这种工作方式来说，所有的流组成了一个"金字塔"形状的结构，而Linus的流在最顶端，哪次修改能够进入代码库，都是由流的所有者决定的，而不是别人硬塞给他们的。这与目前大多数组织中的结构正好相反，这些组织中的运维或构建团队的责任就是，试着合并所有的内容。

最后，在使用这种开发方式时，值得注意的一点是，其实并不需要一个支持流操作的工具才能做到这一点。的确，Linux内核开发团队使用Git管理他们的代码，而像Git或Mercurial这样的DVCS的生力军也足以处理这样的流程，尽管它们没有像AccuRev那样花哨的图形工具来支持。

14.5.3 静态视图和动态视图

ClearCase有一个特性，叫做"动态视图"（dynamic view）。当某个文件合并到某个祖先流上时，它会立即更新对应的子孙流上工作的每个开发人员的视图。而在更传统一些的静态视图中，直到开发人员决定更新时，才会看到相应的修改。

如果想要在提交后就马上能看到被修改的代码，那么动态视图的确是个不错的方法，有助于消除合并冲突，更容易做集成。但是，其前提条件是，开发人员频繁且有

第 14 章 版本控制进阶

规律地提交代码。然而，从技术层面和实际的变更管理层面来说，这些做法都有一些问题。在技术层面上，这个特性效率相当低。根据我们的经验，它会让开发人员的文件系统变得非常慢。因为大多数开发人员要频繁执行一些与文件系统紧密相关的任务（比如编译），所以牺牲速度是不可接受的。更实际的情况是，当你正在做某件事情且正当关键时刻时，突然来了一个合并需求，它就会破坏你的思路，打乱了你对问题的思考。

14.5.4 使用基于流的版本控制系统做持续集成

基于流的版本控制系统的卖点之一就是：开发人员很容易在自己的私有流上工作，并且还承诺，之后再做合并也很容易。然而，在我们看来，这种方法有一个根本性的缺点：当代码修改被频繁向上晋级（比如每天多于一次）时，不会有什么问题，但是，如此频繁地晋级也会令这种方法所鼓吹的好处大打折扣。如果晋级频繁，较简单的解决方案没有什么问题，甚至效果更好。如果没做频繁晋级，那么当要发布版本时，很可能会遇到一些麻烦。因为你不知道会花费多长时间才能搞定所有的事情，例如将每个人认为应该可以工作的功能集成在一起，修复那些由于复杂的合并而引入的bug。可这些正是持续集成应该解决的问题。

像ClearCase这种工具的确有强大的合并能力。然而，ClearCase完全是一种基于服务器（server-based）的工作方式，每个操作（从合并到打标签，到删除文件）都需要大量的服务器操作。当然，在ClearCase中，将变更晋级到父流中要求提交人解决兄弟流上引起的合并冲突。

根据我们使用ClearCase的（包括我们同事的）经验，无论对于多大的代码库，原本非常直接的操作（比如签入、删除文件，特别是打标签）花的时间都很多。如果你想频繁地提交代码，那么使用这种工具开发时会增加很多时间成本。与支持原子提交的Accurev不同，ClearCase只有通过打标签的方法才能回滚到代码库的某个已知版本上。如果你能得到一个相当有经验的ClearCase管理员团队的帮助，开发过程可能会容易管理一些。然而我们的体验普遍较差。因此，我们常常在开发团队内部使用像SVN这样的工具，再定期自动合并到ClearCase的方式，从而满足组织的管理需求。

基于流的版本控制系统中最重要的特性——能够晋级变更集——碰上持续集成时，也会遇到一点儿麻烦。设想一下，有个应用程序，它有几个流对应于几个不同的发布。如果一个缺陷修复被晋级到这些流的祖先流上，它就会触发每个子孙流的新一轮构建。这会很快用光构建系统的所有资源。如果团队在任意时刻都有多个活跃的流，并且频繁地晋级变更集，那么每个流上的构建就会不间断地运行。

处理这个问题，有两种方法：花大量的资金用于购买硬件或虚拟资源，或者是修改构建被触发的方式。一种有用的策略是：只有当修改与部署流水线有关的流时才触发构建，而不是当变更被晋级到祖先流时就触发。当然创建的候选发布版本仍旧使用流的最新版本，包括那些晋级到祖先流中的变更。那些被手工触发的构建也会把这些变更包含在该候选发布版本中，而基础设施团队需要确保，当他们在手工触发构建时，相关的发布候选版本也已创建了。

14.6 主干开发

在本节与下一节中，将会讨论多种分支和合并模式及其优缺点，以及适合哪些环境中使用。首先从主干开发说起，因为这种开发方法经常被忽视。实际上，它是一个极其有效的开发方法，也是唯一使你能执行持续集成的方法。

在这种模式中，开发人员几乎总是签入代码到主干，而使用分支的情况极少。主干开发有如下三个好处。

- 确保所有的代码被持续集成。
- 确保开发人员及时获得他人的修改。
- 避免项目后期的"合并地狱"和"集成地狱"。

使用这种模式时，在正常开发过程中，开发人员在主干上工作，每天至少提交一次代码。当需要做复杂修改（比如开发一个全新的功能，对系统的某个部分进行重构，做一个深远的容量提升，或对系统各层的架构进行修改）时，分支并不是默认的选项。相反，这些修改会被分成一系列小的增量步骤有计划地实现，而且每个步骤都会通过测试且不会破坏已有的功能。这在13.2节中有详细说明。

主干开发并不排斥分支。更确切地说，它意味着"所有的开发活动在某一时间点上都会以单一代码基线而告终"（Berczuk, 2003, p. 54）。然而，只有当不需要合并回主干时，才创建分支——比如发布时，或者做某种试验时。Berczuk（同前）引用了Wingerd和Seiward关于主干开发的优点："90%的配置管理过程（SCM process）都在强调代码基线的晋级，用来弥补缺少主线的问题。"（Wingerd, 1998）。

主干开发的一个结果就是：每次向主干签入并不都是可发布状态。如果你使用分支方式做特性开发，或者使用基于流的开发通过多级直至发布级别来晋级变更，那么这可能看上去是对主干开发实践的一个"击倒性"反驳。如果每次都晋级到主干，那么如何管理一个有很多开发人员，且有多个版本发布的大型团队呢？这个问题的答案是：软件需要良好的组件化、增量式开发和特性隐藏（feature hiding）。这要求在架构和开发中更加细心，而它的收益是：不需要设定一个无法预期的较长的集成阶段将多个流合并到一起创建一个可发布的分支，因为这些工作的精力远比花在架构和开发上要多得多。

部署流水线的目标之一就是让大型团队可以频繁签入主干（这可能会引起临时性的不稳定），并仍旧可以进行稳固的发布。从这个角度上看，部署流水线与源晋升模型（source promotion model）相对立。部署流水线的主要优点在于：每次在完全集成的应用程序上做的修改都能快速得到反馈，而这在源晋升模型上是办不到的。这种反馈的价值在于：任何时刻你都确切地知道应用程序当前所处的状态，即你不需要等到最后的集成阶段才发现应用程序还需要数周或数月的额外工作才能够发布。

不用分支也可以做复杂的修改

当你想对代码基进行某种非常复杂的修改时,通常会创建一个分支,然后在该分支上进行修改,从而避免打断其他开发人员的工作,这么做看起来是最简单的方式。然而,事实上,这种方法会导致多个长生命周期的分支,与主干产生很多的代码分歧。每到发布时,分支合并几乎总是最复杂的过程,无法预期会花费多长时间。每次新的合并总会破坏某些原有功能,所以,做下一次合并之前,还要有个过程先让主干稳定下来。

最终的结果是,发布时间超过了计划,而且功能比预期的少,质量比预期的低。除非代码基是松耦合的且遵守迪米特法则[①],否则的话,在这种工作模式下会令重构更加困难,也就是说偿还"技术债"的速度非常慢。这会迅速导致代码基无法维护,甚至会使新功能增加、缺陷修复和重构更加困难。

简而言之,所面临的问题正是持续集成应该解决的问题。创建长生命周期的分支与成功的持续集成策略背道而驰。

我们这里的建议并不是一个技术上的解决方案,而是一种实践:一直向主干提交代码,并且至少每天一次。假如你认为,对代码做重大修改时不适合这么做的话,那我们有理由认为,你也许根本没有努力尝试过。根据我们的经验,虽然使用一系列小的增量步骤来实现某个功能,又要保持软件一直处于可用状态的这种做法有时需要花更长的时间,但其收益也是巨大的。让代码一直处于可工作状态是非常基本的要求,要想持续交付有价值、可工作的软件,怎么强调这个实践都不过分。

这些方法在有些时候不合适,但这种情况极少,而且即使在这种情况下,也有办法减轻这种影响(参见13.2节)。然而,即使这样,最好也不要在第一时间就放弃这种做法。在开发过程中,通过频繁向主干提交的方式做这种增量式修改几乎总是最正确的做事方法,所以请一直把它作为备选列表中的第一项。

可怕的版本控制故事(二)

在一个很大的开发项目中,我们不得不维护一系列的并行分支。在某个阶段中,生产环境有一个发布版本,它存在一些bug(Release 1)。由于这些bug是在生产环境中,所以修复它们是刻不容缓的,所以我们安排了一个小团队专门做这件事。我们还有第二个分支,其上有一百多人在进行开发(Release 2)。这个分支就是为了一个临近的发布创建的,但是我们知道为了项目长远的健康发展,有一系列相当多严重的结构问题需要解决。为了能够为将来更稳定的发布做准备,我们还有一个小团队正在对代码进行一个根本性的结构性调整(Release 3)。

---

① 迪米特法则(Law of Demeter)又叫作最少知识原则(Least Knowledge Principle,简写为LKP),就是说,一个对象应当对其他对象有尽可能少的了解,不和陌生人说话。英文简写为LoD。——译者注

通常，Release 1和Release 2在相当大的程度上共享同样的整体结构。一旦Release 3开始开发，就会马上分开了。由于其他两个发布中的技术债问题，我们只能这么做。Release 3主要是偿还技术债中代价最高的那些部分。

很快证明，在这种方法中，对代码合并必须执行非常严格的纪律。与其他两个分支上的修改相比，Release 1上的变动影响面比较小，但都是生产环境中非常重要的缺陷修复。如果不细心管理，Release 2开发团队的大量修改就会占大部分，而Release 3中的修改对于项目的长远发展是至关重要的。

我们确定了如下几件事情来帮助我们。

(1) 一个清晰描述的合并策略。

(2) 每个长生命周期的分支都有其自身对应的持续集成服务器。

(3) 由一个小且专职的合并团队来负责管理这个流程，并在大多数情况下，执行这些合并操作。

图14-6中展现了我们在该项目中所使用的策略。这个策略并不是对每个项目都是正确的选择，但对于当时我们的项目是正确的。Release 1在生产环境中，所以这个分支上只修复严重的缺陷，因为还有另一个版本即将发布。Release 1上的修改是非常重要的，所以如果必要的话，一定尽可能迅速地让缺陷修复走完发布流程，使这个缺陷修复代码可以上线。所以，在Release 1上的修改都会按顺序放到Release 2上。

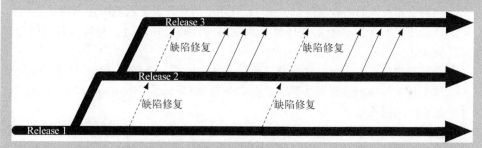

图14-6　持续合并策略的设计与实现

Release 2当时正在开发中。所有的修改（无论是从Release 1中拿来的，还是直接在Release 2中的）都会顺序地放到Release 3上。再次需要强调的是，这些修改都是按顺序进行的。

负责合并的团队全职投入，在这三个发布分支上合并这些修改，使用版本控制系统来维护这些修改的顺序。他们使用了我们能够找到的最好的代码合并工具，但由于Release 1和Release 2中大面积的功能变更，以及Release 2和Release 3之间大规模的结构变更，仅做合并是不够的。很多时候，在前期发布中修复的bug根本不会出现在Release 3上，因为我们已经做了架构改进。在另外一些情况下，这些修改不得不从头重新实现一次，因为虽然问题还是以某种方式存在，但具体实现已经完全不同了。

第14章 版本控制进阶

> 这是一件非常困难且让团队成员很快产生挫折感的工作。该工作应实行轮岗制度，但核心开发人员要一直看着它，因为他们理解这个工作的重要性。在最高峰时，这个合并团队有四个人全职干了几个月的时间。
>
> 分支的成本并不总是这么高，但它一定会产生一些成本。如果我们还能再重新做一次这个项目的话，我们会选择一个完全不同的策略（比如"通过抽象来模拟分支"）在主干上持续开发，同时做重构。

14.7 按发布创建分支

有一种情况，"创建分支"是可以接受的，那就是在某个版本即将发布之前。一旦创建了这个分支，该发布版本的测试和验证全部在该分支上进行，而最新的开发工作仍旧在主干上进行。

为了发布而创建分支取代了"冻结代码"这种邪恶的做法，即几天内不许向版本控制库签入代码，有时甚至是几个星期。通过创建发布分支，开发人员仍旧可以向主干签入代码，而在发布分支上只做严重缺陷的修复。为了发布创建分支如图14-2所示。

在这种模式中，要遵循如下规则。

- 一直在主干上开发新功能。
- 当待发布版本的所有功能都完成了，且希望继续开发新功能时才创建一个分支。
- 在分支上只允许提交那些修复严重缺陷的代码，并且这些修改必须立即合并回主干。
- 当执行实际的发布时，这个分支可以选择性地打一个标签（如果版本控制系统仅支持文件级别的跟踪机制，比如CVS、StarTeam或ClearCase，那么打标签就是必须的操作了）。

"按发布创建分支"的场景是这样的。开发团队需要开始做新功能，而当前发布版本正在测试或准备部署当中，同时测试团队希望能够在当前发布中修复缺陷，但不要影响正在进行当中的新功能开发。在这种情况下，在逻辑上将新功能的开发与分支上的缺陷修复分开是可以的。但要记住的是，缺陷修复必须被合并回主干。一般来说，当把缺陷修复提交到分支上之后，最好立即就合并回主干。

在产品开发中，维护性发布（maintenance release）需要解决那些在下一个新版本完成之前必须解决的问题。例如，某个安全问题需要在某个指定的发布中马上修复。有时候，新功能和缺陷修复之间的分界线很难界定，这会在一个分支上导致很复杂的开发。对于那些正在使用该软件早期版本的已付费客户来说，他们可能不愿意（或不能）升级到最新版本，而且他们还要求在较老的版本上增加一些新的功能。团队应该尽可能将这类需求最小化。

这种分支方式在真正的大项目中效果并不太好，因为很难让一个大型团队或多个团队在同一个版本上同时完成他们所有的工作。在这种情况下，理想的方法是有一个组件化的架构，每个组件都有一个发布分支，以便在其他团队还在开发组件时，该团队可以在创建分支后继续在他们的组件上开发新的功能。如果做不到这一点，请参见本章的"按团队分支"模式，看看是否更可行。如果你想做到"可以挑选特性"的话，请参见"按功能特性分支"模式。

当使用"按发布创建分支"的方式时，有一点非常重要，那就是不要在已有的发布分支上再创建更多的分支。所有的后续分支都应该是从主干上创建的，而不是已有分支上。从已有分支上创建分支是一种"梯型"结构（Berczuk, 2003, p. 150），这样很难发现两个版本之间哪些代码是公共的。

一旦发布频率达到了一定频度（比如一周一次左右），那么按发布创建分支的策略就没有必要了。在这种情况下，发布一个新版本要比在已发布的分支上打补丁更容易，成本更低。而且，部署流水线机制可能为你保留一份记录，包括执行了哪些发布，什么时间执行的，以及发布的软件在版本控制库中对应的修订版本号是哪个。

14.8 按功能特性分支

这种模式是为了让开发团队更容易在"特性"层次上并行工作，并保持主干的可发布状态。每个用户故事或特性在不同的分支上开发完成。一个故事只有通过测试人员验证无问题后，才会被合并到主干，以确保主干一直是可发布的。

该模式的动因是希望一直保持主干的可发布状态。这样的话，所有的开发都在分支上，不会被其他人或团队打扰。在代码全部完成之前，很多开发人员不喜欢暴露和公开他们的代码。另外，如果每个提交都是一个完整的特性或缺陷修复，那么版本控制的历史记录将更加富有完整的语义性。

要想让这种模式有效，就要有如下一些前提条件。

- 每天都要把主干上的所有变更合并到每个分支上。
- 每个特性分支都应该是短生命周期的，理想情况下应该只有几天，绝对不能超过一个迭代周期。
- 活跃分支的数量在任意时刻都应该少于或等于正在开发当中的用户故事的数量。除非已经把开发的用户故事合并回主干，否则谁都不能创建新分支。
- 在合并回主干之前，该用户故事应该已经由测试人员验收通过了。只有验收通过的用户故事才能合并回主干。
- 重构必须即时合并，从而将合并冲突最小化。这个约束非常重要，但也可能非常痛苦，进而限制了这种模式的使用。
- 技术负责人的一部分职责就是保证主干的可发布状态。他应该检查所有的合并（可以通过查看补丁的方式进行检查）。他有权拒绝可能破坏主干代码的补丁。

"存在很多长生命周期的分支"是不好的,因为会有多个组合合并的问题。例如,同时有四个分支,且其中每个分支只从主干上合并代码,彼此之间不做合并。那么这四个分支的内容就都互不相同。如果在其中两个分支上对紧耦合的代码基进行重构时,只要其中一个分支被合并,就会阻塞整个团队的进展。值得提醒一下的是,分支操作基本上是和持续集成背道而驰的。即使在每个分支上都做了持续集成,它也并没真正解决集成问题,因为事实上你仍旧没有对这些分支进行集成。此时,最接近持续集成的做法就是让持续集成系统把每个分支都合并到一个假想的"主干",这个假想的主干就是所有人都合并到主干后,该主干所处的状态,并在其上运行所有的自动化测试。这就是我们在第3章介绍的DVCS时的实践。当然,这种合并方式可能让测试在很多时候都处在失败状态,这也的确是这种方式存在的问题。

> **特性团队、看板与按功能特性分支**
>
> 按功能特性分支常在有关"特性团队"(feature crew)模式[cfyl02]中被提及,并且被看板(kanban)开发过程极力倡导。然而,完全可以不必为每个特性创建分支,却同时使用"看板开发"和"特性团队"这两种实践,而且工作得非常好(甚至比按特性分支更好)。这两种模式完全是正交的。
>
> 对按特性分支的批评不能被简单地解释为对特性团队或看板开发流程的攻击。我们曾看到这两种开发模式极其高效地一起发挥作用。

DVCS就是为这种模式设计的,而且使它很容易与主干进行双向合并,并根据其Head[①]创建补丁。DVCS让使用者能非常容易地创建一个分支代码库,并在其中增加特性,再开放给另一个提交者。这令那些使用GitHub的开源项目在开发速度方面收益颇丰。开源项目的一些关键特征使它们更适合这种模式,如下所述。

- 尽管可以有很多人向开源项目做贡献,但仅有一个由经验丰富的开发者组成的相对较小的团队来管理,他们对接受或拒绝补丁有最终的决定权。
- 发布日期相对灵活,这使得开源项目的提交者在拒绝次优的补丁方面有一定的回旋余地。尽管这对于商业产品来说也是适用的,但它并不是准则。

所以,在开源世界里,这种模式可能非常有效。它也适用于那些核心团队很小且由经验丰富者组成的商业项目中。它在大型项目中也能发挥作用,但需要应用下面这些条件:(1) 代码基被合理分解成多个模块;(2) 交付团队被分成几个小团队,每个团队都由一个有经验的开发者领导;(3) 整个团队承诺频繁地向提交主干签入并集成;(4) 交付团队不会屈从于交付压力而导致未达标准的发布决策。

我们以极谨慎的态度推荐这种策略,因为它与商业软件开发最常见的一个反模式紧密相关。这种反模式既邪恶,又很常见,那就是开发人员通过分支来创建特性,而

---

① Head是分布式版本控制库中的概念。如果你没有这方面的经验,可以认为它是版本库最新的一次提交。
——译者注

这种分支会独立持续存在很长时间。同时，其他开发人员也创建其他分支。只有当接近发布时间点时，所有的分支才会被合并到主干上。

此时，几个星期过去了，原来基本上已经在主干上测试并发现过奇怪缺陷的测试团队突然间又会发现很多整个版本的集成和系统级缺陷，以及之前尚未发现的很多功能级别的缺陷，因为在它们被集成在一起之前，没人要求开发人员去检查他们自己的分支。而测试人员也不愿意去检查，因为在发布日期临近之前，开发人员也没有时间去修复那么多bug。在运营团队将这个有问题的版本部署到生产环境或者公布给用户使用之前，管理团队、测试人员和开发团队会花上一周甚至数周的时间来激烈地讨论、重排缺陷的优先级，并昼夜奋战，修复严重的bug。毕竟，没有哪个用户会因收到乱糟的东西而兴奋不已。

这种力量非常强大，只有一个极具纪律性的团队可以避免这个问题。使用这种模式太容易"将确保应用程序处于可发布状态所需要解决的痛苦"推迟到后期。我们甚至看到过小且有丰富经验的忍者级别的敏捷团队也陷入到这种模式中。所以对于其他人来说，幸免于此的希望就更小了。应该总是从"主干开发"模式开始，如果你想尝试按特性分支模式，则应该严格遵守上面的规则。Martin Fowler写了一篇文章，生动地展示了"按特性拉分支"的风险[bBjxbS]，尤其是它与持续集成之间难以调和的关系。在3.8节中有关于在持续集成中使用DVCS的相关讨论。

总之，应该做充分的估计，确保采用这种模式所取得的收益远比其相当可观的开销更重要，而且要确保在发布日期来临之际，不会引起灾难性的后果。也应该考虑一下是否还有其他可选模式，比如利用"通过抽象来模拟分支"模式依靠组件化代替分支来管理扩展性，或者仅通过严格的工程实践，让每次变更都很小且是增量式的，并频繁地签入到主干。所有这些实践在前一章中都有详细阐述。

值得强调的是，按特性分支的确与持续集成是对立的，我们关于"如何使这种模式能够工作起来"的所有建议只是为了确保在合并时情况不至于太糟糕。如果能在源头避免痛苦，那会更简单一些。当然，就像软件开发中的所有"原则"一样，也会有一些特例情况出现，比如像开源项目或使用DVCS且由丰富经验的开发者组成的小团队。可是，需要提醒你的是，当采纳这种模式时，就是在"刀尖上跳舞"（Runing with Scissors）。

14.9 按团队分支

这种模式试图解决如下状况：在一个大型团队里，有很多开发人员同时工作在多个工作单元流上，并且还要维持主干总是处于可发布状态。与按功能特性分支一样，这种模式的主要意图是确保主干一直是可发布的。为每个团队创建一个分支，并且只有当该分支稳定后才将其合并回主干。每次合并后，其他分支都要立即将这次变更与自己合并在一起。如图14-7所示。

第 14 章 版本控制进阶

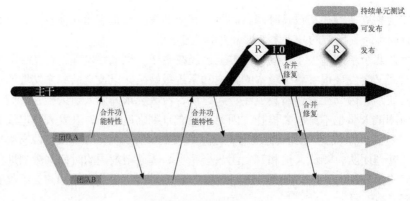

图14-7 按团队分支

下面是按团队分支的工作流程①。
(1) 创建多个小团队，每个团队自己都有对应的分支。
(2) 一旦某个特性或用户故事完成了，就让该分支稳定下来，并合并回主干。
(3) 每天都将主干上的变更合并到每个分支上。
(4) 对于每个分支，每次签入后都要运行单元和验收测试。
(5) 每次一个分支合并回主干时，在主干上都要运行所有的测试（包括集成测试）。

当有开发人员直接提交到主干时，很难保证像迭代开发方法所要求的那样，一直做到有规律地发布工作成果。如果有几个团队同时开发多个用户故事，主干上总会包含一些未完成的工作，使应用程序无法发布，除非严格遵守13.2节中所描述的规则。在这种模式中，开发人员只提交代码到他们自己团队的分支上。只有当所有正在开发的功能完成后，才将这个分支合并回主干。

当有几个比较小而且相对独立的团队，同时各团队负责该软件系统中功能相对独立的领域时，这种模式才有效。非常重要的是，每个分支要有一个所有者，由他负责定义和维持该分支的规则，包括管理谁可以向该分支提交代码。如果你想提交到某个分支上，那么必须找到该分支，并确保你的提交不会违反该分支的提交政策。否则，就必须创建一个新的分支。

这种模式的目的也是维持主干处于可发布状态。然而，这种模式中的每个分支也都面临同样的问题，即只有当该分支"稳定"时，才能将其合并到主干。如果合并回主干后，不会破坏任何自动化测试，包括验收测试和回归测试，那么则认为分支是稳定的。所以，每个分支都需要有一个自己的部署流水线，以便团队可以决定哪次构建是好的，从而知道源代码的哪个版本可以合并回主干，且不会违反这个规则。在执行这次构建之前，还要把主干上的最新版本先合并回该分支上，以便保证当该分支合并回主干时，不会使主干的构建失败。

---

① 正如Henrik Kniberg在 *Version Control for Multiple Agile Teams* 中描述的那样[ctlRvc]。

从持续集成的角度来说，这种策略有一些缺点。一个根本问题就是，这种策略上的工作单元是一个分支，而不是一次特定的修改。换句话说，无法将一次修改单独合并到主干，而只能将整个分支合并回去。否则无法知道是否破坏了主干上的规则。如果在合并之后，团队又发现了一个缺陷，而此时这个分支上又包含了其他修改的话，就不能只将这次修复合并回主干，团队要么让这个分支再次稳定下来，要么仅为这次修改创建另一个分支。

在这些问题里，有些问题可以利用DVCS来缓解。Linux内核开发团队使用了这种模式的一个变种，为操作系统的不同部分保持逻辑上的分支（比如调度程度和网络栈），也就是独立的代码库。DVCS能够从一个代码库上挑选一些变更发送给另一个代码库，这个过程叫做**摘樱桃**（cherry-picking）。也就是说，与其总是要合并整个分支，不如只合并想要的那些特性。现代的DVCS还有完善的rebasing工具，因此可以将补丁放在之前的变更集里，将它们捆绑在一起。因此，如果在补丁中发现了一个bug，那么完全可以为这个补丁再增加一个缺陷修复，并在部署流水线上运行该版本，在验证它没有破坏主干功能后，再合并这个新增的补丁。使用DVCS后，将这个模式从"不推荐使用"转为"在某种情况下"可以使用，因为团队可以做到有规律地合并到主干了。

如果合并不够频繁，这种模式也会面临那些整个团队无法直接提交到主干的模式同样的缺点，即真正的持续集成被打了折扣。也就是说，频繁且严重的合并冲突的风险是一直存在的。正是由于这个原因，Kniberg推荐每个团队在完成一个用户故事后，就合并回主干，而且要每天从主干上更新代码到自己的分支上。然而，即使这么做了，让每个分支与主干同步也是有一定开销的（虽然可能很小）。如果各分支间差异较大（比如在一个紧耦合的代码基上做了一次重构），团队就需要尽早地同步这些变更，以避免合并冲突。反过来，这也说明，一定要在分支的稳定版本上执行重构工作，以便能立即合并到主干。

实际上，这种模式与按特性拉分支很相似。它的优点是：分支较少，所以集成工作会更频繁一些，至少在团队级别是这样的。它的缺点是：各分支很快会变得差异很多，因为每个分支都对应着一个小团队的提交。所以，与按特性拉分支相比，合并操作可能会有更显著的复杂性。主要的风险是，各团队不能充分遵守关于合并回主干以及从主干更新代码的规则。团队分支很快就会和主干变得很不一样，彼此之间的差异也会很大，所以，合并冲突可能很快就变得极其痛苦了。在现实生活中使用这种模式的地方几乎最终都是这种结果。

正如在13.2节所详细阐述的那样，我们推荐通过"功能隐藏"的方式进行增量开发，从而做到应用程序随时可发布。即使某个功能特性正在开发当中，也可把它隐藏起来。一般来说，尽管这种方法需要更多的纪律性，但与管理多个分支相比，这种方法的风险相当小，而且多个分支的方式需要不断的合并，而且无法真正地快速提供某个变更对整个应用程序影响的反馈，而这些正是真正的持续集成可以提供的。

第 14 章　版本控制进阶

然而，如果面对的是一个庞大且像"铁板一块"的代码基，那么这种模式与"通过抽象来模拟分支"相结合就可以形成非常有效的一种策略，使其走向松耦合组件的系统架构。

可怕的版本控制故事（三）

我们曾经做过一个大项目，其中一部分人工作在印度。那时候，两个开发地点的网络基础设施非常慢而且不稳定。每次提交的成本都很高。我们为在印度的团队创建了一个单独的本地代码库，使他们可以使用正常的持续集成循环频繁地提交代码。他们有一个本地的CruiseControl服务器，因此就形成了一个完整且独立的持续集成循环。每天下班时，印度团队的某个人会将团队的变更合并到在英国的主干中，并确保本地代码库与主干保持同步，以便第二天的开发工作可以继续。

14.10　小结

"在软件开发过程中能够对所创建和依赖的资产进行有效控制"这一点对于任何项目的成功都是至关重要的。版本控制系统的演进以及围绕其所做的配置管理实践是软件开发史上非常重要的一部分。现代版本控制系统的复杂性及其良好的可用性使其对于当代基于团队的软件开发来说，已经具有非常重要的核心地位。

我们花大量时间来讨论这个看似无关的问题，原因有两个。首先，对于部署流水线的设计来说，项目所采用的版本控制模式是非常关键的。其次，根据我们的经验，很差的版本控制实践是达到"快速且低风险发布"这一目标最常见的阻碍之一。在那些版本控制系统的强大功能中，对于某些功能的不恰当使用方式会对"安全、可靠且低风险的软件发布"产生威胁。了解那些可用的功能，拿到正确的工具，并恰当地使用它们是成功软件项目的一个重要特性。

我们花了一些笔墨对下面三种不同的版本控制系统进行了对比：标准的集中式、分布式以及基于流的模式。我们相信，DVCS尤其会在软件交付方式上产生重大且积极的影响。然而，使用标准方式仍旧可以创建一个高效的流程。对于大多数团队来说，一个更加重要且需要考虑的问题是使用哪种分支策略。

"持续集成"与"创建分支"这两者的愿望之间从根本上就有一种张力。在使用持续集成方式做软件开发时，一旦你决定创建分支，就是在一定程度上做出了妥协。到底使用哪种模式呢？你应该先识别出对团队和软件项目来说最优的流程，然后在此基础上再做出选择。一方面，从持续集成的角度来说：每次修改都应该尽早地提交到主干。主干总是处于最完整且最新的状态，因为会用它来做部署。无论使用哪种技术，或者合并工具如何强大，假如变更无法被及时提交到主干，那么时间越长，合并时的风险就越高，当最终合并时，就会越容易发生问题。另一方面，当存在某些因素（比如网络连接不稳定、构建速度较慢或方便性）时，分支可能会更高效一些。

14.10 小结

　　本章中已经讨论了一系列为了获得更高的团队开发效率,才对持续集成进行一定程度妥协的备选方法。然而,很重要的一点是,每次创建分支,都要认识到它带来的成本。这种成本在于"增加了风险",而唯一最小化风险的方法就是无论由于什么样的理由创建了分支,都要努力保证任何活跃分支每天(甚至更频繁地)合并回主干。不这么做的话,这个过程就不再是持续集成了。

　　如前所述,我们推荐使用分支而无须说明的唯一情况就是:为了发布或技术调研创建分支,以及在极困难的情况下没有更合适的方式通过别的方法对应用程序做进一步的修改时才创建分支。

第 15 章

持续交付管理

15.1 引言

本书的主要读者对象是实践者（practitioner）。然而，实现持续交付不仅仅是买些工具，做一些自动化的工作。它依赖于交付过程中所涉及的每个人的协作，来自行政管理层的支持，以及基层人员的改进意愿。本章的写作目的是为如何在组织中进行持续交付工作提供一些指导。首先，讲述一个配置和发布管理的成熟度模型。接下来，探索如何计划软件项目的生命周期，包括发布在内。然后，阐述在软件项目中进行构建与发布的风险管理方式。最后，讨论一下在部署中常见的组织风险和反模式，以及帮助你避免这些问题的最佳实践与模式。

在开始之前，先阐述一下持续交付的价值。持续交付不仅仅是一种新的交付方法论。对依赖于软件的业务来说，它是一个全新的范例。要想知道为什么，需要研究公司治理核心中一种根本的张力（tension）。

CIMA 把企业治理（enterprise governance）定义为"由董事会（board）和执行管理层行使的一系列职责和实践，其目的是提供战略方向，以确保达成业务目标，风险被合理地管理起来，并验证组织的资源被可靠地使用了。"企业治理更关注于符合度（conformance），即遵从性、保障、监管、责任和透明管理，而业务治理（business governance）更关注业务和价值创造的执行度（performance）。

一方面，为了收入的持续增长，业务人员希望尽早得到有价值的新软件。另一方面，负责企业治理的人希望确保公司了解可能导致业务损失或破产的任何风险（比如违反适当规范），并确保有管理这些风险的手段和流程。

尽管在业务方面，每个人最终都是为了一个共同的目标，但在执行度和符合度方面经常会成为互相冲突的力量。这一点已经从有尽快交付压力的开发团队与把任何变更都看作风险的运维团队之间的关系看出来了。

15.2 配置与发布管理成熟度模型

我们认为，在组织中的这两部分人不要再进行零和博弈①了。其实，执行度和符合度都可以满足。这一道理在持续交付中也是正确的。通过确保交付团队能得到应用程序在类生产环境上的不断反馈，是部署流水线达成"执行度"这个目标的方法和手段。

部署流水线使交付流程更加透明，来帮助团队达成符合度。IT部门和业务部门能够在任意时刻利用自服务方式，将应用程序部署到UAT环境来试用它（比如测试一些新特性）。为了审计目的，部署流水线还提供系统记录，标记出应用程序的每个版本已经到了交付流程中的哪个阶段，并能够追溯每个环境中运行的应用程序对应于版本控制库的哪个修订版本。在这方面，很多工具都提供了相应的功能来记录谁能够做什么事，以便只能由被授权的人来执行部署。

本书中提到的实践，尤其是增量交付和自动化构建、测试和部署流程，都是用来帮助管理软件新版本发布风险的。全面的测试自动化在应用程序的质量方面为我们提供了更高的信心指数。部署自动化提供了一种能力，可以做到一键式发布和回滚。而使用一致的过程向每个环境进行部署，以及自动化的环境、数据和基础设施管理这样的实践来确保发布过程是经过彻底测试、人为出错机率最小，而且在发布之前，任何问题（如功能、非功能或配置相关的问题）都已被发现了。

使用这些实践后，即使开发复杂软件的大型组织也可以快速且可靠地交付新版本了。也就是说，不仅业务部门可以从投资中得到快速回报，而且还能减少风险，消除因较长的开发周期（甚至更糟，最终交付的软件无法满足其业务目标）所产生的机会成本。像精益制造业一样，没有频繁交付的软件就是仓库中的库存。它已经花钱制造完了，却还没有为你赚钱，实际上保管它也是花钱的。

15.2 配置与发布管理成熟度模型

在我们讨论"治理"这个话题时，应该对组织变革的目标有一个清晰的认识，这一点极其重要。经过多年的咨询工作（一份有机会看到很多不同的组织以及了解他们实际工作细节的工作），为了对聘请我们的组织进行评估，我和我的同事提炼了一个模型。这个模型帮助组织识别其在流程和实践成熟度方面所处的级别，并定义该组织通过努力可实施的改进步骤。

尤其是，我们已经很细心地阐明了在整个组织中参与到软件交付过程中的所有角色，以及他们如何在一起工作。这个模型如图15-1所示。

---

① 零和博弈又称零和游戏，与"非零和博弈"相对，是博弈论的一个概念，属非合作博弈，指参与博弈的各方，在严格竞争下，一方的收益必然意味着另一方的损失，博弈各方的收益和损失相加总和永远为"零"。双方不存在合作的可能。——译者注

第 15 章 持续交付管理

实践	构建管理和持续集成	环境与部署	发布管理和符合性（Compliance）	测试	数据管理	配置管理
3级——优化：聚焦于过程持续改进	团队定期碰头，讨论集成问题，并利用自动化、更快地反馈和更好的可视化来解决这些问题	更有效地管理所有环境。准备工作全部自动化。如果适当的话，使用虚拟化技术	运营和交付团队定期沟通来管理风险，缩短循环周期	生产环境的回滚很少。缺陷可以立即发现并修复	在两次发布之间建立了数据库性能和部署流程的反馈回路	定期验证配置管理是否支持高效的合作，快速开发和可审计的变更管理流程
2级——量化管理：过程度量与控制	构建度量收集，可视化并采取行动。构建不能长时间处于失败状态	精心计划的部署管理，对发布和回滚流程进行测试	环境与应用程序的健康性得到监控，并有前瞻性管理；周期时间（Cycle Time）得到关注与监控	质量度量和趋势跟踪。对于非功能需求进行了定义与度量	每次部署都进行数据库升级和回滚测试。对数据库进行监控和优化	开发人员每天至少提交到主干一次。只在需要发布时才会拉分支
1级——一致性：在整个应用生命周期上使用自动化过程	每次代码提交都进行自动化构建和测试。依赖关系被很好地管理。脚本与工具得到重用	软件部署使用全自动自服务一键式过程。使用相同的过程向各种环境进行部署	定义并执行变更管理和审批过程。监管及合规的条件得到满足	自动化的单元测试和验收测试。后者是测试人员写的。测试是开发过程中的一部分	数据库变更作为部署流程的一部分自动执行	库和依赖被很好的管理。变更管理过程决定了版本控制的使用规则
0级——可重复性：过程被文档记录了，并有部分自动化	定期的自动化构建与测试。任意一个构建都可以使用自动化过程重新从源版本控制库上创建	自动化部署到几种环境中。新环境的创建成本非常低。所有配置都被放在外部，并做版本控制	痛苦且不频繁，但能可靠地发布。从需求到发布可以做到部分可追踪	自动化测试是用户故事开发的一部分	对数据库的变更使用自动化脚本完成，而这些脚本与应用的版本相对应	重建软件所需的内容都进行版本控制，包括：源代码、配置、构建与部署脚本、数据迁移
负1级——阻碍的：过程不可重复，受控性差，反作用的	软件构建是手工过程。没有对产物和报告进行管理	软件部署是手工过程。针对具体环境生成二进制包。环境准备是手工的	不频繁且不可靠的发布	开发完之后，才做手工测试	数据库迁移没有版本化，且手工进行	没有使用版本控制，或者提交不频繁

图15-1　成熟度模型

如何使用这个成熟度模型

这个模型的最终目标是组织改进，想得到的结果如下。

- 缩短生产周期，以便能更快地为组织交付价值，增加利润。
- 减少缺陷，以便可以提高效率，在技术支持工作上花更少的成本。
- 提高软件交付生命周期的可预测性，让计划更有效。
- 具有采用和遵守任何必要的法律规章的能力。
- 具备有效发现和管理软件交付相关风险的能力。
- 通过更好的风险管理和交付更少缺陷的软件来减少成本。

我们相信，这个成熟度模型可以作为一个指南，帮助你收获所有这些产出。一如既往，我们推荐你使用戴明环，即计划-执行-检查-处理。

(1) 使用这个模型来分析确定你所在组织的配置和发布管理模式。你会发现，组织中的不同部门在不同维度上处于不同的级别。

(2) 选择一个领域集中发力，该领域是你的薄弱环节，你的痛点所在。价值流分析方法（value stream mapping）会帮你识别在组织中对哪个领域进行改进最有意义。本书会帮助你理解每个改进会带来什么，以及如何实施。你应该决定哪项改进对组织有意义，评估它的成本和收益，并排定优先级。你应该定义一些验收条件来将期望的结果具体化，以及这些验收条件如何度量。这样，才能确定这种变化是否能够成功。

(3) 实施变革。首先，创建一个实施计划。可能最常见的方法就是先验证一下。比如，先选择组织中真正感到痛苦的那部分人，这些人会有强烈的动机去实施这种变革，而你将会看到最大的变化。

(4) 一旦发生了变化，使用之前创建的验收条件来衡量这些变化是否达到了预期的效果。组织所有的干系人和参与者开一个回顾会议，找出这些变化是否够好，以及对哪个潜在领域还可以进行改进。

(5) 重复上述步骤，积累知识。做增量式的改进，并将它推广到整个组织中。

组织变革是困难的，这方面的详细指南不在本书讨论范围之内。我们能够提供的一个最重要的建议就是增量式地实施改进，并随着进展不断衡量其影响。如果想让整个组织中一下子从第一级直接跨越到第五级，那么一定会失败。大型组织的改变可能要花上几年。"找到最有价值的变化，并找出如何执行"是一门科学：先提出一个假设，然后测试。重复做，在过程中不断学习。无论你做得多么好，总是能找到值得改进的地方。如果某个方法没有发挥作用，不要放弃这个流程，尝试另外一种方法。

15.3 项目生命周期

每个软件开发项目都是不同的，但不难从中抽取出共同元素。尤其是，我们可以抽象出一个软件交付的生命周期。与每个团队一样，每个应用程序都有自己的叙事弧线。团队组建与磨合常常会经历五个阶段：创建期（forming）、风暴期（storming）、规范期（norming）、运转期（performing）和调整/重组期（mourning/reforming）[①]。同样，软件也会经过几个阶段。初步可包含以下阶段：识别阶段（identification）、启动阶段

[①] 创建期(forming)指团队开始形成，团队成员开始互相了解，而不特别关注工作。这时候效率是低下的。风暴期（storming）指头脑风暴，即团队成员花大量时间讨论如何领导，如何分配工作，怎样工作还有达到的目标。效率较低。规范期（norming）指团队确定了决策流程，并开始规范自己的行为，开始关注怎样工作能最好的达到目标，效率上升。运转期（performing）指团队开始有效率的工作，并在工作中避免个人冲突，团员懂得怎样做决定和工作，效率很高。调整/重组期（mourning/reforming）指经过一段时间的运转后，团队出现种种新的问题，进行调整和重组过程。如此循环往复。——译者注

(inception)、初始阶段（initiation）、开发和部署阶段（development and deployment）及运维阶段（operation）。在详细解释构建和部署工程如何融入这个蓝图之前，我们先简单地讲一下这些阶段。

ITIL和持续交付

ITIL（Information Technology Infrastructure Library，信息技术基础设施库）为软件服务交付提供了一个框架，它与本书中我们描述的交付方法相兼容。二者都是通过让IT部门成为业务的一个战略资产，从而提高向客户交付的价值。与ITIL一样，本书的方法也关注于有效用的、对目标适用的，以及有保证的、有用的服务，我们也在讨论满足明确定义的功能和非功能需求。

然而，ITIL的范围比本书更广。它的目标是为某个服务整个生命周期中的所有阶段提供最佳实践，这些包括从IT策略和服务管理的实践与功能，直到如何做好服务运营支撑的管理。相对来说，本书的假设前提是已经制订了战略，而且有相应的过程来管理它，同时你已经有你想提供的服务的大概思路。本书主要关注于被称做服务转换（service transition）的ITIL阶段，并做过一些关于服务运营的讨论（尤其是在第11章）。

在ITIL的上下文中，本书的大部分内容可以认为是提供了发布和部署管理的最佳实践，以及服务的测试及验证流程，包括它们与服务资产、配置管理及变更管理流程的关系。然而，由于我们是从整体上看待交付的，所以本书中讨论的内容是服务的设计与运维。

我们的方法与ITIL之间的主要不同在于：我们的关注点在于迭代和增量交付，以及跨功能职责角色之间的协作。ITIL从服务设计与服务运营的角度来考虑这些事情。但是，当谈到服务转化（尤其是开发、测试和部署）时，就有点被忽视了。我们认为，对于创建并维持竞争优势的业务能力来说，迭代增量式地交付有价值高质量的软件绝对是至关重要的。

15.3.1 识别阶段

大中型组织都会有治理策略（governance strategy）。业务部门会决定策略目标，并识别一系列需要做的计划任务，以便完成策略目标。这些计划任务会被分解成多个项目。

然而在我们的经历中，常常发现，IT项目经常不做业务分析（business case）就启动了。这样很可能导致失败，因为没有做商务分析，就不可能知道项目如何算成功。你也就成了《南公园》中收集内裤的侏儒了①，他的策略如下。

---

① 1998年在美国上映的30集连续剧《南方公园》（*South Park*）中的第17集。之后，收集内裤的侏儒被商业评论家作为一种引喻，暗指那些因商业计划中缺少"收集内裤"和"收益"之间的环节而失败的项目。

——译者注

(1) 收集内裤。
(2) ?
(3) 收益。

没有商务分析，需求收集工作就很难做，同时也无法客观地排列需求优先级（这对企业内部服务也是一样的）。即使做了，可能最后开发出来的应用程序或服务也与你在最初需求收集时所想的解决方案相差很大。

在开始需求收集之前，还有一样东西要准备好，即利益干系人列表，其中最重要的是业务主要负责人（business sponsor，在PRINCE2①是高级责任人）。每个项目应该只有一个业务主要负责人。否则，在项目还没有完成之前，就会在政治内讧中失败。这个业务负责人在Scrum②中叫做Product Owner，在其他敏捷形式中就是指客户。然而，除了业务负责人以外，每个项目都需要一个由该项目所涉及部门的成员组成的督导委员会——在一个公司中，这会包括其他高管和使用该服务的用户代表，而对于一个产品来说，可能是产品的高级主管或客户代表。IT项目的其他内部干系人包括运维、销售、市场和技术支持人员，以及开发和测试团队。这些干系人都要参与项目的下一个阶段——启动阶段。

15.3.2 启动阶段

"启动阶段"是对开始写产品代码前这段时间最简单的描述。一般来说，此时会对需求进行收集和分析，并对项目的范围和计划进行初步规划。人们很容易认为这一阶段是低价值的而跳过它。然而，即便作为铁杆敏捷拥护者，本书的作者也从惨痛的经历中得到结论：软件项目要想成功，就要对这个阶段进行细心的规划和执行。

这一阶段有很多种交付物。根据方法论和项目类型的不同，这些交付物也会有差异。然而，大多数启动阶段会有下列产出。

- ❏ 商务分析报告，包括该项目的价值评估。
- ❏ 概括性的功能与非功能需求列表（包括容量要求、可用性要求、服务连续性要求和安全性要求），需求的详细程度足以估算工作量和做项目计划即可。
- ❏ 发布计划，其中包括工作时间安排表和与项目相关的成本。为了得到这个信息，通常会评估需求的相对大小，所需的编码工作量，以及每个需求相关的风险和所需人力资源计划。
- ❏ 测试策略。

---

① PRINCE是PRoject IN Controlled Environment（受控环境下的项目管理）的简称。PRINCE2描述了如何以一种有逻辑的、有组织的方法，按照明确的步骤对项目进行管理。它不是一种工具也不是一种技巧，而是结构化的项目管理流程。——译者注

② Scrum是一种迭代式增量软件开发过程，通常用于敏捷软件开发。包括一系列实践和预定义角色的过程框架。——译者注

- 发布策略（详见后续内容）。
- 架构评估报告，决定使用什么样的平台和框架。
- 风险和问题列表。
- 开发生命周期的描述。
- 执行上述内容的计划描述。

这些交付物应包括足以启动项目的细节以及最多几个月后需交付的目标，如果可能的话，短点儿更好。根据我们的经验，合理的最长周期是三到六个月（倾向于三个月的期限）。在启动阶段结束前，应该根据对项目的估计收益、预计成本和已预期的风险等因素，给出该项目是否需要继续进行的明确决定。

该阶段中最重要的部分（也是决定项目成功概率的部分）是让所有项目干系人在一起面对面的工作，包括开发人员、客户、运营人员和管理层。这些人之间的对话才是真正的交付物，因为这会让所有人对需要解决的问题域，以及解决问题的方法有一个共同的理解。上面的清单用于设计和引导这种对话，以便能够讨论重要的问题，识别风险，并制定风险对策。

这些交付物应该被记录下来。然而，由于它们是活（living）的文档，所以在整个项目进程中每个产物都可能发生变化。为了以可靠的方式追踪这些变化（以便每个人都能轻松地看到当前的状况），你应该将这些文档提交到版本控制库中。

注意，在这个阶段所做的每个决定都是基于推测的，将来会发生变化。这些产出物都是基于当时所能获得的一小部分信息做出的最合理猜想。在项目的这个阶段，由于你所能掌握的信息很少，所以花过多精力是错误的。这个阶段的内容都是一些重要的计划讨论和目标设定。随着项目的进展，其中很多内容需要提炼或重新定义。在一个成功的项目中，对这些内容的变更处理也一定做得非常好。那些试图避免变更的项目常常以失败而告终。在项目的这个阶段进行非常详尽的计划、估算和设计就是在浪费时间和金钱。具有广泛基础的决策是在此阶段唯一的一种持久决定。

15.3.3 初始阶段

在启动阶段之后，就应该建立初始的项目基础设施了。这个初始阶段一般需要一周到两周的时间。下面是该阶段中的典型活动。

- 确保团队（分析师、经理和开发人员）可以得到开发所需的所有软硬件。
- 确保基本的基础设施都准备好了，比如因特网连接、白板、笔和纸、打印机、食物和饮料等。
- 创建电子邮件账号，为大家指派访问各类资源的权限。
- 建立好版本控制库。
- 建立一个基本的持续集成环境。
- 在角色、职责、工作时间和会议时间（比如站立会议、计划会议和演示会）上达成一致。

- 为第一周做准备工作，并在目标（不是指"最后期限"）上达成一致。
- 创建一个简单的测试环境和测试数据。
- 稍微更详细地研究一下预定的系统设计：在这一阶段探究它的可行性是真正的目标。
- 做一些调研（为了验证对某个具体需求的设计而做的实现，将来会被扔掉），识别和缓解任何分析、开发和测试风险。
- 开发用户故事或需求的待办列表（Backlog）。
- 创建项目结构，使用最简单的用户故事（与hello world差不多），包括一个构建脚本和一些测试，从而验证持续集成环境可以正常工作。

安排足够的时间从容地完成这些工作是至关重要的。如果没人知道对将要开发的最初需求的验收条件，或者团队成员没有好用的计算机和工具以及因特网接入不畅，还执意开始工作的话，那一定是低效的，团队士气也会低落[①]。

虽然这个阶段的真正目标是准备好基本的项目基础设施，而且也不应该被看成是一个真正的开发迭代，但是拿一个真实的需求让整个基础设施运行起来是非常有用的。建立一个测试环境却无内容可测，或者建立了一个版本控制库却无内容可存，这是一个既没有产出也很低效的开始。与此相反，要找到一个实际的（也许是最简单的）需求，解决一个实际的问题，并建立一些初始的设计方向。用这个用户故事来证明能够进行正确的版本控制，并且在持续集成环境中可以运行测试，再将结果部署到一个手工测试环境中。其目标是完成这个用户故事并可演示，并在初始阶段结束时，建立所有的支撑性基础设施。

一旦你做完了这些，就可以开始真正的开发工作了。

15.3.4 开发与发布

当然，我们推荐以迭代增量式过程进行软件的开发与发布。不适用这种方式的唯一情况就是那种大型且涉及多个相关方的国防项目。然而，即便是太空船软件，也是利用迭代过程实现的[②]。虽然很多人都认同迭代过程能带来益处，但是，我们经常看到的事实是，团队声称自己做的是迭代开发，但实际上完全不是那么回事。因此，有必要重申一下，我们认为下列信息是至关重要的，而且是迭代过程的最基本要求。

- 软件应该一直处于可工作状态，因为每次签入代码时，都会运行自动化测试套件，包括单元测试、组件测试以及端到端的验收测试。
- 每个迭代都能将软件部署到一个类生产环境中，并向用户演示（这样可以确保整个过程不但是迭代式的，而且是增量式的）。
- 迭代长度不超过两周。

[①] 所谓"磨刀不误砍柴工"。——译者注
[②] 《ACM》杂志1984年第27卷第9期。

使用迭代过程的理由有如下几个。

- 假如按业务价值来排功能优先级，你会发现，远在项目结束之前，软件就已经生效了。当然，即使我们已经完成了一些功能，也经常有一些很好的理由不发布新软件。然而，除了让人使用上可以工作的软件这种方式以外，没有哪种方式更能将人们对项目成功的担心转化成对看到新功能的兴奋。
- 可以从客户或者出资人那里得到关于软件的反馈，比如什么需求被满足了，什么需求还需要澄清或修改。这也意味着，正在开发的功能的确是有价值的。可在项目开始时，没有人知道，他们真正想要的是什么。
- 只有客户签收（sign off）后，需求才真正算完成了。而定期给客户做软件演示是跟踪进度唯一的可靠方式。
- 保持软件随时可工作（因为你不得不做演示），这会让团队更有纪律性，以避免集成阶段时间太长、破坏原有功能的重构和失去焦点及方向感。
- 可能最重要的是，强调每次迭代结束后都能得到可部署到生产环境的代码。在软件项目中，这是唯一真正有用的过程度量项，也只有迭代方法能提供这种方式。

"不做迭代开发"的一个常见理由就是：在很多功能没有完成之前，整个项目是无法交付价值的。虽然对于很多项目来说，这种限制可能是很现实的，但是，上面列表中的最后一项正好与这种情况相对应。当管理没有使用迭代开发方法的大型项目时，所有关于项目进展的度量都是主观的，根本没有办法确认项目的真正进度。在非迭代方法中看到的那些漂亮图表都是基于所剩时间的估算和对后续集成、部署和测试阶段中风险与成本的猜测。迭代开发提供的是项目进展情况的客观度量，它是用开发团队能够供给用户可工作的软件，并且该软件完成了多少被用户认可，满足用户目标的功能来衡量项目进度的。只有已准备好能够部署到生产环境的代码，那些你可以与之交互的代码（即便只是在一个UAT环境），才能保证指定的功能是真正完成了的。

至关重要的是，"准备好部署到生产环境"也意味着该软件已利用生产环境相同大小的数据集，在类生产环境中进行了非功能需求测试。你所关心的任何非功能需求（比如容量、可用性和安全性等）都应该利用真实的负载和使用模式来测试。这些测试应该是自动化的，每次通过验收测试后就运行这些软件构建，以便确保软件总能满足要求。第9章详细讨论了这个问题。

迭代开发过程的关键在于划分优先级和并行化。工作应该被划分优先级，以便分析人员开始分析最有价值的特性，然后把工作交给开发人员，之后是测试人员，最后是给真正的用户或其代表做演示。利用来自精益制造的一些技术，这一工作可以并行进行，而且可以对每个任务上的工作人数进行调整，以便移除瓶颈。这样就会形成一个非常高效的开发过程。

进行迭代增量式开发有很多种方式。最流行方法之一就是Scrum，它是一种敏捷开发过程。Scrum在很多项目上成功了，但我们也看到过它失败。而失败的原因主要有如下三个。

15.3 项目生命周期

- **缺乏承诺**。向Scrum转变的过程是一个很容易出乱子的过程，尤其对于项目的领导力来说。确保每个人都能对项目的进度进行定期的面对面讨论，建立定期的回顾会议来分析项目运行情况，并寻找改进点。敏捷过程依赖于透明性、协作性、纪律性和持续改进。在实施敏捷过程中，会突然释放出一些有用信息，将原来隐蔽起来不便得到的真象推到聚光灯下。关键在于，要认识到这些问题本来就一直存在。现在只是暴露出来，让你知道了，这样就可以解决它们了。
- **忽视好的工程实践**。Martin Fowler等人曾描绘过，假如Scrum执行者忽略了技术实践（比如测试驱动开发、重构和持续集成[99QFUz]），会出现什么情况。如果代码基被缺乏经验的初级开发人员搞坏了，任何开发过程都无法自动修复它。
- **将敏捷开发过程进行适应性调整，直到这个过程不再敏捷了**。有些人对敏捷过程进行剪裁，令它成为他们认为能更好地适应他们组织需要的过程是很常见的现象。毕竟，敏捷过程就是要被裁剪的，以满足个别项目的需要。然而，敏捷过程中的各种要素常常以微妙的方式互相作用，很容易误解其价值所在，尤其是对于那些没有迭代过程实践背景的人来说，更是如此。所以，开始时应该坚信书中所写的都是正确的，并遵循书中所写的这个流程。在这一点上，怎么强调都不算过分。当你看到它是如何发挥作用以后，才能开始对其进行裁剪，以适应你的组织。

对诺基亚公司来说，这最后一点给它们带来了很多麻烦。因此，它建立了一个检查清单，用于评估它的团队是否在真正使用Scrum。这个检查分成如下两部分。

- **你在做迭代开发吗？**
  - 迭代周期必须少于四周，而且要固定时长①。
  - 在每个迭代结束时，软件的功能必须被测试完成，并能够正常工作。
  - 在规格说明书写完之前，迭代必须开始。
- **你在使用Scrum吗？**
  - 你知道谁是Product Owner吗？
  - 产品待办列表是按业务优先级排列的吗？
  - 产品待办列表是由团队估算的吗？
  - 项目经理或其他人是否干扰了团队的工作？

为了澄清最后一点，我们认为，项目经理应该管理风险、移除障碍（比如资源缺乏、帮助高效地交付），扮演了非常有用的角色。然而，的确有些项目经理根本不做这些事情。

15.3.5 运营阶段

一般来说，第一次发布不可能成为最后一次发布。接下来会发生什么，很大程度

---

① 正如我们上面所说，我们认为迭代周期应该在两周之内，而不是四周。

取决于项目本身。开发和发布过程可能会一直全速持续下去,也可能团队规模会减小。如果该项目原来是一个试验型项目,可能会发生相反的情况,团队规模会变大。

迭代和敏捷过程中有一个非常有趣的现象,即在很多方面,项目的运营阶段与常规开发阶段没有什么不同。如前所述,大多数项目不会止步于首次发布,而会开发新的功能。有些项目还会有一系列的维护性发布,可能是修复那些在发布前未能预料到的问题,可能是对软件进行修改以满足新发现的用户需求,还可能是滚动开发计划的一部分。此时,要识别新特性、排定优先级、分析、开发、测试和发布。这与项目的常规开发阶段没有什么不同。从这方面来看,将这些阶段合并在一起是消除风险的最佳方法之一,也是本书其他部分描述的持续交付的核心。

正如在本节前面提到的,对于某个具体系统来说,将其发布时间尽可能提前到对其有意义的时间点是非常有用的。你能得到的最佳反馈是从真正的用户那里来的,这里的关键是尽早将软件发布给真正的使用者。然后,你就能对软件可用性等方面的反馈以及其他任何问题尽快地做出反应。虽然如此,在系统发布之前和之后,项目各阶段之间还是有所不同的。一旦首次公开发布后,变更管理,尤其是对于应用程序生成的数据以及它的公开接口的变更,就变成了一个非常重要的问题。参见第12章。

15.4 风险管理流程

风险管理是一个过程,它确保:

- 项目的主要风险已经被识别;
- 已有适当的缓解策略对这些风险进行管控;
- 在整个项目过程中,持续识别和管理风险。

风险管理过程应该有如下几个关键特征。

- 一个项目团队汇报项目状态的标准结构。
- 项目团队依赖标准,定期更新进度状态。
- 有一个信息展示板,让程序经理(program manager)可以跟踪当前状态,并查看所有项目的趋势。
- 项目外的人员定期对项目进行审计,确保风险被有效地管理起来了。

15.4.1 风险管理基础篇

值得注意的是,并不是所有的风险都需要缓解策略。对于那些灾难性的事件,没什么方法可以用来缓解。比如,一个巨大的小行星会摧毁地球上的所有生命就是一个极端例子,但你一定已经理解我说的是什么意思了。经常会有一些很现实的、项目所特有的风险,会导致项目被取消,比如立法或经济的变化,组织管理结构的变更,或者项目关键发起人离职等。制定和实施成本太高或时间消耗太长的缓解策略也是没有必要的,比如对于某个小公司的工时和票据管理系统来说,一个多地区多节点的备份系统是没有必要的。

风险管理的一个常见模型（参见Tom DeMarco和Timothy Lister写的*Dancing with Bears*）是根据风险的影响（如果一旦发生，它们会引起多少损失）以及其可能性（风险有多大的可能成为事实）对风险进行分类的。二者结合在一起来评估每个风险的严重程度。从经济方面来考虑影响是最容易的：如果这个风险成为现实，会损失多少钱？然后再将该风险的可能性指定为0（不可能）到1（必然）之间的某个数值。把严重性产生的影响（就是损失的金钱）与可能性相乘，得到的金钱数就是对风险严重性的估值。这样，可以通过非常简单的计算决定使用什么策略来缓解风险：缓解策略的成本是否高于风险的严重度？如果回答是肯定的，那么缓解策略可能就没有必要实施了。

15.4.2　风险管理时间轴

根据在本章前面讨论过的项目生命周期模型，风险管理过程应该在启动阶段结束之前就开始了，并在初始阶段结束时进行重新审视，然后在整个开发和部署阶段中定期进行审视。

1. 启动阶段结束时

在这一阶段的最后，有两种重要的交付物。首先就是发布策略，它是在该阶段创建的。你应该验证我们在关于"创建发布策略"一节（10.2节）讨论过的所有方面都被考虑到了。如果没有考虑到的话，团队怎么做计划来管理这些相关的风险呢？

第二种交付物是对初始阶段的计划。有时候在启动和初始阶段间会有一段空闲期。此时，该计划在初始阶段的前几天做完就行。否则的话，初始阶段结束时就应该完成这个计划的制订。

2. 初始阶段结束时

这里的关键是确保团队已经准备好开始开发软件了。持续集成服务器应该已经运行了，并能够编译代码和运行自动化测试套件。而且，还应该有一个类生产环境，可以用于产品代码的部署。用于描述应用程序的功能和非功能（尤其是容量）需求是如何通过部署流水线中的自动化测试套件的测试策略也应该到位了。

3. 开发和发布风险的缓解

即便做了最充分的准备工作，开发和部署阶段也会有很多方式可能走向错误的一端，有时可能比你想的还要快。我们曾经历或听说过一些关于直到部署日期之后才交付代码，或者刚部署就由于容量问题而失败的项目。在整个阶段中，你要不断问自己一个问题："有什么会出错？"假如你没有问自己这个问题，当事情发生时，你就会不知所措。

在很多方面，风险管理的真正价值在于它为软件开发建立了一个上下文环境，并且对开发活动产生一种深思熟虑的有风险意识的方法。作为一个团队，考虑哪些地方会出错也许能发现一个有可能被遗漏的具体需求，它也让我们足够重视某个风险，并在该风险成为问题之前避免这种后果的发生。如果你认为第三方供应商可能会错过最后期限，那么就会提前监控他们的进度，从而在最后期限到来之前有时间重新调整计划，以适应当时的状况。

在该阶段，你的目标是识别、跟踪和管理所有你认为可以被管理的风险。有如下几种方法来识别风险。

- ❏ 查看部署计划。
- ❏ 每次演示之后都做一下简短的回顾会议。在这个会议上，让团队对项目风险进行头脑风暴。
- ❏ 让风险识别成为每日立会的一部分。

有几个常见的与构建和部署相关的风险值得我们注意。我们会在下一节中讨论。

15.4.3 如何做风险管理的练习

不要去干扰一个能够按计划定期交付软件的团队（尽管它可能会有几个缺陷），这一点非常关键。然而，更重要的是，快速发现那些从外部看来一切都很好，而实际上正在走向失败的项目。幸运的是，迭代开发方法的收益之一就是，很容易就能发现这样的问题是否存在。如果你正在进行迭代开发，那么每个迭代结束时你都应该在类生产环境中演示一下这个可工作的软件。这是实际进度的最佳证明。因为你的团队生产出了真正可执行的代码，并对真正用户进行演示并部署到类生产环境中（交付速率），这个结果不会说谎，虽然这种进度也是估计的。

让我们用它与非迭代开发方法或迭代周期很长的迭代开发对比一下。在使用后者的项目中，必须深入了解团队工作的细节，查看不同的项目文档和跟踪系统才能真正发现还剩多少工作需要完成。一旦完成这种分析之后，你就要依据现实情况来验证分析后得到的结果，而这是一个极其困难且不可靠的过程。

分析任何项目，最好是从下面这些问题出发（对我们来说，这个列表在多个项目里都非常有效）。

- ❏ 如何跟踪项目进度？
- ❏ 如何防止缺陷？
- ❏ 如何发现缺陷？
- ❏ 如何跟踪缺陷？
- ❏ 怎么知道一个用户故事做完了？
- ❏ 如何管理环境？
- ❏ 如何管理配置项，比如测试用例、部署脚本、环境和应用程序配置、数据库脚本和外部库？
- ❏ 演示可工作功能的频率是怎样的？
- ❏ 做回顾会议的频率是怎样的？
- ❏ 运行自动化测试的频率是怎样的？
- ❏ 如何部署软件？
- ❏ 如何构建软件？

- 对运营团队来说，如何确保发布计划是可行的且可接受的？
- 如何确保风险问题列表是及时更新的？

这些问题并不是一种规范，这一点非常重要，因为每个团队都要有一定的灵活性根据他们的具体需求来选择合适的流程。相反，这些问题都是开放性的问题，确保你尽可能多地得到关于项目上下文和所用方法的相关信息。而且，这些问题更关注于产出物，所以你能验证团队是否真的能够交付，而且也能找到一些警示信号。

15.5 常见的交付问题、症状和原因

在本节中，我们会描述一些在软件的构建、部署、测试和发布过程中常见的问题。尽管任何事情都有可能让项目失败，但有些事情比其他事情更可能导致失败。通常很难找出项目到底出了什么问题，你能看到的只是症状。当出问题时，找出怎么能更早地发现它，并确保这些症状都被监控到了。

一旦看到这些症状，你需要寻找并发现根因，因为任何症状都可能是很多可能的潜在原因的一种表象。为了找到根因，我们使用了一种叫做"根因分析"的技术。对于一个非常简单的过程来说，这是个非常华丽的名字。而当面对一系列的症状时，只要像小孩儿那样，重复向团队问"为什么"，并至少五次就行了。尽管这个过程听上去似乎非常荒唐，但我们发现，它非常有用，而且十分简单。

一旦知道了根本原因，你就要真正来解决它。所以，我们在这里直接列出常见的症状，并依据其根本原因进行了分组。

15.5.1 不频繁的或充满缺陷的部署

1. 问题

花很长时间部署某个构建版本，而且部署过程很脆弱。

2. 症状

- 测试人员花很长时间才能将缺陷记录关闭。注意，这个症状可能并不是完全由不频繁的部署导致的，但它是可能的原因之一。
- 对用户故事的测试或者被客户验收需要花很长时间。
- 测试人员正在找的bug是开发人员很长时间之前修复的。
- 没有人信任UAT、性能或持续集成环境，当某个版本发布将要发布时，人们仍旧表示怀疑。
- 很少做演示。
- 应用程序很少被证明是可以工作的。
- 团队的速率（进度）比预期的慢。

3. 可能的原因

有很多种可能的原因。下面是最常见的一些原因。

- 部署过程是非自动化的。
- 没有足够的硬件。
- 硬件和操作系统的配置没有被正确地管理。
- 部署过程依赖于团队无法掌控的系统。
- 没有足够多的人员理解构建和部署过程。
- 测试人员、开发人员、分析人员和运营人员在开发期间没有充分协作。
- 开发人员没有遵守纪律，通过小步增量方式的修改保证应用程序一直处于可工作状态，因此经常破坏原有功能。

15.5.2 较差的应用程序质量

1. 问题

交付团队无法实施有效的测试策略。

2. 症状

- 总出现回归bug。
- 缺陷数量持续增长，即使团队花很多时间修复它们（当然，这个症状只是表明你是否有一个有效的测试过程）。
- 客户抱怨产品质量低。
- 无论什么时候接到一个新的功能需求，开发人员都抱怨，看上去很害怕。
- 开发人员总是抱怨代码的可维护性，但却一直没有变好。
- 实现新功能的时间逐渐变长，并且团队进度开始落后。

3. 可能的原因

本质上来说，这个问题有两个源头：测试人员与交付团队的其他成员的协作不畅以及自动化测试写得很差，或者不充分。

- 在特性的开发期间，测试人员没有与开发人员协作。
- 用户故事或特性被标记为"完成"，但没有写全面的自动化测试，也没有测试人员的验收，或者没有在类生产环境上给用户演示。
- 没有立刻修复已发现的缺陷，也没有写自动化测试用来检测回归问题，而是直接放到了待办列表中。
- 开发人员和测试人员在自动化测试套件开发方面没有足够的经验。
- 对于所用的技术或平台，团队并不了解写哪种类型的测试最有效。
- 没有足够的测试覆盖率，开发人员工作时无防护网，可能是因为他们的项目管理者没有给他们预留实现自动化测试的时间。
- 系统只是个会被放弃的原型（虽然我们遇到过好几个原来被当做会被放弃的原型开发而后来被直接当成重要的生产系统的事情）。

请注意，过度的自动化测试当然也是有可能发生的。据我们所知，有个项目中，整个团队花了几个星期写自动化测试，其他的什么都没干。当客户发现没有可以工作的软件时,这个项目团队就被解雇了。然而,应该注意一下这个警示故事的上下文:迄今为止,最常见的失败还是自动化测试太少,而不是太多。

15.5.3 缺乏管理的持续集成工作流程

1. 问题

不适当的构建过程管理。

2. 症状
- 开发人员的签入不够频繁(应该至少一天一次)。
- 提交阶段总是处在失败状态。
- 缺陷的数量一直保持在较高水平。
- 在每次发布之前都有一个较长时间的集成阶段。

3. 可能的原因
- 自动化测试运行时间太长。
- 提交阶段运行时间太长(理想情况下应该少于五分钟,超过十分钟是无法接受的)。
- 自动化测试有间歇性失败,还是误报。
- 没人得到许可就回滚别人的提交。
- 没有足够多的人理解持续集成过程,也没有足够的人做出改变。

15.5.4 较差的配置管理

1. 问题

环境不是专属的,应用程序无法用自动化过程可靠安装。

2. 症状
- 生产环境中总是有些莫名其妙的故障。
- 每次新版本部署都是紧张且令人担心的事情。
- 一个较大的团队专门对环境进行配置和管理。
- 部署到生产环境中的版本常常不得不回滚或打补丁。
- 生产环境中无法接受的当机时间。

3. 可能的原因
- UAT和生产环境有差异。
- 没有对生产环境或试运行环境的变更管理流程,或者变更管理流程很差。
- 在运营、数据管理团队和交付团队之间协作不畅,沟通不充分。
- 对生产环境和试运行环境中的缺陷事件的监管有效性不足。
- 应用程序中的指南和日志不充分。
- 对应用程序非功能需求的测试不充分。

15.6 符合度与审计

许多大公司都必须遵守其所在行业的法规。比如,所有在美国注册的上市公司被要求遵守2002年萨班斯-奥克斯利法案(常缩写为Sarbox或SOX)。美国健康医疗公司必须遵守HIPAA条款。处理信用卡信息的系统必须符合PCI DSS标准。几乎每个领域都有相应的规定,在设计IT系统时常常必须考虑到一些规则。

我们既没有篇幅也不想调查每个国家中各行业经常变化的那些规则。然而,我们要花一些时间讨论一般性的规则,尤其是那些在软件发布流程方面定义了严格控制的环境。许多这样的监管制度需要审计线索,让我们能够确定在生产环境中代码的每次修改来自哪里,谁碰过它们,以及在个流程中谁批准了哪些步骤。从金融业到健康医疗等很多行业中,常常会有这样的要求。

下面有一些常见的策略用来执行这类要求。

- 指定谁能够访问"特权"环境。
- 为特权环境中的修改制定并维护一个有效且高效的变更管理流程。
- 在执行部署之前,需要管理层的批准。
- 从构建到发布,每个过程都要文档记录。
- 创建一些授权的限制,以确保开发软件的人不能向生产环境部署,作为对潜在恶意干预的一种防护。
- 要求每次部署都要进行审计,以确切知道到底修改了哪些内容。

像这种策略在那些必须遵守某些法规的组织中是非常重要的,而且可以让停机时间和缺陷数量大幅减少。但是它们名声也不太好,因为这很容易通过"人为加大变更的难度"达成目标。相反,部署流水线使人们可以轻而易举地执行这些策略,同时能让交付过程更高效。在本节中,我们提出了一些原则和做法,以确保既遵守这些法规制度,又保持较短的发布周期。

15.6.1 文档自动化

很多公司坚信,文档是审计的关键。我们的想法有些不同。让你按照某种方法做事的那张纸无法保证你真的是那么做的。世界上有很多关于咨询顾问的故事(比如ISO 9001认证审核的故事)。顾问会指导工作人员如何正确应对审查人员的询问,并告知需要提供一堆文件来"证明"他们的实施是符合标准的。

文档还有个问题,就是很容易过时。一个文档越详细,就可能越快过时。当这的确成为事实时,人们通常就不愿意再去更新它了。每个人可能都听过下面这样的对话。

> 运营人员:"我按照你上个月通过邮件发给我的部署流程做了,可部署还是失败了。"

开发人员："噢，我们修改了部署的方法。你要先复制这套新文件过去，再设置权限为x。"或者更糟糕，"真奇怪，让我看看……"几个小时后，开发人员才发现修改了什么，以及需要如何做才能正确部署。

自动化能解决这些问题。自动化脚本就是一份必须遵守的部署流程文档。强制使用这些脚本，你就要确保它们是时时更新的，并且部署流程是完全按照你指定的方式执行的。

15.6.2　加强可跟踪性

我们通常需要能够跟踪变更的历史，从生产环境中部署过哪些版本，到这些版本在源代码库中的版本号。我们想强调的是，有如下两种做法对这个过程有帮助。

- 二进制包仅创建一次，并且将在构建过程的第一个阶段产生的这个二进制包放到生产环境。同时，生成该二进制包的散列码（比如使用MD5或SHA1），用来确保拿到的是同一个二进制包，并将它们存在一个安全的数据库中。很多工具可以自动完成这件事。
- 使用全自动化的过程进行二进制包的部署、测试和发布流程，并自动记录谁在什么时间做了什么。目前市场上有几个工具可以做到这一点。

即使有了这些预防措施，还有一个地方有可能引入非授权的变更：当第一次用源代码创建二进制包的时候。比如，有权限登录到那台用于编译打包的机器上的人在编译打包过程中可能会做一些操作。解决这个问题的一个方法是在严格受控的机器上使用自动化过程一步创建二进制包。此时，关键在于能够自动地准备和管理这个环境，以便在创建过程中能够调试所有可能的问题。

访问控制和强化可追踪性

我们的一个同事Rolf Russell曾在一家金融服务公司里做项目。该公司对可追踪性的要求特别严格，以保护他们的知识财产。为了确保真正部署到生产环境中的代码与提交到版本控制系统中的代码一致，他们会对将要部署的二进制包进行反编译，然后用反编译的结果与已部署到生产环境中的某个已反编译版本进行对比，看看到底做了哪些修改。

同样是在这个公司，只有CTO才有权部署某个关键业务的应用程序到他们的生产环境中。每个星期，这个CTO都要为发布预留几个小时的时间。在这期间，人们才能进入他的办公室，以便他能在指导下运行脚本来执行部署。在本书写作时，该公司已经把这个过程迁移到一个系统上，用户必须使用ID卡才能进入某个操作间，通过一个终端登录该系统，自行部署应用程序。这个房间有摄像头，一天24小时实时监控录像。

15.6.3 在筒仓中工作

大型组织常常会按职能不同被划分成多个部门。很多组织会有独立团队负责部署、测试、运营、配置管理、数据管理和架构。在本书中，我们提倡在团队间和团队内部进行开放且自由的交流与协作，因为在分别负责软件创建和发布不同方面的不同团队之间有出现障碍的一些风险。然而，也有一些责任明显是由一个团队负责，而与其他人无关。在规范的环境中，许多重要活动都要受到审查，审计人员和安全团队的任务就是确保该组织不会受到法律风险或任何形式的安全漏洞的危胁。

在正确的时间点以正确的方式做到这种责任的分离并不是坏事。理论上，为某个组织工作的每个人本质上都与其组织的利益是高度一致的。也就是说，他们会与其他部门高效地合作。然而，事实并不总是这样。几乎毫无例外的，缺乏合作恰恰是各部门之间交流不畅的结果。我们坚信，开发软件最高效的团队是一个跨职能团队，它的成员来自于参与软件定义、开发、测试和发布软件过程中的各种角色。这个团队应该坐在一起。然而如果没有这么做，他们就没有从彼此的知识中受益。

一些监管制度令我们很难建立这种跨功能团队。假如你是在一个壁垒更多的组织中，本书所描述的过程和技术，尤其是部署流水线的实现，会有助于防止这种孤立部门令交付过程低效的现象。然而，最重要的解决方法是：在项目一开始就让各部门进行沟通。这应该有以下几种形式。

- 每个参与到项目交付中的人，包括来自于各独立部门的人，都应该在每个项目开始时先碰一面。我们把这组人叫做发布工作组（release working group），因为他们的工作就是保持发布流程一直正常运转。他们的任务应该是为项目建立一个发布策略，如第10章所述。
- 发布工作组应该在整个项目过程中定期开会，对过去工作做一次回顾，计划一下如何改进并执行计划。使用戴明环：计划、做、检查、改进（即PDCA）。
- 即使还没有用户，软件也应该尽可能频繁（至少每次迭代一次）地发布到类生产环境中。有些团队做持续部署，即每次修改通过部署流水线的所有阶段之后即发布。这里使用了一个原则"如果做一件事令你很痛苦，就更频繁地做这件事。"无论怎么强调这个实践的重要性都不算过分。
- 项目状态，包括15.4节提到过的信息指示板，应该对参与整个过程（包括构建、部署、测试和发布）的所有人都是可见的，可以让这些信息显示在每个人都能看到的一台大显示器上。

15.6.4 变更管理

在一个规范的环境中，对于构建、部署、测试和发布过程中的某些环境需要审批，这常常是必要的。尤其是，手工测试环境、试运行环境和生产环境总是在严格的访问控制之下，以便确保只能通过组织制定的变更管理流程对它们进行修改。这看上去像是不必要的官僚作风，但是实际研究表明，使用这种做法的组织中，其MTBF（Mean Time Between Failures，平均失败时间）和MTTR（mean time to repair，平均修复时间）更短（参见 *The Visible Ops Handbook* 第13页）。

如果你所在的组织因为对测试和生产环境进行未受控的变更令服务受到了影响，我们建议遵循下面的流程来管理审核事项。

- 由来自于开发团队、运营团队、安全团队、变更管理团队和业务部门的代表组成一个变更顾问委员会（Change Advisory Board，简称CAB）。
- 确定哪些环境属于变更管理流程控制的范围。确保这些环境都受到了访问控制，以便所有变更只能通过这个流程才能生效。
- 建立一个自动化变更管理系统，用来提出变更申请和管理审批。任何人都应该能够看到每个变更请求的状态以及由哪个人批准的。
- 无论任何人在任何时间想要对某个环境做修改，都必须通过变更请求来完成，比如，要部署某个应用程序的一个新版本，要创建一个新的虚拟环境或修改配置等。
- 每次变更都需要有一个补救策略，比如能够去除变更影响。
- 为每次变更的成功与否定义验收条件。理想情况下，可以创建一个自动化测试来验证。一旦变更成功，这个对应的自动化测试就会成功通过。在显示测试状态的运营管理信息展示板上设置一个对应的显示项（参见11.9.4节）。
- 使用一个自动化的过程来实施变更，以便某个变更无论何时被批准，都能够通过单击一个按钮就执行（或者一个链接也行）。

最后一点听上去有点儿难，但我们希望到目前为止，这听起来已经非常熟悉了，因为这一直是本书的一个重点。向生产环境部署被审计和授权的某个变更所使用的机制，应该与向其他环境部署相同变更完全相同，只是具体的授权不同而已——向部署流水线中增加访问控制非常方便，小事儿一桩。正是由于简单方便，以至于常常被扩大审计和授权的范围——所有变更都需要所属环境的所有者审批同意。可以使用为测试环境所创建的同样的自动化流程来管理受变更管理过程控制的环境。这样一来，也就顺便测试了所创建的自动化流程。

CAB怎么决定是否应该执行某次变更呢？这就是风险管理的事儿了。这次变更的风险是什么？收益又是什么？如果风险大于收益，就不应该做变更，或者做更低风险的变更。CAB也应该能为某次变更请求写批注意见，要求更多的信息，或者建议做哪些修改。这些流程都应该能够通过自动化申请审批系统（automated ticketing system）来管理。

最后，当实现和管理一个变更审核流程时，还需要遵守如下三个原则。

- 对系统进行度量，并让其结果可见。一个变更需要多长时间才能被批准？有多少个变更正在等待审批？被回绝的变更比例有多大？

❑ 保持验证系统成功的度量项,并将其可视化。MTBF和MTTR是多少?一次变更的周期是多长?在ITIL中有一个更完整的度量项列表。
❑ 邀请各部门的代表,对系统进行定期回顾,基于这些回顾会议中的反馈对系统进行改进。

15.7 小结

对于每个项目的成功来说,管理都是至关重要的。良好的管理所创建的流程令软件更高效地交付,同时确保风险被适当地管理,规章制定被严格遵守。然而,太多的组织(虽然有良好的意图)却创建了无法满足上述目标的较差的管理结构。本章的目的是描述一种管理方法,来处理符合度和执行度之间的关系。

我们的构建和发布成熟度模型的目标是改进组织的执行度。它让你可以识别交付实践效率是什么状态,并且为如何改进提供了建议。这里提到的风险管理过程以及我们列出的常见反模式用于帮助你创建一个策略来尽早识别问题,这样在其较容易解决的早期就可以修正它。我们本章(和本书)花了大量的篇幅讨论了迭代增量式过程,这是因为迭代增量式交付是有效风险管理的关键。没有迭代增量式过程,你就没有客观的方法来估量项目的进展,或者判断应用程序是否满足或符合我们的目的。

最后,我们希望我们已经讲清了使用自动化构建、部署、测试和发布软件的部署流水线来进行迭代交付的方式,它不仅满足了符合度和执行度的目标,而且也是达到这些目标最高效的方法。这个过程能够促进参与到软件交付过程的所有人之间的合作,提供快速反馈,以便缺陷和那些不必要或实现得不好的功能可以被尽早发现,为减少生产周期这一重要指标铺平道路。反过来,这也意味着可以更快交付有价值、高质量的软件,从而得到更高的盈利能力和较低的风险。这样,我们就能达到良好治理的目标了。

参考书目

1. Adzic, Gojko, *Bridging the Communication Gap: Specification by Example and Agile Acceptance Testing*, Neuri, 2009.
2. Allspaw, John, *The Art of Capacity Planning: Scaling Web Resources*, O'Reilly, 2008.
3. Allspaw, John, *Web Operations: Keeping the Web on Time*, O'Reilly, 2010.
4. Ambler, Scott, and Pramodkumar Sadalage, *Refactoring Databases: Evolutionary Database Design*, Addison-Wesley, 2006.
5. Beck, Kent, and Cynthia Andres, *Extreme Programming Explained: Embrace Change (2nd edition)*, Addison-Wesley, 2004.
6. Behr, Kevin, Gene Kim, and George Spafford, *The Visible Ops Handbook: Implementing ITIL in 4 Practical and Auditable Steps*, IT Process Institute, 2004.
7. Blank, Steven, *The Four Steps to the Epiphany: Successful Strategies for Products That Win*, CafePress, 2006.
8. Bowman, Ronald, *Business Continuity Planning for Data Centers and Systems: A Strategic Implementation Guide*, Wiley, 2008.
9. Chelimsky, Mark, *The RSpec Book: Behaviour Driven Development with RSpec, Cucumber, and Friends*, The Pragmatic Programmers, 2010.
10. Clark, Mike, *Pragmatic Project Automation: How to Build, Deploy, and Monitor Java Applications*, The Pragmatic Programmers, 2004.
11. Cohn, Mike, *Succeeding with Agile: Software Development Using Scrum*, Addison-Wesley, 2009.
12. Crispin, Lisa, and Janet Gregory, *Agile Testing: A Practical Guide for Testers and Agile Teams*, Addison-Wesley, 2009.
13. DeMarco, Tom, and Timothy Lister, *Waltzing with Bears: Managing Risk on Software Projects*, Dorset House, 2003.
14. Duvall, Paul, Steve Matyas, and Andrew Glover, *Continuous Integration: Improving Software Quality and Reducing Risk*, Addison-Wesley, 2007.
15. Evans, Eric, *Domain-Driven Design*, Addison-Wesley, 2003.
16. Feathers, Michael, *Working Effectively with Legacy Code*, Prentice Hall, 2004.

17. Fowler, Martin, *Patterns of Enterprise Application Architecture*, Addison-Wesley, 2002.
18. Freeman, Steve, and Nat Pryce, *Growing Object-Oriented Software, Guided by Tests*, Addison-Wesley, 2009.
19. Gregory, Peter, *IT Disaster Recovery Planning for Dummies*, For Dummies, 2007.
20. Kazman, Rick, and Mark Klein, *Attribute-Based Architectural Styles*, Carnegie Mellon Software Engineering Institute, 1999.
21. Kazman, Rick, Mark Klein, and Paul Clements, *ATAM: Method for Architecture Evaluation*, Carnegie Mellon Software Engineering Institute, 2000.
22. Meszaros, Gerard, *xUnit Test Patterns: Refactoring Test Code*, Addison-Wesley, 2007.
23. Nygard, Michael, *Release It!: Design and Deploy Production-Ready Software*, The Pragmatic Programmers, 2007.
24. Poppendieck, Mary, and Tom Poppendieck, *Implementing Lean Software Development: From Concept to Cash*, Addison-Wesley, 2006.
25. Poppendieck, Mary, and Tom Poppendieck, *Lean Software Development: An Agile Toolkit*, Addison-Wesley, 2003.
26. Sadalage, Pramod, *Recipes for Continuous Database Integration*, Pearson Education, 2007.
27. Sonatype Company, *Maven: The Definitive Guide*, O'Reilly, 2008.
28. ThoughtWorks, Inc., *The ThoughtWorks Anthology: Essays on Software Technology and Innovation*, The Pragmatic Programmers, 2008.
29. Wingerd, Laura, and Christopher Seiwald, "High-Level Best Practices in Software Configuration Management," paper read at *Eighth International Workshop on Software Configuration Management*, Brussels, Belgium, July 1999.